中国蛇纹石石棉研究及安全使用

董发勤　著

U0207757

科学出版社

北京

内 容 简 介

本书从对比研究蛇纹石石棉、角闪石石棉及石棉代用品的矿物、材料和环境特性的角度,系统总结蛇纹石石棉的应用矿物学,石棉矿物纤维的溶解与变化行为,石棉矿物粉尘自由基释放类型,石棉及其代用品的细胞毒性、动物实验结果,石棉代用品开发利用现状,中国石棉职业病状况和环境安全变化调查,国外蛇纹石石棉安全使用评估方法与标准,以及如何科学公正地对待蛇纹石石棉等方面的最新成果与安全使用进展。

本书适合地质、材料、环境、公共卫生研究人员和从事非金属矿物开发、矿产资源绿色综合利用、环境质量安全评价工作的科技和工程技术人员使用,也可作为上述相关专业本科生和研究生的学习参考书。

图书在版编目(CIP)数据

中国蛇纹石石棉研究及安全使用/董发勤著. —北京:科学出版社,2018.8
ISBN 978-7-03-058377-2

Ⅰ.①中… Ⅱ.①董… Ⅲ.①纤蛇纹石-研究-中国 Ⅳ.①P578.964

中国版本图书馆 CIP 数据核字(2018)第 168326 号

责任编辑:牛宇锋 罗 娟 / 责任校对:王萌萌
责任印制:张 伟 / 封面设计:俞 卓

科 学 出 版 社 出版
北京东黄城根北街 16 号
邮政编码:100717
http://www.sciencep.com

北京凌奇印刷有限责任公司 印刷
科学出版社发行 各地新华书店经销
*
2018 年 8 月第 一 版 开本:720×1000 1/16
2020 年 5 月第二次印刷 印张:26 1/4
字数:510 000
定价:**168.00 元**
(如有印装质量问题,我社负责调换)

序

石棉是一种使用历史悠久、应用广泛的纤维状硅酸盐矿物的商品名称,英文商品名统称为 asbestos,它包括一切柔软且具有纤维状结构及劈分特性,具备可纺性能和优良力学、热学、电学、化学性能的硅酸盐类天然纤维矿物产品,因其抗拉强度和挠性高,耐蚀和耐热侵蚀性、耐火性、电绝缘性和绝热性良好,而成为重要的增强、防火、绝缘和保温材料。

石棉的使用尽管已经有 4500 年左右的历史(古埃及、中国周代已能用石棉纤维制作织物),但大量开采并发展其制品业,是在第二次世界大战期间才开始的。其使用大体可分为三个阶段:①20 世纪 40 年代前,主要以其柔软和耐火性质应用于纺织类制品业,故早期将可劈分为柔软纤维的蛇纹石和其他有相似性质的硅酸盐矿物纤维统称为石棉。②20 世纪 40~90 年代,其物理和化学特性得到全面利用,广泛应用于各种现代工业中。这一阶段,由于矿物应用工程的发展和蓝石棉的应用,石棉可分为蛇纹石石棉(chrysotile asbestos,温石棉,国外有人将其归为白石棉)和角闪石石棉(amphibole asbestos,主要有蓝石棉或青石棉)两类产品。直到 20 世纪 90 年代,角闪石石棉被禁止使用之前,两者一直被开采利用,其应用领域已明显超出"石棉"的范畴,石棉消耗量在 1975 年曾达到创纪录的 509 万 t,主要用于机械传动、制动以及保温、防火、隔热、防腐、隔声、绝缘等方面,其中较为重要的是汽车、化工、冶金、电器、交通、机械、建筑业、航空航天以及国防尖端技术等领域。③20 世纪 90 年代后,随着材料工业和矿业科技的发展,蛇纹石石棉纤维的应用领域已拓宽到各种复合材料,特别是基于应用矿物学和矿物材料学、环境矿物学的发展,其晶体化学微观特性及相关物理性能的可控改造与开发,正在向增强型纤维矿物安全可控性材料和天然纳米矿物材料等新型资源与应用材料方向发展,基本上脱离了原纺织石棉的传统应用领域。

蛇纹石石棉一直是我国原国土资源部所列的全国 34 种优势矿产之一,其消费量、产量、储量分别居世界第一、第二、第三,因此,广受国内外关注。其纤维具有极好的劈分性和柔软可纺性,以及优良的抗拉性、保温隔热性、绝缘防腐性及耐碱性、耐压、耐摩擦、密封性能和天然纳米管属性,目前还没其他人造纤维在综合性能和价格上能够更好地取而代之。另外,它可以与金属、陶瓷纤维、石墨、玻璃纤维等制成各种复合材料用于制造航天器部件等,从而用于航空、航天、潜艇、火器等方面。其 3000 多种制品涉及 20 多个工业部门,已形成与安全、能源、环境有关的产业长链。预测今后 15 年国内蛇纹石石棉年需求量仍在 30 万~40 万 t,但其中 25% 仍要靠进口补充。

然而,1924 年 W.E.科克宣布发现了"石棉肺"病变,1967 年一个美国人死于石棉肺并获得赔偿,蛇纹石石棉的安全性受到质疑,成为有争议的矿物资源之一。石棉纤维等粉尘的污染造成健康危害的潜伏期都较长,近 40 年来才发现长期接触石棉粉尘而导致石棉肺或致癌的问题,由此引起广泛关注是正常的,更应该对此给予高度重视。科学家也一直在深入研究,进行科学的使用安全性评价,但有的发达国家与集团利用一般人不了解蛇纹石石棉和角闪石类石棉的显著差异性以及维护代用纤维利益等目的,笼统宣扬"石棉"有害,是不科学的,也是不公正的。

为此,中国非金属矿工业协会委托董发勤教授就"中国蛇纹石纤维安全使用及进展"进行专题研究。《中国蛇纹石石棉研究及安全使用》一书根据作者 30 多年的系统研究成果和上述委托课题的工作,对蛇纹石石棉及代用品的矿物学、环境矿物学及其纤维粉尘环境医学,蛇纹石石棉等纤维物质的职业病,中国蛇纹石石棉代用品开发利用现状,国内外目前对蛇纹石石棉安全使用的研究与相关法规评价等一系列问题进行了深入研究与总结。

这是迄今为止对蛇纹石石棉的基础矿物学、应用矿物学、矿物材料学、纤维粉尘环境矿物与医学和蛇纹石石棉工业安全发展论述较为系统完整的论著,且提出了需要进一步深入探究的问题。在当今资源、能源、环境、人体健康成为重要热点的时代,该书不仅具有重要的理论价值,还具有十分重要的现实意义。

万　朴

2018 年 3 月

前　言

　　蛇纹石石棉是大自然赋予的性能优良、储量丰富、价格低廉的矿物纤维材料。如何安全有效地使用这种纤维是需要认真对待的问题。石棉这类矿物纤维的实际应用与其产出及使用的环境、劳工安全和经济发展,甚至政治经济形势的因素有关。这个复杂的命题更需要科学家从本源、多学科、多角度来揭开广为关注的蛇纹石石棉的神秘面纱,提升其认知水平并揭示其最新进展。

　　作者课题组分别从蛇纹石石棉的应用矿物学特性、矿物纤维的溶解与变化行为、矿物粉尘自由基释放类型、石棉及其代用品的细胞毒性、石棉代用品开发利用现状、中国石棉职业病状况和环境安全变化调查、国外蛇纹石石棉安全使用评价、科学与公平对待蛇纹石石棉等方面,比较客观全面地论述蛇纹石石棉的最新研究进展与安全使用现状。

　　本书汇集了国家自然科学基金重点项目"可吸入矿物细颗粒与常见菌的近尺寸作用研究"(No. 41130746,2012~2016 年),国家自然科学基金面上项目"生物活性矿物纤维表面介体及其活化机理研究"(No. 49502025,1996~1998 年)、"矿物微(尘)粒与人体宿主菌群的作用机制与毒性效应研究"(No. 40072020,2001~2003 年)、"中国典型温石棉与主要人工代用纤维的致突变性及其机理研究"(No. 41472046,2015~2017 年)、"大气细颗粒物(PM$_{2.5}$)重金属形态分析及对释放自由基的影响"(No. 41572025,2016~2018 年),国家自然科学基金青年基金项目"纤蛇纹石石棉纳米线型残存物的细胞毒性作用研究"(No. 41602033,2017~2019 年),全国优秀青年教师奖项目"生态环境矿物材料及其粉体环境生物活性(毒性)研究"(2003~2007 年)等项目的研究成果。全书共十章,其中,第 1 章由董发勤撰写,第 2 章由彭同江、马国华、陈吉明、刘海峰、李明、孙金梅撰写,第 3 章和第 4 章由董发勤、李国武、宋功保、刘福生、赵玉连撰写,第 5 章由贺小春、董发勤撰写,第 6 章由邓建军、董发勤、霍婷婷、马骥、吴逢春、王利民撰写,第 7 章由谭道永、荣葵一撰写,第 8 章由兰亚佳、马骥、董发勤、李刚、王绵珍、罗素琼、王继生、王治明、郭术田、周鼎伦撰写,第 9 章由陈吉明、董发勤、李刚撰写,第 10 章由董发勤、邓建军、兰亚佳、霍婷婷撰写。全书由董发勤教授统稿,贺小春、谭道永博士研究生负责初稿的整理工作,秦永莲、罗昭培、周青、郭玉婷、马杰、孟繁斌、周琳、刘金凤等博士/硕士研究生也参加了部分文件和文字加工工作。

　　本书的编写和出版,得到西南科技大学、四川大学华西公共卫生学院、四川绵阳四〇四医院、阿拉山口顺达有限公司、中国非金属矿工业协会、武汉理工大学、青海茫崖石棉矿、青海祁连纤维材料有限责任公司、陕西陕南石棉矿、重庆石棉制品总厂等合作单位的支持,同时得到西南科技大学各级领导的关怀,在此表示衷心感谢。本书的研究成果,大部分在西南科技大学固体废物处理与资源化教育部重点实验室和矿物材料及应用研究所完成(研究生代群威、甘四洋、霍婷婷、刘立柱、耿迎雪、谭媛等),其他在四川大学、四川绵阳四〇四医院(研究生王洪州、姜琪、叶薇等)、武汉理工大学、陆军军医大学(第三军医大学)检验系、北京大学化学与分子工程学院完成,所有成果都汇集了全体研究者的辛勤劳动。在长期的合作研究过程中也与加拿大劳伦丁大学测试分析中心的 Huang 教授、日本青森大学的 Yada 教授进行了合作和交流,还获得了日本劳动部国家工业卫生研究所 Kohyama 教授和德国 Justus-Liebig 大学地质研究所 Strubel 教授提供的生物活性实验资料协助。在此,还要特别感谢为本书作序的矿物材料界老前辈万朴教授。最后,作者对书中引用文献的所有著作权人表示真诚的谢意。

本书于 2010 年得到中国科学院科学出版基金项目资助,作者在此对审稿专家和帮助本书编写、校稿、出版的所有同志表示最衷心的感谢。

本书主要从对比蛇纹石石棉、角闪石石棉和石棉代用品的矿物、材料和环境特性的角度撰写。诚然,由于作者水平、经费和时间等因素制约,很多问题还没有研究清楚,久拖未解的难题也不少;初步结论与认识也有待后续学者的研究和时间的验证。期待更多的矿物学家、环境学家和公共卫生学家加入这个行列。为方便读者,书中增加了关键词中英文对照表,但书中对石棉及其代用品的环境质量与安全评价方法对比分析还不够深入,部分内容也有尚欠成熟或存在疏漏之处,欢迎读者批评指正。

董发勤

2018 年 5 月

目　　录

第1章　石棉矿物的环境与人体安全性研究

环境矿物学从环境学和地球科学相结合的角度探讨矿物颗粒的环境效应。环境医学从环境因子变化引发公共卫生问题和地方(人群)病的角度研究人体疾病的预防与治疗。本书立足于以人为本、资源合理利用和可持续发展的原则,运用环境学、地学和医学相结合的理论与方法,探讨纤维状矿物的环境与生物作用及变化,评估在一定条件下石棉矿物职业和非职业长期接触的人体安全性。矿物与人体相互作用研究也包括生物矿物、医学矿物方面的内容,如药用矿物(含矿物中药、药用助剂矿物和保健矿物),以及生命矿物(如牙齿、骨骼)和人造医用矿物(如羟基磷灰石等)。

矿物引起的职业病是医学界研究的重要课题,如采矿、选矿时粉尘吸入人体可导致尘肺,包括硅肺、硅酸盐肺(如石棉肺、滑石肺)、混合尘肺、煤尘肺、金属尘肺等。某些矿物致癌已为临床医学所证实,如砷华、砷及含砷矿物与皮肤癌、肺癌有关;蓝石棉、蛇纹石石棉以及其他纤维状硅酸盐矿物和合成纤维均可诱发或导致肺纤维化、间皮瘤或肺癌等;铬铁矿等含铬物质加工利用中产生的铬可引发呼吸道疾病和癌症。但是,有关矿物致病的病理学研究还未获得重大突破,有待进一步深入研究。

根据国际标准化组织规定,粉尘是指粒径小于 $75\mu m$ 的固体颗粒悬浮物。它与雾($0.001\sim100\mu m$ 微小水滴或冰晶气溶胶系统)的关联性较小,而与霾($0.001\sim100\mu m$ 的粒子系统)相关性较大。大多数粉尘颗粒由单一矿物质组成,部分粉尘颗粒的集合体也可由多种独立的矿物微粒簇生而成,这多源于原生的多矿物岩石碎片和化学风化。火山的爆发通常产生玻璃和矿物粉尘。霾也可形成不太稳定的混合矿物相。外空间的陆源粉尘颗粒通常是多相的。粗略地估算,地表每年自然释放的灰尘可达 2×10^9 t,而人类活动每年释放的粉尘量为 3×10^8 t。过去人们对工业粉尘给予很多关注。地球的大气圈和水圈含有大量粉尘,如 $1m^3$ 空气含粒径为 $1\sim10\mu m$ 的粉尘约 10 万个,粒径为 $0.1\sim1\mu m$ 的粉尘约 2000 万个,粒径为 $0.01\sim0.1\mu m$ 粉尘约 30 亿个。空气中的粉尘主要是由工业源、生活源燃烧排放、机械粉碎过程、交通运输和自然过程产生的,矿物在其中的占比变化很大。最新研究表明,霾化学反应过程中,在高湿度、中性大气介质条件下 SO_x 由 NO_x 催化快速产生大量的硫酸盐(Cheng et al., 2016),如 $PM_{2.5}$ 中硫酸盐、硝酸盐、铵盐、有机碳(OC)、元素碳(EC)、矿物、微量元素等组分,矿物含量可占 $6\%\sim21\%$,在沙尘暴期矿物含量可达 50% 左右。我国的天然降尘几乎全是矿物相,主要是石英、方解石、钠长石、绢云母,但南方粉尘中方解石占优,并有少量的黏土矿物(陶永进等,2016)。

1.1　石棉矿物的范围界定

据历史考证,人类在 4500 年前就已开始使用石棉。石棉是可劈分为柔韧细长纤维的硅酸盐矿物的总称。常见的石棉品种按矿物特性主要分为蛇纹石石棉和角闪石石棉两类,其中 6 个矿物种能够形成商品石棉。蓝石棉是一组带蓝色色调的角闪石石棉的商品名称,也称青石棉。蛇纹石石棉属于蛇纹石亚族纤蛇纹石的纤维状变种。因只有纤蛇纹石一个矿物种能形成石棉产品而成为工业矿物,纤蛇纹石石棉与商品名相同,常称为蛇纹石石棉或温石棉。

严格区分石棉的矿物种类和商业品种是必要的。石棉产品从形态上由矿物纤维束组成,即由细长(长径比大于 5)且能相互分离的单根纤维构成,但不是单晶纤维,这是与矿物晶须的最大区别。根据石棉的定义,海泡石和坡缕石、丝光沸石和毛沸石的纤维状变种也可归入石棉类而称为海泡石石棉、坡缕石石棉等。但从石棉的物理化学性能上看,它们又不属于严格意义的石棉范畴,特别是其热稳定性,与传统石棉有较大差异。因此,把石棉矿物种范围扩大的倾向是不妥当的,例如,把不属于硅酸盐的层状氢氧化物水镁石的纤维状变种纤状水镁石划入石棉类,就降低了这种宝贵资源的价值,扭曲了其工业矿物的位置,限制了它的广泛应用。

有必要把石棉、矿物纤维、晶须的范围进行清晰的限定。由于石棉及其产品使用的安全性存在争议,再加上石棉商品名称定义的模糊性,生产和使用石棉的商家有弃用传统石棉商品名称的倾向而转称其为矿物纤维,有的甚至把原来传统上已明确归入石棉的也改称矿物纤维,如蛇纹石纤维,这种缩小石棉范围的倾向也是不可取的。

天然矿物纤维不能与石棉画等号。天然矿物纤维包括纤维状矿物经加工而成的纤维产品,如水镁石纤维、硅灰石纤维、海泡石纤维、坡缕石纤维、丝光沸石纤维、毛沸石纤维等。人工合成矿物纤维是以天然矿物(质)或岩石(矿渣)为原料(或配料),经高温工艺加工处理的晶质或非晶质纤维,通常具有良好分散性而没有劈分性,如玄武岩纤维、玻璃纤维、陶瓷纤维等,其化学组分以铝硅酸盐为主,与石棉矿物最大的不同是不含结晶水。只有长度、力学、热学等性能指标达到工业使用标准的石棉、矿物纤维、晶须才能成为商品。

目前还没有发现或人工合成利蛇纹石、叶蛇纹石纤维或晶须。蛇纹石纤维中有纳米空管状、外观上呈纤维状的蛇纹石和纤蛇纹石晶须(矿物晶须);也有外观上呈纤维状的苦橄石(picrite),它使纤蛇纹石纤维在表面继续生长,中外层渐变成利蛇纹石而没有劈分性。实际上,产出石棉和矿物纤维的各类岩石,如蛇纹岩中仍有很多直径是纳米级的短纤维,长度也只有几微米到 1～2mm。这种外形呈纤维状的矿物或在光学显微镜、电子显微镜下呈现纤维形态的矿物大量存在,称为"纤状矿物",如纤状石英、纤状钠闪石(在西澳铁矿大量出现)、纤状石膏、纤状水镁石、纤状滑石等,它们以集合体的形式出现且非常普遍,但因其没有柔软劈分性(脆性)很难解离而只能经常规加工后形成矿物晶须、异形粉体或它们的混合物。把它们归入石棉是错误的。

晶须是一个材料学名词,天然形成的无机晶须其实也很多,如大部分具有明显纤维或长条结构的矿物(如水镁石、水滑石、纤蛇纹石、丝光沸石、石膏、磷灰石等),都有这种结晶形态和产物,只是不易解离、分离和纯度不高,利用价值受到很大影响。有些肉眼看上去是土状的矿物,实质上也是较纯的矿物晶须,如埃洛石、坡缕石、海泡石、毛沸石。天然矿物晶须与人工合成的单晶态的无机晶须、无机盐(如硫酸钙、碳酸钙)等晶须不同,通常存在缺陷(晶界、位错、通道、空穴等),可以在各种物理、化学、生物作用下粉化或形成小体。可以看出,石棉、矿物纤维、矿物晶须在生产、加工、使用过程中进入空气和人体,三者均经过呼吸空气动力学与生物作用等系列转化后,最终在体内的主要尺寸均向矿物晶须的范围趋近,包括体内次生的矿物小体。

1.2　纤维粉尘纳米协同生物效应对石棉矿物安全性的影响

目前对矿物的人体健康安全性评价,主要根据流行病学调查、动物实验、体外实验等结果进行综合评估。20 世纪对矿物粉尘引发疾病的病理研究已经取得较大进展,欧美国家对有关石棉病流行性病学调查进行得比较深入。与此同时,其他类似矿物的潜在肺毒性也已经引起重视,如 30～60 年代研究了有关矿物粉尘暴露接触与职业病理的关系问题,同时清楚地认识到一系列矿物粉尘可以影响人体的呼吸系统。60～80 年代,众多研究集中在矿物粉尘引发人体疾病的机理方面。北美洲、欧洲、大洋洲和东亚一些发达国家禁止石棉的开采及使用。而一些学者(如Bernstein 等)认为,在低剂量的蛇纹石石棉暴露下不存在可检测的健康风险,甚至在高剂量蛇纹石石棉的短时间暴露下,风险也很低。80～90 年代,矿物粉尘的多因素协同致病、纤维的形态学特征、生物持久性及与有害物质(如吸烟)的协同作用等得到广泛关注和研究,如强调矿物纤维形态的"Stanton"假说、强调矿物粉尘生物持久性的"Pott"假说等相继提出,这为解释纤维粉尘的致病机理提供了参考。由于致癌机理没有揭示清楚,在 21 世纪初,科学家开始重视粉尘和石棉类矿物自身(如成分、结构、性质)、加工应用和环境变迁的影响。持续不断的关于石棉粉尘的流行性病学调查发现,非石棉使用地区人体内残存石棉矿物纤维,使得人们又开始重新审视石棉的健康影响及其长期残留的安全性。Darcey 和 Feltner(2014)也指出,石棉的使用十分广泛,是一种很难彻底清除的材料,会长时间分散于空气环境中并产生环境与健康危害。石棉种类的复杂性及其流行性病学调查与动物实验结果不一致,如在动物实验上间皮瘤的发生没有剂量-效应关系等,加大了人们对蛇纹石石棉环境与人体安全性认识的分歧。

随着纤蛇纹石一维纳米管结构和纳米效应的发现,其生物活性和毒性机理方面的研究与认识又有了新的进展。石棉和代用纤维等通过职业与非职业接触进入人体后,其残留物通常为纳米级颗粒。纳米级残留物对环境和人体的危害性受到广泛关注。例如,霍婷婷等(2016)重点关注了蛇纹石石棉、代用纤维的纳米线型残存物的生物毒性。此外,研究人员还开展了纳米材料及颗粒物(纳米 SiO_2、TiO_2、ZnO、Fe_2O_3、纳米 $CaCO_3$、石膏、蛇纹石、碳纳米管、石墨烯、C60 及衍生物)的生物效应与安全性,医用及工业应用纳米材料的毒理学机制与安全性评价,重要纳米材料的释放、迁移、转化行为等研究工作。例如,陈真等(2010)研究了金属纳米颗粒的动物毒性、离体细胞毒性,对机体代谢及生态环境的影响,并通过对比不同粒径和表面性质阐述了尺寸及表面效应在金属纳米毒理学中所扮演的重要角色。

近几年,矿物与人体呼吸系统的作用过程研究也开始引起重视。例如,矿物微(尘)粒与人体宿主菌群的作用机制和毒性效应研究就是从天然与人工粉尘中含有大量复杂的矿物质、进入人体呼吸系统后会引起复杂的生化反应及生物效应出发,以矿物粉尘的化学成分、相组成、粒度分布、团聚等特性,以及粉尘表面基团和其在液相中释放自由基的状况为基础,对不同粉尘在水、谷氨酸、缬氨酸和维生素 C(VC)溶液中的溶出行为与电化学行为,各种粉尘在水中、研磨尘、有机弱酸处理等条件下自由基的变化,蛋白质、微量元素、生物酸等配合物、酶促反应体系及生物酶与矿物粉尘微粒活性物质的反应行为,以及人体内正常菌、主要产物、特征酶变化、细菌膜界面变化进行同步研究,尤其是研究可吸入矿物细颗粒(inhaled mineral granule,IMG)界面与微生物膜(界/膜)的区域表面物理化学作用和膜生物化学作用。然后把矿物的范围从纤维状扩展到所有形态,生物体从人体细胞扩展到近地表常见菌,研究部位更集中于矿物和细胞表面及微生物复合体界面。通过对人工和天然 IMG 自由基、污染吸附、浸出等环境学行为特性进行研究,探明 IMG/单、多细胞或菌种微粒相互作用机制,分析矿物颗粒物的尺寸、界面作用过程中 IMG 表面形态、表面电性、表面基团、矿物表面吸附、元素变价与迁移、相变、表面结构重组、溶解及自由基种类和数量及时间的变化等;分析细胞和菌体吸着、诱导结晶和指标性酸、酶、糖含量变化,对细胞和微生物氧化损伤、污染物致突发性检测(Ames 试验)等致突变性的体外生物效应进行研究;分析常见细胞或微生物的细胞膜结构和核物质代谢的影响,进而探明超细 IMG 及附着物的细胞或微生物活性特征表达、界面特征与生物膜相互作用产物,建立颗粒界面/细胞或微生物膜体系毒性模型。这些研究为大气超细矿物/微生物的生物迁移、吸附、表面生物改性行为,IMG 危害及毒理风险的合理评价,制定科学的空气质量标准,IMG 的微生物/气/固界面相互作用在生物冶金、土壤活化协同作用与飞行器内生物防护等方面积累了基础数据。

研究表明,当硅酸盐矿物颗粒直径介于 $1\sim5\mu m$ 时,矿物颗粒物的粒度尺寸与细胞或微生物菌体尺寸相近,在水体系作用中均表现为双悬浮和聚集双中心,且多以细胞或微生物主动聚集中心为主,伴生较长时间的位于界/膜区域的相互作用,如细胞或微生物代谢过程中对矿物颗粒物的圆化、粉化、槽蚀等行为以及由此引起的颗粒物表面形态、基团、活性、电荷变化等矿物学响应;在界/膜接触过程中,矿物颗粒物发生对细胞或微生物的穿刺、内镶、破壁等行为,并由此引发细胞或菌体形态、酶、代谢产物的变化,细胞或菌体成分和代谢物质毒性,以及菌体或细胞的免疫损伤等。细胞或微生物代谢产物对矿物颗粒物的溶蚀行为进一步促使颗粒物中的有害成分刺激细胞或菌体,造成其抗吞噬和溶解酶能力的变异,这就是“近尺寸作用”。当 IMG 尺寸小于亚微米级或纳米级时,两者的“近尺寸作用”变得异常激烈,作用区域更集中在界/膜两侧。这时细胞或微生物将成为作用主体和中心,纳米表面效应会在溶解、膜黏附、穿膜、膜内作用、胞液作用和产物代谢、酶毒性等过程中表现出来,这是一项没有引起足够重视而潜力诱人的研究内容。

1.3　跨学科开展石棉及代用纤维的安全性评估

许多矿物可以引发肺部疾病,石棉类矿物(如角闪石石棉和蛇纹石石棉)是人们比较熟知的,但是矿物粉尘,特别是矿物纤维粉尘(如对多态二氧化硅、黏土类、沸石)的很多人体安全性研究尚需深入开展,甚至在动物实验上通常显示阴性的矿物(如几种钛的矿物及其多型、用作颜料的赤铁矿与磁铁矿等)的研究也需继续深入。

1982 年英国对可吸入人体内部纤维尺寸确定为:长度 $100\mu m>L>5\sim10\mu m$,直径 $D<1.5\sim2\mu m$,长径比 $L/D>5:1\sim10:1$。已有研究表明,肺部残留的粉尘颗粒直径均大于 $0.1\mu m$,平均粒径为 $0.8\mu m$ 左右,主要组成是铝硅酸盐(如高岭石、长石、云母等)、二氧化硅(多数为石英),还有其他富铝、富硅、富钛混合物及镁硅酸盐,很难找到粒径大于 $30\mu m$ 的粉尘。残留于肺部的矿物粉尘种类及组成、粒度与当地产生粉尘的矿物学特征、气候条件有关,地域性差异特征十分明显,因此,要特别注意非职业环境中矿物粉尘特征要素。

显然,揭示矿物粉尘致病机理的答案应由矿物、生物、生化和环境医学、病理等方面的共同研究给出,十分需要生物学家、环境学家和地质学家致力于学科交叉,共同更紧密地合作来探讨环境医学问题。由矿物导致尘肺的发生过程与矿物/流体的相互作用过程非常相似(这在许多地球化学过程中经常出现)。由"矿物引发的职业病病理"而拓宽的研究领域显现出交叉的特色,即从矿物学、卫生学、环境医学、地球化学、生物化学和表面化学以及其他相关学科展开合作。这种学科交叉合作的成功依赖于在截然不同的领域中科学家研究方向相互接近的程度加深和研究内容以及认知水平沟通的能力提升,这个领域被大量范畴词汇、不熟悉的概念、研究成果和遗留问题所覆盖。这样一个新领域对单一学科的科学家来说都是十分困难的,特别需要他们能在涉及众多学科的领域中很流畅地切入自己的学科范围。

1.4　重视石棉代用纤维的安全性评估

当人们认识到石棉矿物粉尘对人体健康的危害后,就着手开发和使用石棉的代用品(如有较长历史的玻璃纤维和岩棉,新兴的陶瓷纤维、钛酸钾纤维、碳化硅纤维、碳纤维等),并寻找天然的安全矿物纤维(如硅灰石、坡缕石、海泡石、纤状水镁石等)。这些材料的广泛应用,势必导致矿物材料粉尘非职业环境的扩大化。由于石棉致病机理还有很多疑点,并且对其代用材料的安全性论证比较困难,再加上"Stanton"和"Pott"假说偏重的是物质的形态而不重视物质的组成和结构,特别是表面特征,从而加重了人们对其代用品安全性的忧虑。的确,应对矿物材料及其代用品的安全性予以高度重视。从世界卫生组织(World Health Organization,WHO)系列论坛的主题可以清楚地看到这一历史过程:1972 年 WHO 召开"石棉对生物体的影响"会议,1979 年举办"纤维矿物对生物体的影响"会议,1982 年讨论"人造纤维对生物体的影响"问题,1986 年国际劳工组织(International Labour Organization,ILO)发布了《石棉安全使用公约》,全面禁止使用青石棉及其作业,1987 年探讨了"非职业环境的纤维矿物"问题。1995 年 ILO/WHO 提出了"全球消除矽肺国际规划",并在 2001 年"人人享有职业卫生"中加以强调,2003 年又提出了特别重视"消除石棉相关疾病"。2006 年 ILO/WHO 联合推出了《制定国家消除石棉有关疾病计划框架》,指导成员国制定和实施国家消除石棉计划。2007 年 WHO 以"劳动者健康全球行动计划"把传统"职业卫生"概念扩大到"劳动者健康",呼吁发起全球消除石棉相关疾病行动。2013 年国际职业卫生联盟(International Congress on Occupational Health,ICOH)呼吁禁止一切形式的石棉开采、销售和使用,进而消除石棉相关疾病。2015 年 5 月 13 日鹿特丹公约(Prior Informed Consent,PIC)的会员国代表第七次缔约方会议(the Seventh Session of the Conference of the Parties,COP7)就将蛇纹石石棉归属与是否列入危险化学品清单(附件三)进行了第 5 次讨论,但没有做出任何决定。一些国家不断尝试将蛇纹石石棉包括在有毒物质列表的提案因缺乏有力的事实和证据、说服力和可信度而再次遭到否决。直接处理生产物质的工会代表一致同意,蛇纹石石棉的控制使用是必要的,禁用它是不合理和歧视性的,成千上万的劳动者可能会因此失去他们的工作,而那些有害合成物质的制造商会从中获利。这充分说明蛇纹石石棉的矿物纤维特性、直接加工处理与制品应用安全规则和标准、蛇纹石石棉与其他代用纤维及其制品人体健康效应和安全性评价、环境卫生预防与监督方法等值得进一步比较研究。

1.5　坚持开展石棉及其代用纤维安全性评估

石棉的职业和非职业接触可形成胸膜斑、石棉肺等职业病,经过 30～50 年的潜伏期后,可能诱发肺癌、恶性间皮瘤(李红梅等,2014),且存在时间-效应关系。但这些流行病调查结果都没有严格区分石棉的种类。美国的流行病调查显示,间皮瘤和癌症没有相关性(Stayner et al. ,1997)。恶性间皮瘤及癌症的机理目前也没有研究清楚,但 1976 年原癌基因和后来抑癌基因的发现,显著深化了细胞癌变的过程,初步说明了致癌物引起癌变的根本原因。但癌基因学说还有待继续完善,如正常细胞和癌变细胞的癌基因不同,且癌变细胞中的癌基因在不断变化;癌变早期致癌物质和病毒引起的癌变细胞,大多都没有伴随染色体的异常。目前也没有明确吸入石棉后肺部宿主细胞多阶段演变的过程。正常基因、癌基因和抑癌基因都同时处于一种细胞内部且呈现平衡状态,化学因素(如重金属离子)、生物因素(如病毒)、物理因素(如辐射)等发动和激活癌基因,进而激活另外的癌基因,导致细胞在基因水平上失去对生长的正常调控。癌症发生是基因突变逐渐积累的结果,石棉在癌症发生过程中细胞恶性转化、避开生长调控、浸蚀、转移几个阶段中的角色和作用还不清楚,但主要应在细胞恶性转化以前的阶段起作用。

恶性胸膜间皮瘤是发生在胸膜和浆膜表面具有侵袭性的较少见的肿瘤,在职业病上归咎于相关人群广泛暴露于石棉环境,目前发病率在全球范围内有上升趋势,今后将有可能成为常见病(但全球石棉的产量和使用量比 40 年前下降了近60%)。初步认为间皮细胞一般通过分泌起润滑作用的糖蛋白,在受到损伤或生长因子作用下随时增殖。在石棉作用下,成人 20 亿个间皮细胞中许多可能会诱发突变,如染色体缺失、基因结构重排、抑癌基因异常或缺失等(Robinson et al. ,2005)。

胸膜间皮瘤是由环境、生物和遗传因素引起的肿瘤。Wagner 和 Marchand(1960)报道了石棉暴露和胸膜间皮瘤的关系。猿猴病毒(SV40)、遗传倾向和一些类似毛沸石的矿物纤维可能会导致胸膜间皮瘤(Dikensoy,2008),且在不同地理区域的发病率有很大差异。石棉不能对培养的间皮细胞的表型有改变作用,说明可能存在其他与石棉相关或独立的致癌因素导致恶性间皮瘤(付雨菲和韩丹,2013)。与西方国家石棉导致的恶性间皮瘤的高发病率相比,我国的恶性间皮瘤患者中有明确石棉接触史的很少,如此大的差异,使我国学者相信在恶性间皮瘤的病因学中一定存在其他尚未发现的致病因素。

大多数化学致癌物进入人体后,需要经过体内代谢活化或生物转化,成为具有致癌活性的最终致癌物,方可引起肿瘤发生,这种物质称为间接致癌物。体外实验表明,石棉不仅有诱癌(启动)作用,还具有促癌(促进)作用。同时,石棉诱导产生的活性氧自由基在其致癌过程中起着非常重要的作用。石棉可致人胚肺细胞发生形态转化,且涉及多个癌基因。石棉的致癌过程是多步进行的:石棉在体内通过各种途径引发活性氧自由基反应增强,脂质过氧(lipid peroxidation,LPO)化增加,抗氧化能力降低;石棉可直接与染色体作用,导致染色体数量和结构改变,使癌基因激活,抗癌基因失活。

石棉纤维吸入人体后长期滞留在人体内部,因此这种吸附其他致癌物质的作用也是长期的,从而明显增强了致癌作用。石棉纤维化学稳定性非常好,表面活性很强,例如,蛇纹石石棉纤维两端面上存在不饱和的 $O—Si—O$、$Si—O—Si$、$Mg—O$键,特别是暴露的 $O—$ 具有很强的活性。其次,在石棉纤维柱面上除存在活性较强的 $OH—$ 活性基外,还存在一些悬键,进一步增加石棉纤维活性,也就是说石棉对致癌物质的吸附结合能力很强。

纤维的物理形态和几何尺寸、纤维在空气中的浓度、纤维对肺液的抗浸蚀能力差异很大,如常见纤维的溶解速率从大到小的顺序是:蛇纹石石棉≫耐火纤维>岩棉>玻璃纤维≈矿渣棉。仓鼠吸入蛇纹石石棉和铁闪石石棉后,蛇纹石石棉在肺中滞留较少。也有人报道,在仓鼠气管内注入细长及可溶性人造纤维后,诱发了仓鼠包括间皮瘤在内的肿瘤,而大小相似但溶解性低的纤维组却未观察到肿瘤。俄罗斯医学科学院国家肿瘤科学中心通过多年研究发现,不仅石棉可以致癌,其他物理化学性能与石棉相近的纤维也能够引起癌症,原因是带电荷纤维和灰尘粒子生成了活性氧自由基。灰尘粒子和纤维对巨噬蛋白质具有激活作用,而巨噬蛋白质提高了细胞对原子团的敏感性。这与化学物质致癌性相近,即含有大 π 键的化合物(如苯环类物质)或含有孤对电子基团(如氨基、硝基、磷基、硫基)的物质都有较高的致癌性,原因是能释放大量各种高活性自由基。

国内外学者关于蛇纹石石棉的流行病学调查研究结果几近一致。近些年来非职业暴露居民的石棉相关疾病发生率普遍升高,且伴随吸烟等各种协同作用。流行病学调查表明,首次石棉暴露剂量为影响其持久作用最重要的因素,其次是暴露时间和累积石棉暴露剂量,但它不能从根源上阐释石棉纤维粉尘诱导疾病的机制。瑞士著名毒理学专家 Bernstein 博士认为,大于 $20\mu m$ 的蛇纹石石棉在吸入体内后不易被巨噬细胞完全吞噬,而小于 $5\mu m$ 的纤维与非纤维状颗粒物类似,可以清除掉。当体内石棉的累积量超过清除量时,矿物纤维即残留于呼吸道或者肺部。残留的纤维则在体液作用下逐渐分散为更细小的纤维,扩散至不同组织、器官,并形成石棉小体。石棉诱导表面覆盖蛋白折叠异常或者构象转变,且沉积于石棉纤维表面的铁朊蛋白多由 α 螺旋转为 β 折叠结构。暴露时间越长,肺部或呼吸道累积石棉量越高,危害越大,可引起炎症反应,并导致肺部和呼吸道疾病。

新的蛇纹石等硅酸盐纤维状矿物的安全性研究提出了“表面介体”致病说,它将粉尘的物理化学特征,如表面断键、活性自由基、活性中心、表面电性、催化性等与生物活性紧密联系起来。蛇纹石石棉天然的纳米特性产生高的化学活性,肺部滞留纤维表面发生持久的离子氧化还原反应,可因表面作用位点的激活-失活而产生大量自由基。石棉毒性与本身高的铁含量,可引发机体内芬顿(Fenton)反应,产生大量自由基,破坏机体内的铁稳态。含硅粉尘作用会引起常见微生物和 A549、V79 细胞膜结构蛋白产生新的功能基团、蛋白 α 螺旋与 β 折叠结构变异,以及蛋白 α 螺旋与 β 折叠结构含量比例的上升(Huo et al.,2017)。

生物持久性(又称生物蓄积性)是指吸入颗粒被肺组织从肺中消除所需要的时间,是用于评价粉尘对人体危害程度最有力的指标。持久滞留带来的有害影响与引起病理学上级联事件(炎症、纤维化、肿瘤)正相关。

石棉暴露引发的疾病潜伏期长,其替代品降低健康风险的成效有限。石棉的环境健康影响及毒性作用机理研究已经开展了近一个世纪。研究普遍认为,纤维表面性质直接影响纤维对机体的刺激作用及与生物分子、溶酶体液的反应;蛇纹石石棉的持久性则影响其在机体、体液中的滞留和反应时间,决定其对机体组织和器官的最终危害程度。有必要开展蛇纹石石棉浸蚀残存物,即蛇纹石石棉后继产物的毒性研究。此外,生物体内生物化学反应体系复杂,已有的研究多以单一化学溶液模拟浸蚀环境,较少考虑环境中的生物大分子,如蛋白质、多糖、有机酸的复合以及连锁反应,对评价蛇纹石石棉对机体稳态平衡的影响有很大局限性。

国内主要有 7 家单位在进行石棉方面的研究,如四川大学公共卫生学院研究青石棉及非职业暴露、石棉与肺部疾病的关系,北京大学公共卫生学院和中国安全生产科学研究院研究蛇纹石石棉、吸烟与蛇纹石石棉的协同影响,西南科技大学研究石棉纤维的特征及环境医学,浙江大学医学院研究乡镇石棉加工业流行病学调查,华东理工大学研究无石棉密封材料,陕西科技大学研究石棉密封材料。石棉制品大量使用而屡禁不止的主要原因是:有些国家认为蛇纹石石棉可以安全使用;研究显示,目前使用的石棉替代品并不安全;石棉替代品的性能低于蛇纹石石棉且价格要比天然石棉高。

1.6　石棉粉尘与大气污染物的混合毒性研究

即使所有的石棉开采加工使用被禁止,人们也无法彻底清除和处理自然界大量存在于地表裸露岩石和土壤中的石棉纤维、矿物晶须及其衍生粉尘颗粒。

有不少类似石棉的矿物纤维和矿物晶须,与石棉相比,其生物毒性和对环境及人体的危险性更强,如毛沸石等,它们多分布于地表。禁用角闪石石棉在全球达成共识,但大部分石棉矿山是露天开采,其产出基岩已形成表土,且有较大面积的表土分布。如青石棉和铁石棉的重要产地非洲,其南部津巴布韦的泽维沙瓦内和斯威士兰的哈维洛克,以及南非好望角青石棉带延伸都很广,肯尼亚和乌干达也是如此。意大利蛇纹石石棉总产量的 90% 左右产自巴兰盖诺(Balangero)露天矿,其北部出产大量优良透闪石石棉,分布在吐林、苏萨、爱斯达山谷,以及科莫湖东部的桑德里奥附近。法国在阿尔卑斯山的西部、科西加有蛇纹石石棉分布。在澳大利亚的西部,有蛇纹石石棉、直闪石石棉及两者共存的广大区域。美国石棉产区是加利福尼亚州、佛蒙特州和亚利桑那州。加利福尼亚州苏马斯山的土壤和地表水中有大量石棉,地表水中含量为 1.7~2324 MFL(百万根/升)(山体滑坡后含量大,一段时间后减少),土壤中则含有 0.5%~17% 的石棉。加拿大石棉矿区主要分布在魁北克省、纽芬兰省和安大略省。俄罗斯则分布在斯维尔德洛夫斯克州的乌拉尔和奥伦堡州的奥伦堡、图瓦、萨彦,哈萨克斯坦也有分布。津巴布韦是世界上第三大石棉生产国,石棉分布在泽维沙瓦内矿和马沙瓦矿,其大气中石棉浓度为 0~0.3f/cm^3 的情况占 80%,有时会超过 0.5f/cm^3。我国茫崖、巴州、阿克塞、宁强等大型石棉矿为露天开采,矿体、采区和尾矿分布较广。北京市大气中石棉含量 0.23~1.88ng/m^3。美国亚利桑那州、俄勒冈州、内华达州、犹他州,土耳其埃斯基谢希尔省(露天矿),法国上卢瓦尔省,意大利罗马省(露天矿),冰岛鲸鱼海湾,澳大利亚新南威尔士州,日本山形县,我国浙江省缙云县(露天矿)、吉林省长春市九台区和云南省有大片的毛沸石裸露地表。

大量开采和开挖废石,长期采选堆积的尾矿,普遍使用的水泥、摩擦和保温制品、密封及特种石棉制品等,使石棉纤维粉尘弥漫在空气、水和土壤中。因此,全面禁用石棉只能在短期内降低职业接触石棉的风险,关于非职业接触的应对将是一个漫长的过程。

2014 年 WHO 把大气污染列为第九大致癌因素,PM$_{2.5}$ 也公认为致癌物。有研究表明,石棉和多环芳烃(PAHs)有协同致癌作用。大气固体颗粒物源头主要为地表源区,地表尘粒矿物、人为(如汽车和工业)排放固体颗粒物(EC、OC 为主)常因大气搬运而相互混合,在产出、加工和使用石棉区域不可避免地混入各种来源的石棉粉尘,经大气传输而扩大其传播范围,加大了其对人体的联合危害程度,如大气颗粒物和所载微生物复合体可在人体外表与呼吸系统、地表及空中飞行器等场所长期存在,但其毒性变化、有无新毒性因子的产生等尚不清楚。众所周知,大气颗粒物吸附有重金属污染物(如 Cr、As、Pb、Cd、Hg 等)、复杂的有机物(如 PAHs 等)、硫和氮的氧化物及气溶胶态的铵盐、硫酸盐、硝酸盐等。在这些复杂的化合物与石棉和微生物混合、反应、复合等多相耦合作用下,超细矿物颗粒的成核长大及其表面特性变化对于灰霾形成也构成影响。因此,应重视大气颗粒物和微生物作用体系中颗粒物表面形貌与活性、毒性成分与强度以及颗粒物间团聚程度的变化等研究;重视石棉类矿物与 $PM_{2.5}$ 和 $PM_{1.0}$ 等可吸入颗粒运移过程中,矿物表面电性、基团、自由基和黏土颗粒层间域在反应过程中的参与程度与作用机制,以及矿物界面特征对污染物的催化、活化和钝化行为对 $PM_{2.5}$ 等颗粒沉降与再起尘的影响,探索通过超细矿物细颗粒微界面干扰实现对灰霾进行调控的机制。

　　综上所述,探讨矿物导致的病变病理应当十分重视矿物自身的下列因素:形态、持久性、溶解度、机械强度、表面反应性、表面结构、表面电性、表面组分以及矿物内部结构和组成,从这些因子中解释不同形态粉尘所对应的复杂多变的生物反应。例如,从矿物和地球化学的角度归纳 Stanton 及其合作者的实验数据就可以得出:矿物的种属明显影响其生物毒性和致癌潜在危险性;除形态因子外,其他因素同样影响矿物粉尘的致癌潜力。从这个意义上来说,任何矿物致病机理模型如果忽视了矿物学和地球化学的因素,就显然是不全面的,因为导致疾病的生化过程是发生在矿物的表面上或近矿物表面上的。本书试图从这个角度改善目前对矿物生物属性研究的不足,进而把矿物表面特性与生物反应结合起来。

参 考 文 献

陈真,孙红芳,赵宇亮. 2010. 金属纳米材料生物效应与安全应用. 北京:科学出版社

付雨菲,韩丹. 2013. 胸膜间皮瘤病因及发病机理研究进展. 湖北科技学报:医学版,27(1):90-92

霍婷婷,董发勤,邓建军,等. 2016. 几种高硅质矿物细颗粒的 A549 细胞毒性对比. 环境科学,37(11):4410-4418

李红梅,邹建芳,赵金币,等. 2014. 石棉致癌研究进展. 国际肿瘤学杂志,41(8):567-570

陶永进,曾娅莉,邓建军,等. 2016. $PM_{2.5}$ 沙尘矿物的 6 种主要成分致 A549 细胞遗传毒性研究. 工业卫生与职业病,(5):321-325

Cheng Y,Zheng G,Wei C,et al. 2016. Reactive nitrogen chemistry in aerosol water as a source of sulfate during haze events in China. Science Advances,2(12):e1601530

Darcey D J,Feltner C. 2014. Occupational and Environmental Exposure to Asbestos. Berlin: Springer Berlin Heidelberg,17-33

Dikensoy O. 2008. Mesothelioma due to environmental exposure to erionite in Turkey. Current Opinion in Pulmonary Medicine,14(4):322-325

Huo T T,Dong F Q,Yu S W,et al. 2017. Synergistic oxidative stress of surface silanol and hydroxyl radical of crystal and amorphous silica in A549 cells. Journal of Nanoscience and Nanotechnology,17(9):6645-6654

Robinson B W S,Lake R A. 2005. Advances in malignant mesothelioma-NEJM. New England Journal of Medicine,353(15):1591-1603

Stayner L T, Dankovic D A, Lemen R A. 1997. Asbestos-related cancer and the amphibole hypothesis: 2. Stayner and colleagues respond. American Journal of Public Health, 87 (4): 687-688

Wagner J C, Marchand P. 1960. Diffuse pleural mesothelioma and asbestos exposure in the North Western Cape Province. Occupational and Environmental Medicine, 17(4): 260-271

第 2 章　中国蛇纹石石棉及其代用纤维的应用矿物学特性

石棉是一组呈纤维状或丝状形态、柔软可劈分且具有优良力学、热学、电学等性能的硅酸盐矿物的统称,一般是指具有商业价值的纤维状硅酸盐矿物产品。石棉种类很多,依其矿物成分不同,可分为两大类,即蛇纹石石棉和角闪石石棉。蛇纹石石棉,也称温石棉,是纤蛇纹石的纤维状变种。角闪石石棉是角闪石族矿物的纤维状变种,包括青石棉(亦称蓝石棉或斜闪石石棉)(crocidolite)、铁石棉(亦称棕石棉)(amosite)、直闪石石棉(anthophyllite)、透闪石石棉(tremolite)和阳起石石棉(actinolite)。

因角闪石石棉已经禁用,加上蛇纹石石棉纤维可以分裂成极细的元纤维,具有优良的纺丝和其他加工性能,目前世界上所用的石棉基本上全是蛇纹石石棉。其他天然硅酸盐纤维和人造硅酸盐纤维用量较低。本章对我国西北地区主要超镁铁质岩型蛇纹石石棉、天然硅酸盐纤维(纤状海泡石、纤状坡缕石、纤状硅灰石、纤状沸石)、人造硅酸盐纤维(玻璃纤维、岩棉、陶瓷纤维)及角闪石石棉进行较全面的矿物学和物理、化学性能对比研究,以期揭示蛇纹石石棉及其他硅酸盐纤维在矿物学和物理、化学性质上的本质差异,并为其进入人体所产生的毒性和致病机理提供矿物学依据。

2.1　蛇纹石石棉的矿物学特征

蛇纹石的理想分子式为 $Mg_3Si_2O_5(OH)_4$,包括利蛇纹石(lizardite)、纤蛇纹石(chrysotile)(又分为正纤蛇纹石、斜纤蛇纹石、副纤蛇纹石)和叶蛇纹石(antigorite),其主要组分为 SiO_2、MgO 和 H_2O^+,各组分理论含量分别为 43.36%、43.64% 和 13.00%。天然产出的蛇纹石由于存在广泛的类质同象置换而实际上偏离理想成分,并形成多个亚种,如锰铝蛇纹石[kellyite, $(Mn^{2+}, Mg, Al)_3(Si, Al)_2O_5(OH)_4$]、锌铝蛇纹石[fraipontite, $(Zn, Al)_3(Si, Al)_2O_5(OH)_4$]、镍铝蛇纹石[brindleyite, $(Ni, Mg, Fe^{3+})_2Al(SiAl)O_5(OH)_4$]、镁绿泥石[amesite, $Mg_2Al(SiAl)O_5(OH)_4$]、镍绿泥石[nepouite, $Ni_3Si_2O_5(OH)_4$]、绿锥石[cronstedtite, $Fe_2^{2+}Fe^{3+}(SiFe^{3+})O_5(OH)_4$]、鲕(磁)绿泥石[berthierine, $(Fe^{2+}, Fe^{3+}, Al, Mg)_{2\sim3}(Si, Al)_2O_5(OH)_4$]。

对我国青海祁连小八宝石棉矿、双岔沟石棉矿、小黑刺沟石棉矿,青海茫崖石棉矿及四川新康石棉矿,加拿大魁北克石棉矿床的 12 个代表性蛇纹石石棉样品进行了化学成分、X 射线衍射(X-ray diffraction,XRD)、电子显微镜及热学性质、耐酸腐蚀性能等分析,结果见 2.1。

表 2.1　蛇纹石石棉样品特征对比表

Table 2.1　Brief description of chrysotile asbestos samples

产地	编号	肉眼观察特征	棉脉特征	共生、伴生矿物
青海祁连	Px-4	纤维致密时呈棕黄色,丝绢光泽,柔韧性好,易分散,纤维长 8～10mm,受一定程度的风化作用影响	横纤维脉,有单式脉、环状脉、交叉两期脉等	磁铁矿、水镁石、滑石
	Px-5	纤维束呈浅黄绿色,丝绢光泽,柔韧性好,易分散,纤维长 2.5～9mm		
	X8-1	纤维束呈暗黄绿色,柔韧性好,易剥分,纤维长 5～11mm		
	Ps-6	纤维束呈亮黄绿色,强丝绢光泽,柔韧性好,易剥离分散,纤维长 5～13mm	横纤维脉,有单式脉、复式平行脉等	磁铁矿、滑石、水镁石
	Ps-9a	纤维呈淡黄绿色,丝绢光泽,具有柔韧性,强度比 Ps-6 样品稍差,易分散,受一定程度的风化作用影响		
	Ps-14a	纤维束呈亮淡绿黄色,柔韧性好,易分散,纤维长 15～20mm		
	X8-2	纤维呈亮黄绿色,柔韧性好,易分散,纤维长 3～6mm		
	Ph-16	纤维束呈黄绿色,柔韧性较好,手感质硬,较难分散,纤维长 15～20 mm	斜纤维单式脉等	磁铁矿、水镁石等
青海茫崖	X9-1	纤维束呈暗黄绿色,柔韧性较差,易折断,较易分散,质硬,纤维长约 20mm	单式脉、复式脉、网状脉	叶蛇纹石、滑石、磁铁矿、水菱镁矿等
	X9-2	纤维束呈绿色,柔韧性稍差,不易折断,较易分散,手感质硬,纤维长 15～20mm		
四川新康	X11-3	纤维束呈亮淡绿黄色,柔韧性好,易分散,纤维长 15～25mm	单式脉、复式脉、网状脉	滑石、磁铁矿、水镁石
加拿大魁北克	Pc-20	纤维呈淡黄绿色,柔韧性好,易分散,纤维长 18～21mm	横纤维单式脉	磁铁矿、水镁石等

（产地分列：小八宝、双岔沟、小黑刺沟属青海祁连）

2.1.1　化学成分

对采自我国青海祁连小八宝、双岔沟、小黑刺沟，青海茫崖及加拿大魁北克石棉矿山样品在双目镜下手工分选后，对常量成分和微量元素成分进行分析研究，结果见表 2.2 和表 2.3。

表 2.2　蛇纹石石棉样品的化学成分分析结果

Table 2.2　Chemical composition of chrysotile asbestos samples （单位：%）

样品	SiO_2	TiO_2	Al_2O_3	Fe_2O_3	Cr_2O_3	FeO	MnO	MgO	CaO	Na_2O	K_2O	F^-	H_2O^+	总计
Px-4	41.51	0.01	0.39	1.30	0.04	0.39	0.09	42.07	0.04	0.02	0.01	0.010	14.10	99.98
Px-5	41.40	0.01	0.42	1.21	0.06	0.48	0.09	42.19	0.04	0.00	0.01	0.007	14.23	100.15
Ps-6	41.37	0.01	0.27	1.15	0.01	0.08	0.02	41.81	0.14	0.09	0.04	0.009	13.76	98.76
Ps-9a	42.04	0.01	0.27	1.12	0.01	0.08	0.03	42.17	0.10	0.01	0.01	0.007	14.18	100.03
Ps-14a	41.77	0.01	0.33	1.19	0.01	0.04	0.05	42.05	0.08	0.04	0.01	0.007	14.38	99.96
Ph-16	41.95	0.02	1.14	2.61	0.01	0.06	0.02	40.02	0.22	0.02	0.02	0.009	13.43	99.52
X8-1*	41.83	0.03	0.40	1.04	0.05	0.37	0.11	42.18	0.04	0.03	0.03		13.82	99.99
X8-2*	41.24	0.08	0.53	0.82	0.00	0.06	0.04	42.18	0.08	0.03	0.03		13.90	98.98
X9-1*	43.15	0.08	0.81	2.02	0.01	0.63	0.01	39.33	0.14	0.32	0.06		13.09	100.03
X9-2*	42.18	0.05	0.68	1.48	0.04	0.31	0.02	41.24	0.14	0.10	0.03		13.44	99.96
X11-3*	42.52	0.06	0.50	0.73	0.005	0.58	0.02	40.11		0.15	0.06	0.17	14.70	99.80
川宋 38**	40.88	—	0.41	3.74	—	1.97	0.08	39.69	0.25	1.01	痕	0.02	11.07	99.12
康凉 172**	40.19	—	0.48	6.05	—	2.13	0.10	36.87	0.20	0.45	痕	—	12.49	98.96
川宋 32**	52.94	—	4.11	—	—	4.01	0.10	27.95	4.56	0.30	痕	0.05	6.15	100.17
康凉 173**	23.73	—	0.95	3.79	—	1.92	0.14	49.16	0.39	0.34	0.10	0.10	17.98	98.6
X6-1**	43.75	0.08	0.55	0.17	0.00	0.12	0.01	40.88	0.16	0.13	0.03	0.85	13.58	100.31
X7-1**	43.98	0.08	0.46	1.02	0.00	0.18	0.08	41.06	0.13	0.03	0.03	0.48	12.64	100.14
X8-1**	41.83	0.03	0.4	1.04	0.05	0.37	0.11	42.18	0.04	0.03	0.03		13.82	99.99
2211**	42.31	0.002	0.42	1.73	0.045	0.5	0.03	36.22	0.31	0.20	0.024	0.06	14.13	95.981
2212**	42.29	—	0.55	1.70	0.061	0.63	0.03	37.04	0.15	0.24	0.037	0.11	14.14	96.978
2601**	41.63	痕	0.55	1.12	痕	0.56	痕	42.74	痕	0.21	0.14	—	13.25	100.2
加拿大-20	41.61		1.42					41.25						

* 来自朱自尊等(1986)。

** 来自张冠英等(1983)，茫崖纤蛇纹石石棉性能测试与研究总结报告，武汉建筑材料工业学院。

加拿大-20 采自魁北克矿山，电子探针法测定。

　　采用以 14(O) 为基础的晶体化学式计算方法对 8 个纤蛇纹石样品的晶体化学式进行计算。其中,八面体位置中 Mg^{2+} 的原子数为 5.609~5.932,Fe^{2+}、Ca^{2+} 等二价阳离子原子数为 0.014~0.049,Fe^{3+}、Al^{3+} 等三价阳离子原子数为 0.044~0.257;而四面体位置中 Si^{4+} 原子数为 3.906~3.953,Al^{3+} 的原子数为 0~0.047,Fe^{3+} 的原子数为 0.027~0.069。在纤蛇纹石晶体结构中,Mg^{2+}、Si^{4+} 分别只占据八面体和四面体位置,而 Fe^{3+}、Al^{3+} 既占据八面体位置又占据四面体位置。其中,三个矿山典型样品的晶体化学式如下。

　　小八宝:

$$(Mg_{5.915}Fe^{3+}_{0.046}Fe^{2+}_{0.031}Mn^{2+}_{0.007}Al_{0.004})_{6.003}\left[(Si_{3.915}Al_{0.039}Fe^{3+}_{0.046})_4O_{10}\right](OH)_8$$

　　双岔沟:

$$(Mg_{5.927}Fe^{3+}_{0.032}Fe^{2+}_{0.006}Mn^{2+}_{0.002}Al_{0.014}Ca_{0.014})_{5.995}\left[(Si_{3.934}Al_{0.016}Fe^{3+}_{0.050})_4O_{10}\right](OH)_8$$

　　小黑刺沟:

$$(Mg_{5.609}Fe^{3+}_{0.130}Fe^{2+}_{0.002}Mn^{2+}_{0.002}Al_{0.126}Ca_{0.022})_{5.891}\left[(Si_{3.945}Fe^{3+}_{0.055})_4O_{10}\right](OH)_8$$

表 2.3　蛇纹石石棉样品微量元素结果(中子活化分析)

Table 2.3　Trace element in chrysotile asbestos determined by neutron activation analysis

(单位:mg/L)

样　号	V	Cr	Co	Mn	Sc	Ni*	Cl
Px-4	19.7	600.0	16.0	630.0	6.40	77.0	930.0
Px-5	18.9	1220.0	34.0	742.0	8.30	90.0	3180.0
Ps-6	14.9	120.0	47.8	183.0	5.97	1560.0	400.0
Ps-9a	10.2	36.9	45.2	222.0	4.91	1290.0	250.0
Ps-14a	14.1	60.5	44.1	311.0	6.65	1080.0	3180.0
Ph-16	48.5	61.0	150.0	166.0	15.3	2350.0	430.0

　　注:中子活化分析由成都理工大学核技术与自动化工程学院完成。

　　* 为参考值。

　　常量化学成分分析结果表明,蛇纹石石棉的主要成分为 SiO_2、MgO 和 H_2O^+,其次为 Al_2O_3、Fe_2O_3、FeO 等。小八宝和双岔沟矿山的 7 个样品常量成分的平均值为:41.59% SiO_2;42.08% MgO;14.05% H_2O^+;1.12% Fe_2O_3;0.37% Al_2O_3;0.21% FeO。

　　不同产地蛇纹石石棉的化学成分是有差异的。小八宝和双岔沟矿山产出的样品与加拿大魁北克样品的常量成分含量相近;与小黑刺沟和茫崖矿山的样品相比则含有较少的 SiO_2、Al_2O_3 和 Fe_2O_3,而含有较多的 MgO 和 H_2O^+(表 2.4)。

　　蛇纹石石棉的微量元素主要有 Ni、Cr、Mn、Co、V、Sc、Cl 等。同一矿山产出的样品,微量元素的含量大致相同;不同矿山产出的样品差别较大。小八宝和双岔沟矿山产出的样品与小黑刺沟矿山的样品相比含有较多的 Cr、Mn,而含有较少的

Ni、Co、V、Sc(表 2.3)。

表 2.4 不同矿床蛇纹石石棉的平均化学成分

Table 2.4 The average chemical composition of chrysotile asbestos from several deposits

(单位:%)

矿床	样品数	SiO_2	MgO	FeO	Al_2O_3	Fe_2O_3	H_2O^+	数据来源
小八宝	3	41.58	42.15	0.41	0.40	1.18	14.05	李明(2008);朱自尊(1986)
双岔沟	4	41.61	42.03	0.07	0.35	1.07	14.06	李明(2008);朱自尊(1986)
小黑刺沟	1	41.95	40.02	0.06	1.14	2.61	13.43	李明(2008)
茫崖	2	42.67	40.28	0.47	0.75	1.75	13.27	朱自尊(1986)
加拿大魁北克	1	41.61	41.25	—	—	1.42*	—	李明(2008)

* 表示 TFe_2O_3。

2.1.2 晶体结构

1. 蛇纹石石棉的结构与种类

蛇纹石石棉是纤蛇纹石的纤维状变种,属蛇纹石族矿物,为 1:1 型三八面体层状硅酸盐,其理想晶体结构为:结构单元层由一硅氧四面体片通过顶角氧与"氢氧镁石"八面体片连接而成,并无任何扭曲。在连接面上八面体片中 2/3(OH)由四面体片中的顶角氧所代替,结构单元层之间由氢键相连(图 2.1)。蛇纹石结构中,四面体片内主要以共价键相连,八面体片内主要以离子键相连,而四面体片与八面体片之间也以离子键相连,结构单元层之间由较弱的氢键相连(Mbrtenr,1982)。

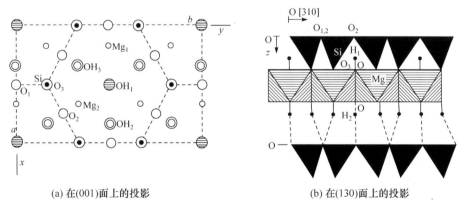

(a) 在(001)面上的投影   (b) 在(130)面上的投影

图 2.1 蛇纹石的理想晶体结构图

Figure 2.1 The crystal structure of serpentine

　　在蛇纹石族矿物的实际晶体结构中,上述四面体片与八面体片的配置是不协调的。这是由于沿结构层的方向四面体片与八面体片的轴长不相等。理想的 $b_{tet}=9.15\text{Å}$,$b_{oct}=9.45\text{Å}$,两者相差 0.30Å。因为 $b=\sqrt{3}a$,所以这种不匹配不仅表现在 b 轴方向上,沿 a 轴方向或沿结构层其他任何方向都存在一定的不协调,但沿 b 轴方向最大。蛇纹石在形成过程采用三种方式来消除这种不协调:①在八面体片中以较小半径的 Al^{3+}、Fe^{3+} 等替代较大半径的 Mg^{2+};②在四面体片中以较大半径的 Al^{3+}、Fe^{3+} 替代较小半径的 Si^{4+};③八面体片或四面体片发生变形,并以四面体片在内、八面体片在外的方式发生结构单元层卷曲。上述三种方式可同时存在于蛇纹石矿物中(江绍英,1987)。

　　蛇纹石石棉主要是通过四面体片居内、八面体片居外(沿 a 轴,较少情况下沿 b 轴或 a-b 平面上其他方向)结构层弯曲的方式克服四面体片与八面体片之间的不协调,并形成卷层结构和管状结构(图 2.2)。因此,纤蛇纹石的纤维晶体沿纤维管方向为共价键和离子键主导的强化学键链,而垂直管体方向以较弱的氢键为主。

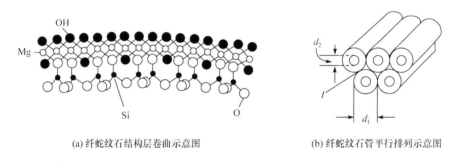

(a) 纤蛇纹石结构层卷曲示意图　　　　　　(b) 纤蛇纹石管平行排列示意图

图 2.2　纤蛇纹石卷层结构和管状结构示意图

Figure 2.2　Schematic representation of (a) the curling of chrysotile and
(b) the tubular structure of chrysotile

　　根据结构单元层的堆积方式和卷轴的方向,纤蛇纹石分平行 a 轴卷曲的斜纤蛇纹石、正纤蛇纹石和平行 b 轴卷曲的副纤蛇纹石。我国石棉矿山产出的蛇纹石石棉中,多数为纤维方向平行于 a 轴,卷曲方向为 b 轴的斜纤蛇纹石,正纤蛇纹石和副纤蛇纹石十分少见。蛇纹石石棉的许多物理或化学性质与卷层构造有关。蛇纹石石棉的管构造在宏观形态上表现为纤维状(或丝状)形态,在微观上表现为卷管状。由于纤蛇纹石卷管构造的特点,纤蛇纹石晶体在三维方向上的排列有序度较低,这是人们深入了解其晶体结构的很大障碍。

　　对小八宝、双岔沟、小黑刺沟、茫崖和加拿大魁北克矿床的 17 个样品进行XRD 分析。分析结果表明,多数样品是斜纤蛇纹石,仅有少数样品中含有少量正纤蛇纹石。张冠英(1983)在研究茫崖样品时发现,除斜纤蛇纹石外,还发现有副纤蛇纹石和正纤蛇纹石。采用广角加权最小二乘拟合方法对 16 个蛇纹石石棉样品的晶胞参数进行计算,计算结果见表 2.5。

表 2.5　不同矿床蛇纹石石棉的晶胞参数对比

Table 2.5　The cell parameters of chrysotile asbestos from several deposits

矿床	$a_0/\text{Å}$	$b_0/\text{Å}$	$c_0/\text{Å}$	$\beta/(°)$	样品个数
小八宝	5.29	9.20	14.65	93.07	6
双岔沟	5.29	9.20	14.65	93.02	6
小黑刺沟	5.30	9.23	14.66	92.89	1
茫崖	5.37	9.22	14.66	93.22	2
加拿大魁北克	5.29	9.20	14.49	93.07	1

回归分析表明,晶胞参数主要受 SiO_2、MgO、Al_2O_3、Fe_2O_3、FeO 和 H_2O^+ 相对含量的影响。其中 a_0 随 Fe_2O_3 含量增加而减小,b_0 随 FeO 含量增加而增大,c_0 随 SiO_2、Fe_2O_3、FeO 含量增加而减小,同时发现 Al_2O_3 与 a_0、b_0、c_0 都呈正相关关系,但只有与 b_0 的相关性是显著的。分析表明,化学成分影响纤蛇纹石晶胞参数的原因是不同成分阳离子的半径不同,当在不同位置产生阳离子替代时影响了配位多面体的大小,进而对晶胞大小产生影响。

2. 蛇纹石晶体结构中的化学键

在蛇纹石结构中存在多种化学键,主要包括 O—Si—O、Si—O—Si、Si—O—Mg、Mg—(OH) 和氢键等(李学军等,2003)。这些化学键决定了纤蛇纹石的化学属性。Si—O—Si、O—Si—O 键基本为共价键。四面体片中 Si—O 之间采用 sp^3 杂化轨道成键,四个氧原子 p 轨道分别与 sp^3 杂化轨道结合形成四个 σ 键,其中 Si—O—Mg 中的 Si—O 键要比 Si—O—Si 中的 Si—O 键强。所有硅氧四面体连接成六方网环状且其顶角氧都朝向同一方向。

O—Mg—OH 和 OH—Mg—OH 键存在于蛇纹石晶体结构中的八面体片内,它们通过静电引力形成离子键。羟基(—OH)分为内羟基和外羟基。内羟基存在于硅氧四面体片六方网环的中心且与顶角氧处在同一平面上,O—H 键的 H 指向硅氧四面体片桥氧的方向;外羟基存在于八面体片外侧面,O—H 键的 H 指向另一结构层桥氧的方向,O—H 键为极性共价键,有很强的化学活性,并具有与电负性较大的原子(如 F、O、N)形成氢键的倾向。因此,对于纤蛇纹石,卷曲后的圆柱面是由 OH^- 构成的。OH^- 的存在使纤蛇纹石水悬浊液呈碱性,也正是这一点使蛇纹石具较强的耐碱性,但耐酸性很差。此外,卤素离子也可以替代羟基,与 Mg^{2+} 形成配位八面体,将卤素离子固着在蛇纹石结构中(Yariv,1975)。

纤蛇纹石的结构层之间以氢键相连。羟基中氢与氧以共价键结合,外羟基的氢原子分布在羟基外侧,氢核几乎裸露,这种裸露的氢核很小,具有不带内层电子和不易被其他原子的电子云排斥的特点。因此,在相邻结构层之间它吸引硅氧四面体片中底面氧(桥氧)的孤对电子云而形成氢键。这种裸露的氢核除吸引氧原子外,还可吸引其他电负性较大的原子和原子团,如 F、N 和 Cl 等,从而表现出较强的化学活性。

3. 纤蛇纹石的表面结构

纤蛇纹石的结构可以看成以硅氧四面体片居内、"氢氧镁石"八面体片居外沿 a 轴或 b 轴卷曲而成。卷曲的方式有套管式、螺旋式和卷轴式等不同方式(潘兆橹,1994;朱自尊等,1986)。因此,通常纤蛇纹石的柱面外表面是由羟基构成的,其端面是由硅氧四面体片和八面体片的端面组成的。

对于纤蛇纹石表面的最外结构层,内部为硅氧四面体片,由于类质同象置换,部分 Si^{4+} 被 Al^{3+} 所替代,因此四面体片带一定的负电荷;外部为氢氧镁石片,表面为羟基层,羟基很容易脱去,使得纤蛇纹石表面带正电荷。此外,在纤蛇纹石纤维两端的端面上存在 Si—O、Mg—O 不饱和键。

因此,纤蛇纹石具有很强的表面活性。这种表面活性既是纤维进入人体在体液作用下产生溶解的原因和残留纤维致病的原因,也是对石棉纤维进行改性的依据。此外,卷管构造引起的晶格弯曲会引进附加的内能和表面能,这是石棉纤维具有高化学活性的重要原因。

2.2　蛇纹石石棉的形态与物理化学性能

2.2.1　蛇纹石石棉的形态与比表面积

利用日本 S-530 型扫描电子显微镜(scanning electron microscopy,SEM)和 JEM-100CX 与 JEM-200CX 型透射电子显微镜(transmission electron microscopy,TEM)对采自青海茫崖、小八宝、双岔沟、小黑刺沟和加拿大魁北克石矿床的七个蛇纹石石棉样品进行分析,并获得石棉纤维的形貌像和晶格条纹像。

SEM 观察结果表明,不同矿床的石棉纤维性质有明显差异,但都呈纤维状和丝状形态(图 2.3)。小八宝、双岔沟和加拿大魁北克矿床的样品具有相似的纤维特征:纤维柔韧性好,弹性好。超声波分散下,纤维未被击断。小黑刺沟、茫崖两个矿床样品的纤维分散程度比前三个矿床的高,纤维柔韧性差、弹性差。超声波分散下,纤维被击断。根据 SEM 下石棉纤维的形态特征并结合肉眼观察将石棉纤维分为柔软型和硬直型两种。

柔软型和硬直型纤维在工业上的应用有所不同。柔软型纤维的伸缩性、密封性较好,适于制作衬垫、垫圈等密封产品。同时,柔软型纤维具有优良的成浆性能,适合湿法纺织,短纤维石棉也可得到充分利用;硬直型纤维易于分散,具有良好的过滤性能。同时,纤维抗拉强度好,适于制作增强纤维材料和石棉水泥等制品。

在 TEM 下,不同样品的石棉纤维均呈管状形态(图 2.4～图 2.6)。七个样品的 140 多根纤维内、外径测量结果表明,石棉纤维外径介于 16～56nm,并主要分布于 20～50nm;内径介于 3.5～24nm,多数小于 11nm。

图 2.3　蛇纹石石棉的 SEM 形貌

Figure 2.3　SEM image of chrysotile asbestos

图 2.4　蛇纹石石棉样品的 TEM 晶格条纹

Figure 2.4　TEM lattice fringe image of chrysotile asbestos

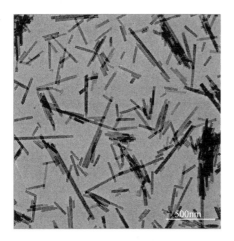

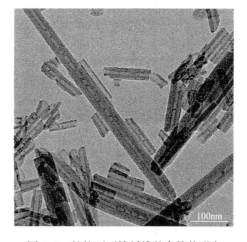

图 2.5　蛇纹石石棉纤维的管状形态

Figure 2.5　Tubular morphology of chrysotile asbestos in TEM image

图 2.6　蛇纹石石棉纤维的套管状形态

Figure 2.6　Concentric telescope-like structure of chrysotile asbestos in TEM image

在石棉纤维的晶格图像上,可以清楚地看到结构单元层呈卷曲状,形成一种卷管构造(图 2.4)。根据纤维的生长方式可把卷管构造分为套管状、卷管状和卷锥状等。不同的卷管构造将导致不同的表面结构和化学悬键特点,从而引起纤维表面具有不同的电性和化学活性。

　　自然界产出的蛇纹石石棉大多为短纤维,其长度小于 5mm,而蛇纹石石棉中著名的"康棉"长达 2m。目前世界上最长的蛇纹石石棉纤维达到 2.18m,产于我国。单以短纤维而论,蛇纹石石棉纤维长径比非常大,并且有一个极大的变化范围。蛇纹石石棉属一维纳米丝材料,又属于天然纳米管材料,具有纳米晶体的尺寸效应和表面效应所产生的优良性能。然而,加工过程中的蛇纹石石棉纤维难以完全分散成单根纤维,通常为若干根纤维的集合体,其直径可达数百纳米至几微米,因此其长径比显著减小,这对人体的健康影响是巨大的。研究表明,人体吸入特定长径比(直径小于 $3\mu m$,长度大于 $5\mu m$)的石棉纤维并达到一定剂量时才会危害健康,而对人体致癌最危险的石棉纤维长为 $5\sim8\mu m$,直径为 $0.25\sim1.5\mu m$。

　　蛇纹石石棉比表面积是石棉纤维(束)分散程度和细度的基本指标之一。松散程度越高,纤维分散越好,比表面积则越大;纤维细度(直径)与比表面积为负相关关系。蛇纹石石棉的纳米级细度使之具有很大的比表面积。用电镜法计算得出纤蛇纹石单纤维比表面积为 $100m^2/g$,而用常规法测试所得的值,一般都小于理论值,为 $10\sim56m^2/g$。朱自尊等(1986)用氮气吸附法测得纤蛇纹石纤维的比表面积最大为 $56.7m^2/g$,对甘肃阿克塞红柳沟蛇纹石石棉选用氮气吸附法测得 BET 比表面积为 $13.62m^2/g$(Song et al. ,2015)。

　　大比表面积致使表面原子数所占的比例相当高,表面原子数的增多导致其配位数不足并具有高表面能,使得这些活性位易与其他物质相结合而稳定下来,从而使蛇纹石石棉具有很高的表面活性。这种高表面活性有利于蛇纹石石棉的改性及环境污染治理等,但也可对人体产生巨大危害。蛇纹石石棉的纳米属性不仅表现在其纤维具有二维方向的纳米尺寸,还表现在纤维性能上。由于纳米尺寸效应,石棉纤维具有特殊的物理和化学性质,如良好的柔韧性、高机械强度和表面活性等。

2.2.2　物理性能

1. 力学性能

　　纤维晶体中沿石棉管轴方向上是共价键加离子键的强化学键结链,而在垂直于管轴方向上以分子键(氢键)相连。因此,蛇纹石石棉纤维具有优异的抗拉强度,为 $1203.3\sim4237.5MPa$,显著高于金属材料,与碳纤维、硼纤维和玻璃纤维的抗拉强度相当。抗拉强度是衡量石棉纤维力学性能的主要参数,在常见的纤维中,除玻璃纤维和硼纤维的抗拉强度与蛇纹石石棉相近外,其余无机和有机纤维材料的抗拉强度都不及蛇纹石石棉,见表 2.6。

表 2.6　各种纤维抗拉强度的比较

Table 2.6　Tensile strength of several kinds of fiber　　（单位：MPa）

纤维种类	抗拉强度	纤维种类	抗拉强度
蛇纹石石棉（加拿大）	2981.2	羊毛	127.5～215.7
蛇纹石石棉（苏联）	3108.7	尼龙绳	294.2～588.4
蛇纹石石棉（南非）	2647.8	钢琴弦	490.3～1961.3
蛇纹石石棉（中国）	1203.3～4237.5	玻璃纤维	3432.3～4511.1
镁钠闪石石棉	158.9～1591.6	硼纤维	3089.1～3432.3
棉	294.2～784.5	碳纤维	1696.6～2951.8
绢	343.2～588.4	高强度钢	1304.3

　　蛇纹石石棉纤维的另一优势在于：高温处理下，其抗拉强度可保持不变甚至得到增强。研究表明，蛇纹石石棉的抗拉强度在 300～450℃ 热处理下得到增强（表 2.7）（董发勤，2015）。这一性能对提高石棉制品的机械强度有积极意义。蛇纹石石棉在高温（450℃）条件下抗拉强度增加的原因是加热去除了蛇纹石石棉中的吸附水，纤维之间结合更紧密，纤维间键强提高，其抗拉强度也随之增强（拉伸弹性模量从 1470MPa 上升为 1667MPa）（江绍英，1987）。然而，对于含水镁石较多的蛇纹石石棉，其纤维抗拉强度在 400℃ 下显著降低，这是因为 400℃ 热处理破坏了水镁石结构，使纤维束变得松散。

表 2.7　蛇纹石石棉经不同温度热处理后的抗拉强度

Table 2.7　Tensile strength of calcined chrysotile asbestos samples

（单位：MPa）

样号	常温	100℃	200℃	300℃	380℃	450℃	550℃	640℃
集安-3	3257	2217	3223	3501	3327	3190	3015	2786
方山-112	3148	2873	2305	2944	3393	3391	2621	—
川宋-41(1)	2445	2739	2941	2719	3368	3361	2870	800
川兴-83(2)	2721	2700	3018	4238	3778	3802	2218	630
康凉-171(5)	2382	2774	2967	3248	2824	2664	2338	317
康洪-186(2)	2546	2533	3183	3792	3326	3249	3324	1247
茫崖-2	3109	3010	3544	3812	3858	3824	3145	1670

2. 耐磨性能

　　蛇纹石石棉具有较高的摩擦系数。蛇纹石石棉基摩阻材料普遍使用在传统摩擦制动装置中，尤其是在采取钢对偶的重型机械摩擦制动装置（如石油钻机摩擦副、载重汽车和货运列车的摩擦副）中。

张友森等(2000)对石棉与钢对偶的摩擦副中蛇纹石石棉许用温度的研究认为,蛇纹石石棉从500℃左右摩擦系数开始降低,蛇纹石石棉基摩擦副也逐渐失效。摩擦副的日常工作温度一般为300～700℃(有冷却水的为300℃以下,无冷却水的为500～700℃),蛇纹石石棉良好的耐温性能(长期耐温500℃,短期耐温700℃)使其在摩擦副的日常工作温度下已能很好适用,且在有冷却水的条件下使用寿命更长。

袁国洲和易茂中(1998)对石棉与钢对偶的摩擦副进行了制动摩擦磨损实验。研究表明,半金属比石棉摩擦材料抗热衰退性能和摩擦系数的稳定性好;在强制动条件下石棉的摩擦系数降低,而半金属的摩擦系数升高。这是由于蛇纹石石棉在500℃左右开始失去结晶水,结构被逐渐破坏并导致其摩擦系数降低;而蛇纹石石棉本身的导热性能差,又使得产生的摩擦热难以散去,从而温度更易升高。

在材料的磨损特性上,石棉、半金属磨阻材料与钢摩擦副配对时,所产生磨损量尚存争议。袁国洲等认为石棉材料的磨损量要大于半金属,而张友森等认为半金属的磨损更加严重。目前在我国的石油钻机摩擦副的材料选用中多采用张友森的观点,又由于蛇纹石石棉价廉易得,蛇纹石石棉磨阻材料仍占据着不可替代的地位。

3. 热学性能

1) 耐温性能

蛇纹石石棉具有优良的耐温性能。对不同矿区十个样品进行差热分析(differential thermal analysis,DTA),测定热重分析(thermogravimetric analysis,TGA)热谱曲线和三个样品的线膨胀系数,讨论化学成分与热效应温度点的关系及柔软型纤维和硬直型纤维在热谱上的反映。

蛇纹石石棉的差热曲线表明,在室温～1000℃范围内有两个吸热谷和一个放热峰。第一个吸热谷的峰值温度在55℃左右,由样品脱去吸附水所致;第二个吸热谷(多为复谷)在500～750℃范围内,由样品脱去结构中的羟基并伴随晶格的破坏所致;放热峰在800～850℃范围内,主要与镁橄榄石的结晶作用有关。在500～750℃范围内所出现的宽而复合的脱羟吸热谷形态随样品的柔软性不同而有较大的差异。柔软型纤维的复合特征不甚明显,如双岔沟样品(Ps-6,Ps-14a)、加拿大魁北克样品(Pc-20)等;硬直型纤维的复合特征明显,如小黑刺沟样品(Ph-16)、茫崖样品(X9-1)。柔软型纤维的最高脱羟峰一般为685～700℃,硬直型纤维的最高脱羟峰高于720℃,最高达734℃,两者之间存在明显的差别。在800～850℃温度范围内出现的放热峰,除硬直型纤维样品(Ph-16,X9-1)的温度点较低(810℃和817℃)外,其他柔软型纤维样品的温度点都高于820℃。两种类型纤维性能不同的原因在于它们结构遭受破坏的程度和化学成分上的差异。分析结果表明,样品脱吸附水的温度点随样品中($Al^{3+}+Fe^{3+}$)离子数的增加而升高;样品的脱羟温度随($Al^{3+}+Fe^{3+}$)离子数的增加而升高;样品的放热峰温度随($Al^{3+}+Fe^{3+}$)离子数的增加而降低,随 Mg^{2+} 离子数的增加而升高。

样品的 TG 曲线表明,失重主要对应于脱吸附水和脱羟基水两个阶段,不同样品的热失重百分数有一定的差异。在 20～1000℃ 范围内,样品的热失重百分数一般为 14.32%～15.64%。

三个样品的热机械分析(thermomechancial analysis,TMA)表明,在加热过程中,从室温到 730℃ 左右,样品随温度的升高呈现较好的线性正热膨胀;在 730～900℃,由于失去羟基和结构破坏,样品出现非线性负热膨胀;900℃ 以后样品又出现正热膨胀。不同的样品沿纤维轴方向的线膨胀系数是不同的。在室温～650℃ 范围内,柔软型纤维的线膨胀系数较硬直型纤维的大,前者为 $2.38×10^{-6}$～$2.51×10^{-6}/℃$,后者为 $2.20×10^{-6}/℃$。蛇纹石石棉的耐温性能较好。由差热分析和静态热重分析可知,200～500℃ 有少量失重(2%),是失去吸附水的表现;500～700℃ 结构水逸出,为主要失重区,在 650～700℃ 也相应出现一深而大的吸热谷,纤蛇纹石结构破坏。

纯净蛇纹石石棉的总失重量一般在 13% 左右,与其含 H_2O^+ 的理论值 12.9% 十分相近。当蛇纹石石棉中含有水镁石和碳酸盐矿物时,总失重量增大,可达 15% 以上。不同结晶度的蛇纹石石棉的主吸热谷是有变化的:Fe 含量低、MgO 含量较高的蛇纹石石棉的吸热谷温度在 700℃ 左右;Fe 含量较高、MgO 含量较低的蛇纹石石棉吸热谷温度偏低。

实验表明,蛇纹石石棉在 500℃ 以后普遍明显脱羟,结构开始破坏。因此,用作保温隔热材料的蛇纹石石棉的使用温度上限一般为 500℃,但含水镁石及碳酸盐矿物较多的蛇纹石石棉的最高使用温度通常以 400℃ 为限。

2) 保温隔热与隔声性能

蛇纹石石棉良好的保温隔热性能主要由其低热导率(导热系数)所决定,其热导率一般不超过 0.233W/(m·K)。江绍英(1987)测试过我国主要石棉矿山所产石棉的热导率,均在 0.110～0.207W/(m·K) 变化。其比热容一般为 0.2J/(kg·℃),使用温度一般为 500℃,最高工作温度可达 600～800℃,烧失量(800℃时)为 13%～15%,吸湿量为 1%～3%。

影响蛇纹石石棉热导率的因素包括温度、容重、纤维直径及集合体的松散度等。温度升高时,纤维之间的空气热导率提高;蛇纹石石棉纤维松散,空隙增大,热导率降低;蛇纹石石棉纤维中的金属氧化矿物杂质较多时,热导率增大,其保温隔热效果降低。

蛇纹石石棉的理论密度为 $2.56g/cm^3$,晶体结构中类质同象置换程度决定其实际密度:Fe、Ti、Mn、Ni 等元素取代 Mg 时,密度偏大;Al、Ti 取代 Si 时,密度偏小。此外,密度还与纤维管内腔有无充填物有关。蛇纹石石棉的实际密度为 2.426~2.646g/cm³,容重为 1600~2200N/m³。其密度和容重都比较低,是很好的轻质材料。蛇纹石石棉纤维为纳米级空心管状结构,松解堆积呈现多孔隙特征,也是良好的隔声材料。

4. 电学性能

按电阻率,蛇纹石石棉属于绝缘体,是良好的耐热绝缘矿物原料,且热绝缘寿命很长。朱自尊等(1986)测定了我国几个主要产地的蛇纹石石棉的质量电阻率 ρ_m 为 10^4~10^8 $\Omega \cdot g/cm^2$(表 2.8),与角闪石石棉的 ρ_m(10^4~10^7 $\Omega \cdot g/cm^2$)相近。

表 2.8　各地蛇纹石石棉的质量电阻率 ρ_m

Table 2.8　The mass resistivity of chrysotile asbestos

（单位:$\Omega \cdot g/cm^2$）

样品	ρ_m	样品	ρ_m	样品	ρ_m	样品	ρ_m
金县-1	3.3×10^7	集安-2	6.0×10^4	茫崖-1	1.1×10^5	川棉-3	2.0×10^7
金县-2	4.4×10^7	祁连-1	6.7×10^5	茫崖-2	2.6×10^4	新康-3	4.4×10^4
集安-1	1.8×10^7	祁连-2	1.0×10^5	大安-4	1.8×10^8	—	—

不同产地的蛇纹石石棉和同一矿床不同样品的电阻率可能有较大差别,主要与下列因素有关:①结晶度的差异。结晶度好、质地纯的蛇纹石石棉电阻率较小,这可能由于这类蛇纹石石棉纤维表面结构完整,带正电荷,且比表面积大,吸附了其他离子,因而表面电导增大。②石棉纤维中可溶性离子数量。经清洗的蛇纹石石棉的电阻率增大,纤维束中的可溶性离子在用水清洗时被除去,使石棉的导电性(特别是表面电导)降低。经测定,清洗后风干的蛇纹石石棉的电阻率普遍增大一个数量级,最显著的可增大 400 倍。③纤维中微粒磁铁矿的含量。含磁铁矿多,电阻率会降低。④湿度变化对电阻率有很大影响,见表 2.9(江绍英,1987)。

表 2.9　蛇纹石石棉(茫崖-1)在不同湿度条件下质量电阻率 ρ_m

Table 2.9　The mass resistivity of chrysotile asbestos(Mangya-1)in different humidity

湿度/%	95	85	75	70	65	60
$\rho_m/(\Omega \cdot g/cm^2)$	1.99×10^4	2.53×10^4	2.82×10^4	3.09×10^4	6.35×10^4	7.97×10^4
湿度/%	42	40	37.5	35	32.5	30
$\rho_m/(\Omega \cdot g/cm^2)$	3.36×10^5	4.36×10^5	4.85×10^5	5.6×10^5	6.35×10^5	8.9×10^5
湿度/%	25	22.5	18.5	11	10(平衡 24h)	10(平衡 72h)
$\rho_m/(\Omega \cdot g/cm^2)$	1.94×10^6	2.74×10^6	5.23×10^6	2.12×10^7	1.1×10^9	1.39×10^8

5. 磁学性能

在纤蛇纹石结构中常由 Fe^{2+} 和 Fe^{3+} 代替 Mg^{2+}，石棉纤维中还常含有磁铁矿微粒，进而影响蛇纹石石棉的磁学性能。比磁化系数 K 是表征蛇纹石石棉磁性的基本参数。

比磁化系数主要取决于顺磁性离子 Fe^{2+} 和 Fe^{3+} 的数量。K 值随 Fe^{2+} 和 Fe^{3+}数量的增多而变大，大体呈线性关系。富镁碳酸盐岩型蛇纹石石棉的 K 值低，超镁铁质岩型蛇纹石石棉的 K 值一般较高(表 2.10)(朱自尊等，1986)。这与后者的高磁铁矿含量有关。实验证明，不含磁铁矿的蛇纹石石棉的 K 值较稳定，基本上不随外磁场强度增加而变化；反之，石棉中含少量磁铁矿时，K 值很明显地增大，但随外磁场强度增加 K 值变小。由此可推算蛇纹石石棉中的磁铁矿含量。

表 2.10　蛇纹石石棉比磁化系数

Table 2.10　Specific susceptibility of chrysotile asbestos

类型	产地	样号	$Fe^{2+}+Fe^{3+}$	$K/(10^{-6}\,cm^3/g)$	
				实测值	计算值
富镁碳酸盐岩型蛇纹石石棉	辽宁金县	X6-1	0.02	0.31	0.48
		X6-2	0.05	0.38	1.29
	吉林集安	X7-1	0.08	1.93	2.10
		X7-2	0.07	1.50	1.83
超镁铁质岩型蛇纹石石棉	青海祁连	X8-1	0.10	5.33	3.13
		X8-2	0.07	3.54	1.83
	青海茫崖	X9-1	0.19	7.70	6.04
		X9-2	0.12	2.81	3.42
	陕西大安	X10-3	0.18	3.94	5.77
		X10-4	0.10	3.16	3.13
	四川石棉	X11-3	0.09	1.66	3.10
	四川新康	X12-3	0.08	4.04	3.81

2.2.3　化学性能

1. pH 和耐酸耐碱性

在石棉纤维柱面和两端的端面上，表面原子周围缺少相邻原子，存在不饱和的 $O—Si—O$、$Si—O—Si$、$Mg—O(OH)$ 和 $Mg—(OH)$ 键，因此石棉纤维具有很高的化学活性。蛇纹石石棉的许多物化性质与卷管构造有关：一是纤维两端的端面、纤维管内/外表面及表面缺陷处有不饱和键,尤其是含有孤对电子的氧、悬空的硅及纤维表面的羟基(—OH)化学活性很强,单纤维柱面由"氢氧镁石"层围成,外表面为一层羟基,使蛇纹石石棉纤维具有较强的碱性,并且在水溶液中具有高度的活性;二是一维纳米管比表面积巨大,因此具有高表面能;三是独特的卷曲构造导致的晶格弯曲引起附加内能和表面能。

蛇纹石石棉放入去离子水中,搅拌后,悬浊液的 pH 接近 8 或以上。比表面积越大,pH 越高。四川省石棉县蛇纹石石棉(短纤维工业石棉样品)纯水悬浊液的 pH 达 7.96。

羟基和氧可与环境中的阳离子结合,因此在酸性环境中,蛇纹石石棉结构中的 Mg—O 键和 Mg—OH 键的离子键可发生断裂,羟基和镁离子从晶格中析出,留下难溶的、强活性的无定型 SiO_2 纤维残骸(宋鹏程等,2014)。

处在地表的蛇纹石石棉纤维,在地表水的作用下,也会析出 OH^- 和 Mg^{2+},使表层结构破坏。这已从所研究样品的热谱上反映出来。野外所见风化严重的蛇纹石石棉纤维强度低,显脆性,就是由于地表水的淋滤作用使 OH^- 和 Mg^{2+} 析出,并在表层残留一层具有脆性的 SiO_2 质无定型物质。利用 TEM 可观测到附着于纤维表层的无定型物质(图 2.4)。例如,将青海祁连蛇纹石石棉样品(Ps-6)分散后,用不同浓度的盐酸进行处理,结果表明,MgO 的腐蚀量是 SiO_2 的 11.87~14.15 倍(表 2.11),残留在纤维表层的无定型物主要为无定型 SiO_2。

表 2.11 蛇纹石石棉在盐酸中 MgO 和 SiO_2 的腐蚀量

Table 2.11 Dissolved amount of MgO and SiO_2 from chrysotile asbestos in HCl solution

浓度/(mol/L)	MgO 腐蚀量/mg	SiO_2 腐蚀量/mg	MgO 和 SiO_2 质量比
0.5	22.50	1.90	11.87
1.0	27.14	1.97	13.78
1.5	27.56	2.00	13.78
2.0	31.94	2.40	13.31
2.5	33.95	2.40	14.15

注:每份样品重 500mg,稀盐酸体积 60mL。

酸碱腐蚀性研究(朱自尊等,1986)表明,蛇纹石石棉的酸蚀量达 60%(质量分数),几乎除 SiO_2 外全部腐蚀掉,而碱蚀量很小,一般小于 3%。这是因为"氢氧镁石"层呈较强的碱性,在酸中被中和成盐进入溶液中,而在碱中则失去活性。

蛇纹石石棉与角闪石石棉相比,角闪石石棉表现出既耐酸又耐碱的性质(董发勤,2015)(表 2.12)。

表 2.12　不同类型石棉的酸蚀量与碱蚀量

Table 2.12　Dissolution of several types of asbestos in acid/basic solutions

（单位：%）

石棉种类	浓度为 25% 的几种酸、碱（煮沸 2h）				
	HCl	CH_3COOH	H_3PO_4	H_2SO_4	NaOH
蛇纹石	55.69	23.42	55.18	55.75	0.99
直闪石	2.66	0.60	3.16	2.73	1.22
铁闪石	12.84	2.63	11.67	11.35	6.97
透闪石	4.77	1.99	4.99	4.58	1.80
阳起石	20.31	12.28	20.19	20.38	9.25
青石棉	4.38	0.91	4.37	3.69	1.35

2. 表面电性

纤蛇纹石矿物在水中解离主要发生在氢氧镁石层的 Mg^{2+}-OH^- 和 Mg^{2+}-O^{2-} 之间，OH^- 进入水中，纤维表面裸露大量的 Mg^{2+}，导致纤维表面带有一定的正电荷，零电点（point of zero charge，PZC）高。蛇纹石表面主要元素相对浓度从大到小的顺序是 O(45.04%)＞Mg(20.76%)＞Si(16.22%)＞Al(15.19%)，蛇纹石表面金属阳离子对于阴离子的相对密度较大（约为 0.8∶1），这导致在酸性到弱碱性的大部分 pH 范围内，纤蛇纹石表面荷正电。

在纯水中蛇纹石石棉纤维表面荷正电的主要原因为：第一，纤蛇纹石表面组分优先解离或溶解。纤蛇纹石在水中，其表面受到水偶极的作用，阴阳离子受水偶极的吸引力不同，会产生非等当量的转移，OH^- 会优先解离（或溶解），使纤蛇纹石表面产生过剩的正电荷。第二，纤蛇纹石的晶格缺陷，包括非等量类质同象置换、间隙原子、空位等引起的表面荷电。纤蛇纹石属于 1∶1 型（TO 型）层状硅酸盐结构，结构层内四面体片中发生 Al^{3+}-Si^{4+} 类质同象置换，八面体片中发生 Al^{3+}/Fe^{3+}-Mg^{2+} 类质同象置换，导致形成带负电荷的四面体片和带正电荷的八面体片，整个结构层形成带正负电的偶极子层，处于纤维外表面的带正电的八面体片使得纤维的本征电性带正电。正电荷的多少取决于晶格中类质同象置换的程度及类型。

而在非纯水体系中，纤蛇纹石表面的荷电情况有所不同，除受上述因素影响外，主要取决于纤蛇纹石所处环境的 pH 和杂质离子的吸附行为。

在碱性环境中，OH^- 的离子浓度大于 H^+ 的离子浓度，会对纤蛇纹石表面 OH^- 的优先溶解起到抑制作用，使得纤蛇纹石表面荷正电的程度有所降低。随着溶液中 OH⁻ 的浓度越来越高,不仅会完全抑制纤蛇纹石表面的 OH⁻ 溶解,而且会使纤蛇纹石形成羟基化表面,使其表面荷负电,即

$$Mg^{2+}\text{-}OH^- + OH^- \longrightarrow Mg^{2+}\text{-}O^{2-} + H_2O$$

在酸性环境中,H⁺ 浓度较大,发生 $Mg^{2+}\text{-}OH^- + H^+ \longrightarrow Mg^{2+} + H_2O$ 反应,使纤蛇纹石表面荷正电。随着酸性的增强,纤蛇纹石表面的 OH⁻ 溶解并与溶液中的 H⁺ 反应形成水,从而使纤维表面正电性得到加强。溶解的 OH⁻ 越多,纤蛇纹石表面的正电性就越强。但当酸性过强时,不仅溶解完纤维表面的 OH⁻,而且使纤维内部的 Mg^{2+} 部分或完全地裸露在纤维表面,并被溶解掉,仅残留了内部的硅氧四面体片 $[Si_2O_5]^{2-}$,从而使纤蛇纹石表面由正电性转为负电性。

对四川石棉矿山短纤维石棉的表面电性研究[图 2.7(a)]证明了上述理论分析结果。蛇纹石石棉进入溶液之后,在纤蛇纹石与溶液之间形成一个界面。荷电的纤蛇纹石表面对液相中的反号离子产生静电吸引,对同号离子产生静电排斥,其结果是在固/液相界面两侧出现电荷符号相反、数量相等电荷分布的双电层结构。纤蛇纹石表面荷正电,表面正电荷主要集中在 1 或 2 个原子厚度的表面层中,构成双电层的内层。

通常,固相表面的电荷主要集中分布在表面;而液相中的反号离子由于同时受静电作用与分子热运动的影响,总是从固相表面开始至液相中呈扩散分布,并延伸一定距离[图 2.7(b)](董发勤,2015)。

3. 电位和零电点

当蛇纹石石棉纤维-溶液两相在外力(电场、机械力或重力)作用下发生相对运动时,紧密层中的配衡离子因吸附牢固会随蛇纹石石棉纤维一起移动,而扩散层将沿位于紧密面稍外一点的"滑移面"[图 2.7(b)]移动。此时,滑移面上的电位称为"电动电位"或"ζ 电位",即 zeta 电位。

在纤蛇纹石中,定位离子为 OH⁻ 及 OH_2^+。假设定位离子浓度为 C_0 时,固体表面的正电荷数恰好等于负电荷数,表面上的净电荷为零。此时溶液中定位离子浓度的负对数 $-\lg C_0$ 称为纤蛇纹石的零电点。仅仅在某一碱性 pH,即其零电点的 pH>7 时,纤蛇纹石表面的净电荷为零。测得四川石棉矿短纤维样品零电点的 pH 为 10.7;Edwards 等(1980)测得的蛇纹石石棉零电点的 pH 为 11.8;冯启明等(2000)测得蛇纹石石棉表面零电点 pH 为 11.7。

对甘肃阿克塞红柳沟矿山风选后的蛇纹石石棉成品 CA-5 和水洗处理样 CA-X 的 ζ 电位及 pH 进行分析,分析结果见表 2.13 和表 2.14。除 pH 为 8.07 和 8.18 所对应的 ζ 电位是在纯水中测定的以外,其余的是采用滴定法在 pH 为 2～12 时随机取 7 个点所对应的测试结果。从表中可以看出,蛇纹石石棉在很大 pH 范围内具有正的 ζ 电位,说明红柳沟蛇纹石石棉可采用湿法选棉。

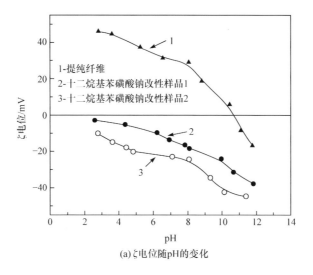

(a) ζ电位随pH的变化

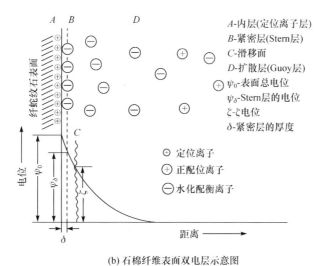

(b) 石棉纤维表面双电层示意图

图 2.7　石棉样品的 ζ 电位随 pH 的变化及石棉纤维表面双电层示意图

Figure 2.7　Variation in the ζ potential of asbestos as a function of the pH of solution, schematic representation of the double electrode layer of chrysotile

表 2.13　CA-5 样品在不同 pH 下 ζ 电位

Table 2.13　ζ potentials of CA-5 in different pH

pH	2.49	4.06	5.19	6.45	8.07	9.05	10.03	11.24
ζ电位/mV	45.01	36.27	29.88	21.90	22.96	20.35	17.00	−11.64

表 2.14 CA-X 样品在不同 pH 下 ζ 电位

Table 2.14 ζ potentials of CA-X in different pH

pH	2.71	3.72	5.08	5.97	8.18	9.70	10.57	11.63
ζ电位/mV	39.99	32.02	25.80	24.29	29.00	21.52	2.88	−23.82

由两个样品不同 pH 的 ζ 电位数据可以看出,蛇纹石石棉在很宽的 pH 范围内 ζ 电位均为正值,随着 pH 的增加呈现降低的趋势,其零电点的 pH 为 10.67～10.75。

4. 吸附性

蛇纹石石棉纤维细度为纳米量级,比表面积大,表面能高,因此具有良好的吸附性能。在石棉水泥制品中石棉纤维能吸附水泥中的 $Ca(OH)_2$ 和水,使石棉水泥制品迅速胶凝和硬化;在空气中,蛇纹石石棉也能吸附水分子。蛇纹石石棉的吸附量与其比表面积呈正相关关系,也与纤维的表面键性有关。前述的异价离子代替所产生的双电层偶极子也使蛇纹石石棉对极性水分子有很强的吸附能力。蛇纹石石棉的差热分析已证实,Al^{3+}、Fe^{3+} 含量越高,脱除吸附水的温度越高。此外,纤蛇纹石中的氢键作用力未达到平衡,对水分子也有较强的吸引力。因此,蛇纹石石棉表面的吸附水比一般矿物吸附水的结合力强一些。Heller-Kallai 等(1975)在研究蛇纹石羟基伸缩振动时发现,蛇纹石石棉在空气中加热至 300℃ 以上,在真空中加热达到 200℃ 以上时,才能完全脱除吸附水。蛇纹石石棉还对与水分子相似的其他有机分子具有良好的吸附性。利用这一点可对石棉纤维进行渗透、松解、分散及有机和无机改性处理。

2.2.4 加工性能

1. 湿选

蛇纹石石棉中普遍含有水镁石、磁铁矿、碳酸盐、黏土矿物等杂质,且各地的组成、含量均不相同。因此,在蛇纹石石棉开采加工过程中需要对其进行提纯。提纯的工作主要是开松和净化。开松,是将性状不一、结构不一的纤维松解为松散程度均匀、粗细基本一致的绒状棉。净化包括除杂和除尘。在开松、除杂和除尘等作用中,如果开松不好,纤维之间松散程度不均匀,纤维与杂质尚不能完全分离,就仍有一些粉尘及杂质依附在纤维中而不能彻底除去。

对石棉原料进行提纯处理,目前各石棉加工厂工艺流程存在较大差异,设备不一,尚未统一定型,主要分为湿法和干法。

湿法是在湿态条件下将石棉纤维进行提纯和加工的方法,它对于工作环境降尘、充分提取短纤维石棉是非常重要的。湿法提纯主要在水洗工段。此工段有两个主要作用,一是将包装袋中被紧压的石棉绒予以松解;二是清除石棉绒中残存的杂质(如石块、砂粒和其他外来物等)及纤维束。筛选下来的纤维束经轮碾机湿碾松解后,仍可以继续使用。湿法提纯是根据相对密度不同沉降速度不同的原理进行的。松散的纤维容易悬浮在水中,沉降速度慢;松散程度差的纤维沉降速度快,而纤维束和砂粒的沉降速度会更快。其工艺流程如图 2.8 所示。

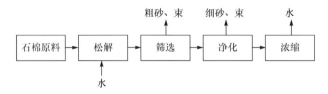

图 2.8　石棉湿法提纯工艺流程图

Figure 2.8　Flow chart of wet-purification of asbestos

　　湿法加工可以较好地解决石棉粉尘飞扬和环境污染等问题,对于操作工人的健康和安全具有重要意义。

2. 湿纺

　　蛇纹石石棉具有优良的保温隔热性能、高抗拉强度和可纺性能。目前,部分石棉加工工业仍然采用传统的干法处理。干法加工工艺存在两大难题:一是在加工过程中石棉粉尘飞扬,严重威胁工人的身体健康和周围环境;二是加工中必须使用较长的石棉纤维,大量的短纤维得不到利用,既浪费矿产资源,又污染环境。湿法加工工艺能较好地解决上述问题,但是并非所有产地的蛇纹石石棉都适合湿法加工。

　　蛇纹石石棉能否利用湿法工艺进行加工,关键在于石棉加工过程中石棉纤维能否在阳离子表面活性剂磺化琥珀酸二(2-乙基)己醇酯钠盐(OT)的作用下被开松分散成浆状。彭同江等(2007)认为纤蛇纹石具有带羟基的完善表面是与阳离子表面活性剂作用的必要条件。石棉纤维完善的羟基表面结构的宏观表现是表面电性为正值。不同成因、不同强度叠加构造地球化学作用下形成的蛇纹石石棉其表面结构的完善程度不同,对阳离子表面活性剂开松分散的效果也不同,因而表现出不同的分散成浆性能。

　　蛇纹石石棉形成过程中,溶液的组分接近蛇纹石理想组分的配比,并且有比较稳定的结晶环境,成棉期后仍保持稳定;后期构造活动及叠加蚀变作用较弱;纤维没有遭受严重的风化作用及开采过程中的严重机械破坏;这种蛇纹石石棉纤维保存有完好的结晶原纤维表面,纤维之间的结合力小。在水悬浮液中,石棉纤维表面能够吸附 OT,并被 OT 渗透、松解后分散成浆。

产于青海小八宝、双岔沟矿床等产地的柔软型蛇纹石石棉具有良好的分散成浆性能,可以通过湿法进行加工,如湿纺、生产石棉泡沫等;产于茫崖、小黑刺沟矿床等产地的硬直型蛇纹石石棉纤维间共生、伴生矿物多,呈现发育界面相,失去能够吸附 OT 的结晶原纤维表面,因而不能被松解和分散,分散成浆性能差或不具备分散成浆性能。

2.2.5　蛇纹石石棉的应用与开发

蛇纹石石棉已广泛应用于兵器、化工、航空、冶金、建筑等行业和领域,尤其是用作建筑材料、摩阻材料、保温绝热材料、密封材料等的重要非金属矿物原料。目前,尽管人们已认识到蛇纹石石棉对环境和人体具有一定的危害性,包括粉尘污染和致病危险,但在我国和其他许多国家,石棉制品在诸多工业领域仍发挥着重要作用。这就要求积极开展其污染和致病机理的深入研究,有针对性地对石棉进行改性,降低或消除其细胞毒性,发挥其优良性能,达到物尽其用的目的。

1. 蛇纹石石棉的应用

蛇纹石石棉具有纤维形状,含有镁、硅、铁、镍等有价值元素,具有耐热、耐磨、隔热、隔声等性能,决定了其在很多领域都有广泛应用。

(1) 在石棉纺织品上主要生产石棉线、石棉带、石棉纱、石棉布及石棉防火用品,其中防火用品包括防火衣、防火帽、防火鞋等。

(2) 在建筑材料上主要生产石棉水泥瓦、石棉水泥砖、石棉水泥板、石棉水泥管等石棉水泥制品和无机涂料原料、矿业涂料黏结剂等。

(3) 在耐火、绝热材料上主要用来制作石棉海绵毡、石棉泥等石棉保温绝热制品及以蛇纹石石棉为原料制备耐火、绝热制品。

此外,石棉也可以用作沥青制品、石棉增强塑料制品、电工材料制品、传动与制动制品等。

2. 蛇纹石开发利用及蛇纹石石棉新材料

1) 蛇纹石及其尾矿的开发利用

蛇纹石及其尾矿的综合利用主要包括传统的骨料、添加料,以蛇纹石或尾矿为原料合成材料和提取有价组分等。

(1) 石棉尾矿的传统利用方式包括回填、铺路、制备免烧砖或作为骨料添加。

(2) 以蛇纹石或石棉尾矿为原料合成生产新型无机材料,包括堇青石陶瓷、绝缘陶瓷、微晶玻璃和建筑材料等。例如,西南科技大学材料科学与工程学院蛇纹岩综合利用研究与开发小组用蛇纹岩和蛇纹石石棉尾矿经过蒸压处理生产出蒸压建筑材料,用蛇纹岩生产低温合成镁质耐火材料、蛇纹岩免烧耐火砖等。此外,将天然蛇纹石先在 650~700℃下灼烧,用去离子水洗去其他可溶性杂质,然后经进一步活化处理制成吸附剂,该吸附剂对工业废水中的重金属,如铜离子,具有较高的吸附容量和选择性。

(3) 在提取有价组分方面,咸阳非金属矿研究设计院用蛇纹岩或石棉尾矿作为原料不仅生产出纯度高的轻质氧化镁,还获得了多孔二氧化硅、铁锈红、硫化镍、硫酸铵等副产品。彭同江课题组利用蛇纹石开发研制了纤维状多孔二氧化硅、纳米白炭黑、高纯氧化镁、氢氧化镁及碳酸镁与硫酸镁晶须等系列产品的生产工艺和技术(宋鹏程等,2016,2014;宋鹏程,2015)。董发勤课题组利用黑曲霉菌代谢产物(主要包括醇类和有机酸两大类,产生类型和品种与培养条件有关)与蛇纹石及石棉尾矿反应,浸取蛇纹石及石棉尾矿中的镍(Ni)和钴(Co)等贵重金属(谭媛,2010;谭媛和董发勤,2010)。在从蛇纹石矿中提取金属镁方面国外也有许多研究和应用。此外,利用蛇纹石中的 Mg、Si 及微量元素作为综合长效矿物肥料,在作物产量、品质、土壤改良等方面都取得了良好效果和较好的经济效益。

2) 蛇纹石石棉的开发利用

纤蛇纹石天然的一维纳米管结构具有许多独特的优良性能,如极好的抗拉强度、柔韧性、密封性,用在摩阻材料和密封材料上,可与合成的碳纳米管相媲美;良好的热稳定性及低热导率又使之成为碳纳米管所不具备的优质隔热材料;巨大的比表面积和表面化学活性使之成为潜在的处理污染的环保材料,同时为增强纤维紧固效应和表面改性提供了可能。然而,目前有关纤蛇纹石纳米管的结构特征及性能的研究还很少。研究及合理应用其纳米管的性能并进行无害化改性,以发挥这种储量丰富、性能优异、成本低廉的天然原料的长处,对于纳米材料的发展具有十分现实的意义。

目前,除在传统领域开发蛇纹石石棉的新用途和新产品外,纳米材料和纳米技术开发研究也正在进行,主要分为两方面:一是将蛇纹石石棉纤维作为天然纳米管,组装量子线和纳米电缆,彭同江课题组以纤蛇纹石纳米管为基板通过超声化学法组装 CdS、ZnS 量子点(焦永峰,2003);二是作为生产纳米 SiO_2 的原料,以蛇纹石石棉或短纤维为原料,通过直接酸浸或者焙烧处理,使得纤蛇纹石结构中镁氧八面体结构破坏,剩余的硅氧四面体保留,进行扭曲、重组,保留纤蛇纹石结构的外观纤维属性,形成纤维状 SiO_2 材料,该材料的 BET 比表面积最高能达到 $369.22m^2/g$,BJH 累积孔容为 $0.43mL/g$,BJH 平均孔径为 $3.78nm$,属于介孔材料;同时,通过热重分析发现,在 1200℃没有晶相转变,属于良好的新型无机绝缘材料。

2.3　部分纤维状硅酸盐矿物学特征与物化性能

2.3.1　角闪石石棉

角闪石石棉各品种根据钠、钙、镁和铁成分含量不同来区分。表 2.15 列出了各种角闪石石棉的理论分子式,角闪石石棉矿物的基本结构相似,在化学成分上仅所含金属阳离子的种类和数量不同,这也决定了角闪石石棉有相似的性质。本节主要介绍角闪石石棉的成分、形态、结构及物化性质等。

表 2.15　角闪石石棉的理论分子式

Table 2.15　The ideal molecular formula of amphibole asbestos

种类	理论分子式
直闪石石棉	$(Mg,Fe^{2+})_7[Si_4O_{11}]_2(OH)_2$
铁闪石石棉	$Fe_7^{2+}[Si_4O_{11}]_2(OH)_2$
透闪石石棉	$Ca_2Mg_5[Si_4O_{11}]_2(OH)_2$
阳起石石棉	$Ca_2(Mg,Fe)_5[Si_4O_{11}]_2(OH)_2$
钠闪石石棉(青石棉)	$Na_2Fe_3^{2+}Fe_2^{3+}[Si_4O_{11}]_2(OH)_2$
镁钠闪石石棉(纤铁蓝闪石石棉)	$Na_2(Mg,Fe^{2+})_3Fe_2^{3+}[Si_4O_{11}]_2(OH)_2$
蓝透闪石石棉	$Na_2Ca(Mg,Fe^{2+},Mn,Fe^{3+},Al)_5[Si_4O_{11}]_2(OH)_2$
高铁钠闪石石棉	$Na_2Fe_3^{2+}Fe_2^{3+}[Si_4O_{11}]_2(OH)_2$

1. 角闪石石棉的化学成分

角闪石族矿物的主要化学成分可以用通式 $A_{0\sim1}X_2Y_5[T_4O_{11}]_2(OH)_2$ 表示。其中,A 代表 Na^+、Ca^{2+} 等;X 代表 Na^+、Li^+、Ca^{2+}、K^+、Mg^{2+}、Fe^{2+}、Mn^{2+} 等;Y 代表 Mg^{2+}、Fe^{2+}、Mn^{2+}、Fe^{3+}、Al^{3+}、Ti^{4+} 等;T 代表 Si^{4+}、Al^{3+}、Fe^{3+} 等。角闪石矿物由于存在广泛的类质同象置换,可以形成 50 多种矿物。一些种类的角闪石可以形成角闪石石棉,表 2.16 为我国主要矿点角闪石石棉的化学成分。

表 2.16　我国主要矿点角闪石石棉的化学成分

Table 2.16　Chemical composition of amphibole asbestos sourced from several mine areas in China

（单位:%）

序号	矿产地	SiO_2	MgO	Al_2O_3	Fe_2O_3	FeO	CaO	Na_2O	K_2O	H_2O^+	H_2O^-
1	安徽宁国奥南	56.61	15.95	6.42	3.08	0.55	6.97	0.09	0.2	4.76	3.39
2	安徽宁国上门	56.31	19.59	4.83	0.70	0.25	10.38	0.08	0.11	2.91	0.81

序号	矿产地	SiO₂	MgO	Al₂O₃	Fe₂O₃	FeO	CaO	Na₂O	K₂O	H₂O⁺	H₂O⁻
3	四川康定	56.20	21.00	0.68	8.60	—	10.57	0.27	0.10	0.83	0.85
4	河北赤城	53.35	29.21	2.78	6.75	—	2.44	0.10	0.12		
5	陕西商南	56.19	11.68	2.21	15.47	4.15	0.97	6.38	0.08	2.73	0.69
6	湖北十堰市郧阳区	53.22	8.35	5.56	17.78	—	2.65	—	—	—	—

2. 角闪石的晶体结构

角闪石族矿物是岩浆岩和变质岩的主要造岩产物,属双链结构的硅酸盐。图 2.9 为角闪石晶体结构示意图(潘兆橹,1994)[图 2.9(a)是硅氧骨干,图 2.9(b)为晶体结构在(001)面上的投影]。

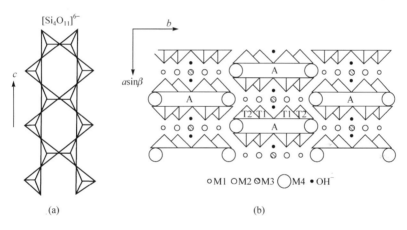

图 2.9　角闪石的晶体结构

Figure 2.9　The crystal structure of amphibole

角闪石结构中的硅氧骨架可看成两个辉石硅氧四面体单链连接而成的双链,以四个硅氧四面体为一重复单位,记为$[Si_4O_{11}]^{6-}$。$[Si_4O_{11}]^{6-}$双链均平行于 c 轴排列并无限延伸。双链中的硅有两种四面体位置,即 T1 和 T2。四个氧与 T1 位置的硅相配位,其中三个为桥氧,一个为顶角氧;四个氧与 T2 位置的硅相配位,其中两个为桥氧,两个为顶角氧。双链在结构中的排布方式与辉石单链的排布方式相似,即在 a 轴方向上硅氧四面体以顶对顶、底面对底面的方式排列,在 b 轴方向以相反取向交替排列成行。链与链之间存在空隙,由 A、X(M4 位置)、Y(M1、M2、M3 位置)类阳离子充填[图 2.9(b)](其中 A=Na^+、Ca^{2+}、K^+、H_3O^+;X=Na^+、Li^+、K^+、Ca^{2+}、Mg^{2+}、Fe^{2+}、Mn^{2+};Y=Mg^{2+}、Fe^{2+}、Mn^{2+}、Al^{3+}、Ti^{4+}、Cr^{3+}),并将双链连接起来。顶对顶双链间的空隙,是由双链中的顶角氧及 OH$^-$ 组成的八面体空隙(这种空隙有三种,分别以 M1、M2、M3 表示),主要由 Y 类小半径阳离子(如 Mg^{2+}、Fe^{2+} 等)充填形成配位八面体,并以共棱方式相连并组成平行于 c 轴延伸的八面体链带;双链中硅氧四面体底面对底面的空隙(以 M4 表示)由 X 类阳离子占据;当由小半径阳离子(如 Mg^{2+}、Fe^{2+} 等)占据时,配位数为 6,形成歪曲的八面体;当由较大半径阳离子(如 Na$^+$、Ca^{2+} 等)占据时,配位数为 8。A 类离子位于底面相对的双链之间,且恰好在[Si$_4$O$_{11}$]$^{6-}$ 双链的"六方环"的中心附近的宽大而连续的空隙上,它主要用来平衡结构中的电价,故它可被 Na$^+$、K$^+$、H$_3$O$^+$ 所占据,亦可全部空着。整个晶体结构以底面相对的[Si$_4$O$_{11}$]$^{6-}$ 链之间的相互作用力最弱,因而在此方位上(({110}或{210}))产生完全解理。M4 位置上的阳离子种类会对晶体结构产生显著影响。当 M4 主要为 Mg^{2+}、Fe^{2+} 等小半径阳离子时,形成斜方晶系的空间群 Pnma 和 Pnmn;当 M4 主要为 Na$^+$、Ca^{2+} 等大半径阳离子时,则形成单斜晶系的空间群 C2/c。此外,阳离子在不同结构位置上的占位情况与其形成温压条件有关,它对于确定角闪石及其寄主岩石形成的温、压条件具有一定的标型意义。

3. 角闪石石棉的理化性能

角闪石的晶体结构特征决定了角闪石族矿物可形成纤维,所形成的纤维轴方向即平行于角闪石双链结构的延伸方向。可劈分的纤维状角闪石即角闪石石棉,具有耐酸、耐碱、耐高温的性质;碱性角闪石石棉可作为原子辐射的防护材料和空气净化过滤材料;工业上对角闪石石棉的要求是柔软性、劈分性好。上述性能都与矿物的晶体结构及化学成分密切相关。

1) 纤维性与劈分性

纤维性是石棉矿物最基本的性质,即在角闪石石棉自身纤维化的基础上,通过人为的分散处理(劈分性)能达到纤维分离分散的程度。角闪石石棉纤维的劈分性通常用纤维细度和比表面积两个参数来衡量。

角闪石石棉的细度及劈分性与其成分及晶体结构有关。首先是结构中硅氧链的坚固性及链间的结合力。当链中的 Si^{4+} 被 Al^{3+} 代替时,所形成的[AlO$_4$]四面体大于[SiO$_4$]四面体,并引起双链扭曲,负电价增加,链间的结合力增强,不易形成长纤维石棉,但是劈分性较好。双链间若以低电价的大半径阳离子 Na$^+$、Ca^{2+}、K$^+$连接,则链间的相互作用力减弱,易于形成长纤维石棉,劈分性好。若 Al^{3+} 进入双链间的八面体空隙则不利于形成具有较好劈分性的石棉。这是由于 Al^{3+} 半径小,电价高,使双链间的相互作用力增大,因此自然界没有高铝的角闪石石棉。不仅化学成分对角闪石石棉的性能有较大影响,特殊的晶体结构也是影响其纤维形成的重要原因。角闪石晶体结构中存在的单链、三链或多链是形成优良细长纤维的重要原因(董发勤,2015)。这是因为在角闪石的双链之间加入单链、三链等奇链后,可使晶体在奇链两边产生位错,这种位错能使晶体在(001)面上呈现螺旋生长,从而使角闪石晶体沿 c 轴方向上的生长速度显著加快,并长成细长的纤维。

2)力学性能

角闪石石棉力学性能主要有抗拉强度、拉伸弹性模量和断裂伸长率。一般来说,角闪石石棉的抗拉强度为 98~1598MPa,拉伸弹性模量为 9709~32264MPa,断裂伸长率为 1.5%~5.2%。影响角闪石石棉纤维力学性能的因素很多,除成分、结构外,还与纤维间的胶结物特点、风化程度、分散程度及人为的折损程度等因素有关。

3)电学及电化学性能

角闪石石棉有较低的质量电阻率,在 20℃、相对湿度为 65% 的条件下,我国角闪石石棉的质量电阻率 ρ_m 为 10^4~$10^7 \Omega \cdot g/cm^2$,因此电阻率低,绝缘性差。导致角闪石石棉低电阻率的因素主要是在纤维的表面可以吸附其他物质,且电阻率随着被吸附物质的种类、含量不同而变化。

根据角闪石石棉的晶体结构及化学成分,当角闪石纤维置于水中后,位于 $[Si_4O_{11}]$ 双链之间的 Na^+、Ca^{2+}、K^+ 等阳离子可部分地溶解到水溶液中,从而导致角闪石纤维表面带负电性。镁钠闪石石棉的电动电位较低,为 -7.6~26.5mV,其他角闪石石棉的电动电位较高,如透闪石石棉为 -4.4mV。角闪石石棉纤维的电动电位会随着水溶液性质的改变而产生变化。

4)耐酸耐碱性

角闪石石棉的耐酸耐碱性是其区别于蛇纹石石棉的一个重要特征。酸碱仅能溶蚀角闪石石棉的表面纤维,未能破坏其内部的成分和结构。角闪石石棉的耐酸性能优于蛇纹石石棉,其根本原因在于角闪石石棉具有表面负电性。表面负电性的作用是排斥酸根阴离子,从而起到阻止角闪石石棉纤维表面上的阳离子同酸根离子相结合的作用,因此降低了酸溶液对角闪石石棉的腐蚀性。角闪石石棉具有很好的耐酸性和耐碱性(表 2.12)。

5)热学性能

角闪石石棉具有较好的耐热性和较低的热导率。角闪石石棉的耐热性以脱去羟基的温度来表示,通常为 600~700℃。纤铁蓝闪石石棉,耐热性为 500~700℃,熔点为 1200℃;青石棉耐热性为 700~800℃,熔点为 1250℃。角闪石石棉的热导率一般为 0.07~0.09W/(m·K),比蛇纹石石棉[0.09~0.14W/(m·K)]的热导率低。

4. 角闪石石棉的应用

1986 年日内瓦举行国际劳工大会第七十二届会议,通过了《安全使用石棉公约》,其中第十一条规定应禁止使用青石棉或含此种纤维的产品,其后不断有国家禁止使用角闪石石棉。2002 年 7 月,我国宣布禁止角闪石石棉的加工、进口和使用,目前对于角闪石石棉的应用研究较少,更多的是集中于病理学研究。但角闪石石棉具有独特的工艺技术性能和其他材料不能替代的特殊用途。

角闪石石棉曾在以下几个方面应用较多,如石棉纺织工业、石棉水泥工业、石棉板与石棉纸工业、电气绝缘材料工业和石棉塑料/橡胶和涂料工业。其中纺织、水泥等行业与蛇纹石石棉应用有相似之处,不再介绍。下面介绍其一些独特的应用。

气体和液体净化器材:角闪石石棉的纤维性和很大的比表面积及表面活性,使其具有防化学毒物、毒烟和净化放射性微粒污染物的性能,可以用来制造各种高效能过滤器、防毒面具、原子武器及试验场人员防护服等;在液体过滤方面,角闪石石棉用于生产化学工业和冶金工业的各种石棉过滤器。

防腐高温石棉塑料、橡胶和涂料:如角闪石石棉与酚醛树脂混合制成的模塑料,是一种耐化学腐蚀的材料,可用作机械配件,也可作为电气绝缘材料。角闪石石棉应用于橡胶增强材料,是航空和宇航的重要材料,也是其他工业和军事装备的密封和抗震材料。角闪石石棉涂料是一种应用广泛的防腐涂料,并且可制成在高温下使用的优质涂料。

角闪石石棉与树脂复合,广泛应用于飞机、大型雷达的折射望远镜、导弹和空中飞行器构件等。浸渍耐高温树脂的角闪石石棉复合成高压强化材料,用于火箭的锥形头部、喷气管、发火器喷嘴等。

2.3.2　纤状海泡石

作为一种重要的非金属矿产,海泡石(sepiolite)主要存在于超镁铁质岩和镁质碳酸岩中,是一种富镁的含水层链状硅酸盐矿物,属海泡石-坡缕石族,目前世界上已探明储量 5000 多万 t,主要产于西班牙、马达加斯加、土耳其、美国、坦桑尼亚等国。我国绝大部分海泡石矿床产于二叠系下统栖霞组、茅口组,属海相沉积型,矿石总储量达 1200 多万 t,主要分布于江西、湖南、河南、安徽、江苏等地。近年来地质勘探发现,在河北省易县、涞源、涿鹿、怀来等地蕴藏有大量优质长纤维状 α-海泡石,并得到初步开发(谭伟等,2004)。

按照其矿床成因,海泡石可分为淋滤-热液型(α-海泡石)和沉积型(β-海泡石)两种类型。淋滤-热液型成因的海泡石中 MgO 和 SiO_2 含量高,而 Al_2O_3 含量低,为富镁海泡石,以纤维状晶体出现,类似于蛇纹石石棉,为长纤维状,具有强吸附性,可作为吸附剂、填充剂等。沉积型海泡石中 Al_2O_3 含量高,而 MgO 和 SiO_2 含量低,为富铝海泡石,为黏土状,可形成大型黏土矿床,在电子显微镜下观察也呈纤维状。

1. 化学成分

海泡石的晶体化学式为 $R^{2+}_{(x-y+2z)/2}(H_2O)_8\{(Mg_{8-y-z}R^{3+}_y\square_z)[(Si_{12-x}R^{3+}_x)O_{30}](OH)_4(OH_2)_4\}$，理想晶体化学式为 $Mg_8(H_2O)_4[Si_6O_{15}]_2(OH)_4\cdot 8H_2O$，理论化学成分为 55.65% SiO_2，24.89% MgO，8.34% H_2O^+，11.12% H_2O^-。其中，R^{3+}_y 阳离子在八面体中主要由 Al^{3+}、Fe^{3+}、Ni^{2+}、Ca^{2+}、Na^+ 等代替 Mg^{2+}，在四面体中主要由 Al^{3+}、Fe^{3+} 代替 Si^{4+}。□代表八面体空位；R^{2+} 主要代表 Ca^{2+}，当带状结构层的电荷不平衡时 R^{2+} 进入通道中以平衡电荷(黄学光等，1996)。海泡石的成分变化主要发生在八面体空隙中，并形成不同的海泡石变种。纤状海泡石主要为富镁海泡石(镁原子数为 7.50~7.90)。在纤状海泡石中，水主要以三种形式存在：一是结构水，即羟基；二是带状结构层边缘与八面体阳离子配位的配位水；三是通道中由氢键连接的沸石水。

我国及世界其他国家和地区所产纤状海泡石的化学成分资料见表 2.17 和表 2.18(焦永峰，2003)。

表 2.17　世界主要纤状海泡石的化学成分

Table 2.17　Chemical composition of fibrous sepiolite sourced from main mine area

（单位：%）

化学成分	理论值	俄罗斯乌拉尔	美国犹他州	土耳其	美国北卡罗来纳州	西班牙
SiO_2	55.65	54.65	50.15	61.17	43.11	60.60
Al_2O_3	—	0.28	2.06	—	2.47	1.72
Fe_2O_3	—	0.50	1.02	—	17.42	0.62
CaO	—	—	—	—	0.50	0.40
MnO	—	—	1.88	—	2.24	—
FeO	—	0.08	—	0.06	2.64	—
NiO	—	4.12	—	—	—	—
CuO	—	—	6.82	—	—	—
MgO	24.89	21.66	18.29	28.43	13.77	22.45
Na_2O	—	—	—	—	—	0.59
K_2O	—	—	—	—	—	0.16
SO_3	—	0.2	—	0.67	—	—
H_2O^+	8.34	9.04	9.30	9.83	9.48	10.88
H_2O^-	11.12	9.15	10.32	—	8.36	—
总计	100.00	99.68	99.84	100.16	99.99	97.42

表 2.18　我国主要纤状海泡石化学成分

Table 2.18　Chemical composition of fibrous sepiolite sourced from main mine area in China

(单位:%)

化学成分	辽宁	内蒙古	河北	河南	湖北	陕西	安徽
SiO_2	54.37	43.11	54.28	55.41	55.32	53.52	52.90
Al_2O_3	0.05	2.47	0.25	0.41	0.34	0.05	0.52
Fe_2O_3	0.06	17.42	0.82	0.44	0.17	0.27	1.25
CaO	1.97	0.50	2.76	0.07	1.04	0.55	1.97
MnO	—	2.24	0.12	0.004	≤0.001	0.011	—
FeO	0.06	2.64	0.08	0.11	0.06	0.03	0.15
MgO	30.22	13.77	24.82	23.37	23.88	24.06	22.48
TiO_2	—	—	0.002	0.002	≤0.001	0.21	0.21
Na_2O	—	—	0.03	0.03	0.03	0.05	0.08
K_2O	—	—	0.03	—	≤0.01	0.20	—
P_2O_5	—	—	0.02	—	—	—	—
H_2O^+	13.85	9.48	16.15	10.61	10.06	9.46	9.96
H_2O^-	—	8.36	—	9.50	9.45	9.44	11.24
总计	100.58	99.99	99.362	99.956	100.036	97.851	100.76

2. 晶体结构

纤状海泡石在结构上具有二维连续的硅氧四面体片,其中每个硅氧四面体都共用 3 个底面氧,同相邻的 3 个四面体相连,四面体中活性氧指向沿 b 轴周期性反转。在每任意两个硅氧四面体片之间,顶角氧与顶角氧相对,惰性氧与惰性氧相对,并且顶角氧与 OH^- 处在同一平面上呈紧密堆积,阳离子充填于顶角氧与 OH^- 组成的八面体空隙中,并形成一维无限延伸的八面体片(带)。因此,可以将海泡石的结构层看成变 2∶1 型结构层。在惰性氧相对的位置上有类似于沸石的宽大通道,充填着沸石水。每一八面体片(带)所连接的两个硅氧四面体片形成类似于角闪石的带状结构层,并平行于 a 轴延伸。整个晶体结构可以看成由这种带状结构层连接而成(图 2.10)。因此,海泡石有类似于角闪石的发育{001}解理,并沿 a 轴发育形成棒状、纤维状形态(董发勤,2015)。与辉石结构相比较,海泡石带状结构层的宽度相当于辉石链的 3 倍($b_0 = 3 \times 9.0$Å)。

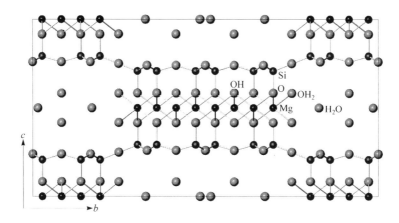

图 2.10　海泡石的晶体结构

Figure 2.10　The crystal structure of sepiolite

纤状海泡石属斜方晶系,空间群为 Pnan;$a_0 = 5.21\text{Å}$;$b_0 = 26.73\text{Å}$;$c_0 = 13.50\text{Å}$;$\beta = 90°$。可能的空间群还有 C2/m。纤状海泡石的 X 射线特征衍射是 12.8Å、4.53Å、4.29Å、3.77Å、2.58Å、2.26Å 等。纤状海泡石结构通道的横截面积达 3.7Å×10.6Å,含有较多的沸石水。

伴随着加热失水,海泡石的结构将产生折叠作用,即四面体片在转折部位弯曲,并缩小通道的体积,从而降低海泡石的吸附性。纤状海泡石为层链状结构,其自身存在沸石水通道,物理表面存在三种吸附活性中心:①硅氧四面体层中的氧原子;②在边缘部位与镁离子配对的水分子,它们可以与吸附物形成氢键;③由四面体层外表面上的 Si—O—Si 键断裂而形成的 Si—OH 基,可与被吸附在海泡石外表面上的分子相互作用,还可与某些有机分子形成共价键。海泡石表面的多孔结构及吸附中心给表面物理吸附提供了有利条件。

3. 物理性能

纤状海泡石的物理性能主要包括其纤维性和劈分性、力学性能、耐磨性能、轻质隔声性能、热学性能和电学及光学性能等。

1) 纤维性和劈分性

在 TEM 下观察,纤状海泡石多呈毛发状、针状、细管状或纤维束状集合体;在 SEM 下观察,呈长纤维状,纤维长 $0.1\sim5\mu m$,直径 $0.01\sim0.05\mu m$,长径比一般为 20:1~100:1,其聚集体呈束状或任意交织聚集(周永强和李青山,1999)。纤状海泡石虽然由纤维束组成,但其呈疏松多孔状,比表面积和孔隙度较高。因其多形成于浅地表和淋滤-热液成因,故柔软性、劈分性和松解性良好。

纤状海泡石的比表面积随纤维的细度和长度的减小而增加。根据 Serna 提出的海泡石平均纤维模型,海泡石通道的横截面积为 $3.6Å×10.6Å$,理论计算海泡石的比表面积约为 $900m^2/g$,其中外表面积 $400m^2/g$,内表面积 $500m^2/g$。但实际上,受各种因素影响,实验获得的海泡石内、外表面积都要比理论值小(董发勤,2015)。

2) 力学性能

纤状海泡石的机械强度与纤维化学成分特征、纤维表面结构的完整性、纤维的细度、纤维间胶结物、温度等因素有关,其力学性能也不尽相同。天然纤状海泡石呈任意交织纤维状聚集,因此其本身具有较好的抗拉强度和抗折强度,但抗压强度(一般大于 $300kPa$)和抗拉强度均不及蛇纹石石棉。

3) 耐磨性能

矿物的耐磨性能随硬度的增高而增高。纤状海泡石疏松多孔,莫氏硬度低,为 $2\sim3$,性脆,耐磨性能较差。海泡石的摩擦系数随晶胞体积的增大略有增长,而磨损量则明显减小;海泡石的摩擦特性随压力、速度的变化较小,但对温度的变化较为敏感,其摩擦方式以纤维摩擦为主(彭建平和彭明生,1997)。

4) 轻质隔声性能

在纤状海泡石的结构中存在大量的微孔和中孔孔道,密度为 $2\sim2.5g/cm^3$,孔隙率为 $32.18\%\sim46.87\%$,这种结构使得纤状海泡石具有轻质、隔声性能。

5) 热学性能

海泡石在加热过程的热效应与加热时的失水、晶格破坏及相转变有关。纤状海泡石加热失水过程的反应过程如下:

$$Mg_8[Si_6O_{15}]_2(OH)_4(OH_2)_4 \cdot 8H_2O \xleftrightarrow{-8H_2O \leqslant 250℃} Mg_8[Si_6O_{15}]_2(OH)_4(OH_2)_4$$

$$\xleftrightarrow{-4H_2O \leqslant 450℃} Mg_8[Si_6O_{15}]_2(OH)_4(无水海泡石) \xleftrightarrow{-2H_2O \leqslant 800℃} 4Mg_2Si_2O_2 + 4SiO_2$$

伴随着加热作用导致的失水,纤状海泡石的结构将产生折叠作用(图2.11),即四面体片在转折部位弯曲,并缩小通道的体积。这种作用会使海泡石的吸附性降低。

在纤状海泡石的差热曲线上,$100\sim200℃$ 范围内的吸热效应是由于脱去了颗粒表面的吸附水和通道中的沸石水,相应失重为 $10\%\sim20\%$;在 $300\sim700℃$ 范围内出现两个吸热效应,第一个吸热效应位于 $300℃$ 左右,是失去 4 个配位水分子中两个连接较弱的水分子引起的;第二个吸热效应是失去另外两个水分子所致;两者失重总量约为 5.8%;纤状海泡石加热至 $300℃$ 后,在一定湿度条件下可再水化,恢复其原来的结构,但加热至 $500℃$ 后,即不能再水化。当纤状海泡石失去配位水后,结构发生折叠,并引起 b、c 轴轴长缩短。在 $800℃$ 附近出现显著的吸热谷并紧接着出现尖锐的放热峰。吸热谷归属于结构羟基的脱失和晶格的破坏,失重约

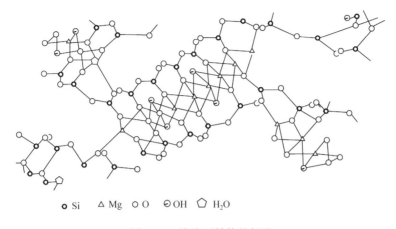

○ Si　△ Mg　○ O　◎ OH　⬠ H₂O

图 2.11　海泡石结构的折叠

Figure 2.11　The folding of the crystal structure of sepiolite

2.4%;放热峰归属于形成顽火辉石新相;超过 1350℃,形成 β-方石英;1550℃发生熔化。

纤状海泡石是一种高比表面积的多孔矿物材料,在海泡石的簇状纤维中存在大量的微孔和介孔孔道,这些微孔和介孔可起到高效隔热作用,使其在较宽的低温范围内具有热导率低[0.032~0.042W/(m·K)]、热稳定性好(其耐热性最高可达 1500~1700℃)、热损失低等优良的耐温性能和保温隔热性能。然而,现有隔热涂料中大量应用的海泡石矿粉并没有充分发挥海泡石纤维的隔热能力,这主要是由于矿粉的微观结构,即簇状纤维的颗粒大小、纤维长度等微观因素限制了其隔热能力的发挥(Tekin et al.,2006)。

6) 电学及光学性能

按照电阻率,纤状海泡石属于半绝缘体,是良好的耐热绝缘矿物材料。不同产地的纤状海泡石的电阻率不同。另外,纤状海泡石的电学性能受到多种因素的影响,如结晶度差异、表面杂质、沸石水和吸附水、温度和湿度等。

纤状海泡石颜色多变,一般呈淡白或灰白色,具有丝绢光泽,有时呈蜡状或珍珠光泽,条痕呈白色,不透明。在偏光显微镜下,纤状海泡石为非均质体,具有弱多色性,Np 无色,Ng 为淡黄或淡土黄色,二轴晶(一),2V 小(曹明礼和曹明贺,2006)。

4. 化学性能

纤状海泡石的化学性能主要包括其分散在纯水中悬浮液的 pH、耐酸性能、耐碱性能、表面性能、吸附性能、流变性能与催化性能等。

1) pH 和耐酸耐碱性

由于纤状海泡石表面存在化学断键,其悬浮液呈碱性,pH 约为 9.0。纤状海泡石悬浮液的流变性对于纤维的分散、表面改性等加工有直接影响,而 pH 则是影响其悬浮液流变性的一个重要因素。当 pH 为 8~8.5 时,海泡石悬浮液的流变性最好,黏度也相对稳定。此时,海泡石具有缓冲水介质的特性,这种特性部分是由 Mg^{2+} 从海泡石结构中脱离引起的;当 pH>9 时,其黏度急剧下降;当 pH<4 时,海泡石的结构开始解体,其悬浮液的稳定性和黏度随之缓慢消失(董发勤,2015)。

由于结构中存在 Mg^{2+},纤状海泡石同纤蛇纹石一样,耐酸性较差。随着酸浓度提高和作用时间延长,纤状海泡石的晶体结构被破坏,结构中的镁大部分或全部溶于酸中,生成无定型硅酸凝胶。当 pH<4 时,海泡石的结构便开始解体。和纤蛇纹石类似,纤状海泡石的耐碱性能较好。

2) 表面性能

纤状海泡石的表面性能包括其表面电性、吸附性能和表面催化性能等。纤状海泡石矿物的表面电性对其加工及开发应用有很大影响,尤其是直接影响其分散、悬浮、吸附、凝聚性能及表面改性。海泡石的表面电性可以用 ζ 电位来描述。纤状海泡石的平均 ζ 电位为 $-18mV$,土状海泡石的平均 ζ 电位为 $-54mV$。海泡石表面呈负电性的原因可能为:①矿物中高价阳离子晶格点被低价阳离子取代,矿物晶格带负电,为平衡电价,矿物表面吸附了一些阳离子,在水中平衡阳离子电离后离开矿物表面,扩散于溶液中,成为反离子,矿物表面形成扩散双电层,使矿物 ζ 电位为负值;②水中阴离子水化能力较弱,容易在矿物表面形成较强的吸附,矿物呈负电位;③水中矿物表面的 H^+ 发生电离,矿物电位为负。与土状海泡石相比,纤状海泡石表面电荷量较低,可能原因是纤状海泡石原矿颗粒粒径较大,比表面积较小,因而阴离子吸附量较小;纤状海泡石结晶性较好,晶体中的异价离子取代量小于土状海泡石(刘开平等,2004)。

3) 吸附性能

纤状海泡石的比表面积较大,其吸附能力和表面催化能力较强(Molina-Sabio et al.,2001)。纤状海泡石表面存在三种吸附活性中心:①硅氧四体片中的氧原子。四面体片中仅存在少量的类质同象置换,氧原子提供弱的电荷,因此它们与吸附物之间的相互作用较弱。②在边缘与镁离子配位的水分子,可与吸附物形成氢键。③在四面体片的外表面,由 Si—O—Si 键破裂产生的 Si—OH 离子团,通过一个质子或一个羟基来补偿剩余的电荷。这些 Si—OH 可以同海泡石外表面吸附的分子相作用并且能与某些有机分子形成共价键。

自然状态下的海泡石具有很高的吸附性能,可吸附自身重量 200%~250% 的水,阳离子交换容量为 20~45mmol/100g,可用来反复吸附有机分子、气体分子和水分子等。纤状海泡石的吸附性与比表面积呈正相关关系,因此纤状海泡石(尤其是细纤维状)具有很好的吸附性。另外,海泡石的吸附性具有选择性:首先是极性分子,主要是水和氨能被吸附;其次是能被通道吸附的甲醇和乙醇;而氧气等非极性分子则不能吸附(董发勤,2015)。

4) 流变性能与催化性能

纤状海泡石的特性还主要表现在流变性和催化性等方面。纤状海泡石颗粒呈纤维状或针状,且具有与纤维轴平行的{011}解理,从而使针状结构形成晶束。这些晶束遇到水或其他极性溶剂时迅速溶胀并解散,形成的单体纤维或较少的纤维束无规律地分散成相互制约的网络,并且体积增加。这种悬浮液是流变性极好的流体。

纤状海泡石具有良好的催化性,其原因在于:①晶体内部存在通道结构;②具有大的比表面积且集合体具有微细孔隙结构;③非等价阳离子类质同象置换、晶格缺陷及晶格断键等而形成路易斯酸化中心和碱化中心;④经处理后具有较强的力学性能和热稳定性能。纤状海泡石不仅具有异相催化反应所需的微孔和表面特征,影响反应的活化能和级数,利于有机反应中的正碳离子化作用,还能产生酸碱协同催化作用且具有分子筛的择形催化裂解作用。

5. 加工性能

纤状海泡石的选矿方法主要有手选、干选、湿选等,多数采用湿选进行,其选矿工艺通常采用以物理方法为主,辅以利于分离的化学药剂的综合选矿工艺。

普通湿法提纯(湿选)不必对原矿实施干燥,海泡石在水介质中具有良好的吸水膨胀性,海泡石纤维的韧性增强,更有利于实现选择性解离和开棉。湿选的精棉产率成倍地高于干法工艺;其中,中、长棉的产率也明显高于干法工艺;更重要的是,湿选避免了人体吸入大量的纤状海泡石粉尘,减小其致病概率。

综合选矿工艺是在湿选过程中,通过附加磁选、酸浸方法等除去原矿中的杂质,得到纯度高的海泡石纤维。将湿选得到的海泡石纤维分丝、成绒后通过湿纺工艺制成纱线进一步深加工编织成布,制成系列产品。

6. 海泡石的用途

纤状海泡石的结构特征决定它具有好的吸附能力、流变性能和催化性能,并且开发了许多用途(表 2.19)。此外,海泡石纤维在高温下性能稳定,是性能极佳的耐热保温材料;用海泡石抄造的纸张具有不腐烂、不燃烧、不污染等特点。

表 2.19　海泡石的主要用途

Table 2.19　The application of sepiolite

产品名称	使用性能	产品应用范围	产品主要特点
海泡石除臭剂	吸附性	冰箱、冷藏柜、冷藏库的除臭剂，工业废气净化、室内有害气体（甲醛）净化、特殊工人操作的防毒面具；宠物垫圈材料	吸附指标高，吸氨量接近或超过活性炭，工艺简单，投资少，成本低，原料来源方便；再生能力强、方法简单，产品无毒、无味；无污染问题，且可作为肥料和土壤改良剂
活性白土	脱色性（吸附性）	各种油品的脱色	生产成本低，工艺简单，原料来源广泛，产品无毒，无味，不燃，不爆，无刺激性，稳定性好，特别适合于植物油的脱色
无机印花糊料	稳定性	棉纺物、麻织物、化纤织物等的活性染料印花工艺	得色率、稳定性、皂洗牢度、干磨牢度及湿磨牢度均达国标，可代替海藻酸钠糊
Ni-海泡石催化剂	催化剂载体	作为苯加氢反应的催化剂	热稳定性高，催化活性和选择性好，抗毒性强
海泡石石棉	热稳定性	作为工业上的石棉使用	耐热性良好，抗拉强度差，属易折石棉且劈分性好，故不宜做纺织材料，耐碱性及电绝缘性都良好
镁质瓷、无碱瓷、低碱瓷、搪瓷、釉料	泥浆性	用于建筑、电力、日用品等	海泡石制成的滑石质日用细瓷瓷质洁白细腻，机械强度高，热稳定性好
涂料	流变性	内外墙涂料、木器涂料	涂料以流变性，起到增稠、悬浮剂的作用。同时能提高遮盖力，具有良好的光泽，耐擦洗，抗流淌，平滑性以及热稳定性好等

2.3.3　纤状坡缕石

坡缕石（palygorskite）是一种富镁的含水层链状硅酸盐矿物，包括沉积型成因的土状坡缕石和淋滤-热液型成因的纤状坡缕石。

坡缕石在世界上分布较广,但具有工业开采利用价值的坡缕石矿床并不多,仅在美国、俄罗斯、西班牙等国家有工业矿床开采和利用。我国于 20 世纪 70 年代末在江苏六合小盘山第三纪碱性橄榄玄武岩系的黏土质沉积物夹层中发现土状坡缕石之后,沿苏北—皖东一带第三系玄武质火山岩分布区相继发现安徽官山、全椒铜井(纤状坡缕石矿)、江苏溧阳、黄泥山、龙王山等 20 多个坡缕石黏土矿床(点),构成我国苏皖坡缕石成矿带,主要由沉积作用形成,部分为风化作用形成。也有内陆盐化湖盆由正常沉积作用形成的(甘肃天水、西宁盆地第三系陆源碎屑沉积物及河北涿鹿、内蒙古察哈尔右翼后旗、山西天镇等地),其伴生矿物有蛋白石、石英、白云石、蒙皂石等。纤状坡缕石一般多是热液蚀变产物,主要呈脉状产于碳酸盐裂隙(贵州大方、重庆奉节)或接触交代蚀变带(安徽全椒)(郑自立等,1997)。另外,在重庆奉节、贵州大方等地也先后发现具有一定工业价值的产于接触交代蚀变带、碳酸盐裂隙或溶洞中的纤状坡缕石矿床(点)(易发成等,1997)。

1. 化学成分

坡缕石的晶体化学式为 $R^{2+}_{(x-y+2z)/2}(H_2O)_4\{(Mg_{5-y-z}R^{3+}_y\square_z)[(Si_{8-x}R^{3+}_x)O_{20}](OH)_2(OH_2)_4\}$,理想晶体化学式为 $Mg_5Si_8O_{20}(OH)_2(OH_2)_4 \cdot 4H_2O$,理论化学成分为 59.96% SiO_2、23.38% MgO、19.21% H_2O^+。其中,R^{3+}_y 阳离子主要是 Al^{3+},其次是 Fe^{3+},通常 R^{3+} 的原子数 y 可达 2 左右;$\square$ 代表八面体空位;R^{2+} 主要代表 Ca^{2+},当带状结构层的电荷不平衡时 R^{2+} 进入通道中以平衡电荷。土状坡缕石的矿物化学成分以 Fe_2O_3 含量较高、Al_2O_3/MgO 摩尔比<1 为特征,纤状坡缕石的矿物化学成分以 Fe_2O_3 含量较低、Al_2O_3/MgO 摩尔比>1 为特征。在纤状坡缕石中,水的存在形式有三种:一是结构水,即羟基;二是带状结构层边缘与八面体阳离子配位的配位水;三是通道中由氢键连接的沸石水。

根据纤状坡缕石矿物各化学组分的相对量,可大致确定其质量和品位。表征纤状坡缕石质量和品位的主要组分为 SiO_2、Al_2O_3、MgO 和杂质,如 $CaCO_3$。其中,SiO_2 含量越高,相应的矿石品位越好;相反,$CaCO_3$ 含量越高,矿石品位越差。

2. 晶体结构

中国的纤状坡缕石主要为单斜晶系,空间群为 C2/m、Pn;$a_0=12.78\text{Å}$;$b_0=17.86\text{Å}$;$c_0=5.24\text{Å}$;$\beta=95.78°$。同纤状海泡石的结构相似,纤状坡缕石在结构上同样具有二维连续的硅氧四面体片,其中每个硅氧四面体都共用 3 个底面氧,同相邻的 3 个四面体相连,四面体中顶角氧的指向沿 b 轴周期性地反转。在任意两个硅氧四面体片之间,顶角氧与顶角氧相对,惰性氧与惰性氧相对,并且顶角氧与羟基呈紧密堆积,阳离子(如 Mg^{2+}、Al^{3+})充填于活性氧与羟基组成的八面体空隙中形成沿 c 轴一维无限延伸的八面体片(带)。在惰性氧相对的位置上有类似于沸石的宽大通道,充填着沸石水。每一八面体片(带)所连接的两个硅氧四面体片形成类似于角闪石的带状结构层,并平行于 a 轴延伸。整个晶体结构可以看成由这种带状结构层连接而成(图 2.12)。与辉石结构相比,坡缕石带状结构层的宽度相当于辉石链的 2 倍($b_0=2\times9.0$Å)(董发勤,2015)。

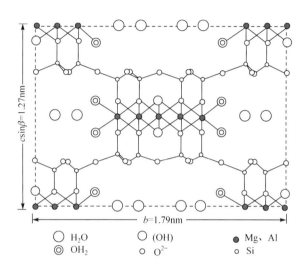

图 2.12　坡缕石的晶体结构

Figure 2.12　The crystal structure of palygorskite

纤状坡缕石的晶体结构特点是具有沿 a 轴延伸的带状结构层和通道。通道的横截面积为 3.7Å×6.4Å,而沸石通道的直径为 2.9~3.5Å。类似于沸石,当加热析出通道中的沸石水后结构不会破坏。

纤状坡缕石的晶体为层链状结构,其自身存在沸石水通道,物理表面存在三种吸附活性中心:①硅氧四面体层中的氧原子;②在边缘部位与镁离子配对的水分子,它们可以与吸附物形成氢键;③由四面体层外表面上的 Si—O—Si 键断裂而形成的 Si—OH,可与吸附在坡缕石外表面上的分子相互作用,还可与某些有机试剂形成共价键。纤状坡缕石表面的多孔结构及吸附中心,给表面物理吸附提供了有利条件(郑自立等,1997)。

3. 物理性能

纤状坡缕石的物理性能主要包括其纤维性和劈分性、力学性能、耐磨性能、轻质隔声性能、热学性能等。

1) 纤维性和劈分性

纤状坡缕石集合体呈木质纤维状或石棉状,纤维柔软难破碎,在水中不易分散,纤维束长而粗,纤维长几微米至十几微米,直径(细度)10~80nm,长径比介于

100～1000。纤状坡缕石劈分性和松解性良好,这是由于拥有沿 a 轴延伸的带状结构层和通道缺陷。

纤状坡缕石的比表面积随纤维的细度和长度减小而增加。根据纤状坡缕石结构模型,计算得到的平均比表面积约为 915m²/g,其中外表面积 280m²/g,内表面积 635m²/g。但实际上,由于各种因素的影响,坡缕石外表面积和内表面积都比理论值小。

2）力学性能

纤状坡缕石的机械强度与纤维化学成分特征、纤维表面结构的完整性、纤维的细度、纤维间胶结特点等因素有关。抗压强度、抗折强度及抗拉强度是衡量纤状坡缕石力学性能的主要参数。天然纤状坡缕石呈任意交织纤维状聚集,因此其本身具有较好的抗拉强度和抗折强度,且抗压强度可达 $2.9×10^8$ kPa。

3）耐磨性能

纤状坡缕石疏松多孔,莫氏硬度低,为 2～3,耐磨性能不如蛇纹石石棉。纤状坡缕石的摩擦系数也随晶胞体积的增大略有增加,而磨损量则明显减小;海泡石的摩擦特性随压力、速度的变化较小,其摩擦方式以纤维摩擦为主。

4）轻质隔声性能

在纤状坡缕石的结构中存在大量的微孔和介孔孔道,孔隙率大,密度为 2.05～2.30g/cm³,这种结构使得纤状坡缕石具有轻质隔声性能。

5）热学性能

纤状坡缕石在加热过程的热效应与加热时的失水、晶格破坏及相转变有关。在纤状坡缕石的差热曲线上,在 180℃和 280℃附近出现一大一小的吸热谷,分别由失去沸石水和部分配位水所致,相应失重约为 9%和 2%。在 350～600℃范围的吸热谷也是由脱去配位水引起的,相应失重 6%。当加热至 350℃时,大约有50%的配位水失去,此时,加热后的样品能够产生再水化作用;但加热至 540℃后,样品便不能再水化。在 800℃出现一吸热谷,是由结构羟基的脱失引起的,相应失重约为 2%;位于 900～1000℃的放热峰则归属于形成斜顽火辉石新相。由于纤状坡缕石的结晶度比土状坡缕石高,其耐热性能也优于土状坡缕石(黄学光等,1996)。

纤状坡缕石加水后于外力(系统剪切力)下能够充分地分散,并在溶液中形成一种具有黏性的杂乱纤维网络,其干燥后形成具有多孔结构的松散体,其孔体积为0.48cm³/g,其中以 5～50nm 介孔为主,并有少量小于 5nm 的微细孔。纤状坡缕石是一种良好的保温材料,热导率低,耐热性能良好(800℃左右),平均比热容为3.069J/(g·K)。纤状坡缕石的上述热学性能均优于土状坡缕石。

4. 化学性能

纤状坡缕石的化学性能主要包括其 pH、耐酸性能、耐碱性能及表面性能等。

1) pH 和耐酸耐碱性

由于纤状坡缕石表面存在化学断键,其悬浮液呈碱性,pH 为 8～9。纤状坡缕石悬浮液 pH 的流变性对于纤维的分散、表面改性等加工有直接影响。当 pH 为 8～9 时,纤状坡缕石悬浮液的流变性最好,黏度也相对稳定。

同蛇纹石石棉相比,纤状坡缕石的耐碱性偏弱,且碱腐蚀量为酸腐蚀量的 4 倍。坡缕石的酸化过程表现为纤维束的解聚,主要是硅酸盐类胶束结构的分解,以及八面体阳离子的萃取作用。就脱色力而言,盐酸浓度 0.1mol/L,活化时间 30min 为最佳活化条件(朱景和等,2002)。

2) 表面性能

纤状坡缕石的表面性能包括其表面电性、吸附性能和表面催化性能等。纤状坡缕石矿物的表面呈负电性,其原因可能有:①矿物中高价阳离子晶格点被低价阳离子取代,矿物晶格带负电,为平衡电价,矿物表面及通道中可吸附阳离子(平衡离子),在水中平衡阳离子电离后离开矿物表面,扩散于溶液中,成为反离子,矿物表面形成扩散双电层,使矿物 ζ 电位为负值;②水中阴离子水化能力较弱,容易在矿物表面形成较强的吸附;③水中矿物表面的 H^+ 发生电离,矿物电位为负。同海泡石相似,纤状坡缕石表面电荷量比土状坡缕石低,可能原因是纤状坡缕石比表面积较小,阴离子吸附量较小,结晶完善性较好,晶体中的离子取代量小于土状坡缕石及 Fe_2O_3 含量少等。

纤状坡缕石有较大的比表面积,因此有良好的吸附能力和表面催化能力。纤状坡缕石的阳离子交换容量为 5～20mmol/100g,可吸附阳离子、有机分子、气体分子和水分子等。上面已经提到,纤状坡缕石物理表面存在三种吸附活性中心,而纤状坡缕石的吸附性与比表面积呈正相关关系,因此,纤状坡缕石(尤其是细纤维状)具有很好的吸附性。另外,纤状坡缕石对不同极性分子吸附力的顺序是:水＞醇＞酸＞醛＞酮＞正烯＞中性酯＞芳烃＞环烷烃＞烷烃(董发勤,2015)。

3) 其他性能

纤状坡缕石的特性还主要表现在流变性、胶体性和催化性等方面。纤状坡缕石颗粒呈纤维状或针状,且具有与纤维轴平行的{011}良好解理,以及层链状晶体结构和棒状-纤维状的细小晶体外形,使得纤状坡缕石在外加压力(系统剪切力)下能够充分分散,悬浮液具有非牛顿特征,它的性能取决于纤状坡缕石的浓度、剪切力及 pH。

纤状坡缕石的胶体性能主要表现在其较高的造浆率和膨胀率。由于坡缕石表面呈负电性,在电解质溶液中,水化阳离子在坡缕石表面形成双电层及水化渗透层;而纤状坡缕石相对于土状坡缕石单体长度更长,水溶液中水化后的晶体相互交织构成的空间结构更大。

纤状坡缕石具有良好的催化性,是一种很好的催化材料,其原因在于:①纤状坡缕石晶体内部存在类似于沸石的宽大通道结构;②具有巨大的比表面积且集合体表面具有微细孔隙结构;③存在由非等价阳离子类质同象置换、晶格缺陷及晶格断键等而形成的路易斯酸化和碱化中心;④经处理后具有较强的力学性能和热稳定性。

5. 加工性能

纤状坡缕石中除含粒状坡缕石外,其余矿物主要为方解石、白云石和石英,且坡缕石微细晶体包裹或缠绕着方解石、白云石和石英,其集合体中纤维之间胶结物主要为硅质矿物或黏土矿物。基于纤状坡缕石矿物在水中易于分散的特点,多采用物理与化学相结合的方法进行提纯、分散和纤状坡缕石加工(朱景和等,2002)。物理法主要是通过湿选(可附加酸浸等)除去方解石、白云石和石英等在水中分散悬浮性能较差的矿物;在此基础上分别以挤压和胶磨等物理方法将纤状坡缕石束状纤维撕开分离,从而增大空隙体积与比表面积,使其纤维结构水化膨胀,以致在弱分散条件下就可在介质中解体分散。长的坡缕石纤维经分丝、成绒后可通过湿纺工艺制成纱线进一步深化编织成布,制成系列产品。

坡缕石的应用与海泡石类似,不再赘述。

2.3.4　纤状硅灰石

硅灰石(wollastonite)是一种天然产出的偏硅酸钙矿物。它作为工业矿物应用的历史较短。硅灰石是中国优势非金属矿产资源之一,储量居世界首位,年开采量约 30 万 t,占世界总量的 55% 以上,年出口量为 15 万 t,占世界贸易量的 50% 以上。目前,作为石棉替代品用硅灰石已占世界硅灰石总消费量的 20%~25%。加强超细高长径比硅灰石、表面改性硅灰石和功能性硅灰石等高附加值产品制备新技术、新工艺及应用研究,对我国硅灰石产业结构调整、产品升级换代有着十分重要的意义。

1. 化学成分与晶体结构

硅灰石是一种新型工业矿物,其主要成分为偏硅酸钙($Ca_3[Si_3O_9]$),属链状结构。纯硅灰石含 51.7% SiO_2 和 48.3% CaO。但在自然界,Fe^{3+}、Mn^{2+}、Mg^{2+} 等常通过类质同象混入硅灰石晶格;当达到一定量时,可形成铁硅灰石、锰硅灰石等变种。

硅灰石有低温和高温同质多相变体。低温变体 α-$Ca_3Si_3O_9$ 为单链结构硅酸盐,它包括具有三斜链状结构的 Tc 型硅灰石(自然界最常见的普通硅灰石)和单斜链状结构的 2M 型副硅灰石(自然界产出较少)。高温变体 β-$Ca_3Si_3O_9$ 形成于 1126℃以上,为环状结构硅酸盐,称为环硅灰石或假硅灰石,属三斜晶系,自然界罕见。工业上应用的主要为 Tc 型硅灰石,即通常说的硅灰石。

在 Tc 型硅灰石结构中(图 2.13),钙以六次配位与氧形成八面体,这些钙氧八面体以共棱方式连接,形成沿 b 轴延伸的八面体柱,其表达式为[CaO_6]。同样,硅为四次配位并与氧形成硅氧四面体,硅氧四面体共顶角形成单链。这些单链结构中每单位晶胞由三个硅氧四面体重复而成。单链中的硅氧四面体与钙氧八面体柱中的钙氧八面体的棱相连。钙氧八面体和硅氧四面体沿 b 轴方向错动 $b/4$,沿 c 轴方向错动 $0.11c$。这样就产生了具有三斜对称的 Tc 型硅灰石结构。该结构沿 c 轴的投影是交互排列的钙氧八面体和硅氧四面体层(图 2.13)。

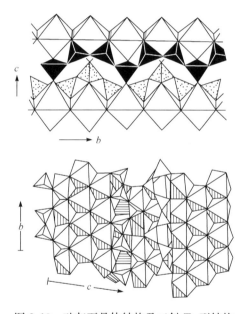

图 2.13　硅灰石晶体结构及三斜 Tc 型结构

Figure 2.13　The crystal structure of wollastonite and its Tc form in triclinic

如果硅灰石的三斜结构沿平行于(100)的方向错动 $b/2$,可以使结构的对称性提高到单斜对称,就形成了硅灰石的 2M 型结构(图 2.14)。

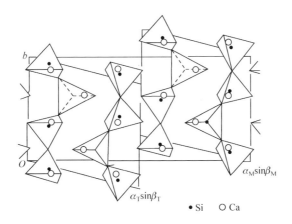

• Si　○ Ca

图 2.14　硅灰石单斜 2M 型结构

Figure 2.14　The 2M form of wollastonite in monoclinic

硅灰石两种主要多型的晶胞参数见表 2.20。

表 2.20　硅灰石的晶胞参数

Table 2.20　The cell parameters of wollastonite

硅灰石多型	晶胞参数					
	$a/\text{Å}$	$b/\text{Å}$	$c/\text{Å}$	α	β	γ
Tc 型硅灰石	7.94	7.32	7.07	90°20′	95°22′	103°26′
2M 型硅灰石	15.43	7.32	7.07	90°	95°24′	90°

2. 中国硅灰石资源分布

中国硅灰石资源分布广泛,且分布不均衡,主要在吉林、江西、青海和辽宁,在湖北、安徽、浙江、福建、江苏、云南等省也有矿床发现。我国硅灰石成矿条件好,矿体规模大,成分简单,硅灰石含矿率达 50%~90%,易于露天开采。

吉林的梨树、磐石硅灰石矿,辽宁的法库、铁法、建平硅灰石矿,浙江的长兴硅灰石矿,江西新余硅灰石矿,湖北大冶硅灰石矿和云南腾冲硅灰矿等是我国现有的几个重要生产矿山。另外,最近报道青海和新疆均有较大规模硅灰石储量。有 8 个主要硅灰石矿山生产能力达到 1 万~5 万 t/年,产品类型为普通粉、超细粉和针状粉。

3. 物理性能

硅灰石通常为白色、带灰或浅红的白色、条痕白色,具有玻璃光泽、解理面呈珍珠光泽,有时发橙红或黄色的荧光。纤状硅灰石具有丝绢光泽,具有高白度和低黏度、分散性良好等特征，粒度为 0.002mm×0.05mm～0.1mm×5mm，多为 0.05mm×1mm，折射率 Ng＝1.632，Np＝1.615，二轴晶。莫氏硬度为 4.5～5，密度为 2.8～3.09g/cm³，质轻，熔点为 1540℃，吸湿率低于 4%，吸油性小（20～60mL/100g）。

1）纤维性与劈分性

硅灰石晶体呈沿 b 轴延伸的板柱状，多呈针状或纤维状集合体。纤维的长径比介于 7∶1～30∶1。这种针状或纤维状形态使其在工业上有许多用途。

硅灰石一般细度为 300～500nm。纤状硅灰石的平均长度为 16.41μm，单束纤维的长度为 1～4mm，由于硅灰石有一定脆性，纤维受外力作用松解时易沿纤维解理面破碎。我国自然产出的硅灰石纤维长径比最高可达 30。纤状硅灰石比表面积为 0.74m²/g，表面自由能为 84.40MJ/m²，比球状颗粒大。

2）热学性能

硅灰石纤维的宏观形态为纤维状的集合体，相转变温度为 1200℃，能承受 800℃高温而不发生结构变化，故具有优良的热稳定性，并且热传导性低，有较高的耐热性能和低热膨胀系数（常温至 800℃ 的范围内热膨胀系数为 6.5×10⁻⁶mm/℃）。

3）电学性能

硅灰石粉体为短纤维集合体，比表面积较大，纯度高，故硅灰石纤维具有高电阻（电阻率为 1.6×10¹⁴～1.7×10¹⁴Ω·cm）和低介电常数，是一种良好的高频绝缘材料，可作为填料广泛应用于焊条、涂料、造纸、塑料、橡胶中。

4）力学性能

硅灰石具有一维延伸结构和纤维状形态，可用作补强材料。纤状硅灰石粉体在同塑料、橡胶等高分子基体材料均匀混合后，在基体材料中呈纤维状晶体无序分散。硅灰石纤维在受外力作用时，能抵抗较大的径向破坏应力，对所制备复合材料的力学性能、老化性能和尺寸稳定性具有较好的增强作用。

5）耐磨性能

由硅灰石纤维制成的制动片衬片有良好的耐久性，磨损小，制动过程噪声小。硅灰石纤维有良好的摩擦性能，其本身结构不含水，摩擦特性不是缘于"水气膜"，而是由纤维本身的增强作用、沿纤维轴方向的结构解理所致。同时，它还可以提高材料的抗拉强度和挠曲强度。但硅灰石纤维质脆、韧性比石棉差，使用中材料有时会出现热龟裂。

4. 化学性能

1）化学稳定性

硅灰石具有优良的化学稳定性，在 25℃ 中性水中的溶解度为 0.0095g/

100mL，它的溶解度还取决于它的细度，即细度越小溶解度越高。低温时呈化学惰性，高温时易与高岭石、叶蜡石、滑石等发生固相反应。以高岭石为例：

$$CaSiO_3 + Al_2[Si_2O_5][OH]_4 \longrightarrow CaAl_2SiO_5 + SiO_2 + 2H_2O（反应温度为 1000℃）$$

在一般情况下硅灰石具有较强的耐酸、耐碱、耐化学腐蚀性，但在浓盐酸中分解，形成絮状物。含 10% 硅灰石的泥浆呈碱性，pH 可达 10 左右。

2）表面性能

硅灰石纤维本身结构中不含水，表面形态呈针状，比表面积大，和树脂相容性好。根据表面化学理论，物质表层上分子能量比其内部分子能量大，当两种物质接触形成界面时，就会发生降低表面能的吸附现象。因此，高比表面积与黏结剂之间发生以共价键为主的化学吸附，即 Si—O—Si 键的断键处与黏结剂活性基团发生化学键合，形成黏结力较强的界面效应区，赋予复合材料较高的结构强度。

硅灰石的表面电位较负，这些带负电性的粉尘易与生物大分子物质（如蛋白质）发生电性作用，从而进一步在细胞膜等生物大分子物质上发生脂质过氧化反应，破坏细胞膜的完整性，使其崩解而致病；或者中和维护蛋白质稳定的电性，使蛋白质分子易于相互凝聚沉淀而发生变性，失去其生物活性，导致生物膜损伤而致病。

3）生物活性

矿物粉尘表面活性基团影响粉尘的生物效应，粉尘进入机体后能激发吞噬细胞的呼吸爆发，形成活性氧（O_2^-，H_2O_2，OH^-）自由基，对细胞的损害和粉尘性疾病的形成起着至关重要的作用。硅灰石表面基团有 Si—O—Si、Si—O—、—Si—O、Ca—O—，没有独立的 OH^-，活性低，毒性低。酸蚀作用可以改变表面矿物纤维的 OH^- 浓度和分布，增多表面的缺陷数量和空隙，硅灰石的酸碱蚀残余物的表面基团不同于原始粉尘的类型，明显向 SiO_2 转化，这对体内酸性环境（如肺泡内、胃内）或碱性环境（如小肠部位）的粉尘生物溶解残余物有类比价值。

5．硅灰石加工性能与应用

硅灰石的加工主要包括提纯、超细加工和表面改性。硅灰石提纯的任务是剔除有害含铁矿物，降低方解石、透辉石、石榴石、石英等限量矿物的含量。提纯方法有手选、筛选、电磁选、浮选和联合选。

硅灰石为链状硅酸盐矿物，在工业应用中备受关注，这取决于它特殊的纤维状、针状结构等。作为工业原材料，与其他矿物粉体不同的是在加工过程中需尽可能地保护晶型和保持高的长径比。通常采用以剪切力为主的机械粉碎法进行加工。机械粉碎依环境介质不同可分为干法和湿法，湿法超声粉碎对保护纤维长径比、单纤维细度和一次松懈度均较好，干法能耗高但粉体团聚问题没有湿法突出。

硅灰石具有无毒、吸油性低、吸水性低、热稳定性较高、介电性良好、白度高等物化性能,使其可应用于陶瓷、涂料、塑料、造纸、磨料、橡胶、绝缘材料和耐火材料等领域,也可作为摩擦和绝热材料(如汽车制动片和硅钙板)等,如广泛用作助熔剂等节能原料、造纸及有机聚合物填料等,尤其在塑料、橡胶工业中和石棉代用品上,其长径比较大,具有良好的增强功能(段文静,2015)。

(1)白炭黑的制备原料:硅灰石的主要成分为 $CaSiO_3$,可溶解于无机酸溶液(HF 除外),通过酸浸获得纯度高、比表面积较大的白炭黑。

(2)陶瓷行业:陶瓷行业是硅灰石产品的主要应用领域,约占硅灰石总用量的1/2,常用于制备日用瓷、卫生瓷、艺术瓷、釉面砖以及釉料和绝缘高频电瓷。用硅灰石制作的陶瓷具有机械强度较高、湿膨胀系数低、煅烧时间和烧成周期短等优点。在生产釉工业中,硅灰石的加入可使坯料的焙烧温度降低 150~180℃,烧成时间缩短 23~40h,同时外观比普通的釉面光滑光亮。

(3)冶金行业:硅灰石具有低温助熔、碱度趋于中性、纯度高、化学性质稳定等特性,因此广泛用作冶金助剂。

(4)油漆涂料行业:硅灰石在油漆涂料行业上主要用作填料,作为添加剂有助于提高产品的物理化学性能。但目前硅灰石在该领域的消耗量较少。硅灰石具有光亮的白色、良好的硬度和耐磨性,可赋予涂料更好的机械强度、耐候性和抗腐蚀性,减少油漆的断裂和老化。

(5)石棉代用品:针状硅灰石具有低热传导性、低热膨胀性、高摩擦系数以及良好的抗热冲击性等特点,是石棉和玻璃的最佳替代品。使用硅灰石替代石棉制备的高摩擦系数的材料主要应用于砂纸,汽车零部件阀门、离合器以及制动片。

(6)其他应用:硅灰石也用作烧制水泥的熔剂,用于生产硅钙板等。硅灰石具有较高的纯度、白度和折射率等,因此用作造纸填料,能改善纸张的质量和吸墨性能、提高不透明度和白度。大长径比(>15)的超细硅灰石粉体,可替代成本高的玻璃纤维制备性能优异的增强塑料。硅灰石还可以用作吸附剂净化水质。

2.3.5　纤状沸石

1. 化学成分

沸石是具有连通孔道的架状构造的含水铝硅酸盐矿物,其化学通式为 $M_x D_y$ $[Al_{x-2y}Si_{n(x-2y)}O_{2n}] \cdot mH_2O$,式中,M 为碱金属或其他一价阳离子;D 为碱土金属或其他二价阳离子;M、D 均为可交换性阳离子。

呈纤维状的沸石有毛沸石和丝光沸石。下面分别介绍两者的化学成分。

毛沸石的化学分子式为$(K_2, Ca, Na_2) Al_4 Si_{14} O_{36} \cdot 15H_2O$，阳离子以 K^+、Ca^{2+}、Na^+ 为主，还有少量的 Mg^{2+}。美国产毛沸石的化学成分为 57.40% SiO_2、15.60% Al_2O_3、1.11% MgO、2.92% CaO、1.45% Na_2O、3.40% K_2O、9.89% H_2O^+、7.69% H_2O^-，总计 99.46%。

丝光沸石的化学式为$(Ca, Na_2, K_2) Al_2 Si_{10} O_{24} \cdot 7H_2O$，大多数情况下，碱金属多于钙，而且钠多于钾。硅铝比(摩尔比)为 4~6。中国浙江产丝光沸石的化学成分为 67.94% SiO_2、11.34% Al_2O_3、1.89% NaO、3.61% CaO、1.00% K_2O、13.59% H_2O，此外还有少量/微量 MgO、MnO、TiO_2、P_2O_5 等(How,1864)。

2. 晶体结构

沸石结构的基本单位是硅(铝)氧四面体。硅氧四面体中的 Si^{4+} 可以部分地被 Al^{3+} 置换。硅氧四面体之间，只能通过共用的底面氧相连接，而不能以共用棱或面连接。两个铝氧四面体一般不能直接连接。

硅氧四面体在平面上通过桥氧连接，可以形成各种封闭环。由四个硅氧四面体围成的环形称为四元环，依次类推，尚有五元环、六元环、八元环、十元环、十二元环、十八元环等。上述众多硅氧四面体环，通过桥氧在三度空间相连接，则形成各种形状规则的多面体，构成了沸石的孔穴和笼，如立方体笼、六角柱笼、八角柱笼、α 笼、β 笼、γ 笼、八面沸石等。这些笼或环在三维空间以不同的方式连接组合，又形成了沸石的一维、二维、三维纳米孔道体系。例如，一维孔道体系的代表为浊沸石，它的结构由四、六、十元环组成；二维孔道体系的代表为丝光沸石和毛沸石，丝光沸石的结构由八、十二元环组成，其主要孔道平行于 c 轴的十二元环，主孔道之间由平行于 b 轴的八元环相沟通。三维孔道体系的代表为八面沸石(Gottardi and Galli,1985)。沸石的结构平面图如图 2.15 所示。

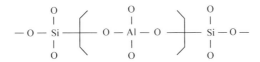

图 2.15　沸石结构平面图

Figure 2.15　The molecular structure of zeolite

毛沸石纤维为复六方双锥晶类，晶体呈毛毡状、纤维状或放射状，六方晶系，$P6_3/mmc$；$a_0 = 13.21 \sim 13.26 \text{Å}$，$c_0 = 15.04 \sim 15.12 \text{Å}$；$Z = 2$，晶体结构中[(Si, Al)$O_4$]四面体构成六方柱状笼，相邻的笼以简单六元环连接，笼的方向沿六次对称轴(或三次对称轴)延伸，其孔径为 3.6~5.2Å。

丝光沸石纤维为斜方双锥晶类，晶体沿 c 轴延长成针状或纤维状。斜方晶系，$Cmc2_1$ 或 $Cmcm$；$a_0 = 18.16 \text{Å}$，$b_0 = 20.45 \text{Å}$，$c_0 = 7.54 \text{Å}$，$Z = 4$，沿 c 轴有五元

环组成的链状结构,其中具有平行于 c 轴和 b 轴的二维通道,前者孔径 7.2Å,后者约 2.8Å。丝光沸石的晶胞中有 8 个阳离子,其中 4 个位于主孔道周围的八元环孔道中,另外 4 个位置不固定。干燥脱水后即形成有离子交换能力的二维分子筛。

丝光沸石结构中有大量的五元环,两个五元环共边成对连接,再与另一对五元环通过桥氧连接,形成四元环。由一串五元环和四元环组成的链状结构又围成八元环和十二元环。图 2.16 是丝光沸石晶体结构中的一层在 c 轴方向的投影图。丝光沸石的晶体就是由许多这样的层叠起来的,但层上的原子并不在一个平面上,而且层与层之间有一定的位移。

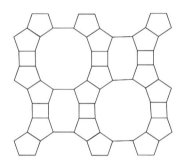

图 2.16　丝光沸石结构沿 c 轴方向的投影图

Figure 2.16　The projected structure of mordenite in *ab* plane

丝光沸石的主孔道之间由八元环孔道相沟通,八元环孔道尺寸为 2.6Å×5.7Å。丝光沸石的孔道体系是二维的,但因八元环孔道较小,一般的分子不易通过,大的分子只能由主孔道出入。另外,由于晶体结构中存在堆垛层错缺陷,主孔道被堵塞,使有的丝光沸石的有效孔径只有 4Å 左右,这类丝光沸石有时称为"小孔丝沸石"。

3. 我国沸石资源分布

我国是一个沸石资源丰富的国家,现已发现的沸石岩产地主要分布在我国东部,有浙江、山东、河北、黑龙江、河南、吉林、辽宁、内蒙古、广东、广西、福建、安徽、湖北、四川。西部的新疆、西藏也有沸石产地。全国已有 21 个省(自治区)相继发现沸石岩产地 150 多处,已开采的有 50 余处。

4. 物理性能

沸石的晶格为开放式构造,内部具有大量均匀的微孔,孔穴与孔道的体积占沸石晶体总体积的 50% 以上,而且孔穴、孔道大小均匀、固定,内部的孔径为 3～10Å,和普通分子大小相当。由于这种独特的结晶构造,沸石具有很大的比表面积,仅次于活性炭(沸石的内比表面积达 $400\sim1000m^2/g$)(朱友利等,2010),丝光沸石的内比表面积为 $300\sim5000m^2/g$,外比表面积仅占总比表面积的 1% 左右,因此沸石的吸附量很大。

毛沸石纤维呈白色,莫氏硬度为 $3.5\sim4$,密度为 $2.02\sim2.08g/cm^3$,质轻,孔隙率为 0.47,折射率 No$=1.480\sim1.500$,Ne$=1.473\sim1.476$,一轴晶正光性。

丝光沸石纤维呈白色,淡黄色,或含杂质染成玫瑰色;透明,玻璃光泽或丝绢光泽,条痕无色或白色,莫氏硬度为 $3\sim4$,相对密度为 $2.12\sim2.15$,质轻,孔隙率为 0.25。

1) 纤维性与劈分性

丝光沸石晶体呈针状、纤维状,集合体为束状或发射状。其纤维平均直径为 $0.74\mu m$ 和 $0.55\mu m$;平均长度为 $7.42\mu m$ 和 $75.40\mu m$;长径比为 9.98 和 9.94(Stephenson et al.,1999)。丝光沸石的孔隙小于 2nm(Sing,1985),且允许小于 0.42nm 的分子通过(Hernáandez et al.,2000)。

毛沸石是一种较罕见的天然纤维状硅铝酸盐矿物,呈针状或纤维状。毛沸石纤维易碎,长度为 $10\sim15\mu m$(Long et al.,1997)。Matassa 等(2015)对两种毛沸石纤维在单粒子能级及形态上的差异进行研究,表明纤维呈片状、棒状及扁平状。毛沸石纤维的易变性与纤维聚集成不同形态的纤维束所形成的纳米结构有关,SEM 下可观察到纤维存在三维堆叠。

2) 热学性能

沸石耐热性主要取决于其中 Si$+$Al 与平衡阳离子的比例。一般情况下,在其组成变化范围内,Si 含量越高,热稳定性越好。通常情况下,丝光沸石优于斜发沸石和方沸石,钾型或钠型沸石优于钙型或钾钙型斜发沸石,高硅沸石优于低硅沸石(我国的沸石属于高硅沸石)。

沸石水是以中性水分子形式存在于沸石族矿物晶格中的水。沸石水在矿物晶格中有确定的位置,其含量有一个确定的上限值,此最大含量与矿物的其他组分之间呈一定的比例。但矿物的具体含水量则随外界条件而变,当温度至 $80\sim110℃$ 时,水分大部分逸出。在失水过程中并不导致晶格破坏,但折射率、相对密度相应增大,在适当的外在条件下,又可吸水并恢复原来的物理性质。

毛沸石在加热到 700℃ 时,晶体结构不变,约 950℃ 变为无定型物质。差热分析表明,在 $50\sim400℃$ 吸热,在 920℃ 放热;热重分析表明,在 $50\sim400℃$ 连续失重,400℃ 失重率为 14.8%,是脱去沸石水所致。

由于丝光沸石的硅铝比高,故热稳定性好,在 800℃ 结构不变。差热曲线在 $25\sim300℃$ 吸热,在大于 1000℃ 时放热,热失重率为 16%。

3) 电学性能

由于沸石内部空腔中存在可交换的阳离子,它们可以依靠通道移动,故其呈现离子电导性。而阳离子携带电流的能力不仅取决于离子电荷的大小、浓度及其结构占位,还与水量有关。

5. 化学性能

1)化学稳定性

沸石在水中呈碱性,到达平衡时,水的 pH 为 9～10.5。在弱酸环境下,大部分沸石具有较好的化学稳定性,但在强酸性环境或强碱性环境中,沸石晶体结构易遭破坏。沸石在低于 100℃时与强酸作用 2h,其晶格基本不受破坏。沸石的耐酸碱性能一般由硅铝比决定。

由于沸石晶体格架中存在酸性位置,其耐碱性远不如耐酸性好。置于低浓度的强碱性介质中,其结构即严重受损。

丝光沸石具有较强的耐酸性,在王水中也能保持稳定,已经成功地应用于异构化、歧化、烷基化等过程。由于具有酸性中心,丝光沸石在金属-酸性双功能重整过程中的应用成为可能。

2)催化性能

毛沸石有较强的助催化作用,尤其是在有机物的反应方面。这种催化作用除受三类吸附活性中心控制外还受溶解作用、酸化作用、阳离子交换作用及有关生物体液的影响。

由于沸石具有很大的吸附表面,可以容纳相当多数量的吸附物质,因而能促使化学反应在其表面上进行,因此沸石可作为有效的催化剂和催化载体。例如,具有催化活性的金属离子可以通过离子交换进入沸石内部,再将其转变为具有催化活性的单质或化合物,使其能得到最大限度的分散,提高了催化剂的利用效率。另外,沸石结构因存在铝/硅类质同象替换而产生结构负电荷,产生局部高电场和表面固体酸位,可催化/加速碳离子型反应。

3)表面性能与分子筛

沸石晶体的大量孔穴和孔道(孔穴度高达 40%～50%),且大小均匀,有固定的尺寸和规则的形状,孔径小,一般只有几埃到十几埃。这使得沸石具有很大的比表面积,尤其是脱水沸石,具有极空旷而又相互连通的孔道结构,因此色散力强。高空旷结构的沸石与活性炭的比表面积(800～1050m²/g)相近,结构空旷度较低的沸石与微孔硅胶的比表面积(500～600m²/g)相近。沸石晶体内部各种构造形式的笼内充填着阳离子,且部分硅(铝)氧四面体骨架带有负电荷,在这些离子周围形成电场,从而具有较强的静电引力。晶体内外表面过剩自由能所决定的色散力和这种静电引力的存在,使得沸石有优良的吸附性能。此外,孔径小、大小均匀、尺寸固定、形状规则的孔穴和孔道决定了沸石对分子吸附的选择性。直径比沸石孔穴小的分子可进入孔穴,而大于沸石孔穴的分子则被拒之孔外。

4) 离子交换性

由于晶格中硅氧四面体内的 Si^{4+} 被 Al^{3+} 置换而出现过剩负电荷,需由碱金属和/或碱土金属离子补偿,因此沸石中有阳离子出现并存于孔道结构中。这些阳离子与晶格结合力很弱,具有很高的自由度,可参与离子交换。铝硅酸盐的阳离子交换容量与晶格中四配位的铝原子数目有关。当可交换性阳离子数量超过铝的当量时,SO_4^{2-}、Cl^-、OH^- 等阴离子就可能进入沸石晶格中以补偿过剩的正电荷。这些阴离子具有很高的活性,也具有交换性。

不同种沸石的同一种交换性离子所表现的交换能力因沸石矿物种不同而异;而同一种沸石对不同离子的交换容量也存在差别。沸石的离子交换表现出明显的选择性。毛沸石的交换容量为 3.86mmol/g,丝光沸石的交换容量为 2.62mmol/g。影响离子交换性的因素有硅铝比、阳离子位置(处于沸石结构中最稳定位置的阳离子首先被交换)、阳离子性质等。

6. 加工性能与应用

在沸石的选矿工艺研究上,国内外研究者做了大量工作,但都感到十分困难,主要由于沸石的结晶颗粒很细而又与多种细分散矿物共生,它们在选矿性质方面(如相对密度、可浮性、导电性、磁性等)差异很小。根据目前的研究结果来看,可以采用的方法有以下几种:浮选法、选择性絮凝分选法、重选、电磁法。其中,浮选法是一种研究最多也最有前途的选矿方法。目前,世界上的天然沸石产品大部分是干法生产的。

沸石凭借其优良的离子交换、吸附、催化等理化性能,广泛应用于石油化工、建筑材料、农牧业及环境保护等领域。

环境保护领域:天然沸石比表面积大、吸附性能和离子交换性良好,这些性能可与活性炭相比甚至更好,因此在水处理方面得到了广泛研究。在废水和污水处理中,天然沸石对废水中 Pb^{2+} 有很强的亲和力,对 Cr^{3+}、Ni^{2+}、Zn^{2+}、Cu^{2+} 和 Cd^{2+} 同样有吸附作用(Leppert,1990);斜发沸石和丝光沸石能去除含 Ca^{2+}、Mg^{2+} 废水中的 NH_3-N,这一技术可用于处理生活污水和工业废水中的氨氮(钱锋等,2013);利用天然沸石对某些金属阳离子的优良交换性能,可从工业废水中回收金属(洪德恩,2013),沸石作为抗菌剂载体制成的载银沸石具有良好的抗菌效果;另外,斜发沸石和丝光沸石耐辐射,可通过熔化沸石将放射性物质长久地固定在沸石晶格内(Yang et al.,2012)。

农牧业领域:掺入沸石岩粉的土壤,其离子交换性能和吸附性能明显提高,达到保肥和改良土壤的效果。沸石还用于饲养场除臭和用作饲料添加剂,在家禽饲料中撒入一定量的沸石粉,能够减轻臭味,防止疾病。同时,饲料中加入沸石粉,能提高家禽家畜的产量(韩成,2005)。

另外,石油及化工行业中,沸石的催化性能良好,如石油炼制过程中裂化催化,石油化工中的异构化、重整等。建筑材料工业中沸石可以作为活性混合材料,用于水泥生产,天然沸石在110℃时具有很好的发泡性,是生产轻骨料混凝土以及其他轻质新型建筑材料的矿物原料。在室内涂料生产中,将磨细的沸石粉添加在乳化漆中混合,可以制备具有某种特性的涂料,能够吸附空气中的水分(朱化雨等,2012)。沸石岩粉可当作填料用于造纸、塑料、橡胶业;用作热能储藏、太阳能制冷等;还可利用天然沸石制造新型气相防锈剂、红外辐射材料。

2.4　部分人造硅酸盐纤维的物理化学性能

2.4.1　玻璃纤维

玻璃纤维是当前应用广泛的一种无机非晶质纤维。玻璃纤维是将石灰石、叶蜡石、石英砂、硼镁石和萤石等粉碎成粉末,搅拌均匀并配以硫酸钠、芒硝等物质在 1000～1500℃下熔融,通过不同的技术(如拉丝、吹丝、离心等)制成直径为 5～20μm 的细丝,再用浸润剂可把它变成可缠绕状的玻璃纤维。玻璃纤维的化学组成主要是二氧化硅和三氧化硼。根据所含成分不同,玻璃纤维可分为无碱玻璃、中碱玻璃、高碱玻璃和高强玻璃等。

1) 纤维性

玻璃纤维的横断面通常为圆截面,直径大多为 4～13μm,表面光滑,玻璃纤维的密度为 2.50～2.70g/cm³。玻璃纤维具有强度高、不吸湿、耐热、尺寸稳定、质地柔软、电性能好、透光性能好、易于负载和加工成形等特性,是一种具有广阔应用前景的光催化剂载体。

2) 力学性能

玻璃纤维的强度不但比块状玻璃的强度高数十倍,而且远远超过别的天然纤维、合成纤维以及各种合金材料,是理想的增强材料。3～9μm 玻璃纤维的抗拉强度可达到 1470～4800MPa。

影响玻璃纤维强度的因素也很多。玻璃组成不同,它们制成的纤维强度也不同。$Na_2O\text{-}CaO\text{-}SiO_2$ 系的 C-玻璃纤维强度最低,为 2617MPa。$CaO\text{-}Al_2O_3\text{-}SiO_2$ 系的 E-玻璃纤维抗拉强度为 3700MPa,而 $MgO\text{-}Al_2O_3\text{-}SiO_2$ 系的 S-玻璃纤维最高,可达 4600MPa(作花济夫和蒋国栋,1985)。

用声波法测得我国玻璃纤维的弹性模量。E-玻璃纤维为 71.5GPa,M-玻璃纤维为 93.1GPa。玻璃纤维弹性模量与玻璃组成和结构密切相关。钠钙硅玻璃纤维弹性模量约为 65.3GPa(张耀明,2001)。同种玻璃纤维的弹性模量与纤维直径(6～100μm)无关,这表明它们具有近似的分子结构。其中,E-玻璃纤维、A-玻璃纤维和 S-玻璃纤维弹性模量分别为 71.5GPa、65.3GPa 与 86GPa。而玻璃纤维的弹性伸长率很低,E-玻璃纤维仅 3% 左右,A-玻璃纤维为 2.7%,S-玻璃纤维也只有5.4% 左右。

3) 热学性能

玻璃纤维与尼龙纤维、乙酸纤维和聚苯乙烯纤维相比,有很高的耐热性,玻璃纤维的软化温度高达 550~750℃(刘新年等,2009),尼龙纤维只有 232~250℃,乙酸纤维 204~230℃,聚苯乙烯纤维则更低,仅 88~110℃。

钠钙和硼铝硅酸盐成分的玻璃纤维在加热到 400℃ 和 500℃ 前,强度基本不变,即在纤维软化温度前,其强度不降低(张耀明,2001)。

4) 吸湿性

玻璃纤维的吸水作用比天然纤维和人造纤维小得多。纤维吸水量与空气湿度有很大的联系,当空气湿度高达 90% 时,吸水量增加很快。当相对湿度为65%、80%、90% 时,吸水量分别为 $0.07\sim0.37g/cm^3$、$0.3\sim0.5g/cm^3$、$1.73\sim3.8g/cm^3$。

玻璃纤维吸附水的能力随着在潮湿介质中存放的时间而变化。干燥的玻璃纤维在潮湿介质中时,最初阶段的吸附水作用最强烈,随后吸附水作用缓慢增至极限值。而同种纤维随着介质湿度增大,吸水量显著增加。不同种纤维在同样的湿度下,尤其是高湿度下,吸水量亦有显著差异,这与玻璃纤维中的碱含量相关,凡碱含量少、化学稳定性好的玻璃纤维,其吸水量就小,反之则大。E-玻璃纤维在 50%~60% 的相对湿度下,吸水量不超过千分之几。

5) 吸声性能

玻璃纤维还有优良的吸声、隔声性能。一般材料的吸声系数与声源物体振动频率有关。厚度为 15mm 的玻璃纤维板随着声音频率由 256Hz 变到 2048Hz 时,其吸声系数由 0.40 变到 0.60;60mm 厚的玻璃纤维板吸声系数则由 0.50 变到0.99。由此可见,随着频率增加,其吸声系数也显著增加。因其优异的吸声性能,玻璃纤维制品也常用在各种声学设备中。

2.4.2　岩棉和玄武岩纤维

1. 岩棉的理化性能

岩棉由辉绿岩、石灰岩和焦炭组成,三者的用量比例为 3∶1∶1 或 4∶1∶1,在 1600℃ 的高温炉里熔化,然后喷成直径为 $5\mu m$ 的纤维,冷却后,加上黏结剂压成板块,即可切割成各种所需形状的板块。农用岩棉由约 60% 玄武岩、20% 焦炭、20% 石灰石加上少量炼铁的矿渣经高温熔融、拉丝,然后纺织、压缩成特定密度后裁剪而成。

一般工业岩棉的视密度为 $80\sim150kg/cm^3$，农用岩棉视密度为 $60\sim80kg/cm^3$，较工业岩棉小。

岩棉一般呈碱性，农用岩棉经过酸性营养液浸泡后能调整 pH，但工业岩棉用酸性营养液浸泡后 pH 调整不大。因此，在酸碱度上，岩棉可以认为是惰性的。

在纺织过程中加入一种具有表面亲水作用的黏结剂，能保持岩棉浸水后长时间不变形，而且具有良好的亲水性。工业岩棉需要加入一定的黏结剂，若没有添加剂，则不能保证长久使用后不变形和孔隙率稳定。其亲水性不如农用岩棉。

岩棉疏松多孔、容重非常小，因此岩棉制品是一种高效绝热材料，同时具有良好的隔声、防潮湿和过滤性能。首先，岩棉制造是在高温条件下进行的，不含细菌，而且经过压制成型的岩棉在种植作物过程中不会产生形态变化；其次，岩棉疏松多孔，孔隙度在 96% 以上，作物根系很容易插进去，透气持水性好；最后，岩棉价格低廉，使用方便，安全卫生。这些优点使得岩棉十分适合植物生长，若能够成功应用于草坪栽培，不仅可以取代土壤基质，而且可以在一定程度上起到节水的作用，对整个草坪业的发展具有十分重要的现实意义。此外，岩棉作为草坪草育苗基质具有十分突出的坪床性能。因此，在世界无土栽培中，岩棉所占面积居第一位。

1）纤维性

岩棉纤维为圆柱状，表面光滑，岩棉产品中各纤维的直径不同，一般分布在 $2\sim12\mu m$，近似于正态分布。国际规定纤维平均直径不大于 $7\mu m$。

在矿棉产品中，直径小于 $2\mu m$ 的纤维一般都很短，强度较差，而大于 $7\mu m$ 的纤维受压后易发生断裂，而且有刺手感；因此直径为 $3\sim6\mu m$ 的纤维较理想，纤维直径小且均匀，其产品质量好。

2）燃烧性能和防火性能

燃烧性能是指材料本身是否可以燃烧以及燃烧时的反应情况。根据我国国标《建筑材料及制品燃烧性能分级》(GB 8624—2012)，材料的燃烧性能分为 A1、A2、B、C、D、E、F 等 7 级。岩棉制品的燃烧性能均可达到 A1 级，即不燃性材料的要求。

在防火测试中，岩棉的熔化起始温度在 1000℃以上，在 700℃温度下无明显的收缩变形，保证了岩棉在高温下的稳定性。研究表明，不同厚度的岩棉与其他材料配合，可以实现 $1\sim4h$ 的耐火极限。

3）热导率与保温性能

在常温条件下（通常指 25℃左右），矿渣棉和岩棉的热导率为 $0.03\sim0.0465W/(m\cdot K)$。有研究表明，10cm 厚的岩棉等同于 4.7m 厚的钢筋混凝土所达到的保温效果。

4）憎水性

岩棉不含活泼元素和腐蚀成分，也不含影响建筑的溶剂、油性物质和软化剂。岩棉的吸湿率很低，体积吸湿率小于等于 0.2%，憎水率大于 99%，吸水率小于

$0.5kg/m^2$；经长期浸泡实验（测试期 28 天），吸水率仅为 $0.1kg/m^2$，无毛细渗透，酸度系数较高的岩棉纤维由于碱金属氧化物含量较低，其化学耐久性和抗水解能力强（蔡凤武等，2011）。

5) 其他性质

岩棉是玄武岩、辉绿岩等天然岩石经过高温熔融，离心喷吹而成的无机纤维，其中的无机物占 98% 以上，其酸度系数大于 1.6，这使得岩棉具有很好的化学稳定性。

纤维质量和纤维结构会影响屋面保温板的力学性能指标，如抗压强度、压缩模量、点荷载、抗拉强度和剪切强度等。经过生产工艺的改进，外墙外保温用岩棉可以具有比较好的力学性能，抗压强度按照英国标准"Thermal insulating products for building applications—Determination of compression behaviour"（EN 826）或我国国标《建筑用岩棉绝热制品》（GB/T 19686—2015）测试：岩棉板 $\geqslant$ 40kPa，岩棉条 $\geqslant$ 100kPa；按照 EN 1607 测试，岩棉板 $\geqslant$ 10kPa，岩棉条 $\geqslant$ 80kPa（蔡凤武，2011）。

2. 玄武岩纤维的理化性能

玄武岩是火山岩喷发到地面或海床上而固化的岩浆，一般由 SiO_2、Al_2O_3、Fe_2O_3、碱土金属、碱金属等组成。玄武岩纤维是玄武岩原料在 1450～1500℃熔融后，通过铂铑合金拉丝漏板高速拉制而成的连续纤维，强度与高强度 S-玻璃纤维相当。纯天然玄武岩纤维的颜色一般为褐色，有些似金色。玄武岩连续纤维不仅强度高，还具有电绝缘、耐腐蚀、耐高温等多种优异性能。其已在纤维增强复合材料、摩擦材料、造船材料、隔热材料、汽车行业、高温过滤织物以及防护领域等多个方面得到广泛应用。

1) 较高的抗拉强度

玄武岩纤维的抗拉强度是金属的 2～2.5 倍，是 E-玻璃纤维的 1.4～1.5 倍。谢尔盖和李中郢（2003）研究表明玄武岩纤维直径由 $5\mu m$ 增加到 $11\mu m$ 时，其抗拉强度由 215MPa 降低至 205MPa，而 $9\mu m$ 时为 214MPa。玄武岩的另一个优点是在 100～250℃ 温度下抗拉强度提高 30%，而玻璃纤维强度却下降 23%。玄武岩纤维在热水作用下也能保持较高的强度。

2) 高耐腐蚀性与化学稳定性

玄武岩纤维中所含的 SiO_2、K_2O 等成分对于提高纤维耐化学腐蚀及防水性能都极为有利。它与玻璃纤维的化学稳定性相比更有优势，特别是在酸性和碱性介质中更加明显。直径为 9～17μm 的玄武岩纤维在水中化学稳定性保留率维持在 98.6%～99.8%，在 0.5mol/L NaOH 介质溶液中保留率为 96.4%～98.5%，2mol/L NaOH 介质中玄武岩纤维的保留率为 83.8%～86.2%，硼铝硅酸盐仅为 60.0%～65.2%。玄武岩纤维经 2mol/L HCl 介质中浸泡后保留率为 69.5%～

82.0%,同样条件下,玻璃纤维仅为 52.0%～54.0%。

3）高热稳定性

由玄武岩纤维热稳定性可知,玄武岩纤维可以工作到 600℃,而玻璃纤维在相同条件下的使用温度不超过 400℃。玄武岩矿石还可以和许多配料组合形成可在 800℃下工作的耐高温材料。有实验指出,玄武岩纤维在 70℃热水作用下也能保持较高的强度,相同条件下玻璃纤维经过 200h 后失去强度,而玄武岩纤维在 1200h 后才失去部分强度。由玄武岩纤维制成的过滤器不仅可以在 400～650℃温度区间内对压力为 25MPa 的空气进行过滤,而且对选矿、冶金、化工、建材及能源企业中排放的气体与尘埃颗粒有很好的净化过滤作用。

4）其他性能

玄武岩纤维随着声音频率的提高,吸声系数也提高,吸声与隔声效果良好。如选用直径为 1～3μm 的玄武岩纤维(密度为 15kg/m³、厚度为 30mm)吸声材料,声音频率为 100～300Hz 时,吸声系数为 0.05～0.15,而频率上升为 1200～7000Hz 时,吸声系数为 0.85～0.93(王峡舜,2010)。玄武岩由于自身具有少量的金属氧化物,因此具有一定的吸波性能,利用磁性材料对玄武岩纤维表面进行改性处理,可以使玄武岩纤维的吸波性得到提高(Kang et al.,2007)。

2.4.3　陶瓷纤维

陶瓷纤维是一种纤维状轻质耐火材料,具有质量轻、耐高温、热稳定性好、热导率低、比热容小及耐机械振动等优点,在机械、冶金、化工、石油、交通运输、船舶、电子及轻工业、航空航天及原子能等尖端领域都得到广泛应用。

陶瓷纤维的品种很多,主要可归纳为普通硅酸铝纤维,高铝硅酸铝纤维,含 Cr_2O_3、ZrO_2 或 B_2O_3 的硅酸铝纤维,多晶氧化铝纤维和多晶莫来石纤维,SiC 纤维等(王小雅和曹云峰,2012)。陶瓷纤维可制成纤维毡、纤维板、纤维毯、纤维折叠块、组块及纤维纸、绳、布等。由于陶瓷纤维及其制品具有耐高温性能优异、导热性低、耐腐蚀性优异、抗拉强度高等性能,可用作隔热材料、高温、腐蚀环境的过滤、隔膜材料、高温结构材料等。高性能连续陶瓷纤维是制备陶瓷基、金属基、树脂基复合材料的基础材料之一。

20 世纪 90 年代以来,我国耐火纤维质量、品种和推广应用均取得了长足发展,先后开发出了含锆纤维、多晶氧化铝纤维、多晶莫来石纤维等,已成为世界陶瓷纤维生产大国。制备陶瓷纤维的方法大致可归纳为悬浮瓷粉纺丝(viscous-suspension-spinning process,VSSP)法、溶胶凝胶(sol-gel)法、碳纤维灌浆置换(replication process)法等三种。这里仅涉及与石棉成分和性能接近的陶瓷纤维。

1. 陶瓷纤维化学组成

不同种类陶瓷纤维的化学组成不同,详见表 2.21。

表 2.21　主要陶瓷纤维的化学组成

Table 2.21　Chemical composition of fibrous ceramic

性　　质	非晶质纤维					晶质纤维			
	标准硅酸铝纤维	高纯硅酸铝纤维	高铝硅酸铝纤维	含铬硅酸铝纤维	含锆硅酸铝纤维	莫来石纤维	80%Al$_2$O$_3$ 氧化铝纤维	95%Al$_2$O$_3$ 氧化铝纤维	氧化锆纤维
分类温度/℃	1260	1260	1400	1400	1400	1600	1600	1600	1800
使用温度/℃	1000	1100	1200	<1300	≥1300	≥1350	1400	1400	1600
化学成分(质量分数)/% Al$_2$O$_3$	≥45	47~49	52~55	42~46	39~40	73.53	79.9	94.82	0.94
SiO$_2$	≥51	50~52	44~47	47~54	44~45	25.85	19.80	4.96	0.11
ZrO$_2$	—			—	15~17	—	—	—	>98 (ZrO$_2$+Y$_2$O$_3$)
Cr$_2$O$_3$	—			2.7~5.4					
Fe$_2$O$_3$	<1.2	<0.2	<0.2	<0.2	<0.1	0.073	0.06	0.085	0.06
Na$_2$O	—	<0.2	<0.2	<0.2	<0.2	0.3	0.06	0.01	微
K$_2$O	<0.5 (K$_2$O+Na$_2$O)	<0.05	<0.05	<0.05	<0.05	0.038	<0.01	0.03	微
TiO$_2$	0.3	0.08	0.06	微	微	0.03	0.03	0.005	微
CaO	1.21	0.06	0.18	0.18	—	0.01	0.03	0.02	微
MgO	—	0.08	0.03	0.09	—	0.036	<0.06	0.04	0.43

2. 陶瓷纤维的性能

1) 纤维显微结构特性

陶瓷纤维的直径一般为 2~5μm,长度多为 30~250mm,纤维呈表面光滑的圆柱形,横截面通常是圆形。其结构特点是气孔率高(一般大于 90%),且气孔孔径和比表面积大。实际上陶瓷纤维的内部组织结构是一种由固态纤维与空气组成的混合结构,其显微结构特点是固相和气相都以连续相的形式存在,因此,在这种结构中,固态物质以纤维状形式存在,并构成连续相骨架;气相则连续存在于纤维材料的骨架间隙中。这种特殊结构使陶瓷纤维具有高气孔率、大气孔孔径、高比表面积、低体积密度,是一种优良的隔热材料(刘道春,2012)。

2) 力学性能

陶瓷纤维品种较多,化学成分不相同,力学性能也有较大差异,现选择具有代表性的四种主要陶瓷纤维的力学性能,见表 2.22。

表 2.22 四种特种陶瓷纤维的力学性能
Table 2.22 Physical properties of four fibrous ceramics

纤维种类	密度/(kg/m³)	直径/μm	抗拉强度/GPa	弹性模量/GPa	制备方法
BN	4~6	1.4~1.8	0.8~2.1	120~350	化学气相反应
BN	6	1.8~1.9	0.83~1.4	210	聚合物前驱体
SiO_2	2.20	10	1.5	73	熔纺
Si_3N_4	2.39	10	2.5	300	聚合物前驱体
$SiBN_3C$	1.85	12~14	4.0	290	聚合物前驱体

3) 密封和耐磨性

陶瓷纤维制品具有压缩回弹性,可以用作高温填充密封材料。用陶瓷纤维、高铝水泥、合成橡胶和吸水聚合物还可以制得一种在水中具有良好黏结性能的耐水密封材料。陶瓷纤维摩擦系数稳定,耐磨性良好、噪声低,可用来制造摩擦材料。如欧洲专利采用陶瓷纤维、玄武岩纤维以及铜丝混合编织物浸渍混合物集体的工艺制备摩擦衬片,摩擦系数稳定,为 0.38~0.45(刘晓斌等,2013)。

4) 热学性能

陶瓷纤维具有抗蠕变和抗热震性、抗热冲击性优良,热膨胀率低,耐高温等优良性能。如莫来石纤维耐热性随着 Al_2O_3 含量增加而增强,当 Al_2O_3 质量分数＞72％时,纤维的使用温度可超过 1400℃。我国生产的高纯硅酸铝纤维可以在1100℃长期使用,高铝纤维可以在 1200℃长期使用,含锆纤维可以在 1300～1350℃长期使用,多晶莫来石纤维和氧化铝纤维可以在 1350～1400℃长期使用,普通硅酸铝纤维可以在温度高于 500℃时长期使用。

陶瓷纤维用作高温绝热涂料的网架材料可以改善涂料的强度、减少收缩率、降低容重、增加绝热效果。陶瓷纤维与耐热结合剂等组成的喷涂涂料可用专门的喷射设备进行喷涂施工,涂料可以直接喷涂在工业炉炉壁上形成炉衬,也可以喷涂在建筑钢材上形成耐火涂层,其表面光滑、气密性好、绝热效果好。

5) 其他性质

孔隙率高的纤维多孔陶瓷是一种优良的载体,可负载复合稀土氧化物。例如,$La_{0.8}Sr_{0.2}CoO_3$ 具有良好的 NO_2 催化活性。纤维多孔陶瓷具有三维孔洞结构和高比表面积,其理论负载量较大,有望成为具有良好催化效果的载体材料。

陶瓷纤维制品是微细纤维多孔集合体,具有优良的吸声性能。数据显示,当声音频率由 320Hz 上升到 3200Hz 时,吸声系数由 39 增长至 99。可以看出,对于高频声波,体积密度小的纤维制品的吸声效果显著,对于低频声波则相反。另外,陶瓷纤维具有优良的电气绝缘性能,适于用作高频绝缘材料。

　　陶瓷纤维结构吸波材料具有承载和减少雷达比反射面的双重功能,是功能与结构一体化的优良微波吸收材料,在导电、电磁波屏蔽、反射与吸收、电子对抗中均有着特殊的优越性。与其他吸波材料相比,具有质量轻、吸波频率宽的优势。以碳纤维、SiC 纤维为代表的陶瓷纤维材料除具有优良的吸波性能外,还具有硬度高、质量轻、高温强度大、热膨胀系数小、热导率高、耐蚀、抗氧化等特点。

参 考 文 献

蔡凤武,姚文生,刘晓波. 2011. 岩棉保温材料性能探讨. 河北建筑工程学院学报,29(1):49-51

曹明礼,曹明贺. 2006. 非金属纳米矿物材料. 北京:化学工业出版社

董发勤. 2015. 应用矿物学. 北京:高等教育出版社

段文静. 2015. 利用硅灰石制备硅肥的研究. 广州:华南理工大学硕士学位论文

冯启明,董发勤,万朴,等. 2000. 非金属矿物粉尘表面电性及其生物学危害作用探讨. 中国环境科学,20(2):190-192

韩成. 2005. 天然沸石在农牧业中的应用. 中国西部科技,11B:60

洪德恩. 2013. 离子交换技术在废水中回收金属的研究及应用. 化学工程与装备,(12):216-217

黄学光,贺玉贞,王亚烈. 1996. 华北海泡石矿产状、成因和用途. 北京:地质出版社

江绍英. 1987. 蛇纹石矿物学及性能测试. 北京:地质出版社

焦永峰. 2003. 纤蛇纹石纳米管的组装实验研究. 绵阳:西南科技大学硕士学位论文

李明. 2008. 纤蛇纹石纳米管的合成、原位组装及产物属性研究. 绵阳:西南科技大学硕士学位论文

李学军,王丽娟,鲁安怀. 2003. 天然蛇纹石活性机理初探. 岩石矿物学杂质,22(4):386-390

刘道春. 2012. 陶瓷纤维技术前沿探秘. 现代技术陶瓷,(1):25-31

刘开平,宫华,周敬恩. 2004. 海泡石表面电性研究. 矿产综合利用,(5):15-21

刘晓斌,李呈顺,梁萍,等. 2013. 刹车片用无石棉摩擦材料的研究现状与发展趋势. 材料导报,27(s1):265-267

刘新年,张红林,贺祯,等. 2009. 玻璃纤维新的应用领域及发展. 陕西科技大学学报,27(5):169-171

潘兆橹. 1994. 结晶学及矿物学. 北京:地质出版社

彭建平,彭明生. 1997. 海泡石摩擦机理的研究. 矿物岩石地球化学通报,16(增刊):95-96

彭同江,孙红娟,马国华,等. 2007. 纤蛇纹石纤维化学分散试验与机理研究. 非金属矿,30(6):4-7

钱锋,宋永会,向连城,等. 2013. 钠型丝光沸石去除猪场废水中营养元素的试验研究. 环境工程技术学报,3(1):59-64

宋鹏程. 2015. 阿克塞石棉尾矿氧化物分离提取关键技术研究. 绵阳:西南科技大学硕士学位

论文

宋鹏程,彭同江,孙红娟,等. 2014. 纤蛇纹石短纤维去金属氧化物制备纤维状多孔二氧化硅. 硅酸盐学报,42(11):1441-1447

宋鹏程,彭同江,孙红娟,等. 2016. 纤蛇纹石石棉尾矿综合利用新进展. 中国非金属矿工业导刊,121(2):14-17

谭伟,贾晓林. 2004. 海泡石开发应用新进展. 河南建材,(1):31-33

谭媛. 2010. 黑曲霉菌浸溶蛇纹石尾矿效果及机理分析. 绵阳:西南科技大学硕士学位论文

谭媛,董发勤. 2010. 黑曲霉菌的浸矿效果研究. 矿物学报,30(4):490-495

王小雅,曹云峰. 2012. 新型纤维材料——陶瓷纤维. 纤维素科学与技术,20(1):79-85

王峣舜. 2010. 玄武岩纤维性能与用途探讨. 纺织科技进展,(1):40-42

谢尔盖,李中郢. 2003. 玄武岩纤维材料的应用前景. 纤维复合材料,20(3):17-20

易发成,田煦,郑自立. 1997. 坡缕石的热学性质研究. 非金属矿,119(5):29-41

袁国洲,易茂中. 1998. 石棉、半金属摩擦材料制动摩擦学行为的研究. 矿冶工程,18(4):66-69

张冠英. 1983. 茫崖温石棉的纤维 X 光照相研究. 矿物学报,(4):36-42,85-86

张耀明. 2001. 玻璃纤维与矿物棉全书. 北京:化学工业出版社

张友森,楼浩良,翟玉生. 2000. 石棉摩擦材料/钢摩擦副许用温度的试验研究. 润滑与研究,(5):19-21

郑自立,田煦. 1997. 中国坡缕石晶体化学研究. 矿物学报,17(2):107-114

周永强,李青山. 1999. 海泡石的组成、结构、性质及其应用. 化工时刊,(12):7-10

朱化雨,闫圣娟,陈怀成,等. 2012. 天然沸石在建材领域中的应用研究进展. 硅酸盐通报,31(5):151-154

朱景和,李承元,李勤. 2002. 坡缕石资源的深加工技术和开发利用. 矿产保护与利用,(3):13-19

朱友利,施永生,张艳奇. 2010. 沸石工艺在工业废水处理中的应用. 净水技术,29(6):13-16

朱自尊,范良明,梁婉雪. 1986. 我国几种石棉矿物研究. 矿物岩石,6(4):69-104

作花济夫,蒋国栋. 1985. 玻璃手册. 北京:中国建筑工业出版社

Edwards C R,Kipkie W B,Agar G E. 1980. The effect of slime coatings of the serpentine minerals,chrysotile and lizardite,on pentlandite flotation. International Journal of Mineral Processing,7(1):33-42

Gottardi G,Galli E. 1985. Natural Zeolites. Berlin Heidelberg:Springer

Heller-Kallai L,Yariv S,Gross S. 1975. Hydroxyl-stretching frequencies of serpentine minerals. Mineralogical Magazine,40:197-200

Hernáandez M A,Corona L,Rojas F. 2000. Adsorption characteristics of natural erionite,clinoptilolite and mordenite zeolites from Mexico. Adsorption,6(1):33-45

How P. 1864. On mordenite,a new mineral from the trap of Nova Scotia. Journal of the Chemical Society,17:100-104

Kang Y Q,Cao M S,Shi X L,et al. 2007. The enhanced dielectric from basalt fibers/nickel core-shell structures synthesized by electroless plating. Surface & Coatings Technology,201(16-

17):7201-7206

Leppert D. 1990. Heavy metal adsorption with clinoptilolite zeolite: Alternatives for treating contaminated soil and water. Mining Engineering,42(6):604-608

Long J F,Dutta P K,Hogg B D. 1997. Fluorescence imaging of reactive oxygen metabolites generated in single macrophage cells (NR8383) upon phagocytosis of natural zeolite (erionite) fibers. Environmental Health Perspectives,105(7):706-711

Matassa R,Familiari G,Relucenti M,et al. 2015. A deep look into erionite fibres: An electron microscopy investigation of their self-assembly. Scientific Reports,5:16757

Mbrtenr M. 1982. The crystal structure of lizardite 1T: Hydrogen bonds and polytypism. American Mineralogist,67(5-6):587-598

Molina-Sabio M,Caturla F,Rodriguez-Reinoso F,et al. 2001. Porous structure of a sepiolite as deduced from the adsorption of N_2,CO_2,NH_3 and H_2O. Microporous and Mesoporous Materials,47(2-3):389-396

Sing K S W. 1985. Reporting physisorption data for gas/solid systems with special reference to the determination of surface area and porosity (Recommendations 1984). Pure and Applied Chemistry,57:603-619

Song P C,Peng T J,Sun H J,et al. 2015. Structural features of fibri-form silica from short chrysotile fibers by acid-leaching. Materials Science Forum,814:199-206

Stephenson D J,Fairchild C I,Buchan R M,et al. 1999. A fiber characterization of the natural zeolite,mordenite: A potential inhalation health hazard. Aerosol Science and Technology,30(5):467-476

Tekin N,Dinçer A,Özkan Demirbaş,et al. 2006. Adsorption of cationic polyacrylamide onto sepiolite. Journal of Hazardous Materials B,134(1-3):211-219

Yang S T,Sheng G D,Guo Z Q,et al. 2012. Investigation of radionuclide 63Ni(II) sequestration mechanisms on mordenite by batch and EXAFS spectroscopy study. Science China Chemistry,55(4):632-642

Yariv S. 1975. The relationship between the IR spectra of serpentines and their structures. Clays and Clay Minerals,23(2):145-152

第3章 纤维矿物粉尘在溶液中的电化学特性
与溶解特征研究

在采矿、选矿、矿物材料制品加工生产及其使用过程中产生的矿物粉尘,对环境和人体健康都会产生不同程度的危害,以矿物纤维粉尘的危害最为严重。矿物纤维粉尘能自行通过不同途径越过身体过滤系统进入体内,而直接作用于人体的体表皮肤(机械刺入作用也可进入皮下组织)、呼吸系统(进入肺泡)、消化系统(如胃内等部位),并与这些部位的体液、有机或无机离子、分子、细胞、组织和器官等发生复杂的物理、化学及生物作用。矿尘在人体的各种清除作用过程中,必然伴随着复杂的溶解和电化学现象,影响生物的代谢过程和细胞因子释放。

近年来,纤维矿物的生物持久性(或生物降解性)与纤维材料粉尘的致癌作用(生物持久性测试评估)逐步引起人们的广泛重视。一种有关矿物纤维如何引起肿瘤的理论认为:纤维在人体肺部被溶解,并因此生成某些成分,如 SiO_2、Mg^{2+}、Ni^{2+} 及其他阳离子,它们可能直接或间接地导致肿瘤或癌变;另外,纤维在生物体内停留的时间,即生物持久性,也是癌变的重要原因(Hamra et al.,2016;Law et al.,1990)。

矿物的溶解性与粉尘在生物体内部的持久性密切相关。矿物纤维的溶解效应影响纤维的清除,在评估不同类型矿物的致癌能力时,粉尘耐久性和其他物理化学性质是十分重要的。耐久性可解释不同矿物纤维生物活性的差异,动物实验可证实持久性矿物纤维的致癌潜在性;相反,非持久纤维则没有致癌性(霍婷婷等,2016)。细胞实验的体外研究不考虑纤维的耐久性,高溶解性的纤维也会在细胞上表现出较强的细胞毒性。模拟生物细胞环境中的体外矿物溶解实验,是评价矿物生物活性的重要方法之一。本章主要探讨各种与蛇纹石石棉相关的重要矿尘的电化学行为及其在水、人体有机酸、氨基酸、人体体液、强酸中的溶解行为、化学活性,为研究它们在生物体内发生的生物电化学相互作用过程打下基础。

3.1 纤维矿物粉尘在水中的电化学特性

纤维矿物粉尘进入人体并发生作用的整个过程都是在富含水、体液和代谢产物的体系中进行的。通常认为不溶于水的矿物在上述生化体系中需要充分注意矿物的长久溶解能力和电离能力,以及由此而引发的对生化体系的影响。这里所研究的主要是工业粉尘的一般电化学特性,为后面研究纤维矿物粉尘与氨基酸、维生素和巨噬细胞(Rieger et al. ,2010)作用提供基础数据。

3.1.1　样品准备及粉尘电化学测定

选取样品主要有蛇纹石石棉类、(纤维)水镁石类、(针状)硅灰石类、海泡石类、坡缕石类、沸石(斜发沸石、丝光沸石)。重点研究其中的 6 个矿物对,12 种形态的矿物粉尘。样品制备:粉体经盘磨加工至 100 目后在 YMJ-II 型陶瓷研磨机上研磨 40min 至 200 目以上,后在 CP-20 型试验机上干法气流超细加工粉体;柔性纤维样球磨后在超声波振荡器上分散 3～5h。不纯样品经超声波分散后,以 50∶1的固液比沉降 24h,经 LXJ-II 型离心机沉淀(3500r/min,30min),60℃烘干备用。

取 200 目及超细矿物粉尘 1.0g 放入磨口锥形瓶内,加入 100mL 去离子水,置入水浴振荡器恒温以 120r/min 速度连续振荡。溶液电导率用 DDS-11D 直读式电导仪测定,溶液 pH 用 PH-10 数显 pH 计测定。去离子水在 10℃的 pH/电导率为5.23/8.3μS/cm,在 20℃时为 6.25/11.0μS/cm。

3.1.2　纤维形态对粉尘电化学的影响

测定不同形态纤维矿物的 pH/电导率,见表 3.1。从表中数据可以看出,纤维状粉尘的电导率均高于对应的非纤维状样品,1#沸石变化明显而 5#不明显,可能与所含杂质的可交换阳离子的数量有关。研磨结晶粗大的纤维状样品对其表面基团已有明显的激活作用,其电导率明显上升,3#样中出现 pH 和电导率互为相长的关系,表明电离和电导有时是不同步的。12h 以后,粉尘的 pH/电导率已变化不大。表中 21#、22#样的 pH 偏高,电导率也偏高一个数量级,这与其所含方解石杂质有关。

表 3.1　矿物粉尘在水中的 pH/电导率$(10^2\,\mu\text{S/cm})$**测定结果**

Table 3.1　pH and conductivity $(10^2\,\mu\text{S/cm})$ **of mineral dusts in water**

样号	1h,10℃	4h,10℃	8h,10℃	12h,10℃	1h,20℃	4h,20℃	8h,20℃	12h,20℃
1	5.97/0.29	5.89/0.42	6.04/0.49	6.17/0.50	6.68/0.93	6.88/0.96	7.1/0.99	7.34/1.01
5	5.61/0.13	5.74/0.21	5.75/0.22	5.77/0.23	6.03/0.38	6.10/0.38	6.30/0.39	6.38/0.39
3	6.63/1.55	8.06/1.55	8.84/1.35	9.14/1.25	9.44/1.22	9.45/1.22	9.50/1.26	9.49/1.29
4	6.53/0.30	6.85/0.35	6.98/1.25	7.23/1.20	8.58/1.25	8.67/1.28	8.75/1.22	8.77/1.17
18	5.78/0.28	5.65/0.33	5.87/0.36	6.07/0.37	6.90/0.49	6.95/0.49	7.04/0.53	7.18/0.51
22	7.58/2.30	7.64/2.30	7.75/2.30	7.86/2.30	7.97/2.80	8.0/2.80	8.03/2.80	8.05/2.76
21	7.21/2.60	7.98/3.40	8.0/3.90	8.07/3.20	8.14/4.10	8.21/4.40	8.23/4.30	8.24/4.30
23(24)	5.38/0.24	5.68/0.31	5.74/0.34	5.94/0.38	6.43/0.37	6.54/0.46	6.77/0.57	7.04/0.58
28	5.89/1.03	7.72/2.05	7.25/2.38	7.68/2.50	9.22/3.70	9.27/3.80	9.32/3.85	9.38/3.95
29	6.33/0.89	6.63/1.15	7.06/1.37	7.73/1.37	9.12/2.05	9.15/2.08	9.19/2.10	9.21/2.16

续表

样号	1h,10℃	4h,10℃	8h,10℃	12h,10℃	1h,20℃	4h,20℃	8h,20℃	12h,20℃
20	9.51/2.40	9.672.73	9.69/2.90	9.78/3.0	9.99/3.65	10.02/4.60	10.02/4.60	10.03/4.65
25	6.49/0.94	8.65/1.70	9.08/1.84	9.22/1.90	10.01/3.10	10.05/3.20	10.04/3.32	10.04/3.50
11	7.07/1.53	7.67/1.82	7.79/1.82	7.81/1.75	8.59/1.30	8.533/1.22	8.72/1.15	8.79/1.10
QS	5.67/0.30	6.36/0.65	6.66/0.80	7.10/0.80	8.72/1.40	8.80/1.45	8.87/1.48	8.87/1.50
GT	5.31/0.16	5.63/0.21	5.81/0.24	6.0/0.26	6.93/0.40	7.05/0.41	7.31/0.42	7.42/0.44
SE	5.18/0.20	5.44/0.26	5.58/0.28	5.68/0.30	6.04/0.43	6.23/0.44	6.40/0.43	6.63/0.43
SM	5.69/0.28	5.95/0.34	6.16/0.36	6.32/0.37	6.98/0.47	7.12/0.49	7.20/0.47	7.26/0.49

注：1 为浙江缙云斜发沸石(含丝光沸石)；5 为河南信阳斜发沸石(含丝光沸石)；3 为广西桂林纤状硅灰石；4 吉林磐石针状硅灰石；18 为安徽官山土状坡缕石；22 为重庆奉节纤状坡缕石；21 湖北广济纤状海泡石；23(24)为湖南浏阳土状海泡石；28 为四川石棉蛇纹石石棉；29 为陕西宁强利蛇纹石；20 为宁强水镁石；25 为宁强纤状水镁石；11 吉林黎树针状硅灰石(2000 目)；QS 为青海小八宝蛇纹岩；GT 为广西龙胜滑石；SE 为四川米易硅藻土；SM 为四川三台蒙脱石。

3.1.3　粒度对粉尘电化学的影响

矿物超细粉尘在 CP-20 型气流试验机上进行制备；喷嘴气流线速度为 Ma(马赫数)$\geqslant 3$，工作压力$\geqslant 0.85MPa$，循环冲击两次，经一次旋风分级机分离，分别在旋风口(C_1)和除尘口(C_2)收集不同粒度冲击产品待测。表 3.2 是超细矿物粉尘的 pH/电导率测定结果。

表 3.2　矿物超细粉尘在水中的 pH/电导率($10^2\,\mu S/cm$)测定结果

Table 3.2　pH and conductivity ($10^2\,\mu S/cm$) of the fine mineral dusts in the water

样号	1h,10℃	4h,10℃	8h,10℃	12h,10℃	1h,20℃	4h,20℃	8h,20℃	12h,20℃
5-C_1	5.94/0.41	6.01/0.46	6.10/0.52	6.21/0.51	6.52/0.81	6.65/0.81	6.92/0.81	7.12/0.81
5-C_2	6.02/0.69	6.11/0.82	6.20/0.92	6.28/0.94	6.63/0.91	6.73/0.94	7.05/0.94	7.17/0.98
4-C_1	6.57/0.96	6.73/1.10	7.02/1.10	7.45/1.10	8.80/1.10	8.84/1.10	8.89/1.10	8.90/1.07
4-C_2	6.65/0.98	6.84/1.18	7.14/1.20	7.51/1.23	8.83/1.16	8.87/1.21	8.90/1.23	8.93/1.25
18-C_1	5.80/0.25	5.88/0.41	5.95/0.45	6.14/0.50	6.95/0.45	7.03/0.54	7.12/0.63	7.19/0.55
18-C_2	5.90/0.30	5.94/0.37	6.03/0.40	6.23/0.47	6.98/0.50	7.10/0.50	7.18/0.55	7.21/0.52
24-C_1	5.63/0.24	5.75/0.29	5.92/0.34	5.97/0.38	6.21/0.30	6.40/0.40	6.69/0.55	6.82/0.56
24-C_2	5.72/0.26	5.80/0.30	5.96/0.36	5.98/0.36	6.32/0.35	6.48/0.47	6.73/0.57	7.02/0.58
20-C_1	9.44/1.89	9.90/2.50	9.93/2.60	10.02/2.80	10.15/3.90	10.15/3.90	10.17/4.10	10.16/4.20
QS-C_1	6.03/0.45	6.53/0.60	6.80/0.85	7.27/0.95	8.91/1.55	9.01/1.60	9.10/1.75	9.10/1.75
QS-C_2	6.34/0.55	6.73/0.60	7.01/0.90	7.35/0.92	8.94/1.60	9.06/1.78	9.17/1.84	9.19/1.85
GT-C_1	5.54/0.36	5.80/0.38	5.91/0.42	6.04/0.44	6.43/0.64	6.64/0.66	6.86/0.69	7.01/0.71
GT-C_2	5.70/0.49	6.01/0.52	6.24/0.53	6.23/0.55	6.71/0.69	6.90/0.70	7.11/0.72	7.28/0.73

续表

样号	1h,10℃	4h,10℃	8h,10℃	12h,10℃	1h,20℃	4h,20℃	8h,20℃	12h,20℃
SE-C_1	5.66/0.25	5.61/0.33	5.66/0.32	5.67/0.32	5.70/0.59	5.80/0.62	5.91/0.68	6.00/0.71
SE-C_2	5.70/0.28	5.72/0.34	5.70/0.34	5.71/0.33	5.88/0.63	6.01/0.67	6.32/0.70	6.40/0.70
SM-C_1	6.33/0.60	6.37/0.67	6.22/0.70	6.27/0.70	6.61/0.78	6.79/0.88	6.95/0.95	7.08/1.00
SM-C_2	6.51/0.79	6.55/0.80	6.54/0.82	6.55/0.81	6.63/0.90	6.87/10.1	7.12/1.02	7.21/1.02

注:样号与表 3.1 相同。C_1 为旋风口,C_2 为除尘口收集的不同粒度的冲击超细产品。

与原样相比,超细样中沸石、海泡石、坡缕石、滑石、硅藻土、蒙脱石 pH 变化不大,而电导率均有明显提高,在硅灰石、海泡石、坡缕石超细样中粒度对 pH/电导率的影响不是很明显,尤其是沸石样。不同温度下样品 pH/电导率的变化十分明显,尤其是硅灰石、水镁石、蛇纹石。其他样品 pH 的缓慢变化与水自身的变化相关,如沸石、所有的黏土矿物和硅藻土,说明电离和电导之间存在多种离子的贡献,即羟基浓度不增加,溶液的电导率会因为其他离子的存在及变化而变化,也说明羟基浓度对温度变化不敏感。

不同粒度分布的样品在水介质中的电导率 κ 是不同的,硅灰石的三种粉体水溶液的电导率比较接近;蛇纹石、沸石和蒙脱石水溶液的电导率,都是 $C_2 > C_1 > Y$(原样),但沸石(图 3.1)和蒙脱石在三个不同粒度下的电导率差别较大,而不同粒度的蛇纹石和坡缕石的电导率差别较小(图 3.2),海泡石的 C_1 和 C_2 几乎相等。时间对电导率的影响不是很明显,但温度上升时,各样品的电导率均有明显增加。以上结果说明,矿物在水介质中的电导率与其粒度有关,粒度越细,电导率越大,pH 也随之升高。

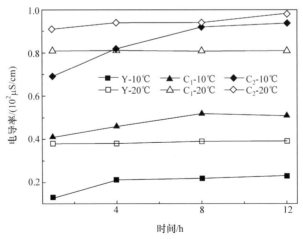

图 3.1　粒度-温度对沸石电导率的影响

Figure 3.1　Influence of particle size and temperature on the conductivity of zeolites

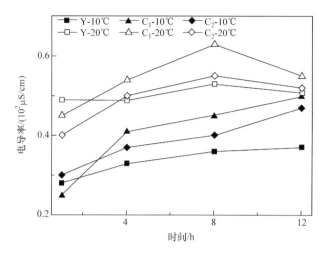

图 3.2　粒度-温度对土状坡缕石电导率的影响

Figure 3.2　Influence of particle size and temperature on the conductivity
of earthy palygorskite

3.1.4　温度和时间对矿尘电化学的影响

各种矿物粉尘在变温条件下电化学测定结果见表 3.3。

表 3.3　矿物超细粉尘在不同温度下水介质中 pH/电导率($10^2\mu$S/cm)测定结果(12h)

Table 3.3　pH and conductivity ($10^2\mu$S/cm) of the ultrafine mineral dusts at
various temperatures in water (12h)

样号	5-C_1	4-C_1	18-C_1	24-C_1	20-C_1	QS-C_1	GT-C_1	SE-C_1	SM-C_1
30℃	7.75/0.88	8.78/1.05	7.35/0.70	7.03/0.73	9.55/3.94	8.93/1.73	7.25/0.75	6.25/0.74	7.21/1.01
40℃	7.95/1.31	8.74/1.45	7.39/0.75	7.10/0.82	9.55/6.80	8.95/2.91	7.53/1.47	6.48/0.97	7.53/1.38
50℃	7.95/2.90	8.70/2.45	7.54/0.85	7.17/0.88	9.59/9.10	9.02/4.92	7.71/2.20	6.86/1.50	7.86/1.45
60℃	8.24/2.11	8.95/1.86	7.71/0.53	7.23/0.70	9.68/6.20	9.06/4.21	8.08/1.79	7.27/1.21	7.92/0.80
80℃	8.26/0.76	8.98/0.90	7.80/0.42	7.30/0.48	10.01/3.70	9.08/1.78	8.48/1.06	7.37/0.80	7.85/0.71
100℃	8.28/0.48	9.270.86	8.32/0.38	7.30/0.31	10.13/2.35	9.10/1.41	8.57/0.83	7.36/0.63	7.85/0.82
样号	5	4	18	24	20	QS	GT	SE	
30℃	6.45/0.46	8.75/1.19	7.26/0.65	6.96/0.69	9.49/4.69	8.63/1.76	7.15/0.53	6.20/0.52	
40℃	6.55/0.59	8.75/1.34	7.39/0.80	6.96/0.87	9.50/6.75	8.80/2.35	7.65/0.70	6.70/0.61	
60℃	7.03/0.42	8.93/0.87	7.65/0.49	7.16/0.53	9.73/4.10	8.81/1.53	7.73/0.43	6.98/0.66	
80℃	7.60/0.32	8.98/0.71	7.81/0.38	7.28/0.39	9.87/2.95	8.84/1.22	7.75/0.42	7.00/0.28	
100℃	8.55/0.20	8.97/0.73	8.36/0.37	7.260.24	9.97/2.60	8.88/0.54	8.20/0.29	7.03/0.23	

续表

样号	1	3	22	21	25	28	29	11	去离子水
30℃	7.55/0.55	9.32/1.36	7.98/0.34	7.97/0.54	9.48/3.87	9.02/4.74	8.75/2.71	8.72/1.10	6.41/0.12
40℃	7.77/0.55	9.22/2.20	7.92/0.35	7.95/0.61	9.51/4.60	9.03/6.05	8.71/3.20	8.74/1.50	6.56/0.19
60℃	8.18/1.13	9.06/1.28	8.11/1.54	8.08/0.34	9.62/2.90	9.32/3.50	8.78/2.04	8.90/0.90	6.60/0.42
80℃	8.22/0.86	9.04/1.00	8.53/1.05	8.08/0.30	9.33/2.56	8.98/3.30	8.77/1.63	8.88/0.71	7.35/0.15
100℃	9.58/0.76	9.04/0.86	9.14/0.62	8.36/0.23	9.69/1.10	8.21/2.70	8.71/0.90	9.27/0.70	6.67/0.22

注:样号同表 3.1。

　　纤维粉尘的电导率和 pH 随温度的变化呈现两种趋势。在电导率上,其最大值出现在 60℃左右,超细样的极值点提前约 10℃(图 3.3),在 80℃以后所有样品的电导率均出现显著下降,在低温时电导率较高的样品(如 24-C_1)下降幅度更大,说明随着温度的升高,水体中可移动阴、阳离子趋于减少,所研究的不溶粉尘的电离平衡常数随温度升高而降低。对于纤维粉尘的 pH,多数样品表现出渐近上升的趋势,在 100℃达到最大,但是有个别样品出现例外,如 3$^\#$硅灰石、28$^\#$和 29$^\#$蛇纹石,pH 呈现下降的趋势,这与接近去离子水沸腾温度下电离阳离子形成复杂水合离子或阳离子与阴离子重新聚合有关。超细粉尘的 pH 极值要稍高于一般粉尘,达到极值点的温度也提前 10℃,水镁石表现最为明显。

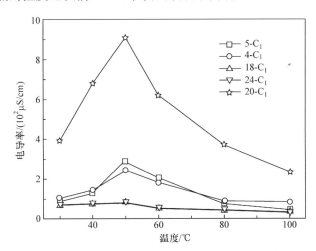

图 3.3　超细粉尘样电导率随温度的变化(样品编号见表 3.1)

Figure 3.3　Influence of temperature on the conductivity of ultrafine mineral dusts

　　多孔矿物的电导率与其他矿物粉尘的电导率有明显差异(图 3.4),其变温电导率与去离子水变化趋势相近,最终电导率的绝对值也与之相近,如沸石、海泡石、硅藻土等,原因是这些矿物含有可交换的 K^+、Na^+、Ca^{2+}、Mg^{2+}、Al^{3+} 等阳离子,它们的交换能力可在一定温度范围内保持稳定。因此,用高温水解吸交换阳离子的收效不大。

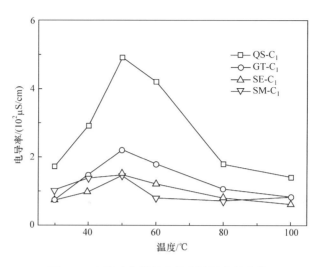

图 3.4　多孔矿物样品电导率随温度的变化

Figure 3.4　Influence of temperature on the conductivity of porous mineral samples

矿物水溶液的 pH/电导率随时间延长而逐渐增大（表 3.1 和表 2.2），但与温度相比其影响更小。蛇纹石、水镁石、硅灰石等在开始 1h 的 pH/电导率变化较快（这与作用初期浓度差大、小粒径先溶解有关），其他样品则在 4h 左右变化较大，8h 后所有样品均接近平衡时的稳定值，因此，平衡作用时间选为 12h。

3.1.5　矿物粉尘的水相电化学过程

在矿物与水组成的多相体系（严格说来是悬浮液）中，大部分矿物呈颗粒形式，一部分较细的颗粒呈胶体形式，溶解的部分大多数呈离子状态，小部分呈络合离子状态。电导率的大小主要与溶液中带电粒子的多少、种类、电荷大小以及溶液的温度等因素有关（宁汇等，2013；Liu et al.，2006）

难溶矿物在水中主要发生溶解和电离，有时伴随部分水解。溶解在机理上可分为三步：晶格离子脱离束缚并发生部分水化；离子从晶格表面迁移到晶/液界面上，形成水合离子；水合离子扩散到溶液中。因此，溶解和电离是同时发生的。水合离子不稳定则会发生进一步水解。表 3.1～表 3.3 所测数据是在其对应时间和温度下电导率曲线和电离水解曲线交叉点的坐标（李永新和方宾，1999）。表 3.3 中粒度所引起的粉尘电导率变化趋势符合 Stumm 溶解动力学方程：

$$dc/dt = kS(C_0 - C)^n \tag{3.1}$$

式中，dc/dt 为浓度变化的梯度；C 为浓度；S 为晶体的接触表面积；$k = D/r$，D 为质点在溶液中的扩散系数，与物质结构类型（如胶态、粉末态、亚稳定态或不稳定多型等)、介质的 pH、温度、压力以及搅拌状态等因素有关,r 近似为球形晶体的半径。

由表 3.3 可知,粒度变细,电导率增大。在超细过程中,超细效应会导致细颗粒表面产生结构缺陷,甚至部分发生非晶质化,因此超细颗粒水溶液的电导率增大。矿尘中所含类质同象元素的种类对其 pH/电导率影响不明显,这是因为纯物质与含杂质化合物在水中溶解扩散是同样的方式(董发勤等,2000;Guichard et al.,1998)。

物质溶液的 pH/电导率可反映其在水相体系中的化学活性和水质特征。矿尘在水溶液中的 pH 偏离中性点越远,其在溶液中离子浓度也越大,反映出水相化学活性越强,如蛇纹石类、水镁石类、硅灰石类在水体中和可溶酸及盐中的反应速率与 pH 成正比(耿迎雪等,2015;曾娅莉等,2012)。电导率也是如此,由矿尘自身溶解电离和水解的离子引起的电导率变化越大,其化学活性也越强。因此,矿物 pH 对矿物的药用价值产生影响(董发勤,2015),如影响药用体系的 pH、载药体系中药物的溶解与沉淀等;另外,表生和水中矿物($<100℃$)迁移、沉淀、反应、产物以及地表水矿物质含量、喀斯特成因、水网水质监测均以矿物的 pH/电导率为重要研究数据(李琼芳等,2015)。

矿尘的电动电势是由其表面分子溶解、电离引起的,并与其后的过程强度成正比,如蛇纹石、水镁石、硅灰石。因此,对基团表面组成与结构简单的矿尘可据其 pH/电导率列出其电动电势的大小。在开放体系中,由于矿尘溶解、电离、水解平衡的破坏和转移,其电动电势的性质和绝对值会发生变化(耿迎雪等,2015;陈武等,2013),在表面改性和改良土壤中应充分利用矿物及其衍生体的这种特性。

矿物水溶液中参与导电和 pH 变化的机制因矿物种类的不同而不同。第一类是溶解电离而不发生水解反应的离子键强电解质,如水镁石、方解石等,其溶解并发生电离的过程示意如下:$(Mg,Fe)(OH)_2 \Longrightarrow (Mg,Fe)(OH)^+ + OH^-$,或发生二级电离:$(Mg,Fe)(OH)^+ \Longrightarrow (Mg,Fe)^{2+} + OH^-$,溶液的 pH 变化主要与电离出的 OH^- 有关,电导率主要与 Mg^{2+}、OH^- 有关。第二类是溶解电离的离子键强电解质伴随发生水解反应副反应,如蛇纹石、硅灰石、滑石等,其溶解并发生电离的过程示意如下:硅灰石溶解 $CaSiO_3 \Longrightarrow Ca^{2+} + [SiO_3]^{2-}$,电离生成的 $[SiO_3]^{2-}$ 不稳定而发生水解:$[SiO_3]^{2-} + H_2O \Longrightarrow H_2SiO_3 + 2OH^-$,$[SiO_3]^{2-}$ 的水解促进了硅灰石电离的进行,而 H_2SiO_3 的电离又抑制了水解的继续。因此,硅灰石的 pH 主要是由水解的 OH^- 决定的,参与导电的离子除电离离子外,还有水解离子。硅藻土、多孔 SiO_2 等样品中的共价键不发生电离,仅在表面存在弱的水解反应:$SiO_2 + H_2O \Longrightarrow H_2SiO_3$。同样,$H_2SiO_3$ 在水中可电离并制约水解的进行;粒度变细有利于硅藻土水解反应的进行(表 3.3)。蛇纹石溶解 $(Mg,Fe)_3[Si_2O_5](OH)_4 \Longrightarrow 3(Mg,Fe)(OH)^+ + [Si_2O_5]^{2-} + OH^-$,电离生成的 $(Mg,Fe)(OH)^+$、$[Si_2O_5]^{2-}$

均要继续发生多级电离或水解并放出 OH^-；$[Si_2O_5]^{2-}$ 水解产物的电离抑制了水解的继续进行导致完全电离常数很小。因此，蛇纹石、滑石的 pH 既与离解 OH^- 有关，也与水解 OH^- 有关，参与导电的离子则更为复杂。第三类是有交换性阳离子的参与，如沸石、海泡石、坡缕石、蒙脱石等，除离解离子外，可交换性阳离子的交换、溶出也起到重要作用，表 3.2 和表 3.3 中此类粉尘的电导率均较大，表明有一部分交换阳离子参与导电。特别是表 3.3 中的沸石，其电导率随温度有明显变化，pH 随温度上升而明显增大，表明此时伴生有明显的水解反应和阳离子解离作用。Rao 和 Mathew(1995)的研究也表明，交换阳离子的电价上升，黏土的固化速率和电导率升高，等价水化离子半径与之成反比。

矿物微溶盐在水中浓度与电导率也遵循摩尔电导率公式：

$$\Lambda_m = \kappa / c \tag{3.2}$$

式中，Λ_m 为摩尔电导率；κ 为电导率；c 为浓度。

因此，表 3.1～表 3.3 中的电导率变化趋势也代表了矿物在水溶液中的溶解度变化趋势。图 3.1～图 3.4 也可看成矿尘溶解度的变化趋势图。

矿物水溶液的 pH 影响其在水相中的吸附行为，当环境 pH 小于矿物零电点 pH 时，矿物界面呈现正电性，表现为吸附阴离子；反之，则相反。在人体中有几种不同的 pH 环境，如肺部的 pH 为 3～5、体液为 7 左右、胃液为 1～5、小肠部为 9～10 等，矿物粉尘运移到以上不同环境中则表现出不同的表面电性，进而影响吸附、溶解、包裹、吞噬、迁移等生化过程，如水镁石等高 pH 的粉尘其共培养细胞的死亡率与粉尘改变培养基的 pH 有关，高细胞死亡率不能真实反映这类粉尘的细胞毒性，因此应在缓冲液中进行实验来对比粉尘的生化行为。另外，稳定的 pH 粉体表明其拥有较宽的使用环境范围，如海泡石、坡缕石作为泥浆可用于酸、碱、盐各种体系中并优于蒙脱石。还可根据含 OH^- 粉尘的 pH 高低推测裸露情况，如海泡石、坡缕石和蓝石棉的 pH 接近中性，表明其 OH^- 很少位于内外表面上。根据表 3.1 中的 pH 也可估算矿物粉尘在水中的溶度积，对于第一类粉尘，一级电离的溶度积为 10^{-8} 数量级，二级电离为 10^{-12}；对于第二类有水解反应的矿物粉尘，如硅灰石，也可近似推算其溶度积为 10^{-11}；对于蛇纹石，其一级到三级电离溶度积介于 $10^{-35} \sim 10^{-25}$。

综上所述，有以下结论：

(1) 以离子键为主的矿尘水溶液常有多级电离，混合键型水溶液常伴有水解反应，矿尘水溶液的 pH/电导率是矿尘溶解、电离、水解离子(包括胶粒)综合作用的结果。具有阳离子交换性质的矿尘的溶解、电离、导电模式是一种新类型。同种矿尘的纤维变种的电导率高于其他变种。

(2) 矿物在水介质中的 pH/电导率与其粒度呈正相关关系，但粒度效应在不同矿尘间有差异，多孔状矿尘较为明显。电导率对温度的变化较为敏感，其最大值位于 60℃左右,超细样的极值点提前约 10℃,在 80℃以后所有样品的电导率均出现大幅下降。pH/电导率随时间的延长而逐渐增大,8h 以后所有样品均接近平衡时的稳定值。

（3）矿物的溶解是一个包含微粒、胶粒、络合离子和离子化的复杂过程,可以用水溶液电导率和 pH 的大小及其变化来表征矿物在水中的溶解性能。矿物的溶解速率较小,但起初的溶解速率较大。矿物的溶解速率受粒度、表面活性、温度、浓度差、时间等因素影响,这是不同矿物溶解性能（溶解度和溶解速率）不同的本质。

（4）矿物粉尘 pH/电导率是矿物表面的特征值,全面反映其溶解度、化学活性、表面电性、降解和残留、防腐、配伍等方面的行为趋势。矿物粉尘 pH/电导率是矿物表面的特征值,全面反映其溶解度、化学活性、表面电性、降解和残留、防腐、配伍等方面的行为趋势,对研究水相复杂体系中矿物粉尘与有机物质（如氨基酸、维生素等）之间的相互作用具有重要研究价值。矿尘 pH 对研究其自由基、毒性和造成指示体内因子的变化与死亡（如溶血、巨噬细胞死亡率）以及体系的缓冲范围等有重要意义。

3.2　纤维矿物粉尘在氨基酸中的电化学特性

氨基酸是生物基本物质（如蛋白质）的基本组成单位,本节对比蛇纹石石棉、坡缕石、海泡石和斜发沸石在酸性、中性及碱性氨基酸水溶液中的溶解特征。

3.2.1　样品及实验

实验石棉样品（28#）为来自于四川石棉县的纤维状蛇纹石石棉,原样经剪碎后用超声波振荡器分散 2h,使其纤维充分分散细化,X 射线分析表明蛇纹石石棉含量达 95％以上。其他样品为河南信阳的斜发沸石（5#）、重庆奉节的纤状坡缕石（22#）、湖北广济的纤状海泡石（21#）,样品经陶瓷研磨机磨至 200 目。氨基酸分别选取性质为酸性、近中性和碱性的人体必需氨基酸:L-谷氨酸（pI 3.22）、L-缬氨酸（pI 5.96）和 L-赖氨酸（pI 9.74）,试剂为由上海康达氨基酸厂生产的层析纯试剂。

称取矿物粉末 0.50g,置于 25mL 质量分数分别为 1％谷氨酸、5％缬氨酸和 3％赖氨酸的水溶液中,为了模拟人体温度条件,实验在恒温水浴振荡器中恒温 37℃条件下进行,并以 160r/min 的速度振荡,分别在 1h、2h、4h、8h、16h、24h、48h 和 72h 间隔时间内测定其反应溶液的 pH 和电导率,72h 后用定量滤纸过滤,分别将滤液和矿物残渣在 37℃烘箱中烘干,得到的滤液干燥物和反应残余物以留作其他实验。

3.2.2 纤维矿物在氨基酸水溶液的 pH

纤维矿物对不同性质氨基酸水溶液的 pH 的影响不尽相同,随着氨基酸酸性的增强,各矿物的溶解差异性逐步明显(表 3.4,图 3.5～图 3.7)。

表 3.4 氨基酸水溶液与矿物作用 72h 后的 pH

Table 3.4 pH values of amino acid solution after 72h reaction with minerals

氨基酸和水	溶液	蛇纹石石棉	斜发沸石	纤状海泡石	纤状坡缕石
去离子水	6.93	9.03	6.73	7.95	7.92
谷氨酸	3.15	5.40	3.71	4.62	7.85
缬氨酸	6.38	8.33	6.89	7.94	7.98
赖氨酸	9.69	9.47	9.56	9.48	9.48

各矿物对酸性谷氨酸 pH 的影响差异较大,在 8h 内 pH 存在明显的上升趋势(图 3.5)。这是因为矿物与酸性谷氨酸发生了化学作用,且不同的矿物在酸性谷氨酸中的溶解能力不同。矿物与谷氨酸作用强弱顺序为:纤状坡缕石＞蛇纹石石棉＞纤状海泡石＞斜发沸石。各矿物对中性缬氨酸 pH 的影响均表现为:在初始反应阶段,四种矿物均发生一定程度的溶解,使缬氨酸的 pH 上升;相比于谷氨酸,各矿物在缬氨酸中的溶解差别较小(图 3.6)。斜发沸石对缬氨酸 pH 的影响最小,而蛇纹石石棉对缬氨酸 pH 的影响最大。此外,各矿物对缬氨酸和去离子水pH 的影响相似,这说明上述四种矿物在缬氨酸和去离子水中具有相似的溶解行为。各矿物对碱性赖氨酸的 pH 影响较小(图 3.7),达到作用平衡时间后,矿物-赖氨酸悬浮液体系的 pH 接近于赖氨酸水溶液的 pH,这是因为上述四种矿物在碱性

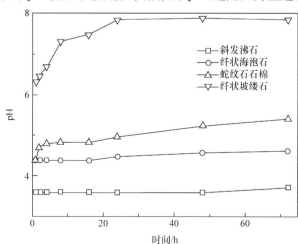

图 3.5 谷氨酸水溶液与不同矿物作用后的 pH 变化图

Figure 3.5 Variation of pH values of glutamic acid solution after reaction with minerals

赖氨酸中的溶解度极小,对赖氨酸 pH 的影响可忽略不计。

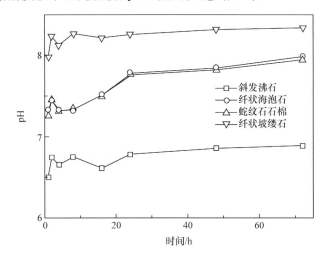

图 3.6　缬氨酸水溶液与不同矿物作用后的 pH 变化图

Figure 3.6 Variation of pH values of valine acid solution after reaction with minerals

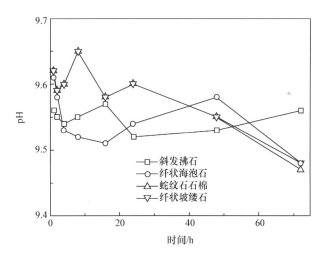

图 3.7　赖氨酸水溶液与不同矿物作用后的 pH 变化图

Figure 3.7 Variation of pH values of lysine acid solution after reaction with minerals

3.2.3　纤维矿物在氨基酸水溶液的电导率

溶液的电导率是由溶液中所含导电离子的浓度和电荷决定的,其变化体现了纤维矿物中阳离子的溶解过程。因此,通过对矿物-氨基酸水溶液体系中电导率进行测量可以获得矿物氨基酸溶解作用过程的图像(刘金钟,1994)。

　　斜发沸石对三种氨基酸水溶液电导率的影响不大,这是因为斜发沸石的溶解度较小,且沸石中的阳离子难以溶出(尤其是在中性缬氨酸和碱性赖氨酸的溶液中)。蛇纹石石棉、纤状海泡石、纤状坡缕石与谷氨酸和缬氨酸作用后,谷氨酸和缬氨酸水溶液的电导率在短时间(4h)内表现为大幅上升的趋势,实现平衡后(72h),谷氨酸水溶液的电导率由 $0.48 \times 10^3\ \mu S/cm$ 增大至 $4.20 \times 10^3 \sim 5.20 \times 10^3\ \mu S/cm$,缬氨酸水溶液的电导率由 $0.014 \times 10^3\ \mu S/cm$ 增大至 $1.35 \times 10^3 \sim 2.40 \times 10^3\ \mu S/cm$(表 3.5)。然而,三种矿物的纯水悬浮液电导率为 $0.35 \times 10^3 \sim 0.61 \times 10^3\ \mu S/cm$,这表明,三种矿物的溶解致使谷氨酸和缬氨酸分子发生分解,导致电导率显著增大。对于谷氨酸水溶液,三种矿物对电导率的影响顺序为:纤状坡缕石>蛇纹石石棉>纤状海泡石(图 3.8);对于缬氨酸水溶液,三种矿物对电导率的影响顺序为:蛇纹石石棉>纤状海泡石>纤状坡缕石(图 3.9);这与三种矿物在谷氨酸和缬氨酸水溶液中的溶解能力有关。三种矿物在碱性赖氨酸中几乎不发生溶解(图 3.10),因此赖氨酸水溶液的电导率变化不明显。

表 3.5　氨基酸水溶液与矿物作用 72h 后的电导率

Table 3.5　Conductivity of amino acid solution after 72h reaction with minerals

(单位: $10^3\ \mu S/cm$)

氨基酸和水	溶液	蛇纹石石棉	斜发沸石	纤状海泡石	纤状坡缕石
去离子水	0.019	0.605	0.059	0.61	0.35
谷氨酸	0.48	4.90	1.05	4.20	5.20
缬氨酸	0.014	2.40	0.13	1.60	1.35
赖氨酸	1.90	2.05	1.80	1.95	2.10

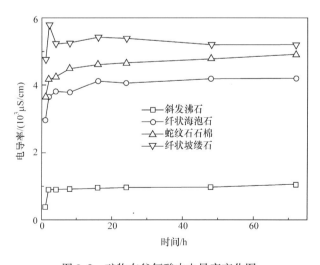

图 3.8　矿物在谷氨酸中电导率变化图

Figure 3.8　Conductivity variation of glutamic acid solution after reaction with minerals

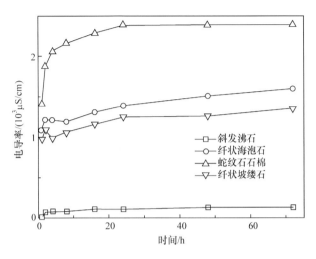

图 3.9 矿物在缬氨酸中电导率变化图

Figure 3.9 Conductivity variation of minerals valine acid solution after reaction with minerals

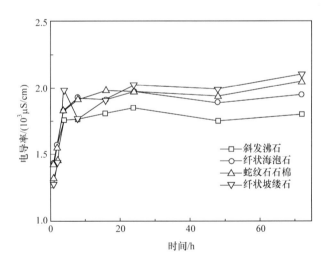

图 3.10 矿物在赖氨酸中电导率变化图

Figure 3.10 Conductivity variation of lysine acid solution after reaction with minerals

综上所述,蛇纹石石棉在中性和酸性氨基酸中表现出较高的溶解性能,其对氨基酸的电导率和 pH 影响较明显。斜发沸石与氨基酸的作用较弱,其在各种氨基酸中的电导率最小,其在人体组织中具有较高的生物持久性或较大的致癌潜力,流行病学调查和细胞实验都证实毛沸石具有较强的致癌能力,这与较高的生物持久性有密切关系。

在中性氨基酸中,斜发沸石的溶解性最小,蛇纹石石棉的溶解作用较强,纤状坡缕石、纤状海泡石具有一定的可溶性,纤维矿物在氨基酸中的溶解度从小到大为:斜发沸石<纤状坡缕石和纤状海泡石<蛇纹石石棉。斜发沸石有较强的耐蚀能力,其生物持久性较高,而蛇纹石石棉则表现为较低的耐蚀性。

3.3　纤维矿物粉尘在 Gamble 溶液中的溶解实验及溶解特征

矿物粉尘进入人体后,肌体内部会以各种方式处理和清除这些尘粒,如运移、沉淀、溶解、包埋和吞噬等。人体体液是粉尘主要的运移、沉淀和溶解介质,但人体体液与粉尘的作用过程是一个非常缓慢和长久的过程,而且人体不同部位组织体液的组成和特性是有差异的,这给研究体液的上述作用带来困难。目前常用模拟人体体液(Gamble 溶液)的体外研究方式来直接和快速地揭示体液与粉尘的作用机制,通过粉尘在 Gamble 溶液中的溶解行为来评估其在体内的生物持久性。

3.3.1　Gamble 溶液及缓冲对

所选用的 Gamble 溶液(100mL)配方如下:$0.900g$ NaCl,$0.042g$ KCl,$0.020g$ $NaHCO_3$,$0.024g$ $CaCl_2$,$0.100g$ $C_6H_{12}O_6 \cdot H_2O$。

该配方是依据人体心脏外膜区肺部中心部位体液组成选定的,与血清的主要组成相似。体系中的无机元素对研究对象基本无影响,较高的 Na^+ 浓度($\rho_{Na^+} > 0.5g/L$)可阻止细菌的繁衍。

人体的呼吸系统和肺部是最先,也是作用面积最大、作用时间最长的承担生物净化过程的场所。人体肺部是 CO_2 的交换场所,因此呈现弱酸性环境。通常的生化实验用 95% $N_2 + 5\%$ CO_2 来控制和模拟肺部及呼吸环境溶液的 pH;而本模拟实验用缓冲对来控制 pH,它的优点是能使 pH 更稳定(相比于 CO_2 体系),而且受温度的影响较小。控制体系溶液 pH 的缓冲对组成如下:缓冲体系(100mL)配方,pH=3,$C_8H_5KO_4$(邻苯二酸氢钾,$1.020g$);pH=5,$C_8H_5KO_4$($1.020g$)+NaOH($0.090g$);pH=7,KH_2PO_4($0.680g$)+NaOH($0.156g$)。缓冲体系中仅含有 K^+、Na^+、PO_4^{3-},与真实体液相同,基本不影响 Gamble 溶液的配方组成。

3.3.2　实验方法

选用 12 种典型样品,产地和特征见表 3.1。每种样品各取 3 份,每份 $2.0g$,分别放入 36 根塑料管中,两端用玻璃胶和橡皮塞封闭;流体用医用导管导入导出,流速控制阀设在入口前端。样品管置入可控温水浴槽内,水体温度设为 37°C。为防止环境水体渗入流体,样品管两端口露出水浴槽内水面(图 3.11)。

pH 分别为 3、5、7 的三组 Gamble 溶液以 $5mL/h$ 的流速流动,流出端设有三

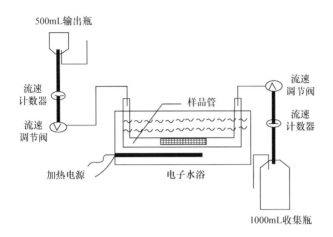

图 3.11 Gamble 溶液作用过程装置示意图

Figure 3.11 Schematic process device of Gamble solution-minerals system

组过滤层阻滞悬浮物质流出。每 16 天收集残液 1 次,用 EDTA 滴定法测定 Mg^{2+} 和 Ca^{2+} 的浓度,用比色法测定 $Fe^{2+/3+}$、Si^{4+} 和 Al^{4+} 的含量。连续作用 96 天后,过滤、干燥残渣并称重。

3.3.3 纤维矿物粉尘在 Gamble 溶液中的溶解特征

因矿物粉尘在多数中性介质的人体体液中溶解比较缓慢,在短期作用后微量元素基本检测不出来,能检测到的都是矿尘的常量化学组分,如 Mg、Ca、Fe、Si、Al 等。

1. 铁元素的溶解特征

表 3.6 是矿物粉尘中的铁元素在不同 pH Gamble 溶液中的溶解速率,它是 16d 溶解速率的平均值。不同粉尘中铁元素的溶解速率均表现出不同程度的波动,多数出现两个峰值区,这与铁元素的结构占位以及其他主元素的竞争性溶解有关,如八面体直接外露的水镁石类、蛇纹石类粉尘,其铁元素与镁元素溶解同步,第一个峰值与细粒粉尘的先溶相关,并且对应不同 pH 出现溶解速率梯度。多数粉尘样在 80d 左右溶解速率达到最大值,在此之前其溶解速率呈波动状增长。对于沸石类、坡缕石类粉尘,pH 对溶解速率影响不甚明显。在第一个 16d,1pH5、18pH3、18pH5、18pH7、24pH3、24pH7、20pH5、20pH7、28pH5、29pH5、29pH7 中铁的溶解速率即达到第一个峰值。另外,多数样品表现为低铁特征,且个别样品的溶解速率与其他系列不同步,如 1pH7、4pH3、22pH3、21pH3 等在 32d 和 80d 中溶解速率分别呈现峰值。水镁石、蛇纹石等高铁样品的溶铁速率趋势相近,一般是 pH3 系列表现为高而稳定,其他系列多在 80d 阶段出现最大值,也有 8 个样品的

最大值位于第二阶段(16~32d)。

表 3.6　Gamble 缓冲体系中粉尘铁元素的溶解速率
Table 3.6　Dissolution rate of Fe from mineral dusts in Gamble solution

(单位:mg/(L · d),16d)

样号	16d	32d	48d	64d	80d	96d	样号	16d	32d	48d	64d	80d	96d
1pH3	0.000	0.000	1.162	1.162	3.209	1.162	5pH3	1.298	0.207	2.799	1.026	2.936	1.571
1pH5	0.616	0.434	1.818	1.298	2.936	2.663	5pH5	0.000	0.343	0.207	1.703	2.663	2.527
1pH7	0.479	1.844	0.753	0.100	1.981	1.708	5pH7	1.162	0.170	1.298	1.162	2.117	1.571
3pH3	1.026	0.207	1.162	1.981	2.936	2.254	4pH3	2.390	3.072	0.753	1.026	2.117	1.708
3pH5	2.117	0.100	3.482	1.981	2.117	1.844	4pH5	1.571	0.170	0.170	3.072	2.254	1.981
3pH7	0.207	1.708	2.936	0.616	3.072	1.162	4pH7	1.298	2.390	0.100	1.571	3.209	1.162
18pH3	1.571	0.343	0.207	1.844	2.936	1.910	22pH3	1.981	2.254	2.663	1.298	2.254	1.708
18pH5	1.298	0.100	4.709	1.435	3.755	1.435	22pH5	1.026	0.889	2.936	1.844	3.006	1.844
18pH7	1.571	0.100	0.100	0.753	2.663	1.844	22pH7	1.026	0.207	0.100	2.254	2.390	2.254
20pH3	9.213	10.168	7.029	1.026	3.618	2.254	25pH3	15.763	2.936	7.166	4.028	3.482	2.527
20pH5	2.014	1.435	2.527	1.703	12.897	5.119	25pH5	3.072	2.390	2.663	2.390	3.072	2.254
20pH7	1.162	0.100	2.117	0.479	2.663	2.390	25pH7	0.616	0.170	1.162	1.298	2.936	2.936
21pH3	2.390	2.936	3.209	1.162	2.254	3.072	24pH3	2.663	0.616	1.026	1.708	3.618	1.981
21pH5	0.343	2.117	0.170	1.162	1.981	0.889	24pH5	1.162	3.755	1.844	1.298	1.708	2.936
21pH7	0.000	1.026	1.844	1.162	2.936	2.390	24pH7	0.889	0.170	1.162	1.571	3.345	2.936
28pH3	1.298	3.072	4.709	3.345	3.618	2.254	29pH3	5.119	5.256	4.709	7.574	4.983	4.300
28pH5	1.844	0.207	1.818	0.753	4.437	3.482	29pH5	0.889	0.479	2.936	3.755	4.573	3.482
28pH7	0.000	0.000	1.708	1.703	2.527	2.663	29pH7	0.616	0.100	0.170	0.207	3.755	5.392

注:样品编号同表 3.1,pH3、pH5、pH7 表示 Gamble 溶液的 pH。

2. 镁元素的溶解特征

表 3.7 是高镁矿物粉尘的溶解速率测定结果。从表中可以看出,多数样品的溶解速率在第一阶段(0~16d)出现最大值,有少数(8 个样品)分别在第三、四、五、六阶段出现峰值,除 29# 样品外,均在 pH 为 7 的条件下达到溶解峰值。在含硅粉尘中,pH7 系列的溶解速率波动稍小,水镁石和蛇纹石的溶解速率变化趋势非常一致,仅到后期蛇纹石才呈现逐渐下降的趋势。不同形态的海泡石在溶解速率上呈现明显差异,纤维状样品 pH3、pH5 系列保持稳定的高溶解率,只在后期出现下降。坡缕石则表现出较大的波动性,尤以纤维状样品低 pH 为甚。

表 3.7　Gamble 缓冲体系中粉尘镁元素的溶解速率

Table 3.7　Dissolution rate of Mg from mineral dusts in Gamble solution

（单位:mg/(L·d),16d）

样号	16d	32d	48d	64d	80d	96d	样号	16d	32d	48d	64d	80d	96d
18pH3	131.5	31.4	43.1	46.4	24.1	41.1	21pH3	208.6	94.3	98.6	95.9	51.5	43.1
18pH5	131.5	11.4	37.0	23.0	21.0	28.8	21pH5	191.5	84.0	84.5	93.5	44.9	45.2
18pH7	114.3	15.0	37.0	17.2	24.5	26.7	21pH7	131.5	21.7	23.5	56.5	58.0	30.8
22pH3	228.6	11.4	17.3	37.8	46.2	32.8	24pH3	145.8	22.8	37.0	48.3	58.0	61.6
22pH5	234.4	15.0	27.1	33.6	36.2	38.0	24pH5	131.5	14.3	16.2	34.0	25.7	36.0
22pH7	142.9	13.1	9.0	10.4	17.0	29.8	24pH7	125.8	15.0	14.4	15.0	20.5	47.9
20pH3	648.8	257.2	161.6	62.1	59.8	67.3	28pH3	388.7	174.3	144.8	78.5	81.6	86.3
20pH5	408.7	211.4	195.1	112.3	143.0	106.8	28pH5	205.8	68.0	99.2	75.9	66.5	94.5
20pH7	140.1	34.2	38.2	38.8	65.8	98.6	28pH7	137.2	60.0	61.6	51.4	46.0	45.2
25pH3	548.7	151.5	105.8	81.2	111.2	65.7	29pH3	225.8	82.9	80.6	162.1	127.5	125.3
25pH5	500.2	54.3	63.5	71.7	41.3	55.4	29pH5	157.2	57.2	84.2	93.0	57.6	44.2
25pH7	211.5	40.0	61.6	36.6	41.9	88.9	29pH7	114.3	22.8	32.6	35.6	37.6	30.8

3. 钙元素的溶解特征

Gamble 溶液中含有 0.24g/L 的 CaCl$_2$,且一些样品中不含 CaO,因此 Gamble 溶液中钙元素的溶解度低于水中的溶解度。表 3.8 结果显示,沸石、硅灰石的钙溶解速率比较稳定。由于钙占位与矿物结构的关系,硅灰石在低 pH 区表现出前高后低的特点,没有明显的峰值出现。沸石具有较大波动性,且在 pH5 系列中钙元素的溶解速率在 80d 后期出现峰值。

表 3.8　Gamble 缓冲体系中粉尘钙元素的溶解速率

Table 3.8　Dissolution rate of Ca from mineral dusts in Gamble solution

（单位:mg/(L·d),16d）

样号	16d	32d	48d	64d	80d	96d
1pH3	50.7	35.2	25.0	38.5	53.5	27.0
1pH5	69.3	20.9	19.3	27.8	51.8	10.0
1pH7	45.0	20.0	11.4	13.7	30.6	7.5
5pH3	113.6	40.1	19.2	25.1	20.4	14.2
5pH5	42.1	19.8	22.1	10.6	45.8	8.6
5pH7	36.4	12.2	17.1	5.0	16.0	14.3

样号	16d	32d	48d	64d	80d	96d
3pH3	279.0	67.6	57.6	53.5	40.4	25.7
3pH5	307.9	73.7	56.4	56.4	37.2	15.6
3pH7	33.5	17.5	11.4	8.2	13.6	25.0
4pH3	293.6	88.1	51.6	42.6	31.8	24.3
4pH5	196.4	84.0	125.0	68.7	25.3	12.9
4pH7	27.8	8.6	15.0	5.0	13.1	11.2

4. 铝元素的溶解特征

表 3.9 数据表明,铝元素在 Gamble 溶液中表现为 pH3 和 pH5 体系易于溶解,而 pH7 体系难于溶解。原样中如果 Al_2O_3 的含量较低,则铝元素在体系中不能检出。铝元素的溶解特点为第一阶段溶解速率最大或接近最大,然后逐渐下降。从铝元素的溶解速率来看,斜发沸石(5#)的溶解活性较高。

表 3.9　Gamble 缓冲体系中粉尘铝元素的溶解速率

Table 3.9　Dissolution rate of Al from mineral dusts in Gamble solution

(单位:mg/(L·d),16 d)

样号	16d	32d	48d	64d	80d	96d
5pH3	278.00	90.00	21.60	19.30	11.30	6.67
5pH5	103.67	25.00	19.30	15.67	34.00	35.00
22pH3	451.30	134.30	67.00	52.30	44.30	17.00
22pH5	99.00	88.67	82.00	8.90	2.00	22.67
18pH3	63.67	26.00	41.00	20.30	17.00	5.67
18pH5	10.70	7.77	22.90	12.17	11.13	9.32

5. 硅元素的溶解特征

硅元素在 Gamble 溶液中的溶解速率出现波浪形,波形的顶点在 pH5 体系中多出现在 48d 以前,在 pH7 体系中多出现在 48d 以后。对于化学活性较大的样品,如硅灰石,32d 以后,其溶解速率逐渐降低,见表 3.10。

表 3.10 Gamble 缓冲体系中粉尘硅元素的溶解速率

Table 3.10 Dissolution rate of Si from mineral dusts in Gamble solution

（单位：mg/(L·d)，16d）

样号	16d	32d	48d	64d	80d	96d	样号	16d	32d	48d	64d	80d	96d
1pH3	4.20	3.46	3.86	27.00	2.90	3.00	20pH3	6.89	1.70	4.78	2.34	3.20	1.70
1pH5	3.52	4.84	7.46	50.20	1.20	2.50	20pH5	1.78	0.65	5.02	2.48	0.50	0.90
1pH7	2.00	5.54	9.41	27.77	7.90	3.30	20pH7	0.84	0.37	3.08	0.96	13.00	5.00
5pH3	14.20	9.56	13.68	7.28	5.20	6.20	25pH3	15.48	25.52	20.64	18.14	12.40	8.60
5pH5	11.98	7.46	57.40	8.70	2.70	5.60	25pH5	3.52	6.48	11.64	39.98	11.60	8.20
5pH7	4.10	5.26	10.75	9.19	10.80	4.70	25pH7	0.96	1.18	17.11	11.10	23.20	21.40
3pH3	37.20	7.94	14.48	7.12	5.10	3.70	21pH3	36.04	60.60	54.26	38.02	27.40	23.10
3pH5	69.12	23.01	47.12	33.36	17.30	12.30	21pH5	57.06	46.72	43.82	22.46	17.50	15.80
3pH7	41.20	11.72	9.47	6.02	22.10	12.00	21pH7	30.28	11.98	13.83	9.97	21.80	7.30
4pH3	41.10	24.18	14.56	13.68	5.70	9.70	24pH3	24.12	21.92	27.84	16.06	11.50	10.35
4pH5	53.04	43.40	40.01	26.92	12.30	12.90	24pH5	13.26	9.44	11.76	7.58	5.10	5.59
4pH7	31.74	31.84	11.47	6.85	26.20	19.10	24pH7	14.26	6.64	7.91	6.45	28.30	10.70
18pH3	18.38	10.76	33.30	21.04	15.30	17.60	28pH3	31.32	22.31	40.32	21.88	15.10	12.91
18pH5	28.08	8.99	16.92	12.34	5.90	7.60	28pH5	19.90	12.64	36.10	19.42	20.60	18.37
18pH7	5.96	3.03	12.51	11.42	10.30	4.50	28pH7	3.52	2.63	11.32	6.18	27.20	2.81
22pH3	29.30	21.75	18.44	16.42	9.40	7.40	29pH3	31.32	14.15	17.68	24.06	19.10	23.07
22pH5	17.44	10.08	13.34	9.04	19.00	5.50	29pH5	13.26	9.33	22.38	14.84	14.50	13.26
22pH7	7.46	4.26	4.35	2.80	10.50	3.73	29pH7	3.86	2.14	5.55	4.55	11.10	5.19

在 Gamble 溶液中只检出了纤维矿物粉尘硅、铁、铝、钙、镁元素的溶出，其累积溶出总量均随时间延长而增加。大多数可溶元素在溶解第一阶段呈现第一峰值，这与粉体中较细颗粒的快速溶解有关，其结果与残粉粒度趋于一致［图 3.14(a)］。沸石样的溶解总量与水镁石、坡缕石、海泡石、蛇纹石的溶解总量有较大差异，以水镁石、蛇纹石为最大，沸石最小。多数粉尘的溶解总量与体系的 pH 成反比（图 3.12）。对硅灰石而言，其特点为 pH5 系列的溶解总量高于 pH3 和 pH7 系列（图 3.13）。除海泡石外，同 pH 系列中纤维状样品的溶解总量大于土状样。总体而言，动态流体培养液中溶解元素的量大于在静态竖直浸取体系中的量（耿迎雪等，2015），这与 Luoto 等（1998）研究查明的人造岩棉、玻璃纤维在细胞培养液中的溶解趋势是一致的。

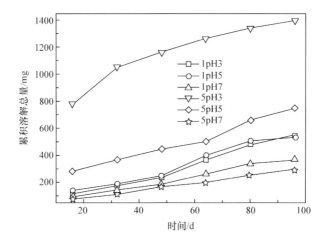

图 3.12　沸石在 Gamble 溶液中溶解总量变化趋势

Figure 3. 12　Total dissolved amount of zeolite in Gamble solution

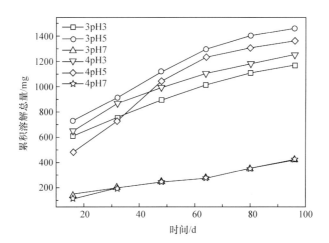

图 3.13　硅灰石在 Gamble 溶液中溶解总量变化趋势

Figure 3. 13　Total dissolved amount of wollastonite in Gamble solution

在 Gamble 溶液作用过程中,矿物纤维表面发生变化,如裂开、凹坑、刻蚀、脱皮等现象,柔性纤维在溶解的同时更趋向分散,脆性纤维则更趋向折断(图 3.14)。层片状矿物粉尘的溶解主要发生在解理和层面剥离的台阶区,溶解速率与台阶密度(step density)正相关。溶解速率的非线性度取决于阶密度。溶解过程受表面形态控制,开始多发生在台阶边缘,以单层方式推进,一层一层地推移,尽管表面有时会出现深的蚀坑[图 3.14(c)],这与 Jordor 和 Rammensee(1996)在 pH=2.7,温度介于 21~25℃条件下所研究的水镁石的溶解行为是一致的。层状矿物粉尘,如蛇纹石、水镁石等表现出相似的规律。

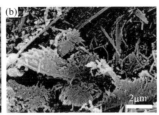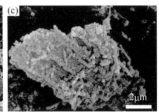

图 3.14　矿物与 Gamble 溶液反应后的 SEM 图

(a)坡缕石;(b)纤状水镁石;(c)水镁石

Figure 3.14　SEM image of mineral dust after reaction with Gamble solution

(a)palygorskite;(b) fibrous brucite;(c) brucite

Hoch 等(1996)研究了辉石在 25℃、pH＝5.8、CO_2 流速 5mL/h、0.01mol/L $KHCO_3$ 有氧条件下的溶解作用,发现在 60d 后其溶解速率就完全取决于其自身硅的溶解速率,而且有氧环境比封闭环境溶解速率高出 3 倍;但对于透辉石,其溶解速率不依赖于溶解氧的多少,这与本节所研究样品的溶解行为也是一致的。如含硅的硅灰石等,其后期的溶解速率主要与硅的溶解速率呈正相关关系。含变价元素(如二价铁)的样品,如水镁石、蛇纹石等,有氧环境有助于溶解,而且溶解速率与铁的氧化速率正相关。在贫铁的样品中氧化作用则不明显,总溶解速率要远慢于有铁样品(董发勤和李国武,2000)。粉尘在 Gamble 溶液中的溶解趋势与在水中和巨噬细胞培养液中是一致的,与地表天然矿物的风化溶解或土壤中矿物的解离也有类似之处,但溶解总量基本与体系 pH 和有机离子的总量成正比。

综上所述,在体液环境中,粉尘颗粒的粒度、粉尘种类、样品形态等与其可溶元素的溶解速率直接相关。粉尘颗粒越细,溶解速率越高;富钙、镁或铝的粉尘溶解速率高于富钾、硅的粉尘;纤状粉尘在成尘过程发生活化,其局部溶解活性高于土状粉尘。此外,环境的低 pH、高溶解氧量或氧化反应、高盐溶液均可促进溶解。

3.4　石英和方解石粉尘在模拟人体体液中的溶解实验及溶解特征

矿物相是大气颗粒物的重要组成部分。不同地区、不同季节的大气颗粒物中矿物组成不同(Liu et al.,2017;杨存备,2011;Kalderon-Asael et al.,2009;董发勤等,2005),石英、方解石、钠长石等矿物是大气颗粒物中常见的矿物相。蛇纹石石棉等纤维矿物仅在特定地区(如蛇纹石石棉开采地、蛇纹石石棉加工厂等)的大气颗粒物中出现。通常,对人体产生危害的矿物粉尘粒径为 0.2～5μm,因为更细的粉尘可以被人体排出，而更粗的粉尘则难以进入人体的呼吸系统(刘福生等，2000)。本节选取石英、方解石两种代表性矿物颗粒作为研究对象，研究上述矿物粉尘颗粒在三种模拟人体体液[Gamble 溶液、合成汗液、磷酸盐缓冲溶液(phosphate buffered solution, PBS)]中的溶解行为，并评估其在体内的生物持久性。

3.4.1　实验材料和实验方法

模拟人体体液配置：Gamble 溶液的配方见 3.3.1 节。模拟汗液(100mL)的配方为：0.50g NaCl，0.10g $(NH_2)_2CO$，0.10g $CH_3CHOHCOOH$，利用邻苯二甲酸氢钾和盐酸调节 pH 为 6.5。PBS(100mL)的配方为：0.80g NaCl，0.020g KCl，0.027g KH_2PO_4，0.142g Na_2HPO_4，用盐酸调节 pH 为 7.4。

矿物样品制备：高纯石英购自成都市科龙化工试剂厂，高纯方解石采自四川省宝兴县，利用卧式行星球磨机对石英和方解石进行湿法球磨。粒度测试结果表明，球磨后的石英和方解石的粒径中值分别为 $2.8\mu m$ 和 $2.6\mu m$。

设定悬液浓度为 6mg/mL，称取矿物粉体 1.2g 装入含有 200mL 的模拟人体体液中，于水浴恒温振荡培养箱中进行溶解实验。设置两组实验，一组用于溶液 pH 变化分析，另一组用于元素溶出分析，每组设置 3 个平行实验，结果取平均值。水温设定在 (37 ± 1)℃，转速 170r/min，实验周期为 8d，时间采样点设置为 0h、1h、2h、4h、6h、8h、10h、12h、24h、48h、96h、144h 和 192h。

在设定的采样点取 5mL 粉体悬液在 6000r/min 条件下离心 10min，取上清液，过 $0.22\mu m$ 的滤膜。将滤液稀释 10 倍。取 10mL 稀释液，利用电感耦合等离子体原子发射光谱(ICP-AES)进行元素溶出含量的测定。连续作用 8d 后，将反应溶液在 6000r/min 条件下离心 10min，去离子水清洗离心管三次，剩余固体在 60℃的烘箱中烘干至恒重并保存。

3.4.2　石英和方解石在模拟人体体液中的溶解特征

石英和方解石分别与 PBS、模拟人体汗液和 Gamble 溶液作用后，三种模拟人体体液的 pH 发生变化。石英、方解石与 PBS 作用 4h 后，PBS 的 pH 由 7.4 迅速升高至 8.4 和 8.8[图 3.15(a)]，表明石英和方解石与 PBS 溶液中的 H^+ 发生反应，并发生部分溶解；此外，方解石体系中，PBS 溶液的 pH 变化更大，这是因为方解石的稳定性低于石英，更容易与 H^+ 发生反应。经过 24h 反应后，PBS 溶液的 pH 基本保持不变，表明石英和方解石在 PBS 中的溶解趋于平衡。

方解石与人体汗液作用后，方解石发生部分溶解，并消耗溶液中的 H^+，使人体汗液的 pH 由 6.5 迅速增大至 9.3；随着反应时间的延长，人体汗液的 pH 逐渐降低，并稳定在 8.3 左右[图 3.15(b)]。由于石英的高稳定性，人体汗液的 pH 在

48h 内基本保持不变;随着反应时间的延长,人体汗液的 pH 逐渐升高至 7.0 左右,这表明石英颗粒与 H⁺ 发生反应,并发生部分溶解。

石英对三个不同初始 pH(3、5、7)的 Gamble 溶液的 pH 影响规律基本一致,即在反应的前 4h,Gamble 溶液的 pH 迅速增大,反应 14h 后,pH 达到最大值,溶解反应 24h 后,溶液 pH 基本保持稳定,维持在 8.5 左右[图 3.15(c)]。方解石对 Gamble 溶液 pH 的影响与石英的趋势相似。在反应初期,初始 pH 为 3、5、7 的 Gamble 溶液与方解石反应后,pH 分别升高至 5.7、7.1、7.5,反应 14h 后,pH 达到最大值,此后,溶液 pH 变化缓慢,分别稳定在 7.8~8.2[图 3.15(d)]。

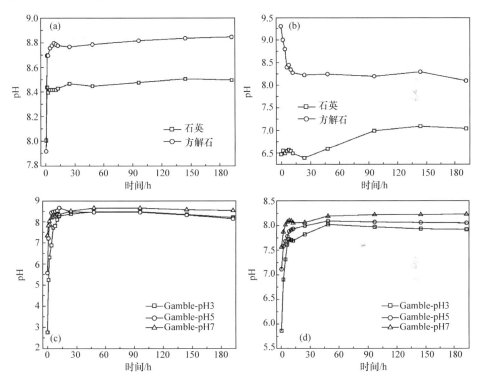

图 3.15　PBS 和模拟人体汗液 pH 的变化以及石英和方解石对 Gamble 溶液 pH 的影响
(a)PBS pH 的变化;(b)模拟人体汗液 pH 的变化;(c)石英对 Gamble 溶液 pH 的影响;(d)方解石对 Gamble 溶液 pH 的影响

Figure 3.15　pH variation of (a) PBS and (b) simulated sweat after reaction with quartz and calcite, pH variation of Gamble solution after reaction with (c) quartz and (d) calcite

1. 石英在 Gamble 溶液中硅元素溶出特征

随着石英颗粒与溶液反应时间延长,溶液中硅元素质量浓度逐渐增大。在前 10h 的反应时间内,硅元素的浓度变化最快,反应 96h 后,硅元素的净溶出量降低。

Gamble 溶液的酸度越高,硅元素的溶出量越少。石英在 Gamble 溶液中溶解 8d 后,溶液中硅元素的浓度仅为 $10\sim50\mu g/mL$,这表明石英在模拟人体体液环境下溶解是非常缓慢的(图 3.16)。25℃下石英表面物种反应与对应的酸性常数为:$Si—OH \Longrightarrow Si—O^- + H^+$,$K_a = 10^{-6.8}$;$Si—O(H_2)^+ \Longrightarrow Si—OH + H^+$,$K_a = 10^{-2.3}$。可以看出,当 pH≥6.8 时,$Si—O^-$ 在溶液中的浓度渐增,pH 增大会促进 $Si—O^-$ 增多,而随着溶液初始 pH 的降低,硅元素溶出量减少,可能是因为 H^+ 首先形成 $Si—OH_2^+$,并使 $Si—O—Si$ 变短,键强增加,水解反应能垒增大,水解速率变小(张思亭和刘云,2009)。结合 Gamble 溶液 pH 的变化情况,在前 14h 溶液 pH 快速增加,$t=14h$,三种溶液的 pH 均达到最大值,并稳定在 8.5 左右。石英的溶解受 pH 影响很大,而三种溶液 pH 变化趋势一致,pH 差别主要产生在 $t=14h$ 之前,可见这一阶段是硅元素溶出量差别的主要原因。

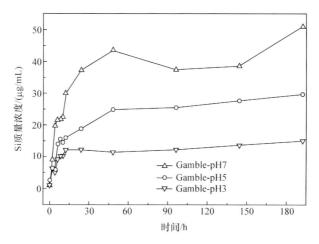

图 3.16　石英在 Gamble 溶液中硅元素的溶出

Figure 3.16　The concentration of Si dissolved from quartz in Gamble solution

　　石英中硅元素的溶出情况与固液比呈现明显的负相关关系(图 3.17)。在 pH 为 3 的 Gamble 溶液中,矿粉与 Gamble 溶液以固液比 1∶25、1∶50、1∶100、1∶200作用时,硅元素的溶出量分别为 $8.293\mu g/mL$、$4.454\mu g/mL$、$2.277\mu g/mL$、$1.073\mu g/mL$。在 pH 为 5 的 Gamble 溶液中,硅元素的溶出量分别为 $20.580\mu g/mL$、$11.890\mu g/mL$、$6.153\mu g/mL$、$4.376\mu g/mL$。随着固液比的减小,石英中硅元素的溶出量大致同比例减少,而在 pH 为 7 的 Gamble 溶液中,固液比与硅元素溶出没有呈现明显的线性相关。从图 3.17 可知,在同一固液比条件下,随着溶液初始 pH 的增加,即由酸性到中性溶解环境,石英中硅元素溶出量增加。酸性条件不利于石英中硅的溶出,且与中性环境相比,溶出量相差较大。

　　Gamble 溶液中的阳离子(Ca^{2+}、K^+、Na^+ 等)对石英的溶解具有促进作用。主

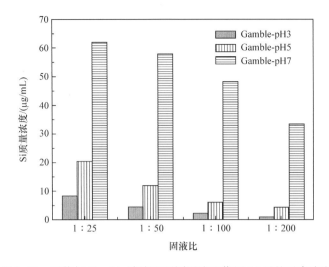

图 3.17 石英与 Gamble 溶液以不同固液比作用 8d 后的元素溶出

Figure 3.17 Variations of Si mass concentrations in Gamble solution with various solid-liquid ratio after 8 days reaction

要表现为在低浓度的盐溶液中,溶液中阳离子浓度升高,石英溶解速率也显著升高。石英族晶体属于架状结构,该结构中每一个氧都是桥氧,$[SiO_4]^{4-}$ 之间直接通过桥氧相连,整个结构就是由 $[SiO_4]^{4-}$ 连接成的三维骨架。在碱性溶液中,石英颗粒物表面带负电,溶液中的阳离子有束缚周围 OH^- 的作用,因此颗粒物表面的 OH^- 浓度相应增高,起着攻击和断裂 Si—O 键的作用,致使颗粒物逐渐溶解,而在较强的酸性条件(低 pH)下,碱金属离子的加入,特别是半径较小的离子,使 Si—O—Si 键稳定性增加,从而抑制了颗粒物的溶解。

2. 方解石在 Gamble 溶液中钙元素溶出特征

方解石在 Gamble 溶液中溶解时,溶液酸性越强,钙元素的溶出量越多(图 3.18)。在 pH 为 3 的 Gamble 溶液中,钙元素的质量浓度呈现先上升后下降、再上升、再下降的循环变化趋势。在 pH 为 5 的 Gamble 溶液中,钙元素的溶出量在 8d 的作用时间里,呈现较稳定的趋势,基本维持在 $8\mu g/mL$ 左右。在 pH 为 7 的 Gamble 溶液中,钙元素的溶出量主要集中在矿粉开始投加时方解石的快速溶解阶段,随后,钙元素的质量浓度大幅降低。这是由于方解石中溶出的钙元素与 Gamble 溶液中的 PO_4^{3-} 发生反应,形成了磷酸钙沉淀。总之,方解石在酸性环境下易于溶解,这与石英在 Gamble 溶液中的溶解行为不同。

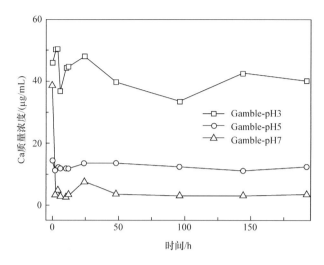

图 3.18　方解石在 Gamble 溶液中钙元素的溶出

Figure 3.18　The concentration of Ca dissolved from calcite in Gamble solution

在同一固液比条件下,随着溶液初始 pH 的增加,即由酸性到中性溶解环境,方解石中钙元素溶出量减少,即酸性条件有利于方解石矿粉的溶解(图 3.19),这与石英在 Gamble 溶液中的溶出行为相反。在偏酸性的环境下,方解石中钙元素的溶出量在 $400\mu g/mL$ 以上,而石英中硅元素的溶出量普遍较小,可见碳酸盐矿物较硅酸盐矿物更易于溶解。不同固液比的方解石与不同 pH 的 Gamble 溶液作用,钙元素的溶出情况与固液比并没有呈现明显的线性关系。

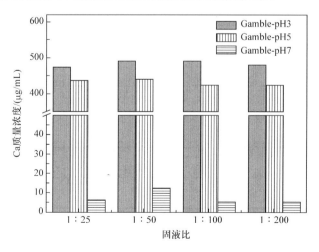

图 3.19　方解石与 Gamble 溶液以不同固液比作用 8d 后的钙元素溶出

Figure 3.19　Variations of Ca mass concentrations in Gamble solution
with various solid-liquid ratio after 8 days reaction

综上所述,石英和方解石均能在模拟人体体液的环境下发生溶蚀,其中石英在酸性条件下溶解量较低,酸性环境可加速方解石的溶解。总体而言,相对于硅酸盐矿物,碳酸盐矿物更易溶解于偏酸性的 Gamble 溶液中。在偏碱性环境下,方解石溶出的钙离子可与溶液中的磷酸根离子生成不溶或难溶的磷酸钙等钙磷化合物。

3.5 纤维矿物粉尘在有机酸体系中的溶解实验及溶解特征

研究矿物在有机酸中溶解性的目的是了解纤维矿物在有机酸条件下如何分解,以及在有机酸处理期间质量的损失和纤维的有机耐蚀性,从而通过溶解性来评价纤维矿物的生物持久性,对了解纤维矿物的生物活性具有重要的意义。硅灰石是国际癌症研究机构(International Agency for Research on Cancer,IARC)专家会议(1987)列为具有潜在致癌作用的矿物纤维之一。水镁石通常被认为是一种低毒的天然矿物纤维,长期以来一直是石棉纤维的代用品,但最新的细胞实验研究表明,水镁石对肺泡巨噬细胞仍具有细胞毒性(刘涛等,2005)。蛇纹石、水镁石、硅灰石等矿物在有机酸中的溶解实验,将有助于对它们在生物体内持久性及生物活性方面做出评价。

3.5.1 有机酸类型及特性

在人体生命过程和日常生活的食物中都有许多有机酸存在,如乳酸、果酸、乙酸、草酸、柠檬酸、酒石酸、苹果酸和石炭酸等。实验所选择的较常见的有机酸为一元羧酸、二元酸、单羟基三元酸、双羟基单元酸。它们的特性见表 3.11。

所选的有机酸配制成 0.5%、2.0%、4.0%、8.0%、16.0% 系列浓度待用(除 16.0% 的草酸外)。

表 3.11 有机酸的基本特征

Table 3.11 Brief information of organic acid

有机酸种类	分子式/摩尔质量/(g/mol)	电离常数	
乙酸	CH_3COOH/60.05	$pK1=4.76$	
草酸	$H_2C_2O_4$/90.04	$pK1=1.27$	$pK2=4.27$
柠檬酸	$HOOCCH_2C(OH)COOHCH_2COOH$/192.13	$pK1=3.13$	$pK2=4.76$ $pK3=6.40$
酒石酸	$(CHOHCOOH)_2$/150.09	$pK1=3.04$	$pK2=4.37$

3.5.2 粉尘特性

矿物粉尘有蛇纹石石棉、利蛇纹石、纤状和块状水镁石、硅灰石、纤状和土状海泡石、坡缕石、斜发沸石,它们分别采集于陕西、河南、湖北、湖南、广西、吉林、四川。

块状和土状样品磨细到 $10\mu m$ 以下,纤维状样品采用超声波分散。样品特性见表 3.12。

表 3.12 矿物粉尘的特征

Table 3.12 Brief information of mineral dusts

样号	采集地	形状	矿物种	结构	样号	采集地	形状	矿物种	结构
1	浙江缙云	片状	斜发沸石	架状	28	四川石棉	纤维	纤蛇纹石	层状,管状
5	河南信阳	片状	斜发沸石	架状	29	陕西宁强	层状	利蛇纹石	层状
3	广西桂林	纤维状	硅灰石	链状	20	陕西宁强	层状	水镁石	层状
4	吉林磐石	针状	硅灰石	链状	25	陕西宁强	纤维状	水镁石	层状
18	安徽官山	层状	坡缕石	层-链状	11*,12,13	吉林黎树	纤维状	硅灰石	链状
22	重庆奉节	纤维状	坡缕石	层-链状	19	湖北大冶	纤维状	硅灰石	链状
21	湖北广济	纤维状	海泡石	层-链状	7	内蒙古赤峰	片状	斜发沸石	架状
24	湖南浏阳	层状	海泡石	层-链状	17	江苏溧阳	针状	硅灰石	链状

* 表示矿物过 2000 目筛。

粉尘的成分有以下几种类型,是否含硅,是否含 OH^-。阳离子主要是 Ca^{2+}、Mg^{2+}、Al^{3+} 和 Fe^{3+},见表 3.13。

表 3.13 XRF 分析的矿物粉尘的成分

Table 3.13 Chemical composition of mineral dusts

成分	1	3	5	7	11	12	13	17	18
SiO_2/%	71.79	49.48	70.54	70.49	50.83	51.14	51.10	52.54	62.04
TiO_2/%	0.14	0.02	0.26	0.13	0.05	0.03	0.04	0.01	0.58
Al_2O_3/%	12.34	0.49	13.30	11.67	0.40	1.91	0.93	0.94	7.96
Fe_2O_3/%	0.84	0.27	1.32	1.23	0.23	0.79	0.32	0.35	4.35
MnO/%	0.05	0.06	0.02	0.02	0.03	0.03	0.02	0.01	0.05
CaO/%	2.36	45.01	1.85	3.47	44.27	40.53	43.59	43.92	0.26
MgO/%	0.20	0.08	1.32	1.08	0.46	1.34	0.62	0.64	12.49
Na_2O/%	2.19	0.78	0.50	1.12	0.05	0.60	0.31	0.40	0.08
K_2O/%	2.78	0.00	3.19	1.62	0.08	0.12	0.08	0.14	0.86
P_2O_5/%	0.05	0.04	0.07	0.06	0.07	0.07	0.06	0.04	0.09
总计/%	92.74	96.23	92.37	90.89	96.47	96.56	97.07	98.99	88.76
烧失量/%	7.17	4.06	7.46	9.03	3.49	3.56	2.83	0.90	11.27
H_2O/%	3.03	0.00	3.32	2.85	0.00	0.00	0.00	0.00	5.31

续表

成分	1	3	5	7	11	12	13	17	18
V/(mg/L)	51.6	7.5	68.8	77.9	1.8	31.1	22.3	10.9	223.6
Ni/(mg/L)	73.8	38.8	2.4	19.5	84.3	32.6	67.9	51.0	129.2
Zn/(mg/L)	100.9	40.4	70.8	77.9	41.7	41.9	48.9	9.4	98.4
Sr/(mg/L)	143.9	116.3	513.6	655.0	83.9	85.6	141.8	88.7	50.1
Ba/(mg/L)	134.3	100.0	306.9	494.8	50.0	120.0	130.0	80.0	195.8

成分	19	20	4	21	22	24	25	28	29
SiO_2/%	52.20	1.08	49.29	62.73	46.21	70.15	21.53	39.67	40.33
TiO_2/%	0.02 .	0.01	0.01	0.04	0.01	0.25	0.00	0.11	0.09
Al_2O_3/%	0.32	0.04	0.45	1.72	15.16	4.82	0.16	3.34	2.21
Fe_2O_3/%	0.25	7.40	0.14	0.01	0.69	1.91	4.96	4.91	7.82
MnO/%	0.61	0.33	0.020	0.012	0.003	0.165	0.211	0.104	0.121
CaO/%	44.31	0.38	46.52	0.64	11.73	1.00	1.60	3.27	1.26
MgO/%	0.14	59.81	0.81	23.02	6.47	13.45	48.46	31.69	36.91
Na_2O/%	0.33	0.24	0.31	0.42	0.23	0.41	0.01	0.28	0.10
K_2O/%	0.01	0.01	0.01	0.00	0.07	0.51	0.00	0.61	0.06
P_2O_5/%	0.03	0.03	0.09	0.01	0.03	0.18	0.00	0.61	0.06
总计/%	98.22	69.33	97.65	88.602	80.603	92.845	76.931	84.594	88.961
烧失量/%	1.55	30.09	1.60	11.44	19.74	7.37	22.83	16.18	11.26
H_2O/%	0.16	0.75	0.33	7.98	5.23	3.85	0.95	0.99	0.62
V/(mg/L)	21.0	46.3	15.7	112.4	7.6	94.3	1.5	17.8	10.9
Ni/(mg/L)	15.9	1165.2	233.8	458.4	350.6	378.8	486.5	481.0	587.9
Zn/(mg/L)	29.3	29.2	95.9	197.9	137.3	314.8	111.8	127.3	106.6
Sr/(mg/L)	67.6	2.0							
Ba/(mg/L)	130.0	140.0	22.9	58.3	196.1	135.4	77.8	56.5	20.3

注:本表数据由加拿大劳伦丁大学化学分析中心测试所得。

3.5.3　实验和分析方法

量取 50mL 前述浓度的有机酸置入容量为 100mL 的锥形瓶中,然后加入样品号为 1#、5#、3#、4#、18#、22#、21#、28#、19#、20#、25# 的矿物粉尘样品 2.0g,在恒温箱 37℃下作用 24h 后对悬浮液过滤,残留物干燥后称重,反应液采用 EDTA 滴定方法分析其 Mg^{2+} 和 Ca^{2+} 含量,采用比色法分析 Fe^{3+}、Si^{4+}、Al^{3+} 的含量。

3.5.4　纤维矿物粉尘在有机酸中的溶解特征

矿尘在多数有机酸中能发生溶解或反应,为了与前述介质的溶解性进行比较,这里只检测矿尘的主要构成常量化学组分 Mg、Ca、Fe、Si、Al 等元素的溶解量。

1. 铁元素的溶解特征

表 3.14 是粉尘中铁元素在浓度为 0.5%、2.0%、4.0%、8.0%、16.0% 的草酸、乙酸、酒石酸、柠檬酸中的溶出结果。在所有纤维中,铁元素的溶出量随着酸浓度的增加而上升。当酸浓度小于 4% 时,铁元素的溶出量快速增大,当酸浓度大于 4% 时,铁元素的溶出速率逐渐稳定。可以看出,5# 在草酸、3# 在柠檬酸、18# 在草酸、20# 在乙酸、21# 和 28# 在草酸中铁元素的溶出量较大。

表 3.14　纤维矿物在不同浓度有机酸中的铁元素溶出量

Table 3.14　The dissolved amount of Fe from fiber minerals in organic acids

（单位:mg）

样号	0.5%	2.0%	4.0%	8.0%	16.0%	样号	0.5%	2.0%	4.0%	8.0%	16.0%
1#草酸	1.01	3.57	4.66	4.34	—	20#草酸	0.042	0.031	0.040	9.84	—
5#草酸	0.95	9.60	10.53	12.60	—	25#草酸	0.082	0.10	0.082	25.01	—
1#乙酸	0.63	0.53	1.32	3.14	1.71	20#乙酸	0.24	0.29	0.33	45.90	89.63
5#乙酸	0.95	1.57	2.36	3.53	2.14	25#乙酸	0.18	0.22	0.59	36.00	39.40
1#酒石酸	2.21	2.54	2.45	2.68	2.58	20#酒石酸	4.19	17.38	29.17	42.62	27.30
5#酒石酸	2.60	7.12	7.68	8.20	9.61	25#酒石酸	3.90	17.46	37.18	48.02	54.00
1#柠檬酸	1.46	2.43	2.68	2.89	2.79	20#柠檬酸	2.97	10.84	16.14	33.24	59.88
5#柠檬酸	4.93	6.70	6.35	7.85	8.51	25#柠檬酸	1.69	16.04	30.48	42.92	49.66
3#草酸	0.086	0.10	1.08	2.86	—	21#草酸	0.22	0.76	0.68	0.40	—
4#草酸	0.09	0.20	0.87	1.08	—	24#草酸	0.54	17.02	26.30	33.27	—
3#乙酸	0.25	0.32	1.12	1.12	1.12	21#乙酸	0.21	0.24	0.32	0.26	0.10
4#乙酸	0.26	0.47	1.20	2.65	1.32	24#乙酸	0.28	0.24	0.99	0.32	0.42
3#酒石酸	0.21	0.15	0.23	2.71	3.64	21#酒石酸	0.24	0.59	0.89	1.04	0.96
4#酒石酸	0.25	0.21	0.78	1.20	1.65	24#酒石酸	2.38	4.32	6.28	7.90	10.24
3#柠檬酸	0.14	0.41	2.54	3.52	3.72	21#柠檬酸	0.21	0.96	0.60	0.72	10.08
4#柠檬酸	0.37	0.86	1.16	1.45	1.26	24#柠檬酸	2.23	4.65	5.59	6.49	7.93
18#草酸	4.95	12.92	28.04	24.19	—	28#草酸	0.21	0.22	40.98	56.92	—
22#草酸	0.07	0.99	1.55	2.21	—	29#草酸	0.52	6.00	60.88	73.54	—
18#乙酸	0.34	0.56	0.60	1.04	1.51	28#乙酸	0.25	0.37	0.32	3.94	5.93

续表

样号	0.5%	2.0%	4.0%	8.0%	16.0%	样号	0.5%	2.0%	4.0%	8.0%	16.0%
22#乙酸	0.30	0.18	0.15	0.27	0.15	29#乙酸	0.31	3.17	7.16	11.09	14.96
18#酒石酸	0.29	5.52	7.48	9.70	12.21	28#酒石酸	2.09	5.25	12.27	17.91	16.78
22#酒石酸	0.22	0.36	0.70	0.46	0.64	29#酒石酸	5.87	16.76	25.56	34.29	28.24
18#柠檬酸	5.36	6.44	7.42	8.31	9.56	28#柠檬酸	1.53	10.25	12.31	13.74	16.48
22#柠檬酸	0.23	0.52	0.42	0.66	0.76	29#柠檬酸	6.35	23.54	29.49	35.033	35.06

2. 钙元素的溶解特征

钙元素的溶出量仅测试了 1#、3#、4#、5# 样品,它的溶出特征与铁元素相似。1# 和 3# 在乙酸中的钙元素溶出量是最大的,见表 3.15。

表 3.15　纤维矿物在不同浓度有机酸中的钙元素溶出量

Table 3.15　The dissolved amount of Ca from fiber minerals in organic acids

(单位:mg)

样号	0.5%	2.0%	4.0%	8.0%	16.0%	样号	0.5%	2.0%	4.0%	8.0%	16.0%
1#草酸	8.09	29.22	6.93	6.84	—	3#草酸	19.44	9.00	9.60	6.88	—
5#草酸	10.26	7.75	11.21	10.88	—	4#草酸	10.06	22.04	14.72	10.66	—
1#乙酸	152.3	15.78	31.87	43.13	80.25	3#乙酸	99.03	342.04	519.58	604.76	754.57
5#乙酸	23.03	29.63	70.31	127.54	196.88	4#乙酸	81.67	231.04	314.83	493.90	726.66
1#酒石酸	20.43	27.44	11.07	21.45	15.23	3#酒石酸	19.02	19.29	19.72	49.90	33.04
5#酒石酸	14.83	20.12	8.14	26.06	41.67	4#酒石酸	21.26	21.92	33.58	62.46	142.10
1#柠檬酸	9.72	13.43	14.01	16.06	18.36	3#柠檬酸	29.11	20.28	45.78	220.66	113.80
5#柠檬酸	11.32	10.68	13.80	36.11	18.62	4#柠檬酸	28.92	19.60	134.33	287.94	171.24

3. 镁元素的溶解特征

表 3.16 是镁元素在草酸、乙酸、酒石酸和柠檬酸中的溶出结果。当酸浓度小于 2.0% 时,粉尘中镁元素的溶出速率快速增加;当酸浓度大于 2.0% 时,镁元素的溶出速率逐渐平稳。可以看出,18# 在草酸,25# 在柠檬酸,21#、28#、29# 在草酸和乙酸中镁元素的溶出量比较大。

表 3.16　矿物粉尘中镁元素在不同浓度有机酸中的溶出量

Table 3.16　The dissolved amount of Mg from mineral dusts in organic acids

(单位:mg)

样号	0.5%	2.0%	4.0%	8.0%	16.0%	样号	0.5%	2.0%	4.0%	8.0%	16.0%
18# 草酸	59.00	69.32	93.97	78.04	—	21# 草酸	45.10	99.20	72.90	120.40	
22# 草酸	5.46	10.45	6.37	9.46	—	24# 草酸	49.60	119.90	151.30	161.30	—
18# 乙酸	19.62	27.13	33.64	32.09	36.25	21# 乙酸	69.10	72.20	105.80	141.80	186.90
22# 乙酸	31.86	42.86	51.03	61.03	98.52	24# 乙酸	27.70	36.00	40.40	46.90	49.50
18# 酒石酸	37.86	33.74	37.86	62.15	60.02	21# 酒石酸	71.30	113.70	140.10	160.00	174.00
22# 酒石酸	13.08	26.16	42.78	40.33	46.20	24# 酒石酸	43.40	38.80	48.20	63.30	86.20
18# 柠檬酸	29.72	30.53	32.22	34.79	40.68	21# 柠檬酸	69.60	96.00	118.70	136.10	164.70
22# 柠檬酸	20.13	42.70	42.08	40.67	41.10	24# 柠檬酸	40.10	53.40	57.20	67.90	103.20
20# 草酸	29.30	21.70	33.70	48.00	—	28# 草酸	38.80	39.10	72.60	128.60	
25# 草酸	21.22	38.32	42.44	57.82	—	29# 草酸	34.60	59.20	113.50	137.50	—
20# 乙酸	60.00	209.60	371.00	516.10	669.00	28# 乙酸	100.20	149.40	176.20	199.00	207.00
25# 乙酸	41.33	218.90	450.18	458.18	488.79	29# 乙酸	70.60	105.10	134.00	130.20	190.70
20# 酒石酸	55.70	195.30	257.90	412.60	414.20	28# 酒石酸	87.00	224.20	309.10	359.60	429.70
25# 酒石酸	65.88	244.02	249.82	268.30	354.71	29# 酒石酸	75.80	149.60	220.20	286.50	348.00
20# 柠檬酸	54.90	155.80	240.70	445.10	604.20	28# 柠檬酸	79.10	281.90	317.80	371.00	406.40
25# 柠檬酸	93.36	399.21	525.70	668.49	567.69	29# 柠檬酸	76.20	173.70	261.10	215.00	299.70

4. 硅元素的溶解特征

矿物粉尘中硅元素在有机酸中的溶出量有波动,特别是在低浓度下,出现一个波动的极大点。硅元素的最大溶出量主要是在酸浓度为 4.0% 的溶液中,小部分在 0.5% 或其他浓度时出现。当酸浓度超过 8% 时,溶出量减少。从表 3.17 可看出,5# 在酒石酸、4# 在柠檬酸、18# 在乙酸、24# 和 29# 在酒石酸中硅元素的溶出量较大。

表 3.17　矿物粉尘中硅元素在不同浓度有机酸中的溶出量

Table 3.17　The dissolved amount of Si from mineral dust in organic acids

(单位:mg)

样号	0.5%	2.0%	4.0%	8.0%	16.0%	样号	0.5%	2.0%	4.0%	8.0%	16.0%
1# 草酸	1.95	7.00	8.76	7.87	—	12# 草酸	8.20	11.25	10.43	10.43	—
5# 草酸	0.41	15.38	17.46	15.64	—	12# 柠檬酸	7.33	12.49	24.17	19.71	14.54

续表

样号	0.5%	2.0%	4.0%	8.0%	16.0%	样号	0.5%	2.0%	4.0%	8.0%	16.0%
1#柠檬酸	6.76	11.56	10.82	11.41	10.07	12#乙酸	10.45	7.73	6.95	5.07	5.46
1#乙酸	3.38	3.59	3.56	5.41	3.67	12#酒石酸	9.48	9.36	22.87	21.96	0.90
1#酒石酸	5.50	6.98	10.50	9.64	0.22	21#草酸	4.53	16.32	10.27	13.37	—
5#柠檬酸	13.64	14.74	16.52	15.64	12.23	21#柠檬酸	12.04	13.51	18.06	17.46	15.94
5#乙酸	6.90	9.08	10.93	10.42	11.06	21#乙酸	12.93	10.02	10.92	10.00	8.78
5#酒石酸	15.80	23.03	19.35	18.16	0.46	21#酒石酸	13.40	18.54	19.60	21.31	21.57
3#草酸	10.81	6.70	14.25	12.23	—	24#草酸	4.12	20.59	22.25	18.46	—
3#柠檬酸	10.50	12.96	19.14	10.16	13.43	24#柠檬酸	12.88	17.46	19.55	20.20	16.71
3#乙酸	5.39	6.00	4.61	1.96	3.31	24#乙酸	7.60	8.18	8.98	8.39	8.59
3#酒石酸	22.66	15.81	15.39	20.89	17.12	24#酒石酸	12.89	18.85	23.56	27.43	26.08
4#草酸	8.58	11.18	13.27	11.26	—	28#草酸	4.00	3.60	12.82	13.84	—
4#柠檬酸	10.14	14.99	19.37	23.16	16.39	28#柠檬酸	4.55	24.60	20.77	25.39	23.97
4#乙酸	9.06	7.26	7.17	8.35	9.43	28#乙酸	1.71	6.99	8.57	9.06	8.08
4#酒石酸	11.80	12.57	19.24	20.03	25.91	28#酒石酸	2.90	27.19	40.52	38.42	41.91
18#草酸	4.86	18.34	16.97	17.90	—	29#草酸	10.41	15.87	45.34	27.38	—
18#柠檬酸	11.80	15.06	17.71	16.53	14.66	29#柠檬酸	13.18	20.34	19.90	21.50	22.29
18#乙酸	6.18	8.75	9.78	7.87	7.09	29#乙酸	7.71	8.69	20.46	19.94	21.88
18#酒石酸	11.07	16.90	26.26	28.70	26.47	29#酒石酸	10.14	21.54	37.19	33.69	16.66
22#草酸	0.67	9.94	6.61	6.86	—	13#草酸	8.193	8.68	12.06	11.15	—
22#柠檬酸	2.47	5.43	6.67	6.56	5.10	13#柠檬酸	9.34	13.54	17.63	19.58	13.66
22#乙酸	1.12	2.69	3.29	3.3	3.41	13#乙酸	9.26	6.53	6.51	6.92	5.85
22#酒石酸	2.04	7.37	9.16	9.41	10.30	13#酒石酸	7.98	11.33	43.22	19.97	0.67
11#草酸	9.12	6.32	11.97	10.95	—	19#草酸	8.91	7.97	14.76	14.58	—
11#柠檬酸	12.31	18.06	19.67	18.85	16.24	19#柠檬酸	12.57	16.87	12.57	13.00	12.83
11#乙酸	9.42	12.65	8.64	6.31	5.35	19#乙酸	11.20	11.73	12.34	4.38	2.85
11#酒石酸	16.02	16.16	23.84	23.99	24.31	19#酒石酸	6.71	10.53	14.19	25.18	5.84

5. 铝元素的溶解特征

表 3.18 是粉尘中铝元素在酸中的溶出结果。铝元素在乙酸中比较容易溶出，而在草酸中难于溶出。铝元素的溶出数据表明，在乙酸中铝元素的溶出量随着酸浓度的增加而稳步增加，而在柠檬酸和酒石酸中，溶出量随着酸浓度的增加而逐步减少。

表 3.18 矿物粉尘中铝元素在不同浓度有机酸中的溶出量

Table 3.18 The dissolved amount of Al from mineral dusts in organic acids

（单位：mg）

样号	0.5%	2.0%	4.0%	8.0%	18.0%	样号	0.5%	2.0%	4.0%	8.0%	18.0%
1# 乙酸	15.63	32.64	33.61	34.65	41.86	28# 乙酸	0	0	15.64	31.90	38.06
5# 乙酸	19.86	33.04	33.84	32.88	37.14	29# 乙酸	0	0.82	3.82	8.62	17.67
1# 酒石酸	25.43	12.17	9	7.00	1.25	28# 酒石酸	0	21.22	10.74	3.39	0.22
5# 酒石酸	35.84	21.33	15.98	14.18	14.42	29# 酒石酸	1.37	2.79	5.51	9.53	12.96
18# 乙酸	4.80	36.42	76.61	100.88	135.13	11# 乙酸	0	0	0.87	11.08	11.95
22# 乙酸	0	21.61	67.56	98.78	93.88	19# 乙酸	0	0.62	8	32.43	25.09
18# 酒石酸	76.57	70.44	15.88	4.46	1.33	18# 柠檬酸	9.77	1.50	1.03	0	0
22# 酒石酸	0.15	65.66	35.38	17.78	5.37	22# 柠檬酸	2.28	1.82	0.60	0	0
21# 乙酸	3.05	3.74	3.46	5.59	6.79	18# 草酸	0.23	1.39	1.31	1.2	—
24# 乙酸	0.04	24.28	33.52	37.41	34.40	24# 草酸	0	1.56	0.52	2.42	—

3.5.5 矿物纤维的溶解机理

1. 水镁石在有机酸中的溶解机理

表 3.19 是水镁石在不同有机酸中的溶解率。水镁石在乙酸、柠檬酸和酒石酸中的溶解率随有机酸浓度的增大而增大；但是水镁石在草酸中的溶解率为负数，且随着草酸浓度增大而降低，这是因为草酸根离子与溶出的镁离子形成草酸镁沉淀，并包覆在水镁石表面，导致水镁石的溶解率为负数，且溶出的镁离子越多，溶解率越小。

水镁石在有机酸体系 8%～16% 的浓度围内，有近 50%～80% 的水镁石可以被溶解。值得注意的是，粒状水镁石在 16% 的酒石酸中溶解率为负数。这是因为镁离子大量溶出，形成过饱和的酒石酸镁，并以沉淀形式析出。纤状水镁石的溶解率在 8% 的酒石酸浓度下实现溶解最大值，因而未在 16% 的酒石酸浓度下出现过饱和酒石酸镁。总体而言，有机酸的种类对水镁石的溶解无显著影响，水镁石在有机酸中的溶解率大小趋势顺序为：草酸＞乙酸＞柠檬酸＞酒石酸。但是，水镁石的形貌对其溶解的影响较大。在低浓度下，粒状和纤状水镁石的溶解率差别不大，当有机酸浓度高于 4% 时，两者的溶解率差别较大：粒状水镁石的溶解率随酸浓度增大而增加，并呈线性趋势，而纤状水镁石的溶解率增长缓慢，在酸浓度高于 8% 以后，溶解率几乎保持不变。纤状水镁石比粒状水镁石更难溶解，这表明纤维粉尘比粒状粉尘有更强的耐蚀能力。

表 3.19　水镁石溶解率
Table 3.19　Dissolution rate of brucite in organic acids　　（单位：%）

酸类	样号	有机酸浓度				
		0.5	2	4	8	16
乙酸	20	6.5	24.4	43.2	59.5	78.2
	25	2.3	6	40	45.2	45.3
草酸	20	−5.3	−37.1	−64.2	−90.2	—
	25	−7.1	−32.5	−68.6	−103.4	—
柠檬酸	20	8.1	20.6	32.7	43.6	60.7
	25	6.7	24	44.3	47.8	50.9
酒石酸	20	7.4	17.8	30.4	40.6	−36.2
	25	6.5	24.47	43.6	49.1	49.4

　　水镁石在有机酸中表现出极大的溶解潜力，这与水镁石的成分结构有较大关系。水镁石矿物为碱土金属 Mg 的氢氧化物，Mg—OH 之间为离子键，在水溶液中呈碱性。在酸性条件下，或有机酸电离出 H^+ 时，与水镁石中的 OH^- 结合形成 H_2O，酸根与 Mg^{2+} 结合成有机酸盐，水镁石随之分解，其反应式如下：

$$2CH_3—COOH + Mg(OH)_2 \longrightarrow \begin{matrix} CH_3—COO \\ CH_3—COO \end{matrix}\Big\rangle Mg + 2H_2O$$

（乙酸）　　　　（水镁石）　　　　（乙酸镁）

$$\begin{matrix} COOH \\ | \\ COOH \end{matrix} + Mg(OH)_2 \longrightarrow \begin{matrix} COO \\ | \\ COO \end{matrix}\Big\rangle Mg\downarrow + 2H_2O$$

（草酸）　　　　　　　　　　　　（草酸镁）

$$2OH—\overset{\displaystyle CH_2—COOH}{\underset{\displaystyle CH_2—COOH}{\overset{|}{\underset{|}{C}}}}—COOH + 3Mg(OH)_2 \longrightarrow$$

（柠檬酸）　　　　　　　　　　　　　　（柠檬酸镁）

$$\begin{array}{c} CHOHCOOH \\ | \\ CHOHCOOH \end{array} + Mg(OH)_2 \longrightarrow \begin{array}{c} CHOHCOO \\ | \\ CHOHCOO \end{array} \Big\rangle Mg+2H_2O$$

（酒石酸）   （酒石酸镁）

根据以上酸碱中和反应机理,水镁石在有机酸中的反应与酸浓度呈正相关关系,酸浓度越高反应越强烈,溶解率越高。但实验表明,只有粒状水镁石才符合这一特征,在粒状水镁石和有机酸的反应过程中,水镁石颗粒四周均可以和有机酸进行持续反应,酸的浓度越高溶解率越高,其反应表现出的溶解率与有机酸的浓度呈线性增长趋势,粒状水镁石($20^{\#}$)在有机酸中的溶解率($D\%$)与酸浓度($C\%$)的溶解方程回归如下:

乙酸	$D=16.2483+4.2806C$	$R^2=0.9415$
草酸	$D=0.7391+10.0652C$	$R^2=0.9690$
柠檬酸	$D=12.2181+3.725C$	$R^2=0.9830$
酒石酸	$D=8.3803+4.3227C$	$R^2=0.9691$

在纤状水镁石和有机酸的反应过程中,粉尘的表面负电荷主要集中分布于纤维两端的截面上,H^+吸附于此,并与水镁石的OH^-反应。由于反应主要集中于两端界面,受纤维截面面积因素的限制,即使在酸浓度增加时,在纤维两端界面上的反应也不随浓度的增加而变大。因此,其表现出在酸浓度高于4%以后溶解率增长缓慢,8%以后溶解率几乎保持不变的现象,故纤状水镁石的饱和溶解酸浓度最高为8%。

2. 硅灰石在有机酸中的溶解机理

硅灰石在乙酸、草酸、酒石酸中的总体溶解趋势是有机酸质量浓度越高,溶解率越大,但质量浓度高于$80g/L$时,溶解曲线变缓,表明在高质量浓度溶液中其溶解活性降低(图3.20)。硅灰石在有机酸体系中,溶解率较大的质量浓度是$80\sim160g/L$。在这一质量浓度范围内,硅灰石几乎可以完全分解,仅在柠檬酸中出现了异常现象,溶解率最高的溶液质量浓度是$40g/L$,当质量浓度大于$40g/L$以后,溶解率下降,$80g/L$时达到最低,此后有所上升。

有机酸种类对硅灰石溶解性的影响,主要表现在有机酸基团的差异上,即一元羧酸和多元羧酸(取代羧酸)所含基团的数量、种类不同,导致不同的溶解特点(图3.20)。其特征是具有一级电离的一元羧酸(乙酸)与硅灰石的反应残余物为无定型SiO_2,溶液中为水溶性乙酸钙;而具有二级电离的多元羧酸和羟基酸(草酸、柠檬酸、酒石酸)与硅灰石反应,残余物为难溶于水的草酸钙、柠檬酸钙、酒石酸钙,致使溶解率呈现负增长。值得注意的现象是,残余物中很少或没有出现无定型SiO_2(图3.21),这可能是因为硅与有机酸形成了含硅的有机配合物。

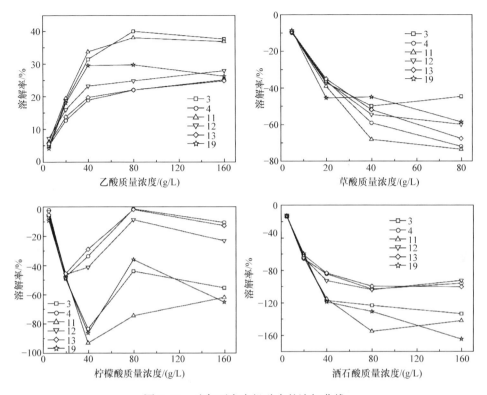

图 3.20　硅灰石在有机酸中的溶解曲线

Figure 3.20　Dissolution curves of wollastonite in organic acids

　　硅灰石的粒度对其溶解的影响与有机酸种类有关:在乙酸和草酸中,颗粒粒度的影响不大;在柠檬酸和酒石酸中,不同粒度的硅灰石溶解率差异较明显,且这种差异随着有机酸质量浓度增加而越发明显。这与有机酸所含基团有关:乙酸和草酸为羧酸,羧基电离后与 Ca^{2+} 的反应为完全的酸碱中和反应,因而粒度对溶解的影响较小;柠檬酸和酒石酸带有羟基基团,羟基电离对柠檬酸和酒石酸的羧基电离并吸附 Ca^{2+} 发生中和反应产生影响,矿物表面能较大的超细颗粒更容易被羧基吸附而反应,导致溶解率增加,特别是在高质量浓度下,区别尤为明显。

　　硅灰石在有机酸中表现出极大的溶解潜力,这与硅灰石的成分结构有较大关系。硅灰石矿物为链状硅酸盐,结构简单,阳离子单一,结构[CaO_6]中八面体共棱连接 b 轴的链,与硅氧键相配合,成分中含碱土金属 Ca,在水溶液中偏碱性,在酸性条件下,Ca^{2+} 与有机酸根进行中和反应生成有机酸盐。有机酸所含基团的不同,导致硅灰石在不同有机酸中的溶解有差异。

　　由反应残余物的 X 射线衍射分析可知,硅灰石在一元羧酸中分解,有 SiO_2 沉淀析出,而在多元羧酸和羟基酸中极少或没有无定型 SiO_2 的残余。由此可知,溶

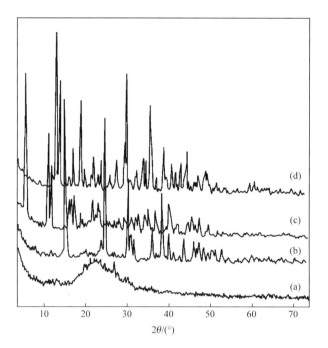

图 3.21   硅灰石与(a)乙酸、(b)草酸、(c)柠檬酸、(d)酒石酸反应残余物的 X 射线衍射图
Figure 3.21   XRD pattern of wollastonite residual reacted with (a)acetic acid, (b)oxalic acid, (c)citric acid, and (d)tartaric acid

解过程经历了两次溶解,首先是发生于硅灰石和有机酸的正常酸碱反应,生成物为有机酸盐和 SiO_2,其次是 SiO_2 在有机酸中发生再溶解,形成含硅有机配合物。在矿物-有机酸体系中,同时进行两种溶解过程。

1) 硅灰石在一元羧酸中的溶解机理

由一元羧酸的性质可知,乙酸在水中能电离为乙酸根离子和氢离子,即 $R—COOH \leftrightharpoons R—COO^- + H^+$,乙酸根与 Ca^{2+} 结合成乙酸钙,H^+ 进入结构八面体夺取结构中的 O,使硅以无定型 SiO_2 析出,硅灰石分解形成 $Ca(C_2O_2H_3)_2 \cdot H_2O$ 和 SiO_2,其反应式如下:

$$2CH_3—COOH + Ca[SiO_3] \longrightarrow \begin{matrix} CH_3—COO \\ CH_3—COO \end{matrix}\Big\rangle Ca \cdot H_2O + SiO_2\downarrow$$

（乙酸）　　　　（硅灰石）　　　　（乙酸钙）　　　　（无定型SiO_2）

反应生成的无定型 SiO_2 又与乙酸进行再吸附的过程,但由于乙酸分子中只有一个羧基,在 SiO_2 吸附乙酸分子后被羧基所包围,故较难继续溶解 SiO_2。因此,硅最终以活性无定型 SiO_2 沉淀析出。

2) 硅灰石在多元羧酸及羟基酸中的溶解机理

硅灰石-有机酸中和反应:与一元羧酸乙酸的反应机理一样,这一反应过程是酸根离子和 Ca^{2+} 发生的酸碱中和反应。其反应式如下:

$$
\begin{array}{l} \text{COOH} \\ | \\ \text{COOH} \end{array} + Ca[SiO_3] \longrightarrow \begin{array}{l} \text{COO} \\ | \\ \text{COO} \end{array}\!\!\diagdown Ca\cdot H_2O\downarrow + SiO_2\cdot 2H_2O
$$

（草酸）　　　　　　　　　　　（草酸钙）

$$
2\,\begin{array}{l} \text{CH}_2\text{—COOH} \\ | \\ \text{OH—C—COOH} \\ | \\ \text{CH}_2\text{—COOH} \end{array} + 3Ca[SiO_3] \longrightarrow \begin{array}{l} \text{CH}_2\text{—COO} \\ | \\ \text{OH—C—COO}\diagdown Ca \\ | \\ \text{CH}_2\text{—COO} \\ \text{CH}_2\text{—COO}\diagdown Ca\cdot 4H_2O\downarrow + SiO_2\cdot 2H_2O \\ | \\ \text{OH—C—COOH} \\ | \\ \text{CH}_2\text{—COO}\diagdown Ca \end{array}
$$

（柠檬酸）　　　　　　　　　　（柠檬酸钙）

$$
\begin{array}{l} \text{CHOHCOOH} \\ | \\ \text{CHOHCOOH} \end{array} + Ca[SiO_3] \longrightarrow \begin{array}{l} \text{CHOHCOO} \\ | \\ \text{CHOHCOO} \end{array}\!\!\diagdown Ca\cdot 2H_2O\downarrow + SiO_2\cdot 2H_2O
$$

（酒石酸）　　　　　　　　　　（酒石酸钙）

从以上的结构反应式中可以看出,由于多元羧酸和羟基酸含有两个以上的羧基,在与硅灰石的反应中能形成环状化合物,这种具有五原子或六原子的环状化合物较为稳定,难溶于水。同时,可以看到,在柠檬酸钙中,这种环形结构并不紧密,相对于草酸和酒石酸,其与硅灰石的反应稍弱,并且在柠檬酸质量浓度增大时,这种结合反应减弱,因此表现在溶解曲线上出现了反向低谷。

中间产物活性无定型 SiO_2 的再溶解:Bennett 等(1998)对石英在有机酸中的实验研究表明,SiO_2 能在有机酸中形成含硅的有机配合物,溶解主要发生于多元羧酸和羟基酸(取代羧酸)中,同时证明了有机酸盐能加速 SiO_2 在有机酸中的溶解。其有机酸盐对 SiO_2 溶解的影响大小是:柠檬酸盐>草酸盐>乙酸盐。在硅灰石溶解反应中也出现类似的情形,即反应生成物 SiO_2 在有机酸中发生了再溶解。在矿物-有机酸体系溶解过程中,硅灰石的 Ca 首先被有机酸根夺取,格架中的 SiO_3^{2-} 受破坏,形成活性无定型 SiO_2,并在水中水解为正硅酸,这些硅酸被具有多羧基基团的有机酸离子吸附,形成非化学计量的含硅有机配合物,反应式如下:

$$
H_4SiO_4 + n(\overset{\overset{\textstyle O}{\|}}{RC}\text{—CO—}) \Longleftrightarrow Si(OH)_4 : (\text{—}O\overset{\overset{\textstyle O}{\|}}{C}\text{—}CR)_n
$$

以草酸为例,有机酸和二氧化硅的结合机理有以下三种作用形式:

(1) 溶液中正硅酸吸附有机酸,正硅酸中的 H 与羧基形成氢键。有机酸的羧基基团可看成羰基和羟基的组合,羰基中碳氧双键的 p 键使羟基中氧原子的 p 电子云形成共轭体系,产生 p-p 共轭效应,使羟基中氧原子周围的电子云密度降低,导致氧和氢之间的电子云偏向氧原子,使该氧原子成为提供电子的原子,在水溶液中提供电子与硅酸中的氢形成氢键(图 3.22),从草酸溶液及与硅灰石作用后溶液的红外光谱分析可以看到(图 3.23),在含硅的溶液中,原草酸 $582cm^{-1}$ 的吸收带向高频方向移动至 $649cm^{-1}$,表明羧基基团化学键有某种改变,这可能是由于羧基与硅酸产生了强烈氢键。

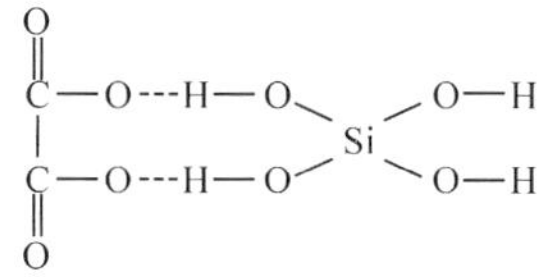

图 3.22　草酸中羧基与硅酸形成氢键示意图

Figure 3.22　Schematic diagram of the hydrogen bonding between the
carboxyl oxalate and silicic acid

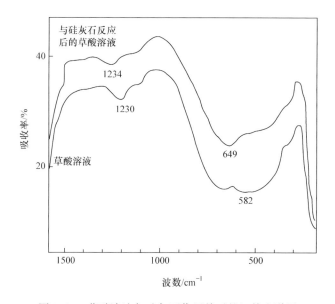

图 3.23　草酸溶液与硅灰石作用前后的红外光谱图

Figure 3.23　FT-IR spectra of wollastonite before and after reaction with oxalic acid

(2) 活性 SiO_2 吸附含硅有机酸分子(图 3.24),这一过程加速了 SiO_2 在有机酸中的溶解。SiO_2 表面的氧原子在水中水解的同时与含硅有机酸分子中硅酸部分的

H 再形成氢键,通过正硅酸形成的氢键使 SiO_2 得到进一步溶解。

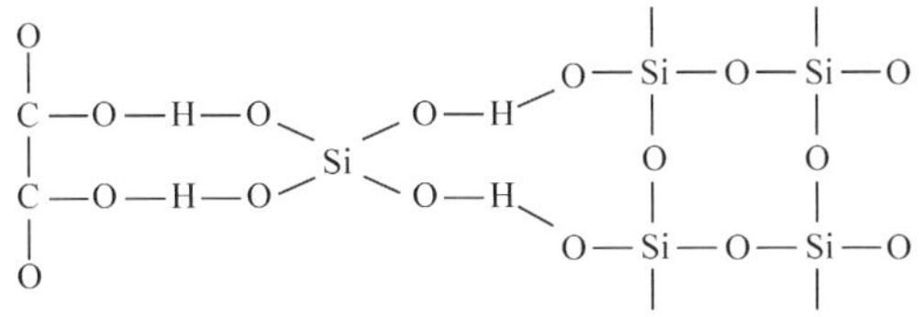

图 3.24　SiO_2 吸附含硅有机酸分子示意图

Figure 3.24　Schematic diagram of the adsorption of the organic compound on SiO_2

（3）有机酸离子与架状结构的 Si—O—Si 键直接发生作用,在 SiO_2 和有机酸分子之间发生羟基化反应（图 3.25）。由硅灰石生成的 SiO_2 在水中水解电离后,H^+ 分布于 SiO_2 表面的扩散层中,这些 H^+ 与有机酸中羧基提供的电子对相互作用,并将电子向 Si 原子转移,引起 Si 原子周围的电子云密度增高,使键长变短,键能变强,形成 Si—OH 键。另外,由于无定型 SiO_2 结构中原子排列不存在对称性和周期性,格架 Si—O 键的活化能较低,具有较高的化学活性,在有机酸基团的作用下,SiO_2 与基团化学结合,形成含 Si—OH 键的有机酸配合物。

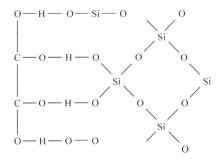

图 3.25　有机酸离子与 SiO_2 直接发生作用溶解示意图

Figure 3.25　Schematic diagram of the dissolution of SiO_2 in organic acid

综上所述,可得出以下结论:

（1）水镁石、硅灰石在含羟基的有机酸中能完全溶解并生成镁盐和钙盐,但是在不含羟基的有机酸中,Mg^{2+}、Ca^{2+} 仅溶解到酸溶液中,而 Si^{4+} 形成复合物。海泡石、坡缕石和斜发沸石仅溶出了部分 Mg^{2+}、Al^{3+},矿物的结构没有改变,总的溶出量为 $8\%\sim10\%$。利蛇纹石和蛇纹石石棉不但溶出了阳离子,而且有少量 SiO_2 也溶解了。纤维状粉尘的溶解速率小于粒状粉尘的溶解速率。

（2）粒状水镁石在酸中的溶解变化与 pH 的变化呈线性关系,表明粒状水镁石比纤状水镁石更难溶解,即粒状水镁石的耐久性比纤状水镁石高。硅灰石在弱酸中的耐久性差,硅灰石能与多元酸或羟基酸反应,形成难溶解的具有五元环或六元环结构的有机盐。硅灰石的溶解与反应产物的溶解性相关。硅灰石的溶解有两个过程，首先是与硅灰石进行酸碱反应，形成 SiO_2 有机酸盐；其次是 SiO_2 在有机酸中的溶解，形成硅有机复合物。

（3）含 SiO_2 粉尘在有机酸中的溶解特征对解释硅肺病的形成机理（Chao et al.，2016；Pascual et al.，2011）和类似疾病的治疗提供了一条途径，也有利于探讨矿物粉尘在体内的迁移。

3.6　矿物纤维粉尘在盐酸中的稳定性与化学活性

人体的呼吸系统和消化系统部位具有较强的酸性环境，进入该系统的矿物纤维粉尘可能引起组织病变的相关因子很多，但其持久性（耐酸蚀性）是可吸（食）入矿物纤维粉尘潜在致病作用最重要的指标（刘杰，1995）。因此，系统研究常见矿物纤维粉尘在酸溶液中的稳定性（如酸蚀性）与矿物表面基团特征的关系，以及酸蚀前后其表面活性基团数量及种类的变化、位置的迁移、化学活性的变化及其原因、规律等，对了解矿物纤维粉尘在人体强酸性环境下的潜在危害性（生物活性）有重要意义，还能为职业医学、材料学对矿物纤维的安全性评价提供理论依据。

3.6.1　样品制备及测试

试样采自全国重要非金属矿山，选矿提纯后用 X 射线衍射物相分析检验其纯度，经机械加工至 $10\sim40\mu m$ 后，分别用不同浓度的盐酸作为酸蚀介质，以固液比 1：100，在 100℃ 恒温下连续搅拌 1h，用滤纸过滤酸蚀残余物，并用去离子水洗至滤液 pH 约为 7，在 105℃ 下干燥至恒重，用电子天平精确称量，计算其酸蚀率；将酸蚀残余物进行吸附脱色实验：以试样（200 目，100mg）作为脱色剂，以新鲜菜籽油（10mL）作为脱色介质，放入 20mL 带塞的试管中，水浴（95～100℃）加热 1h，并每 5min 摇晃一次，到时用滤纸过滤脱色介质，在 7230 型分光光度计上（以去离子水作参比）测定脱色后的菜籽油在 510nm 处的吸光度 A_{510}，以讨论其化学活性的变化。同时对残余物进行 X 射线衍射分析，并借助红外吸收光谱分析结果，探讨矿物纤维粉尘在不同酸性条件下的溶蚀历程，溶蚀后其表面特征（表面基团、纤维性、晶体结构等）的变化、影响因素以及与其生物学危害作用的关系。

3.6.2　矿物纤维粉尘的酸蚀特征

1. 盐酸浓度对粉尘酸蚀率的影响

不同盐酸浓度下各试样酸蚀率见表 3.20。从表中可看出，总趋势是各试样的酸蚀率都随盐酸浓度的增大而增大，而结晶程度较好的纤状坡缕石和纤维状海泡石其酸蚀率比土状坡缕石和土状海泡石小,蛇纹石石棉和硅灰石酸蚀率较大,其在酸中的持久性较差。

表 3.20　不同盐酸浓度下各试样的酸蚀率(质量分数)

Table 3.20　Acid-erosion rate of mineral samples in hydrochloric acid

试样	盐酸浓度/(mol/L)											
	0.1	0.2	0.25	0.3	0.4	0.5	0.6	1.0	1.5	2.0	3.0	4.0
土状坡缕石/%	11.90	—	14.84	—	—	18.02	—	18.06	20.60	22.47	24.55	26.10
纤状坡缕石/%	9.36	—	13.06	—	—	16.83	—	17.10	18.00	20.46	21.10	22.81
土状海泡石/%	10.97	—	17.32	—	—	20.42	—	20.45	21.07	21.84	22.10	23.10
纤状海泡石/%	11.02	—	15.20	—	—	15.51	—	15.53	17.95	19.45	20.39	24.25
蛇纹石石棉/%	—	—	—	—	—	43.17	—	44.56	45.13	46.46	47.32	50.49
斜发沸石/%	11.83	—	12.37	—	—	15.58	—	15.29	21.64	15.53	14.24	20.56
硅灰石/%	4.85	10.77	—	16.00	21.24	28.54	34.67	—	—	—	—	—

测试者:冯启明、陈取锋。

2. 纤维性与矿物粉尘的酸蚀稳定性

对分散后的纤维样进行细度统计,化学稳定性用标准酸碱腐蚀量来标定,结果见表 3.21。纤状海泡石、坡缕石有时伴有少量的方解石影响酸蚀量的精度;另外,细度和结晶度对酸碱作用速率有较大影响。有趣的是纤状海泡石、坡缕石酸蚀量大于黏土状海泡石和坡缕石,而碱蚀量则相反,表明纤维样/土状矿物表面的酸碱位置、数量和强度有较大差异。实验样品的最大酸、碱蚀率(随时间延长酸碱蚀率基本无增长)分别为:纤状水镁石 99.9%、0.9%,硅灰石 99.5%、7.1%,蛇纹石石棉 56.0%、2.2%,海泡石(纤/黏)57.4%/37.1%、7.3%/18.9%,坡缕石(纤/黏)60.1%/28.5%、53.1%/36.2%,斜发沸石 21.7%、60.3%。

表 3.21　矿物纤维粉尘的纤维特征与化学稳定性分析

Table 3.21　The analysis of fiber feature and chemical stability of mineral fiber dusts

矿物	纤状水镁石	硅灰石	蛇纹石石棉	海泡石 (纤/黏)	坡缕石 (纤/黏)	斜发沸石	蓝石棉
长度/μm	4~10	5~8	150~280	15~35/ 0.2~2	10~25/ 0.2~1	6~11	3~7
细度/μm	0.50~1.0	3.0~5.0	0.16~0.30	0.10~0.30	0.10~0.20	1.0~2.0	0.60~3.0
长径比	>20	>15	>100	>100	>100	≥10	>30
孔径/Å			70~80	3.8×9.8	3.7×6.4	4.1×5.2	

续表

矿物	纤状水镁石	硅灰石	蛇纹石石棉	海泡石(纤/黏)	坡缕石(纤/黏)	斜发沸石	蓝石棉
比表面积/(m²/g)	23/4.8	14	47/1.8	427	365	410	19
标准酸蚀率/%	99.5	98.4	55.6	34.0/22.9	56.4/26.1	20.6	3.1
标准碱蚀率/%	0.5	5.4	1.0	3.9/16.5	20.2/35.1	39.4	1.2
表面电动电位/mV	+21.0/+36.0	+11.0/+18.0	+18.0/+26.0	−30.0/−60.6	−37.5/−65.1	−36.0/67.0	−9.0/−17.0
pH	9.0/10.5	8.8/9.9	8.7/10.3	8.0/8.5	8.3/9.0	8.0/9.0	7.8
等电点	12.5	10.5	11.5	9.0	9.5	10.0	—
电导率/(10²μS/cm)	1.2	18.1	0.68	4.7	3.8	5.3	0.07
电导度饱和点(质量分数)/%	0.3	0.9	0.7	1.4	1.3	1.8	—
打浆度/SR°	45	43	86	78	73	73	57
溶度积	3.8×10^{-13}	2.7×10^{-17}	8.8×10^{-16}	6.4×10^{-19}	5.3×10^{-18}	7.1×10^{-17}	

测试:西南科技大学中心实验室。

3. 盐酸浓度对矿尘溶蚀残余物化学活性的影响

可用脱色吸附性能(A_{510})来表征试样化学活性的相对高低,A_{510}越小,其脱色吸附性能越好,化学活性越高,反之则越低。各试样酸蚀残余物化学活性见表 3.22。

表 3.22　不同盐酸浓度下各试样酸蚀残余物化学活性(A_{510})

Table 3.22　Chemical activities of acid-etched residues derived from hydrochloric acid (A_{510})

试样	盐酸浓度/(mol/L)												
	0	0.1	0.2	0.25	0.3	0.4	0.5	0.6	1.0	1.5	2.0	3.0	4.0
土状坡缕石	0.517	0.180	—	0.258	—	—	0.682	—	0.857	1.064	1.086	1.137	1.180
纤状坡缕石	1.156	1.180	—	1.187	—	—	1.097	—	1.097	1.086	1.108	1.108	1.086
土状海泡石	0.568	0.48	—	0.69	—	—	1.010	—	1.108	1.137	1.155	1.131	1.194
纤状海泡石	1.097	1.012	—	1.108	—	—	1.036	—	1.155	1.301	1.309	1.222	1.260
蛇纹石石棉	1.137	—	—	—	—	—	1.065	—	1.102	1.155	1.131	1.143	1.222
斜发沸石	1.161	0.049	—	0.260	—	—	0.389	—	0.889	0.866	0.818	0.924	0.987
硅灰石	1.310	1.310	1.237	—	1.201	1.229	1.229	1.222	—	—	—	—	—

注:原油 A_{510}=1.310;测试者:冯启明、陈取锋。

从表 3.22 可见,土状坡缕石和土状海泡石经浓度小于 1.0mol/L 的盐酸处理后其脱色性能较之纤维状者好得多,但随着酸浓度增大,土状样品酸活化产物的脱色性能急剧降低。当盐酸浓度大于 0.5mol/L 时,酸蚀残余物脱色性能低于原矿;而纤维状样品的脱色性能随酸浓度增大变化很小,与原矿接近。斜发沸石的脱色性能在酸浓度低时最好,随着酸浓度增大,其脱色性能逐渐变差,而蛇纹石石棉和硅灰石酸蚀残余物脱色性能受酸浓度影响很小。

4. 酸蚀率最大时粉尘样晶体结构变化

对经 4.0mol/L 盐酸溶蚀后的蛇纹石石棉、土状坡缕石、纤状坡缕石、斜发沸石和经 0.6mol/L 盐酸溶蚀后的硅灰石残余物进行 X 射线衍射物相分析(图 3.26)。结果表明,纤状坡缕石经 4.0mol/L HCl 作用后,其晶体结构未遭受较大破坏,斜发沸石在 4.0mol/L HCl 中转变成 H 型沸石,其他试样均表现出非晶特征。

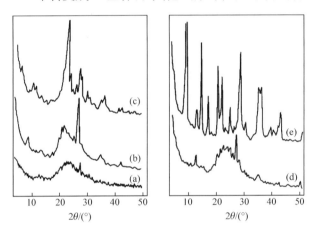

图 3.26　各试样酸蚀残余物的 X 射线衍射图
(a)硅灰石;(b)土状坡缕石;(c)斜发沸石;(d)蛇纹石石棉;(e)纤状坡缕石
Figure 3.26　XRD pattern of acid-etched residues
(a) wollastonite;(b) earthy palygorskite;(c) clinoptilolite;(d) chrysotile asbestos;(e)fibre palygorskite

3.6.3　纤维矿尘酸蚀过程及化学活性变化机理

在表面对比分析时,对所得高纯矿物样品进行酸碱洗蚀(易溶者洗蚀 15min,难溶者洗蚀 40 min),对原始样(200 目)、超细粉尘样和酸洗样分别进行红外光谱分析(图 3.27)。结果表明,实心粉尘纤维的活性部位集中在其纤维的端部,空心纤维活性部位集中在缺陷和孔洞的外端边缘。矿物的粉化过程可使其表面基团有更多的裸露,表面基团的组合种类也要增多;强化学破坏作用可改变矿物粉尘的表面状况,降低其活性。

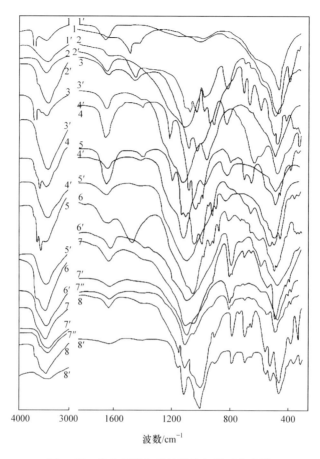

图 3.27 粉尘原样和酸蚀样的红外吸收光谱

Figure 3.27 IR spectra of the original dust samples and acid etched samples

1-纤状水镁石;2-硅灰石;3-蛇纹石石棉;4-海泡石(纤);5-坡缕石(纤);6-斜发沸石;7-硅藻土;8-青石棉;对应
样号为酸处理样:1′-1mol/L,2′-0.5mol/L,3′-4mol/L,4′-4mol/L,5′-4mol/L,6′-4mol/L,7′-2mol/L,
7″-2mol/L NaOH,8′-2mol/L

　　粉尘活性的大小主要与表面基团的类型、分布和裸露程度有关,所研究粉尘的表面基团如下,纤状水镁石:OH—、Mg(OH)—,硅灰石:Si—O—Si、Ca—O—Si,蛇纹石石棉:OH—、Mg(OH)—、Si—O,海泡石:OH—、Si—O—Si、—Mg—OH$_2$、—Al(Si)—OH,坡缕石:OH—、Si—O—Si(Al)、—Mg(Al)—OH$_2$、—Al(Si)—OH,斜发沸石:Si—O—Si(Al)、—Mg(Ca)—OH$_2$,Ca—O,硅藻土:—Si—O、Si—O—Si、—Si—OH,青石棉:OH—、Si—O—Si、Mg(Fe)—OH。不同矿物由于其表面物质组成和结构的差异,其表面基团的活性种类和性质有较大差别,晶片粉化将使其裸露更多;海泡石和坡缕石纤维的表面 OH⁻ 与青石棉相似,其裸露与表面结构缺陷和解离有关,缺陷越发育,OH^-(H_2O^+)含量越高。斜发沸石中以 H_2O^+ 形式为主,部分可以转化为 H^+、NH_4^+ 或 OH^-,酸蚀首先从这些表面基团开始。

　　酸蚀作用可以改变矿物纤维表面的 OH^- 浓度和分布,增多表面的缺陷数量和空隙;碱蚀对海泡石和坡缕石及斜发沸石中的 Si—O、Si—OH 等表面基团不起作用,但对 Al—O、Al—OH 有破坏酸性位的作用。酸碱蚀残余物的表面基团有的已完全不同于原始粉尘的类型,如硅灰石、蛇纹石石棉等残余物明显向 SiO_2 转化,这对体内酸性环境(如肺泡内、胃内)或碱性环境(如小肠部位)的粉尘生物溶解残余物有类比价值,如纤状水镁石、蛇纹石石棉经酸洗后,OH^-、$Mg(OH)^+$ 被破坏或消失,蛇纹石石棉的残余物会产生表面硅羟基,表面硅羟基在不同环境下可发生质子化和去质子化过程:

$$—Si—O—Si— \xrightarrow{\text{断键}} —Si—O^- + —Si— \xrightarrow[\text{H}^+\text{和OH}^-\text{结合}]{\text{与水中的}} 2—Si—OH$$

　　　　（硅氧四面体）　　　　　　　　　　　　　　　　　（形成表面羟基）

$$—Si—OH + H^+ \longrightarrow —Si—OH_2^+$$

$$—Si—OH + OH^- \longrightarrow —Si—O^- + H_2O$$

　　蛇纹石石棉的晶体结构特点导致其纤维外表面裸露出更多的 OH^-,HCl 电离出的 H^+ 易与其表面的 OH^- 作用,导致与 OH^- 呈配位关系的 Mg^{2+} 和八面体层中的其他阳离子随 OH^- 的离解裸露于外表面而变得不稳定,从而易进入溶液,使酸蚀量随 H^+ 浓度增大而增大,而酸蚀残余物为无定型 SiO_2[图 3.26(d)]。表面电位从 4.61mV 变为 -31.0mV(冯启明等,2000),因表面路易斯(Lewis)酸位减少,吸附脱色性能差。然而,蛇纹石石棉具有较强的生物活性,当其进入人体的弱酸环境后,易与在酸性溶液中带有较多正电荷的蛋白质发生电性作用,其表面的 OH^- 基团易与构成生物要素的氨基酸、蛋白酶极性成键,即易在细胞膜等生物大分子物质上发生脂质过氧化反应,从而破坏细胞膜的完整性,使细胞膜崩解而致病。因此,通过改性方法将蛇纹石石棉表面具有活性点的 OH^- 加以阻塞,使其失去致病的生物活性,提高其使用安全性,这在工业生产上有重要意义。例如,用氯化铝和柠檬酸铝处理蛇纹石石棉能明显抑制蛇纹石石棉的生物活性(郭纯刚等,1995)。

　　坡缕石和海泡石的化学成分、晶体结构、物化性能均相似,这里只讨论坡缕石。由表 3.20 和表 3.21 中坡缕石的酸蚀率和表 3.22 中酸蚀残余物的化学活性特征及变化规律可以认为,因在坡缕石的晶体结构中,八面体层中的阳离子主要是 Mg^{2+}、Al^{3+}、Fe^{3+},与 O^{2-}、OH^- 呈配位关系的 Mg^{2+} 主要占据八面体带边缘位置,而 Al^{3+}、Fe^{3+} 占据八面体带中间位置,在酸浓度较低时,首先是八面体边缘部分的

Mg^{2+} 被 H^+ 置换而析出,此时坡缕石的晶体结构未受较大影响。析出的仅是边缘部位的 Mg^{2+},故此时酸蚀率较小。低价的 H^+ 由于半径小,与 Mg^{2+} 半径相差太大而并非完全占据八面体中 Mg^{2+} 的位置,从而出现更多的酸性位,此时吸附脱色性能很好;随着边部八面体中阳离子被 H^+ 取代的增多,原位于孔道边缘与八面体层边部阳离子呈配位关系的结晶水则可能呈自由状态,在 105℃ 干燥时易脱去,使孔道增大,从而增大了内表面积,与坡缕石中的三种活性中心一起构成较强的吸附作用,能强烈吸附菜籽油中的有机色素物质。随着酸浓度增大,位于八面体层中间部分的 Al^{3+}、Fe^{3+} 可被 H^+ 依次取代,酸蚀率逐渐增大,此时位于硅氧四面体层中与活性氧同高度(a)的和 Al^{3+}、Fe^{3+} 呈配位关系的 OH^- 可能游离出来与 H^+ 结合,加上 Al^{3+}、Fe^{3+} 的溶出,使其酸性位减少,部分未与 OH^- 结合的半径很小的 H^+ 难以支撑起八面体层,此时四面体层靠近,结构塌陷,内孔道减少,比表面积减小,故随 H^+ 浓度增大,脱色吸附性能变差。纤状坡缕石酸蚀率小,酸蚀残余物化学活性低,这些与其成分中 Al_2O_3 含量较高及 Al^{3+} 在八面体层中的占位有关,因为 Al^{3+} 比 Mg^{2+} 电价高,与硅氧骨干中的 O^{2-}、OH^- 及孔道边缘的配位水连接较强,这与其热分析的结果(郑自力等,1996)是一致的。同时,纤状坡缕石结晶程度好,晶格缺陷及晶格缺陷位的电荷不平衡点少,Lewis 酸性位少,比表面积及孔隙率小,因此残余物脱色性能差。以上结果表明,土状坡缕石在强酸体系中酸蚀率大,但在人体的弱酸环境下经较长时间作用后其结构很可能遭到破坏,即持久性较差,对人体的危害性相对很小。这为土状坡缕石在加工时产生的粉尘对人体的影响程度以及经酸活化后的活性白土用于食用油脂脱色净化处理等安全性评价提供了理论依据。

斜发沸石在低浓度的酸条件下,主要表现为孔道中可交换阳离子 Na^+、Ca^{2+} 被 H^+ 取代而溶出,多转变为 H 型沸石,内部孔道增大,总表面积尤其是内表面积增大,剩余电荷增多(不等价离子交换所致),所以脱色吸附性能较好。但随着 H^+ 浓度增大,晶格骨架中的 Al^{3+} 被逐渐溶出,晶格有部分塌陷,孔道和相应的比表面积减小,脱色性能降低。经 4mol/L HCl 溶蚀后的残余物多为 H 型沸石,也有非晶质化的特点[图 3.26(c)]。我国学者对沸石体外细胞毒性研究表明,国内颗粒状斜发沸石粉尘的溶血毒性较低。但同时指出,天然斜发沸石有较强的溶血作用,对仓鼠腹腔巨噬细胞有较强的细胞毒性,这可能与产地、沸石本身的结晶程度、形态、所含游离 SiO_2 的多少有关(吴卫东和刘树春,1992)。沸石、海泡石、坡缕石有较大的碱蚀量与较多 Lewis 酸位、结晶水、孔道附近 Si 裸露有关。

在硅灰石晶体结构的硅氧四面体内无 Al^{3+} 取代 Si^{4+},八面体中的 Ca^{2+} 可被等价的 Fe^{2+}、Mn^{2+}、Mg^{2+} 代替,因而电价饱和,内无孔隙,比表面积小,原样表现出更强的惰性。在盐酸中,Cl^- 易与 Ca^{2+} 结合成易溶于水的 $CaCl_2$,H^+ 进入结构中夺取结构中的 O^{2-},随着 H^+ 浓度增大,最终残余物为无定型 SiO_2(Ptáček et al.,

2011)[图 3.26(a)]，硅灰石原粉尘的化学惰性和极差的耐酸蚀性并不意味着硅灰石是一种安全性工业粉体原料。硅灰石对金仓鼠胚胎细胞转化作用的研究表明，硅灰石很可能是一种对人类具有潜在危害的致癌矿物纤维物质(刘京跃等，1993)，其酸蚀残余物无定型 SiO_2 能使大鼠肺脏产生以细胞性结节为主的病变(陆志英等，1988)，因此在硅灰石加工行业降低工作场所的粉尘浓度，对保护工人健康实属必要。

综上所述，有如下结论：

(1) 矿物纤维粉尘的酸蚀持久性与其晶体结构类型、结晶度、晶格缺陷多少、矿物表面基团的种类、位置及裸露程度密切相关。结晶程度好、晶格缺陷少、耐酸蚀性强的矿物粉尘，则表现出较强的生物活性，如纤状海泡石生物毒性大于土状海泡石。表面裸露较多 OH^- 的矿物粉尘，耐酸蚀性较差；矿物粉尘在体外的酸蚀残余物表面基团不同于原粉尘的类型，这对体内酸性环境下矿物粉尘的生物溶解残余物有类比价值。

(2) 矿物粉尘及其酸蚀残余物的化学活性与其比表面积、微孔性质和数量、Lewis 酸位多少相关，而这又由其晶体结构特点、阳离子交换容量大小及酸活化条件决定。

(3) 矿物粉尘的生物活性主要受其表面基团种类、表面电位及生物持久性制约，其化学活性与生物活性似乎没有联系，但其生物活性表现之一为其表面离子或活性基团与生物细胞膜作用而发生病变，而在酸性介质中表面活性基团不易丧失者其生物毒性较大，但化学活性较低。

(4) 受酸溶解或经表面改性的矿物纤维粉尘，其潜在的生物毒性可以降低甚至消失，如蛇纹石石棉在酸性介质中具有生物活性的 OH^- 丧失后，残余物无定型 SiO_2 的生物毒性比原粉尘小得多，用改性剂将其活性点堵塞，可以降低其生物活性。

参 考 文 献

陈武，董发勤，代群威，等 . 2013. 天水市大气降尘组成特征及表面电性模拟研究 . 环境科学学报，33：3386-3390

董发勤 . 2015. 应用矿物学 . 北京：高等教育出版社

董发勤，李国武 . 2000. 纤维矿物粉尘在 Gamble 溶液中的溶解行为 . 岩石矿物学杂志，19(3)：199-205

董发勤，李国武，宋功保 . 2000. 矿物纤维粉尘的电化学特性研究及其意义 . 岩石矿物学杂志，19(3)：226-233

董发勤，贺小春，李国武 . 2005. 我国北方部分地区大气粉尘的特征研究 . 矿物岩石，25(3)：114-117

冯启明，董发勤，万朴，等 . 2000. 非金属矿物粉尘表面电性及其生物学危害作用探讨 . 中国环

境科学,20(2):190-192

耿迎雪,董发勤,孙仕勇,等. 2015. 可吸入性超细石英粉尘在模拟人体体液中溶解特性. 中国环境科学,35:1239-1246

郭纯刚,刘世杰,尹宏. 1995. 纤维水镁石与经铝剂处理的温石棉对巨噬细胞毒性比较. 中华预防医学杂志,(4):219-221

霍婷婷,董发勤,邓建军,等. 2016. 蛇纹石石棉纤维表面活性及生物持久性研究进展. 硅酸盐学报,44(5):763-768

李琼芳,董发勤,李骐言,等. 2015. 柠檬酸对黄龙碳酸钙矿化影响的模拟实验研究. 矿物岩石地球化学通报,34(2):294-300

李永新,方宾. 1999. 作图法求算碳酸钙水溶液的溶解度及 pH 值. 安徽师范大学学报(自然科学版),22:82-83

刘福生,董发勤,李国武,等. 2000. 矿物粉尘溶解行为的电镜研究及其生物化学意义. 岩石矿物学杂志,19(3):234-240

刘杰编译. 1995. 对纤维材料致癌要素新认识. 西南工学院《国外建材译丛》,24(1):57-59

刘金钟. 1994. 研究金属-有机配合物的实验方法. 地质地球化学,(4):63-65

刘京跃,梁淑容,李申德,等. 1993. 硅灰石对金仓鼠胚胎细胞转化作用的研究. 中国医学科学院学报,15(2):132-136

刘涛,杨振中,张本界,等. 2005. 纳米水镁石纤维的细胞毒性与致纤维化作用. 工业卫生与职业病,31(3):134-137

陆志英,施达珍,郑可仁,等. 1988. 白炭黑粉尘对肺病的作用. 职业医学,107(4):18-22

宁汇,侯民强,杨德重,等. 2013. 二元混合离子液体的电导率与离子间的缔合作用. 物理化学学报,29(10):2107-2113

吴卫东,刘树春. 1992. 沸石尘体外细胞毒性研究. 职业医学,19(2):76-77

杨存备. 2011. 焦作市大气颗粒物矿物组成及源解析. 焦作:河南理工大学硕士学位论文

曾娅莉,甘四洋,董发勤,等. 2012. 温石棉与4种主要代用纤维在有机酸溶解特性与体外细胞毒性的机理研究. 现代预防医学,39(12):2938-2941

张思亭,刘云. 2009. 石英溶解机理的研究进展. 矿物岩石地球化学通报,28(3):294-298

郑自力,鞠党辰,唐家中,等. 1992. 坡缕石的脱水作用及其与八面体阳离子相互关系研究. 矿产综合利用,(6):16-18

Bennett P C,Melcer M E,Siegel D I. 1998. The dissolution of quartz in dilute aqueous solutions of organic acids at 25℃. Geochimica et Cosmochimica Acta,52:1521-1530

Chao J,Wang X,Zhang Y,et al. 2016. Role of MCPIP1 in the endothelial-mesenchymal transition induced by silica. Cellular Physiology and Biochemistry:International Journal of Experimental Cellular Physiology,Biochemistry,and Pharmacology,40(1-2):309-325

Guichard J L,Moocell N A,Simonnot M O,et al. 1998. Surface properties of mechanically synthesized Al$_2$O$_3$-Cr nanocomposite powders. Powder Technology,99(3):257-263

Hamra G B,Richardson D B,Dement J,et al. 2016. Lung cancer risk associated with regulated and unregulated chrysotile asbestos fibers. Epidemiology,28(2):275-280

Hoch A R,Reddy M M,Drever J I. 1996. The effect of iron content and dissolving O_2 dissolution rates of clinopyroxene at pH5. 8 and 25℃:Preliminary results. Chemical Geology,132(1-4):151-156

Jordor G,Rammensee W. 1996. Dissolution rates and activation energy for dissolution of brucite (001):A new method based the microtopography of crystal surfaces. Geochimica et Cosmochimica Acta,60(24):5055-5062

Kalderon-Asael B,Erel Y,Sandler A,et al. 2009. Mineralogical and chemical characterization of suspended atmospheric particles over the east Mediterranean based on synoptic-scale circulation patterns. Atmospheric Environment,43(25):3963-3970

Law B D,Bunn W B,Hesterberg T W. 1990. Solubility of polymeric organic fibers and man made vitreous fibers in Gambles solution. Inhalation Toxicology,(2):321-339

Liu G M,Yang J S,Yao R J. 2006. Electrical conductivity in soil extracts:Chemical factors and their intensity. Pedosphere,16(1):100-107

Liu Y,Yan C,Ding X,et al. 2017. Sources and spatial distribution of particulate polycyclic aromatic hydrocarbons in Shanghai,China. Science of the Total Environment,584:307-317

Luoto K,Holopainen M,Kangas J,et al. 1998. Dissolution of short and long rockwool and glasswool fibers by macrophages in flowthrough cell culture. Environmental Research,78(1):25-37

Pascual S,Urrutia I,Ballaz A,et al. 2011. Prevalence of silicosis in a marble factory after exposure to quartz conglomerates. Archivos De Bronconeumología,47(1):50-51

Ptáček P,Nosková M,Brandštetr J,et al. 2011. Mechanism and kinetics of wollastonite fibre dissolution in the aqueous solution of acetic acid. Powder Technology,203(3):338-344

Rao S N,Mathew P K. 1995. Effect of exchange cation on hydaulic conductivity of a marine clay. Clays and Clay Minerals,43(4):433-437

Rieger A M,Hall B E,Barreda D R. 2010. Macrophage activation differentially modulates particle binding,phagocytosis and downstream antimicrobial mechanisms. Developmental & Comparative Immunology,34:1144-1159

第4章 纤维矿物粉尘溶解产物的形貌与结构研究

　　人体通过空气、水、固体物质表面与矿物粉尘接触,而人体与外界矿物粉尘的作用主要是通过呼吸系统及消化系统进行的。业已证实,某些纤维矿物粉尘大剂量的吸入是有害的,但小剂量条件下毒性小得多(Bhattacharya et al.,2016;朱晓俊等,2012)。纤维矿物粉尘的大小决定了该种纤维是否能被吸入人体(Becker et al.,2011;董发勤,1997)。一般粒径小于$100\mu m$的粉尘可进入鼻孔,$2\sim25\mu m$的粉尘可以进入上呼吸道,能进入肺泡细胞的纤维矿物粉尘粒径为$0.2\sim5\mu m$(Díaz-Robles et al.,2014;Ferro et al.,2004),而粒径小于$0.2\mu m$的颗粒进入肺泡区后可以呼出体外。纤维进入肺部后可以停留在被黏液覆盖的气管上,并靠纤毛细胞向喉头推进。细微粒到达肺泡后亦可溶出,但要慢一些。

　　进入人体消化系统的矿物粉尘,绝大部分都要进入胃部。胃部是食物消化、分解、发生快速复杂化学反应的地方,属强酸性环境,胃液 pH 为 0.9~1.8,并含有可溶性盐,因而具有一定的缓冲性。酸蚀残余物已失去纤维的弹性和强度甚至形态,可顺利排出体外。因此,进入消化系统的矿物粉尘一般不会对人体产生危害。

　　进入人体的矿物粉尘可以被分解、沉积、排出、移动及渗透。各种溶出、排出、溶解联合可使 95%~98% 的纤维排出体外。对人体有害的作用过程主要是沉积过程,主要是在肺中进行的,难溶性矿物粉尘在肺部的大量沉积会引起"尘肺"(刘锦华等,2014)、硅肺病(Chi et al.,2012)及肺部间皮瘤(黄丽等,2013),肺部癌变大部分是天然或人造的纤维状粉尘在肺部的沉积所引起的(朱晓俊等,2014)。

　　进入人体的矿物粉尘还可与人体体表及体内正常细菌发生作用,细菌生长代谢作用使矿物粉尘发生溶解、转化和迁移,从而降低粉尘的生物毒性效应。并且,进入人体的矿物粉尘与人体正常的组织器官发生直接接触,可使体内正常器官发生病理变化,同时矿物粉尘因溶解、吞噬作用而发生改变。

　　对人体产生危害的矿物粉尘粒径为$0.2\sim5\mu m$,这一粒径与目前方兴未艾的粉尘超细加工业生产的超细粉尘完全一致。目前,纳米颗粒物及矿物粉尘的毒性作用研究正在开展,其评价方法和手段与传统粉尘有较大差异,因生产使用范围较小,评价结果还没有定论。因此,超细加工产业工人应该加强劳动保护意识。本章对蛇纹石石棉、青石棉、水镁石(块状及纤维状)、海泡石(土状及纤维状)、坡缕石(土状及纤维状)、硅灰石、沸石、石英、方解石、自然粉尘等样品,通过模拟人体体液环境,对几种矿物粉尘进行体液作用处理,运用扫描电子显微镜、红外光谱等手段对其产物进行对比研究,以期探讨粉尘在人体中的生物化学作用。

4.1　矿物粉尘溶解产物的形貌观察

选取原样及经 Gamble 溶液、模拟人体汗液、有机酸、无机强酸处理和 PBS 缓冲溶液处理后的典型矿物粉尘样品,以及与人体正常细菌作用后、动物体内实验的样品,详细观察和对比矿物粉尘溶解产物及残余物的形貌特征与变化。

4.1.1　实验样品

实验样品的编号、产地和矿物名称同表 3.1,且以纤维状矿物为主,基本特征见表 4.1。

表 4.1　实验样品的基本特征

Table 4.1　The brief description of mineral dust

样品	成因	基本特征	成粉方法	样品	成因	基本特征	成粉方法	杂质
3	变质型	单体呈针状、柱状或短柱状,粉尘长径比为 7∶1~15∶1	直接磨细	25	热液型	纤维状	直接磨细	纤蛇纹石
4	变质型	粉尘呈柱状、短柱状,含少量粒状细小颗粒	气流超细	24	沉积型	土状,电镜下呈纤维状,纤维短	气流超细	滑石石英
29	热液型	片状	直接磨细	21	热液型	长纤维状,超细粉碎后含有少量细小颗粒	超声湿法超细	方解石
28	热液型	纤维柔软细长	直接磨细	18	沉积型	与土状海泡石类似	气流超细	方解石石英
20	热液型	呈片状生长,集合体呈花瓣状或树枝状	直接磨细	22	热液型	与纤状海泡石类似	超声湿法超细	方解石

注:编号 3、4、20、28、29 样品中未见检出杂质。

4.1.2　实验方法

处理介质分别选用 PBS 缓冲溶液、模拟人体汗液、Gamble 溶液、有机酸(酒石酸)及无机强酸(盐酸,其酸性按顺序依次增强),并观察处理样、人体正常细菌作用及动物体内(大鼠)纤维矿物的溶解残留形貌。

1. 模拟人体体液处理

（1）Gamble 溶液处理:所用的 Gamble 溶液(Colombo et al. ,2008)同 3.3.1 节所述,实验条件和过程同 3.3.2 节所述。Gamble 溶液连续作用 8d 后,选用 pH＝3 缓冲对作用处理的样品。用去离子水洗涤至滤液 pH＝6.5～7,过滤后的残渣在 105℃下干燥,称重后进行扫描电子显微镜分析及其他测试。下同。

（2）有机酸(酒石酸)处理:样品处理条件和过程同 3.5.1 节和 3.5.3 节所述。选取质量分数为 16％的酒石酸溶液作用后的试样。

（3）无机强酸处理:样品处理条件和过程同 3.6.1 节所述。选取 1.5mol/L 盐酸作用后的试样。

（4）模拟人体汗液处理:所用的模拟人体汗液溶液同 3.4.1 节所述,实验条件和过程同 3.4.2 节所述。选取经模拟人体汗液连续作用 8d 后的矿物粉尘样品。

（5）PBS 缓冲溶液处理:所用的 PBS 缓冲溶液同 3.4.1 节所述。选取经 PBS 缓冲溶液连续作用 8d 后的矿物粉尘样品。

2. 人体正常细菌作用和动物体内(大鼠)组织观察

人体正常细菌选用大肠杆菌 ATCC25922(来自卫生部检验中心)、表皮葡萄球菌、链球菌(绵阳四〇四医院分离自人体正常菌株),采用营养肉汤培养基进行细菌培养。营养肉汤培养基:牛肉膏 5g,蛋白胨 10g,NaCl 5g,加去离子水 1000mL,调 pH 至 7.2 左右。葡萄糖溶液:葡萄糖 30g,加去离子水 100mL,浓度为 300g/L。黑曲霉菌由西南科技大学生命科学与工程学院微生物实验室提供,培养基:$NaNO_3$ 3g,KCl 0.5g,K_2HPO_4 1.0g,$MgSO_4 \cdot 7H_2O$ 0.5g,$FeSO_4 \cdot 7H_2O$ 0.01g,蔗糖 30g,加去离子水 1000mL,调 pH 至 7.2 左右。以上全部经过高压蒸汽消毒,备用。取矿物粉尘 160mg,溶于 10mL 培养基,采用培养基 3.4mL＋粉尘悬液 0.2mL＋细菌悬液 0.4mL(使粉尘终浓度为 1.6mg/mL)37℃共同培养 24h,另外分别做粉尘空白对照管和细菌空白对照管,每次做平行管,重复 3 次操作。取作用后悬浮液制备 SEM 样品并进行观察。

动物实验用粉尘采用青石棉,用乙醇清洗,用生理盐水配制成浓度为 20g/L 的混悬液。注射部位主要为胸腔和腹腔,然后和对照组同时喂养,直至其自然死亡。常规解剖,取青石棉集中的部位组织,石蜡包埋、切片,切片后进行 HE 染色观察。选取显示阳性实验组做镜下观察。

4.1.3　矿物形貌变化对比分析

扫描电子显微镜(SEM)分析在西南科技大学环境与资源学院中心实验室进行,仪器为 LeicaS440 型二次电子成像扫描显微镜。测试电压为 20～30kV,探针电流为 150～300pA,最高可放大至 30 万倍。

1. 经 Gamble 溶液处理后的粉尘表面特征

电镜观察发现,各种粉尘都有不同程度的溶解现象,表现为如下特征:

(1) 经 Gamble 溶液处理后的蛇纹石石棉中细小颗粒明显增多,这些细小颗粒粒径为 30～100nm,属于纳米级颗粒,纤维长径比降低,柔性降低,纤维端部变圆(图 4.1)。

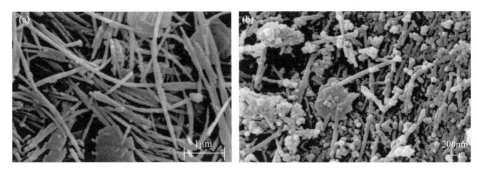

图 4.1　(a)蛇纹石石棉原矿和(b)在 Gamble 溶液中溶解 8d 后蛇纹石石棉的 SEM 图

Figure 4.1　SEM images of (a) raw chrysotile and (b) chrysotile dissolved in Gamble solution for 8 days

(2) 硅灰石、水镁石的短粗纤维经 Gamble 溶液处理后变得较为松散、塌陷,而且在表面常形成一种由细小颗粒组成的皮壳状构造,细小颗粒亦属纳米级。表面粗糙度明显增加,粒度相对减小,强度降低(图 4.2)。

图 4.2　(a)超细硅灰石原矿和(b)在 pH 为 3 的 Gamble 溶液中溶解后硅灰石的 SEM 图

Figure 4.2　SEM images of ultrafine (a) raw wollastonite and (b) wollastonite dissolved in pH=3 Gamble solution

(3) 土状海泡石、坡缕石的细小纤维被 Gamble 溶液溶解成由细小颗粒组成的串珠状,其中细小颗粒也属纳米级。这种现象在土状海泡石及土状坡缕石样品中比较明显(图 4.3)。

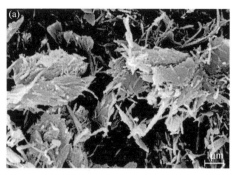

图4.3　(a)土状海泡石原矿和(b)在 pH 为 3 的 Gamble 溶液中溶解后海泡石的 SEM 图
Figure 4.3　SEM images of (a) raw sepiolite and (b) sepiolite dissolved
in pH＝3 Gamble solution

(4) 超细硅灰石原样的大颗粒表面常吸附有细小纤维(长度 0.5～1.5μm,宽度 20～100nm),经 Gamble 溶液处理后,细小纤维减少,纳米级细小颗粒增多,表面粗糙度增加(图 4.4)。

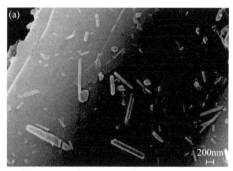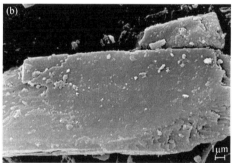

图4.4　(a)超细硅灰石原矿和(b)在 pH 为 3 的 Gamble 溶液中溶解后硅灰石的 SEM 图
Figure 4.4　SEM images of (a) ultrafine wollastonite and (b) wollastonite dissolved
in pH＝3 Gamble solution

(5) 从图 4.5 可以看出,溶解前的石英颗粒表面平整,边缘尖锐。石英在 Gamble 溶液中溶解后表面和边壁出现不同程度的凹蚀、脱皮现象,但仍有大面积没有被浸蚀的区域存在,且占主要部分。主要呈现上下解离面平整和颗粒边缘不规则的形态。开始溶解多发生在边壁,以单层方式层层推进。表面凹坑现象不是十分明显。

(6) 从图 4.6 可以看出,方解石原矿分散性较好,颗粒棱角分明,表面较光滑。与石英形貌变化相似,方解石在 Gamble 溶液中溶解后表面和边壁均出现不同程度的凹蚀、脱皮现象。大多数方解石晶体无色透明,晶面平整、晶棱平直,呈片状解

图 4.5　(a)石英原矿和(b)在 Gamble 溶液中溶解 8d 后石英的表面形貌

Figure 4.5　SEM images of (a) quartz and (b) quartz dissolved in Gamble solution for 8 days

离。天然方解石晶型中可出现六方柱与菱面体的聚形,但以六方柱与平行双面的聚形出现少见。溶解主要发生在矿粉的边缘和表面,呈由表面到内部层层溶解的趋势。

图 4.6　(a)方解石原矿和(b)在 Gamble 溶液中溶解 8d 后方解石的 SEM 图

Figure 4.6 SEM images of (a) raw calcite and (b) calcite dissolved
in Gamble solution for 8 days

(7)以青海西宁市降尘为实验对象,原始降尘中颗粒物形状不规则、形貌各异,粒径差异大,小到亚微米,大至约 $50\mu m$,不同形貌颗粒物表面还吸附了许多细小颗粒。降尘在 Gamble 溶液作用 8d 后,部分颗粒表面出现了明显的溶蚀现象。颗粒物表面附着的杂质颗粒明显减少,降尘颗粒物表面逐渐变得光滑(图 4.7)。

2. 经有机酸处理后的粉尘表面特征

SEM 图表明,经酒石酸处理的矿物粉尘与经 Gamble 溶液处理的粉尘具有类似的特征,主要表现为粗颗粒变疏松,强度降低,表面被溶解成细小颗粒,纤维表面

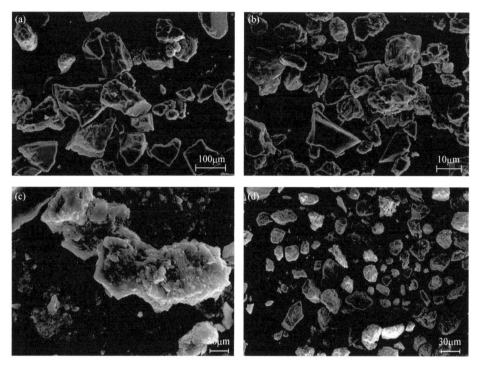

图 4.7 (a)降尘和[(b),(c),(d)]在 Gamble 溶液中溶解 8d 后降尘的 SEM 图

Figure 4.7 SEM images of (a) dust fall and [(b),(c),(d)] dust fall dissolved in
Gamble solution for 8 days

有溶蚀现象,部分纤维被溶解成串珠状(以土状海泡石及土状坡缕石表现最明显),大量出现细小颗粒,纤维端部变圆、变钝,如图 4.8 所示。

蛇纹石石棉粉体原样以团聚状态的球形颗粒呈现,粒径 $5\sim20\mu m$,在高倍镜下可清晰看出团聚颗粒物由直径小于 100nm,长 $0.2\sim3\mu m$ 的纳米纤维构成。蛇纹石石棉经过草酸溶解后,其形态改变明显,生成的草酸镁石结晶完好,呈斜方柱状;经柠檬酸、酒石酸和乙酸溶液溶蚀过的蛇纹石石棉,可以明显看到溶蚀的痕迹,溶蚀后纤维呈短粗状纤维,偶见串珠状形态(图 4.9)。

作用前硅灰石粉体呈明显的板柱状或纤维状,纤维长度为 $5\sim80\mu m$,纤维直径小于 $20\mu m$,多数纤维长径比为 $5\sim15\mu m$,最大者达 $30\mu m$ 以上。0.50mol/L 草酸溶液溶解 72h 后的残余固体晶体呈六边形片状或斜方锥形,完全失去硅灰石针状或柱状形态;柠檬酸溶解 72h 后,硅灰石变短,部分呈颗粒状,硅灰石表面明显具有溶蚀坑;乙酸溶液溶解 72h 后,残余固体纤维表面变粗糙,纤维变细;而经酒石酸溶解后,硅灰石表面变得光滑,纤维两端溶蚀明显(图 4.10)。

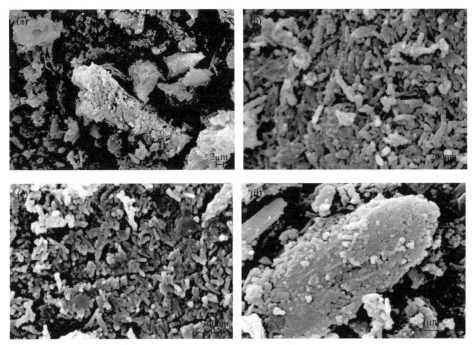

图 4.8　经质量浓度为 16% 酒石酸处理后的[(a),(c)]土状坡缕石、(b)纤状硅灰石、
(d)利蛇纹石的 SEM 图

Figure 4.8　SEM images of tartaric acid (mass concentration 16%) treated [(a),(c)]
palygorskite,(b) wollastonite (d) and lizardite

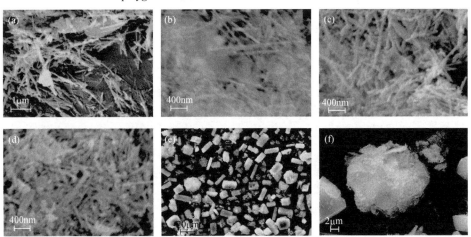

图 4.9　(a)蛇纹石石棉原矿、(b)酒石酸处理的、(c)乙酸处理的、(d)柠檬酸处理的、
[(e),(f)]草酸处理的蛇纹石石棉残余物 SEM 照片

Figure 4.9　SEM images of (a) chrysotile asbestos and (b) tartaric-acid-treated,
(c) acetate-treated,(d) citric-acid-treated,[(e),(f)] oxalic-acid-treated residues

图 4.10　(a)硅灰石原矿、(b)草酸处理的、(c)柠檬酸处理的、(d)乙酸处理的、
[(e),(f)]酒石酸处理的硅灰石残余物的 SEM 照片

Figure 4.10　SEM images of (a) wollastonite and (b) oxalic-acid-treated,(c) citric-acid-treated,
(d) acetate-treated,[(e),(f)] tartaric-acid-treated residues

　　作用前岩棉粉体样品,直径 $7\sim20\mu m$,纤维长度多为 $20\sim100\mu m$,块状颗粒直径为 $10\sim50\mu m$。从岩棉在有机酸溶液中的溶蚀形貌图可以看出,经过溶蚀后,岩棉纤维表面存在大量的溶蚀坑,并有大量的溶蚀残余颗粒,尤其在草酸和酒石酸溶液中,纤维状残余固体含量少,且纤维表面堆积大量溶蚀小颗粒的残渣(图 4.11)。

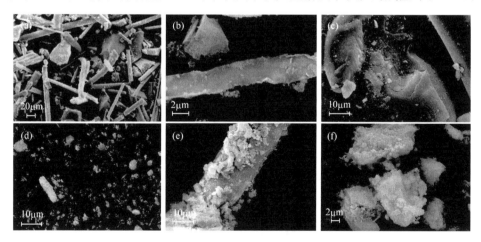

图 4.11　(a)岩棉原矿、(b)柠檬酸处理的、(c)乙酸处理的、(d)草酸处理的、
[(e),(f)]酒石酸处理的岩棉残余物的 SEM 照片

Figure 4.11　SEM images of (a) rock wool (b) and citric-acid-treated,(c) acetate-treated,
(d) oxalic-acid-treated,[(e),(f)] tartaric-acid-treated residues

　　SEM 观察发现,经 1.5mol/L 盐酸处理后粉尘的表面特征和经 Gamble 溶液及有机酸溶液处理后的特征相似,但其现象更为明显,如图 4.12 所示。冯启明等(2000)的研究表明,土状坡缕石、土状海泡石、硅灰石、蛇纹石石棉经盐酸处理后的 X 射线衍射峰变得非常弥散,主要成分已变成无定型 SiO_2;纤状坡缕石、海泡石耐腐蚀性较强,这与 SEM 观察结果是一致的。

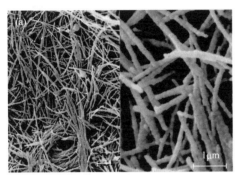

图 4.12　经 1.5mol/L 盐酸处理后的(a)纤状坡缕石和(b)土状海泡石的 SEM 图

Figure 4.12　SEM images of (a) 1.5mol/L HCl treated palygorskite and (b) 1.5mol/L HCl treated sepiolite

3. 模拟人体汗液和 PBS 缓冲液处理后的粉尘表面特征

　　(1)从图 4.13 可以看出,石英在模拟人体汗液中作用 8d 后,石英颗粒边缘失去了不规则的棱角,变得光滑,部分呈卵石形貌。

图 4.13　(a)石英原矿和(b)在模拟人体汗液溶液中溶解 8d 后石英的 SEM 图

Figure 4.13　SEM images of (a) quartz and (b) quartz dissolved in simulant sweat solution for 8 days

　　(2)方解石在模拟人体汗液溶液中溶解 8d 后,表面有明显的剥离现象出现,表面较粗糙,颗粒粒径总体呈减小趋势,有更多细小颗粒出现,如图 4.14 所示。

图 4.14　(a)方解石原矿和(b)在模拟人体汗液溶液中溶解 8d 后方解石的 SEM 图

Figure 4.14　SEM images of (a) raw calcite and (b) calcite dissolved in

simulant sweat solution for 8 days

（3）如图 4.15 所示，石英在 PBS 缓冲溶液中溶解 8d 后，颗粒表面出现钝化现象。多数大石英颗粒溶解后边缘更加光滑，部分细小颗粒溶解，大部分颗粒粒径减小。

图 4.15　(a)石英原矿和(b)在 PBS 缓冲溶液中溶解 8d 后石英的 SEM 图

Figure 4.15　SEM images of (a) raw quartz and (b) quartz dissolved in PBS for 8days

（4）与模拟人体汗液作用类似，方解石在 PBS 缓冲溶液中溶解 8d 后，颗粒粒径总体呈减小趋势，细小颗粒增多，有明显的表面剥离现象出现，粗糙度增加，如图 4.16 所示。

4. 人体正常细菌作用后的粉尘表面特征

1）大肠杆菌作用下粉尘表面特征

由图 4.17 可见，利蛇纹石原矿表面含有许多细小颗粒，团聚体表面粗糙，含有细长纤维粉尘。经大肠杆菌作用后，细小颗粒及纤维状粉尘明显减少，团聚体表面及边缘圆滑，表面粗糙度降低。

图 4.16 (a)方解石原矿和(b)在 PBS 缓冲溶液中溶解 8d 后方解石的 SEM 图

Figure 4.16 SEM images of (a) raw calcite and (b) calcite dissolved in PBS solution for 8days

图 4.17 (a)利蛇纹石原矿和(b)大肠杆菌作用 24h 后利蛇纹石的 SEM 图

Figure 4.17 SEM images of (a) lizardite and (b) lizardite treated by *E.coli* for 24h

SEM 观察发现,与对照样相比,大量细菌黏附于矿物粉尘表面,可与粉尘颗粒发生直接的生物化学作用。超细硅灰石原矿中表面吸附的细小纤维经大肠杆菌作用后,细小纤维明显减少,细长纤状硅灰石边缘圆化,粗糙度降低,如图 4.18 所示。

由图 4.19 可知,沸石原矿中结构松散,形成不同粒径大小的团聚体,表面有微小颗粒附着。经大肠杆菌作用后,微小颗粒物溶解,团聚体变得松散,且松散结构空隙内伴随有菌体的聚合生长。

由图 4.20 可知,大肠杆菌作用后水镁石发生溶解,纤维变短,端部圆滑,细小纤维减少,长径比减小,长纤维端部附着大量细菌,纤维中部有脱皮现象;坡缕石纤维变细、圆化。

经 SEM 观察(图 4.21)可知,不同天然粉尘内包含粒径不等、形状各异的颗粒物,如球形、块状及纤维颗粒,且存在大量的团聚颗粒物。经大肠杆菌作用后,发现粉尘中细小颗粒明显减少,棱角分明的块状颗粒粉尘边缘光滑,表面粗糙度有所增加,纤维粉尘短化。

图 4.18 (a)超细硅灰石原矿和(b)大肠杆菌作用 24h 后硅灰石的 SEM 图

Figure 4.18 SEM images of (a) ultrafine wollastonite and
(b) wollastonite treated by *E. coli* for 24h

图 4.19 (a)沸石原矿和(b)大肠杆菌作用 24h 后沸石的 SEM 图

Figure 4.19 SEM images of (a) zeolite and (b) zeolite treated by *E. coli* for 24h

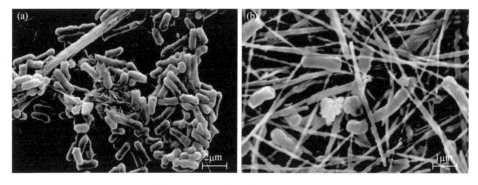

图 4.20 大肠杆菌作用 24h 后块状水镁石(a)和坡缕石(b)的 SEM 图

Figure 4.20 SEM images of brucite (a) and palygorskite (b) treated by *E. coli*

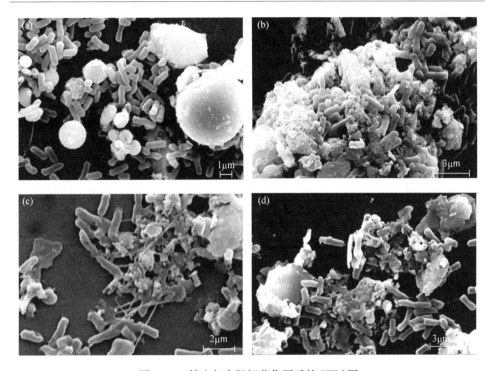

图 4.21　粉尘与大肠杆菌作用后的 SEM 图

(a) 宁夏吴忠市西环路市郊窗台积尘；(b) 青海西宁市南川东路汽车一厂院内(户外)粉尘；

(c) 绵阳青义露天阳台(102 栋天然粉尘)远离公路；(d) 绵阳青义西科大粉尘

Figure 4.21　SEM images of various dusts after treatment with *E. coli*

(a) Ningxia city；(b) Xining city；[(c)，(d)] Mianyang city

2) 黑曲霉菌作用下蛇纹石表面形貌特征

由图 4.22 可知,作用前蛇纹石粉尘颗粒棱角分明,粉尘表面附着有细小颗粒。黑曲霉菌作用后粉尘棱角变得不分明,在矿粉表面黏附有细菌的菌丝与其分泌物,粉尘中超细粉体颗粒减少。

3) 表皮葡萄球菌作用下粉尘表面特征

由图 4.23 可知,与大肠杆菌作用相似,经表皮葡萄球菌作用后,不同矿物粉尘均会发生溶解。沸石表面的细小颗粒与菌体发生黏附作用;块状水镁石纤维变短,长径比降低,伴随有细小颗粒的减少,水镁石纤维状粉尘刺透、穿过细菌体,端部露出。

由图 4.24 可知,水泥厂粉尘形状各异,包含有球形颗粒、块状颗粒等,在表面均存在细小颗粒粉尘。表皮葡萄球菌作用后,粉尘表面的细小颗粒粉尘发生溶解,颗粒物有起皮现象,粗糙度增加。

图 4.22　(a)蛇纹石原矿和(b)黑曲霉菌作用后蛇纹石的 SEM 图

Figure 4.22　SEM images of (a) raw chrysotile and (b) chrysotile treated by *Aspergillus niger*

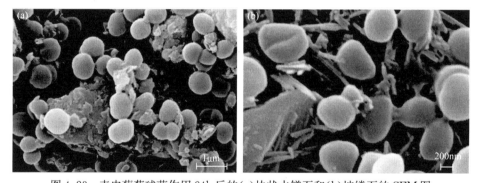

图 4.23　表皮葡萄球菌作用 24h 后的(a)块状水镁石和(b)坡缕石的 SEM 图

Figure 4.23　SEM images of (a) brucite and (b) palygorskite treated by *S. epidermidis* for 24h

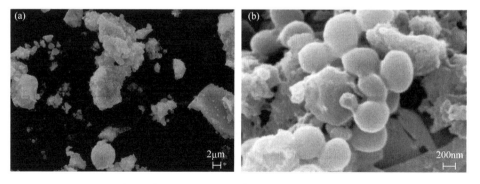

图 4.24　(a)水泥厂粉尘和(b)表皮葡萄球菌作用后水泥厂粉尘的 SEM 图

Figure 4.24　SEM images of (a) dust in a cement factory and (b) the dust treated by *S. epidermidis*

从 SEM 图(图 4.25)中观察到火力发电厂自然降尘原样中颗粒不均,存在大量球状颗粒粉尘,块状粉尘粒径大于球状粉尘,球状及块状粉尘表面均附着有细小颗粒物。作用后粉尘边缘圆滑,表面的细小颗粒物减少,边缘黏附大量细菌体。

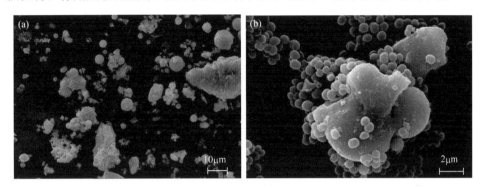

图 4.25　(a)火电厂自然降尘和(b)表皮葡萄球菌作用后火电厂自然降尘的 SEM 图
Figure 4.25　SEM images of (a) dust fall sourced from a power plant and
(b) the dust treated by *S. epidermidis*

4) 链球菌作用下粉尘形貌特征

由图 4.26 可知,与前两株人体正常菌作用效果相似,链球菌作用后沸石粉尘团聚体松散程度增加,微细颗粒溶解。块状水镁石纤维长径比降低,纤维变短,细小纤维发生溶解现象。

图 4.26　链球菌作用后的(a)沸石和(b)块状水镁石的 SEM 图
Figure 4.26　SEM images of (a) zeolite and (b) brucite treated by *Streptococcus*

由图 4.27 可知,与表皮葡萄球菌作用相似,链球菌作用后的水泥厂粉尘表面的细小颗粒粉尘发生溶解,块状粉尘边缘圆滑,粗糙度降低。火电厂粉尘中细小颗粒物减少,块状颗粒物边缘变得光滑。

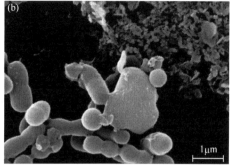

图 4.27　(a)水泥厂粉尘和(b)链球菌作用后水泥厂粉尘的 SEM 图

Figure 4.27　SEM images of (a) dust in a cement factory and
(b) the dust treated by *Streptococcus*

5. 大鼠体内作用后青石棉粉尘表面形貌特征

青石棉原样平直,纤维侧面有劈分台阶,并常有团聚;纤维束直径视分散程度有较大差异,其直径多为单纤维的 3～10 倍,见图 4.28(a)。

在大鼠胸膜腔体内,青石棉纤维分布有结团现象,纤维多平直,一端插入组织中,一端上翘;残留纤维多以 5～10μm 为主。在纤维的端部、表面和纤维侧面均有组织包裹和附着现象,使原纤维表面凹凸不平,并在主纤维上有瘤结、中缝、条索缠绕。小纤维部位常出现纤索状组织呈麻花状交织,大小为 3～10μm(这可能是组织纤维化的开始),如图 4.28(b)所示。

在大鼠胸膜腔体内青石棉残留纤维呈小叶片、短叶片状,端部圆化明显,表明已有部分溶解;附着组织不明显,较长纤维多一端插入组织,个别有弯曲和反折现象,部分已形成刀形;长纤维组织包裹比短纤维多。表明细小粉尘以溶解为主,稍长纤维以包裹、折弯为主,如图 4.28(c)所示。

在大鼠胸膜腔、腹腔内青石棉纤维长而平直,边部长有众多毛刺状次生物,纤维边缘圆滑,在端部和交叉部、弯曲部常见较大的球状包裹物,如图 4.28(d)所示。

在大鼠胸膜腔内,众多石棉小体被包裹聚集形成棒状,其表面可清晰看到叶片小体和球形生物体,这可能是表面介体的形式之一,如图 4.28(e)所示。

在腹膜中的粉尘纤维仅可见较长的纤维,短纤维溶解、碎化,多数圆化,长纤维表面光滑,附着生物体较少,以均匀溶蚀为主。在肠壁内侧粉尘纤维折断现象明显,断头参差不齐,表面溶解蚀坑明显而不规则,有从表面剥落、劈落、碎化的趋势,同时有巨噬细胞吞噬包裹的球形体,如图 4.28(f)所示。

综上所述,石英、方解石粉尘在 PBS 缓冲溶液、模拟人体体液中作用后,表面和边壁均出现不同程度的凹蚀、脱皮现象,但仍有大面积未被腐蚀的区域,且占主

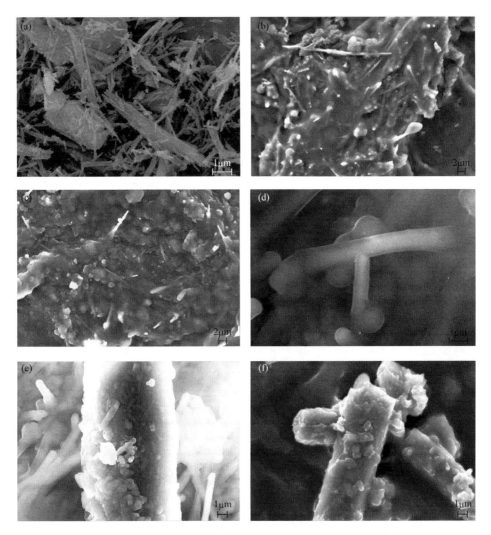

图 4.28　(a)青石棉原矿和[(b)~(f)]动物体内青石棉残留物的 SEM 图

Figure 4.28　SEM images of (a) crocidolite and [(b)-(f)] crocidolite residues in beastie

要部分。多数矿物颗粒溶解后边缘更加光滑,部分颗粒边缘锯齿现象十分明显,颗粒形状极不规则,出现了更多的细小颗粒。大部分块状石英颗粒反应后厚度减薄,并且呈层层解离的趋势溶解。方解石溶解后颗粒粒径呈减小趋势,细小颗粒增多。

　　经 Gamble 溶液处理后,不同矿物粉尘均发生溶解,细小颗粒明显增多,且属于纳米级颗粒。块状粉尘表面粗糙度增加,纤维粉尘长径比降低,细小纤维因溶解作用而消失。经一定浓度有机酸、无机强酸处理后,矿物粉尘出现相似的形貌特征,不同之处在于无机强酸处理后,SEM 观察存在 SiO_2 颗粒。

　　总体而言,随着处理溶液酸度的增加,溶解后矿物粉尘表面特征越来越明显。粒度变小,粗颗粒变得松散,表面粗糙度增加,纤维长径比减小,柔性减弱,纤维端部变圆;纤维粉尘先溶解成串珠状,最后变成纳米颗粒;可以推断,随着处理时间的延长,溶蚀率不断增大,溶解后的最终产物为纳米 SiO_2 颗粒。就矿物而言,硅灰石、水镁石较易被溶蚀(张凌等,2013),片状矿物较纤维状矿物易被溶蚀,细颗粒比粗颗粒更易被溶蚀。但是,矿物粉尘的溶解程度不仅和处理的体系有关,还和体系的浓度及处理时间等因素密切相关(耿迎雪等,2015;刘奋武等,2013;张思亭和刘耘,2009)。

　　经微生物作用后,有相似的溶解现象,不同矿物粉尘均发生了溶解,其中块状颗粒粉尘表面附着的细小颗粒明显减少,边缘圆滑,表面粗糙度增加,但弱于Gamble 溶液、有机酸及无机强酸溶液。纤维粉尘中细小纤维减少,纤维变短,长径比降低。在收集的自然降尘中,存在有粒径不一的球形颗粒,经不同微生物作用后,观察到类似的形貌特征。动物(大鼠)体内粉尘发生溶解,主要表现为细小纤维明显减少,长纤维变短,短纤维碎化、圆化,长纤维表面光滑。可以推断,粉尘进入人体后,不仅受到人体中各种体液的作用,同时受到人体的组织器官及人体正常细菌的作用,粉尘在三种处理体系下首先发生一定的溶解作用,形貌特征表现为细小颗粒的消失、棱角分明的颗粒圆化、长纤维粉尘的短化、大粒径颗粒粉尘的碎化等。

4.1.4　矿物粉尘形貌与浸蚀演变过程分析

　　矿物粉尘自身的结构对其溶解起到决定性作用,溶液的 pH 对矿物溶解也有很大的影响。通常条件下,碳酸盐矿物较硅酸盐矿物更易于溶解,如酸性条件可促进方解石的溶解而对石英则存在一定程度的溶解抑制。

　　3.3 节的研究表明,矿物粉尘在 Gamble 溶液中硅、铁、铝、钙、镁元素的溶出量均随时间的延长而增加。石英在模拟人体体液中发生溶解,Si^{4+} 溶出量随着时间延长快速增加,然后稳定。由此可见,石英的溶解主要发生在表层,这个过程十分缓慢(图 4.5),并且受体液中 pH、离子种类及强度的影响。方解石在 Gamble 溶液中迅速溶解,且 Ca^{2+} 的溶出量与 pH 呈正相关关系。层状硅酸盐矿物粉尘(蛇纹石、坡缕石、海泡石)的硅、铝主要存在于硅(铝或部分铁)氧四面体结构中,镁、铁、钙则主要存在于八面体中;破坏八面体远比破坏四面体结构容易得多,而且硅氧四面体结构比铝氧四面体结构更稳定。因此,对于层状硅酸盐矿物,随着溶蚀作用的进行,残余物中 SiO_2 的相对含量越来越高,而粉尘表面的 SiO_2 还会阻止粉尘的进一步分解。如果此类矿物粉尘进入人体,沉积物成分将以 SiO_2 为主。这就是硅肺病的主要根源。

　　纤维状矿物(蛇纹石石棉、海泡石)容易被溶解成串珠(图 4.1、图 4.3),是因为这几种矿物都为层状结构,结构中的八面体被溶解后,结构单元层塌陷,而且结构中的铝氧四面体易被溶解,致使硅氧四面体层产生缺陷,铝氧四面体附近的硅氧四面体亦处于较高的能态,较易溶解出来。剩余的硅氧四面体重新调整,由于溶解时的温度较低,不能形成 SiO_2 晶体,但调整使体系处于较低的能态,从而在形态上表现为串珠状。如果进一步溶解,则串珠断裂,形成球形纳米颗粒[图 4.1(b)]。在海泡石及坡缕石结构中,四面体层在 b 轴方向上是转折的,转折处是较薄弱的环节,而且其中 Al 代 Si 的现象较为明显,因而容易形成串珠。而纤蛇纹石的四面体层是均匀连续的,Al 代 Si 的量也很少,因而串珠现象不太发育。

蛇纹石石棉柱表面上 Mg—OH 键为离子连接,在酸性介质中不稳定(宋彬等,2008),蛇纹石石棉结构中的 Mg—O 键和 Mg—OH 键的离子键可发生断裂,羟基和镁离子从晶格中析出,留下难溶的且具有很强活性的 SiO_2 质纤维残骸(图 4.9)。

在所研究的样品中,蛇纹石石棉在无机强酸中较易被分解,但在 Gamble 溶液及酒石酸中的分解效果较差。可以想象,在人体的弱酸性环境中,蛇纹石石棉的分解是较慢的,而且蛇纹石石棉表面的 Mg^{2+}、Fe^{2+} 等被部分溶解后,剩余的 SiO_2 成分会在表面形成一层保护层,阻止其继续分解。蛇纹石石棉进入人体后,纤维表面具有很高的极性,表面羟基基团很容易与蛋白酶中的氨基酸成键,对细胞产生毒害作用,因此蛇纹石石棉对人体的健康危害较大。利蛇纹石的结构是片状的,表面极性弱,对人体健康的影响较小,因此纤维矿物粉尘形貌演变过程是光滑纤维→外表粗糙纤维变细→蚀裂劈分→表面蚀坑→纤维蚀断→串珠状纤维→近球状颗粒,尺寸从几微米变为几十纳米。

水溶液中蛇纹石石棉发生电离(刘琨等,2007;杨艳霞等,2007a):$Mg_3[Si_2O_5](OH)_4$ ══ Mg—OH^+ + $[Si_2O_5]^{2-}$ + · OH,电离生成的 Mg—OH^+、$[Si_2O_5]^{2-}$ 均要继续发生多级电离或水解并放出 · OH;$[Si_2O_5]^{2-}$ 水解产物的电离抑制了水解的继续进行,造成完全电离常数很小。但乙酸、草酸、酒石酸和柠檬酸溶液电离出来的 H^+ 与蛇纹石石棉纳米管表面的羟基结合,产生 Mg^{2+} + OH^- + H^+ ⟶ Mg^{2+} + H_2O,随着溶液中 H^+ 增加,纤维表面的 OH^- 不断溶解,纤维内部的 Mg^{2+} 部分或完全地裸露在纤维表面,并被溶解进入溶液,残留了内部的硅氧四面体片 $[Si_2O_5]^{2-}$,最终残余固体为无定型 SiO_2(杨艳霞等,2007b;曾颖等,2006)。而草酸溶液中含有一定量的 $(COO)_2^{2-}$,与溶液中的 Mg^{2+} 反应生成草酸镁,由于草酸镁的溶解度较小,在溶液中沉淀结晶成为斜方柱状的草酸镁石。在 0.50mol/L 的草酸溶液中溶蚀 72h 后,生成草酸镁石结晶,使蛇纹石石棉的溶蚀率为负值。但在 0.10mol/L 的草酸溶液中,由于 H^+ 剂量较低,且少量的 Mg^{2+} 进入溶液中,未能形成沉淀,表现为在该剂量草酸溶液中溶蚀率为正,随反应时间延长,pH 增加,电导率减小,且红外光谱中有明显的羟基吸收峰(图 4.29)。

同理,其他矿物粉尘溶解后的残余物都有使其自身处于低能态的趋势,因而细小的纳米颗粒的形态都近似于球形。

　　水镁石属层状结构,由 OH^- 做近似六方最紧密堆积,Mg^{2+} 充填在其中的八面体空隙中,八面体以共棱的方式连接成 $Mg(OH)_2$ 八面体层,层与层之间以弱的氢氧键相连。从结构上来看,水镁石在酸中的稳定性较弱,随着酸处理时间的延长,水镁石可以完全溶解。实验结果表明,处理后的水镁石样品(包括纤维状及块状)中细小颗粒较其他样品发育。进入人体内的水镁石粉尘,应该也较易被体液分解,但粉尘进入人体肺部后,有一部分可能被包裹上一层有机外衣,因而分解受阻。另外,大量的吸入会使粉尘不能及时分解而沉积下来,这无疑会给人体的健康带来危害。

　　硅灰石($Ca_3Si_3O_9$)中的 Si 和 O 形成 Si—O 四面体结构,Ca^{2+} 充填在结构的八面体空隙中,结构对 Ca^{2+} 的联结力较弱,因而 Ca^{2+} 较容易溶出,进而引起结构的塌陷。实验结果也发现,硅灰石在 Gamble 溶液、酒石酸及盐酸中均较易被分解。前人研究还表明,硅灰石被酸蚀后其化学活性降低,而且其中的 Si 亦能较容易地被溶解出来。但这并不表明硅灰石纤维对人体是安全的(邓建军等,2011;甘四洋等,2009)。刘京跃等(1993)在研究了硅灰石对金仓鼠胚胎细胞转化作用后认为,硅灰石很可能是一种对人体具有潜在危害的致癌物质。

　　矿物粉尘在模拟人体体液环境的 Gamble 溶液中和在有机酸、无机酸中一样,溶解后的最终产物都是以 SiO_2 为主的纳米级颗粒(唐俊等,2013)。目前的纤维致病假说建立在微米级上。显然,要揭示粉尘致病的机理,对生化反应在分子级别上的研究是至关重要的,这包括对纳米颗粒的形态、活性、溶解、沉积、运动及持久性等与生化反应关系的研究(Jemec et al. ,2008;Navarro et al. ,2008)。

　　纳米 SiO_2 属于无定型且表面活性较高的无机材料,由于较高的表面活性和大量裸露的 Si,在水中发生水解反应生成正硅酸,这些正硅酸被具有多羧基基团的有机酸离子吸附,形成非剂量的含硅有机配合物。

　　溶液中纳米 SiO_2 水解生成的正硅酸吸附有机酸,正硅酸中的 H^+ 与有机酸的羧基形成氢键。有机酸的羧基基团可看成羰基和羟基的组合,羰基中碳氧双键中碳原子 p 轨道与氧原子的 p 轨道交叉形成 π 键,与羟基中氧原子的 p 电子云形成共轭体系,产生 p-π 共轭效应,使羟基中氧原子周围的电子云密度降低,导致氧和氢间的电子云偏向氧原子,使该氧原子成为提供电子的原子,在水溶液中提供电子与正硅酸中的氢形成氢键。

　　活性 SiO_2 吸附含硅有机酸分子,这一过程加速了 SiO_2 在有机酸中的溶解。SiO_2 表面的氧原子在水中水解的同时与含硅有机酸分子中正硅酸部分的 H 形成氢键,通过正硅酸形成的氢键使 SiO_2 得到进一步溶解。有机酸离子与架状结构的 Si—O—Si 键直接发生作用,在 SiO_2 和有机酸分子之间发羟基化反应。

　　从粉尘的形态上来看,纤维状粉尘比粒状、片状粉尘危害要大得多,因为纤维粉尘直径小,表面活性大,与生物有机体会发生复杂的生物化学作用,从而危害健康。比较土状海泡石、坡缕石与相应的纤维状样品可以发现,尽管在微观上两者都是纤维状的晶体,但土状样品在 Gamble 溶液、酒石酸及盐酸中的分解程度要比纤维状样品高得多,这是因为在结构上海泡石、坡缕石纤维状矿物粉尘结晶程度较高、晶格缺陷少(吴逢春等,2007),其化学成分中 Al_2O_3 含量较高,而且 Al^{3+} 在八面体中的占位较多。Al^{3+} 比 Mg^{2+} 电价高,与硅氧骨干中的 O^{2-}、OH^- 及孔道边缘的配位水联结较强。

从反应的难易程度来看,粉尘越易溶解,其生物持久性就越低,对人体的危害就越小。但同时要考虑溶解残余物的情况,SiO_2 在人体内的大量沉积对人体的健康具有重大影响。

矿物粉尘在人体正常细菌作用下,均有不同程度的溶蚀现象,使矿物细颗粒有明显的棱角钝化现象。人体正常细菌与不同矿物粉尘均发生直接的黏附作用,人体正常细菌生长代谢过程中会产生一定量的有机酸、氨基酸等酸性物质,但其含量低于模拟有机酸(酒石酸)、无机强酸(盐酸)的含量,因此作用效果弱于前面两种处理溶液,仅细小颗粒粉尘发生溶解,纤维状矿物并未溶解成串珠状等。

粉尘在动物体内引起的动物病变主要是纤维化组织包裹和间皮瘤,机体以吞噬、包裹、缠绕,或以生化溶解方式排解粉尘,纤维自身则出现变短、尖部圆化、折断、分叉现象,也可以出现溶解、迁移、表面化学反应等。可滤解(难溶矿物质在少量或不连续近中性介质中迁移出部分可溶解组分)粉尘纤维在肺部的消化远快于机体的其他部位(Bellmann and Muhle,1994)。人工非晶纤维或细小晶须纤维消解速度远高于天然纤维粉尘(Hesterberg et al.,1996)。在肺泡内的纤维发生碳酸盐化的现象是体内纤维溶解和反应的新方式。青石棉在地表风化作用下可发生绿泥石化和碳酸盐化等水-岩作用。同理,在动物体内部的纤维粉尘与体内的复杂盐溶液中会发生缓慢的化学反应,使青石棉在中酸性条件下向富含水的物相和可溶盐相转化,其过程与天然青石棉的风化过程有类似之处,可示意如下: $(Na,K,Ca)_2(Mg,Fe)_3(Fe,Al)_2[Si_8O_{22}](OH)_2$(青石棉) $+(H_2O+CO_2)$ —— $[(Mg,Fe)_{6-n}(Al,Fe)_n][Al_nSi_{4-n}]O_{10}(OH)_8$(绿泥石) $+$ 碳酸盐;绿泥石也可继续发生反应生成碳酸盐;体液中 Cl^- 等离子有助于硅酸盐的溶解,并发生生物矿化作用(戴永定,1994)。因此,矿物粉尘的浸蚀演变过程是最外层的活性基团(OH^- 或 Si—O)反应与离子溶出→外层八面体基团[(Ca,Mg,Al)—O]反应与离子溶出→四面体基团[(Si,Al)—O]反应与离子溶出→残余 SiO_2 或反应沉淀。

4.2　矿物粉尘溶解残余物的表面结构变化

4.2.1　样品及方法

红外光谱法是研究表面基团和络合配合物的重要方法。实验方法同 4.1.2

节。选用 PBS 溶液、模拟人体汗液、有机酸溶液溶解后的残余物进行红外光谱的测试。测试条件如下：采用 KBr 压片法制样，称取溶解底物约 1.5mg（KBr 100mg）。图谱扫描范围 400～4000cm^{-1}，分辨率 4cm^{-1}，氘化三甘氨硫酸酯（DTGS）检测器。

氨基酸溶液处理：选用纤维矿物粉尘，以及不同浓度、种类的氨基酸（1%的谷氨酸，5%的缬氨酸和 3%的赖氨酸），在 37℃条件下作用 72h，获取作用后的溶解产物，将溶解产物在烘箱内进行干燥。采用 KBr 压片法对氨基酸原样进行红外吸收光谱的测试。

对动物（染尘大鼠）体内青石棉红外光谱测试条件如下：取除蜡样品约 1.5mg（KBr 100mg），用压片法制样。环境温度 18℃，湿度 70%，光谱范围 4000～250cm^{-1}，吸收比例尺 0.25，分辨率 3cm^{-1}。

4.2.2　矿物粉尘表面结构变化的对比分析

1. 有机酸溶液处理后矿物表面结构分析

1）蛇纹石石棉表面结构变化

蛇纹石石棉在有机酸溶液中反应 72h 后，从红外光谱图可看出，除草酸溶液中的残余物质外，其他三种有机酸残余固体的光谱中，保留着蛇纹石石棉的红外特征吸收（图 4.29）。

乙酸中的残余固体与原矿的红外光谱差异最小，在 1100～950cm^{-1} 范围内的三个强吸收峰，出现一定钝化现象[图 4.29（b）]；原矿中 600cm^{-1} 附近形成一个宽且强的吸收，但经过草酸溶解后，逐渐分化成 611cm^{-1} 处吸收峰和 562cm^{-1} 处吸收肩，446cm^{-1}、420cm^{-1} 处的弱吸收峰消失，仅保留 437cm^{-1} 处的强吸收峰。酒石酸溶液中残余固体的红外光谱在 1100～950cm^{-1} 范围内变化较明显，1020cm^{-1} 处吸收峰由强吸收转变为中强或弱吸收，并且出现向肩吸收形式转变的趋势；959cm^{-1} 处的吸收率降低，其吸光度低于 1076cm^{-1} 处的吸光度。563cm^{-1} 处出现吸收肩，430cm^{-1} 附近仅保留一个强吸收。随着酒石酸剂量的增加或者反应时间的延长，光谱图中 1020cm^{-1} 和 959cm^{-1} 处的吸光度越来越弱，且归属于 Si—O—Mg 伸缩振动的吸收峰向高频率处移动，而 799cm^{-1} 处的宽吸收越来越强[图 4.29（c）]。柠檬酸溶液中残余固体的红外光谱，于 1100～950cm^{-1} 范围和 500～400cm^{-1} 范围处的强吸收带的变化更为明显，1017cm^{-1}、960cm^{-1} 处的吸光度明显比原矿低，并在 983cm^{-1} 处出现一个吸收肩；437cm^{-1} 处强吸收的吸光度降低，与 460cm^{-1}、451cm^{-1} 附近中强吸收的吸光度相当，形成三个频率不等的吸收峰[图 4.29（d）]。

在 0.50mol/L 草酸溶液中残余固体的红外光谱变化最为明显，蛇纹石石棉的特征吸收消失或减弱，相对于原矿，残余固体红外光谱 1100～950cm^{-1} 范围内

$1076cm^{-1}$ 的吸收带蓝移至 $1097cm^{-1}$ 处,而 $1020cm^{-1}$、$961cm^{-1}$ 强而锐吸收带减弱,以肩的形式存在,在该波数范围内形成一个宽且强的吸收带;除此之外,光谱图中明显呈现草酸镁石的红外特征吸收[图 4.29(e)]。

蛇纹石石棉经有机酸溶解后,Si—O 伸缩振动发生变化。经 0.50mol/L 草酸溶液溶解后,在 $1100\sim900cm^{-1}$ 波数范围内的三个强吸收峰简并,且出现归属于羧酸根引起的强吸收;在低浓度草酸溶液和其他三种有机酸溶液作用下,其 $1100\sim900cm^{-1}$ 吸收范围仍然保持三个强吸收峰,吸收峰强度关系变化明显。

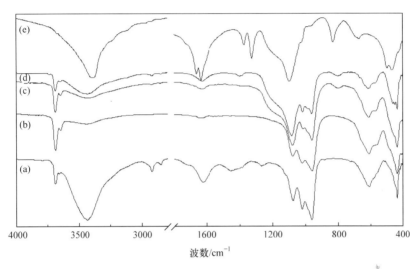

图 4.29　(a)蛇纹石石棉以及经 0.05mol/L(b)乙酸、(c)酒石酸、(d)柠檬酸、
(e)草酸处理后残余物的红外光谱图

Figure 4.29　FT-IR spectra of (a) chrysotile asbestos and 0.05mol/L (b) acetate-treated residues,
(c) tartaric-acid-treated residues,(d) citric-acid-treated residues,(e) oxalic-acid-treated residues

2) 硅灰石表面结构变化

硅灰石在 $900\sim1100cm^{-1}$ 波数范围有两个吸收带(共六个吸收峰),以及反映硅氧链重复周期的三个吸收峰,分别为 $681cm^{-1}$、$643cm^{-1}$、$566cm^{-1}$;在 $400\sim550cm^{-1}$ 吸收范围,存在两个强吸收和一个以肩形式出现的吸收;$3430cm^{-1}$ 附近宽的吸收带,与制样过程中吸收空气中水分有关;$1420cm^{-1}$ 附近宽而强的吸收带、$820cm^{-1}$ 附近以吸收肩形式出现的吸收峰以及 $720cm^{-1}$ 附近的吸收带分别归属于方解石的 CO_3^{2-} 内 C—O 不对称伸缩振动、对称伸缩振动和面内弯曲振动。从图 4.30 可以看出,硅灰石经有机酸溶解后,残余固体的红外光谱变化明显,完全失去了硅灰石红外光谱的特征吸收,特别是归属于硅灰石的 Si—O—Si 不对称伸缩振动和 O—Si—O 的伸缩振动的六个强吸收带消失。硅灰石在 0.50mol/L 的柠檬酸溶液中,残余固体仅出现一定的羧基伸缩振动吸收和二氧化硅简单的Si—O

特征吸收。

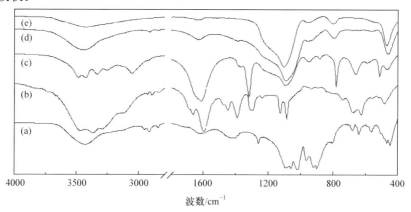

图 4.30　(a)硅灰石以及经 0.05mol/L(b)酒石酸、(c)草酸、(d)柠檬酸、
(e)乙酸处理后残余物的红外光谱图

Figure 4.30　FT-IR spectra of (a) wollastonite and 0.05mol/L (b) tartaric-acid-treated
residues,(c) oxalic-acid-treated residues,(d) citric-acid-treated residues,
(e) acetate-treated residues

3) 岩棉表面结构变化

从岩棉草酸溶解后残余固体的红外光谱(图 4.31)可以看出,随着反应时间的延长和草酸剂量的增加,红外光谱变化越明显,0.10mol/L 草酸溶液中的残余固体光谱图中明显具有草酸盐的特征吸收,同时保留了硅酸盐的特征吸收峰;经剂量为0.50mol/L 的草酸溶蚀后,残余固体的红外谱中红外光谱归属一水草酸钙(COM)、二水草酸钙(COD)和 SiO_2。

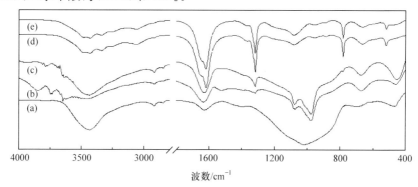

图 4.31　(a)岩棉以及不同浓度草酸[(b) 0.10mol/L,24h,(c) 0.10mol/L,72h,
(d) 0.50mol/L,24h,(e) 0.50mol/L,72h]作用不同时间后残余物的红外光谱图

Figure 4.31　FT-IR spectra of (a) rock wool and oxalic-acid-treated [(b)0.10mol/L,24h,
(c) 0.10mol/L,72h,(d)0.50mol/L,72h] residues

从图 4.32 所示的岩棉柠檬酸溶解后残余固体的红外光谱上可以看出,在 1200～800cm^{-1} 内的强吸收带变窄,逐渐变为 1080cm^{-1}(强)和 960cm^{-1}(中强)附近的两个吸收带。

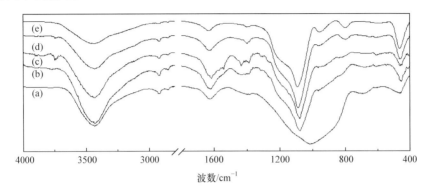

图 4.32　(a)岩棉以及不同浓度柠檬酸[(b) 0.10mol/L,24h;(c) 0.10mol/L,72h;
(d) 0.50mol/L,24h;(e) 0.50mol/L,72h]作用不同时间后残余物的红外光谱图

Figure 4.32　FT-IR spectra of (a) rock wool and citric acid-treated [(b)0.10mol/L,24h;
(c) 0.10mol/L,72h;(d) 0.50mol/L,24h;(e) 0.50mol/L,72h] residues

图 4.33 为岩棉经 0.50mol/L 的乙酸或酒石酸溶液溶蚀后残余固体的红外光谱。乙酸溶蚀前后岩棉与其残余固体的红外光谱图有一定的差异,溶蚀后残余固体在 1600～1400cm^{-1} 范围内出现一系列弱吸收峰,它与残余固体中含有乙酸有关;溶蚀 72h 后残余固体的红外光谱在 1300～800cm^{-1} 内的强吸收带变窄;酒石酸溶蚀后,岩棉的残余固体变化明显,1600cm^{-1}、1395cm^{-1}、1440cm^{-1}、1295cm^{-1} 处出现强吸收峰,1200～1000cm^{-1} 范围内分裂出 1127cm^{-1}、1085cm^{-1} 强吸收。

2. 氨基酸溶液处理后矿物表面结构分析

在细胞实验中不可忽略的事实是,绝大部分的矿物粉尘能在短期内导致细胞大量死亡(Rapisarda et al.,2015;Valavanidis et al.,2013;邓建军等,2009),但流行病调查的结果是并非所有的粉尘都有致癌性,这是因为细胞实验不考虑纤维的长期耐久性。然而,不同化学成分及结构的纤维矿物有不同的溶解性和耐久性,因此它们的致病潜在性是不尽相同的。认为矿物与氨基酸的作用的结果是两方面的,一方面矿物粉尘被溶解,使粉尘排出体外;另一方面,粉尘与体内组成细胞蛋白质的氨基酸作用可造成氨基酸损伤,导致细胞死亡。但从长期的作用结果来看,如果矿物粉尘能被人体体液溶解排除,那么致病的概率则大幅减小。

从短期效应来看,矿物与氨基酸发生的化学作用可以认为是细胞蛋白质中的氨基酸损伤的原因之一,纤维矿物使氨基酸溶液的电导率增加,溶液的酸碱性也有

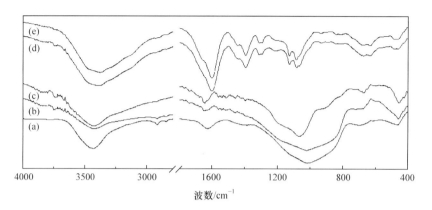

图 4.33 （a)岩棉与乙酸、酒石酸作用不同时间[(b) 24h,(c) 72h,(d) 24h,(e) 72h]
后残余物的红外光谱

Figure 4.33 FT-IR spectra of (a) rock wool,acetic acid-treated residues
[(b)24h,(c) 72h] and tartaric acid-treated residues [(d) 24h,(e) 72h]

明显的变化,由图 4.34、图 4.35 可以看到,氨基酸在与矿物作用前后基团结构(中西香尔等,1984)有明显的变化。在谷氨酸中的主要特征是,表征—NH_2 基团的红外吸收带变化较大,氨基已从结构中脱去,而—CH_2、COO—基团的吸收带尚有部分保留,说明生成物还含有—CH_2 和 COO—基团,并与 NH_4^+ 和其他阳离子进行络合。谷氨酸与矿物作用的强度与纤维的性质有关,在与蛇纹石作用后几乎完全分解,而与斜发沸石的作用较弱。中性的缬氨酸与矿物作用后的红外分析结果(图 4.35)显示,与蛇纹石作用后的变化最明显,原缬氨酸中羟基—OH 振动的 $3431cm^{-1}$ 吸收带消失,表明羧基上的 H 已脱去,该高频区吸收带为强烈的氢键所致,同时与—NH_2 产生氢键。

以上的测试结果表明,氨基酸与矿物作用后能导致阳离子从矿物中溶出,并与氨基酸发生配合作用,阳离子使氨基酸的化学键断裂形成新的化学键,导致原氨基酸分子损伤;矿物对氨基酸的损伤破坏作用不仅与氨基酸的酸碱性有关,还明显受到纤维性质的制约。酸性氨基酸与纤维矿物的作用最强,各种纤维矿物都能导致氨基酸的分解和络合,在谷氨酸中纤维矿物能使谷氨酸分子解体,对其物质产生完全损伤,剩余产物为羧酸衍生物等。中性氨基酸与纤维的作用次之,矿物对缬氨酸的损伤效应主要表现为其局部化学键与阳离子形成配合作用,碱性氨基酸对阳离子的溶解能力较弱,对其自身的损伤不大。

谷氨酸与硅灰石作用后,最终产物为一种无色非晶胶状物,易溶于水并呈碱性,由图 4.36(a)、(b)可以看到,反应物的基团结构与原谷氨酸有较大的差别,其主要特征是,谷氨酸中表征—NH_2 基团的红外吸收带 $3057cm^{-1}$、$2742cm^{-1}$、$2657cm^{-1}$、$2487cm^{-1}$、$2080cm^{-1}$(Parikh et al. ,2011)已不存在,表明氨基已从结

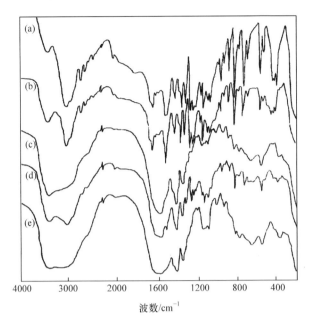

图 4.34　谷氨酸与矿物作用后的红外光谱图

(a)谷氨酸原样；(b)与斜发沸石作用后；(c)与坡缕石作用后；(d)与海泡石作用后；

(e)与蛇纹石石棉作用后

Figure 4.34　FT-IR spectra of glutamic acid

(a) before and after reaction with

(b) clinoptilolite,(c) palygorskite,(d) sepiolite,and (e) chrysotile asbestos

构中脱去,而—CH_2、COO—基团的 $1419cm^{-1}$、$1352cm^{-1}$、$1076cm^{-1}$ 吸收带尚有部分保留,说明生成物还含有部分的 COO—和—CH_2 基团,氨基酸已分解为 CO_2、NH_3 以及羧酸衍生物等。

缬氨酸与硅灰石作用后的滤液干燥物为白色片状晶体,与原缬氨酸相似,红外吸收光谱谱线形状与原样相近[图 4.36(c)、(d)],但仔细观察可发现尚有差异,其中,氨基—NH_3^+ 的 NH_3 振动带的 $3150cm^{-1}$、$3050cm^{-1}$ 由弱肩变为明显的峰,$2949cm^{-1}$ 吸收带移到 $2973cm^{-1}$,表明在氨基上化学键发生了一定的变化,可能是与硅灰石溶出的金属离子 Ca^{2+} 发生了络合,COO—基团吸收带也有所变化,由 $1578cm^{-1}$ 变为 $1588cm^{-1}$,强度也有较大的增强。含硅矿物中部分 SiO_2 可被有机酸溶解,其机理是与多元羧基形成有机配合作用而使 SiO_2 溶解(董发勤等,2006),根据硅灰石在有机酸中的溶解特征可以推测,在氨基酸中硅灰石溶解后残余的 SiO_2 也可能和氨基酸中的羧基形成配合,溶解部分的 SiO_2。

赖氨酸与硅灰石作用后,红外光谱特征与原赖氨酸的特征总体上是一致的[图 4.36(e)、(f)],赖氨酸中的羟基在作用前后没有明显变化,仅在—NH_2 基团吸收带

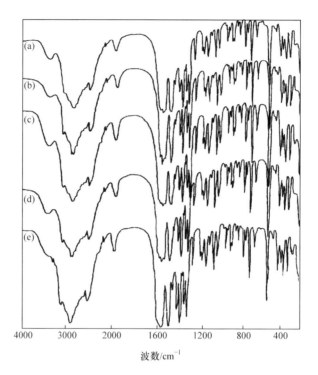

图 4.35　缬氨酸与矿物作用后的红外光谱图

(a)缬氨酸原样;(b)与斜发沸石作用后;(c)与坡缕石作用后;

(d)与海泡石作用后;(e)与蛇纹石石棉作用后

Figure 4.35　FT-IR spectra of valine

(a) before and after reaction with (b) clinoptilolite,

(c) palygorskite,(d) sepiolite,and (e) chrysotile asbestos

区的吸收带有明显加强,而 925cm^{-1}、610cm^{-1}出现两个新的吸收带,主要表现为弱的分子间氢键作用,配合作用主要是在—NH$_2$基团的化学键上发生的。

　　从长期效应来看,纤维矿物在人体中的持久性也是产生毒性累积的重要原因之一(陈传平等,2008;董发勤等,2006;Bellmann et al.,2001),各种矿物的致癌潜在性差异受到矿物纤维化学溶解性的影响,低耐蚀性矿物能在肺部组织液中溶解清除,产生长期毒害的可能性较小。其中特别值得注意的是矿物在中性氨基酸中的溶解特征,它对了解矿物的生物活性有其特别的意义,生物医学证实,在人体细胞蛋白质中,氨基酸大多呈近中性。因此,矿物粉尘与中性氨基酸发生作用,更与生物环境中的矿物溶解特性相似。由图 4.35 可以看出,沸石在中性氨基酸中的溶解是极其微弱的,而海泡石、坡缕石由于成分结构相似,具有相似的溶解特征。蛇纹石石棉的溶解较强。表明蛇纹石石棉的生物持久性比斜发沸石要弱。在中性氨基酸中,溶解性较强的矿物纤维往往表现为较低的生物持久性,而矿物纤维的致癌

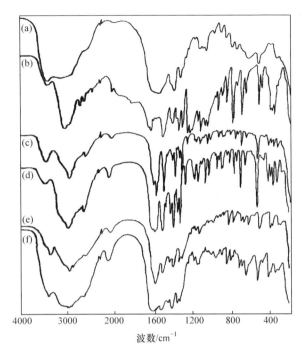

图 4.36　氨基酸与硅灰石作用前后红外光谱

(a)残余谷氨酸滤液干燥物;(b)谷氨酸原样;(c)残余缬氨酸滤液干燥物;

(d)缬氨酸原样;(e)残余赖氨酸滤液干燥物;(f)赖氨酸原样

Figure 4.36　FT-IR spectra

(b) glutamic acid,(d) valine,(f) lysine and [(a),(c),(e)] the filtrate dry matter after reaction with

wollastonite from their solution

潜在性是生物持久性、纤维本身的化学毒性及短期对细胞毒性的综合反映。

3. 动物体内矿物残存物表面结构分析

在动物体内实验中,直接注入体内肌体组织的粉尘样品大多导致动物器官病变。从职业病医学研究的角度,动物实验往往较注重研究粉尘的剂量、诱发实验动物的死亡周期及病理改变等,也有个别研究者解剖了染尘死亡个体的发病部位,对纤维的长度和直径进行了一些统计分析,但是对动物体内纤维的表面结构变化研究较少。在清楚了解纤维粉尘如何引起动物器官病变的基础上,探讨肌体组织作用后粉尘的表面结构变化也是必要的。

通过分析原始粉尘和肌体样品的红外光谱特征,有利于对比残留于体内青石棉粉尘的细微变化。青石棉原始粉尘样的特征红外吸收峰如下:由晶格 OH^- 伸缩振动产生的 $3663cm^{-1}$、$3645cm^{-1}$、$3634cm^{-1}$(弱),吸附水伸缩振动产生的

$3446cm^{-1}$、弯曲振动产生的 $1631cm^{-1}$，Si—O 的伸缩振动产生 $1145cm^{-1}$、$903cm^{-1}$，Si—O—Si 反对称伸缩振动产生的 $1108cm^{-1}$、$995cm^{-1}$，Si—O—Si 弯曲振动产生的 $784cm^{-1}$、$730cm^{-1}$（弱）、$691cm^{-1}$、$684cm^{-1}$，由 Si—O—M 伸缩振动、Si—O 的弯曲振动、M—O 的伸缩振动和 OH^- 的平移振动等复合产生的 $547cm^{-1}$、$516cm^{-1}$、$454cm^{-1}$、$375cm^{-1}$、$321cm^{-1}$（闻珞，1998）。

体内残留的青石棉与原样相比，OH^- 吸收全部消失，吸附水的吸收也下移，Si—O 的伸缩振动产生 $1145cm^{-1}$，$903cm^{-1}$ 带消失，表明残留粉尘仅为以硅为主的物质。

大鼠的肌体组织主要由蛋白质多肽、脂类物质等细胞物质组成，是一个组成和结构单元都十分复杂的有机物复合体系。只能用正常组织的红外吸收图谱作为基准对比谱来研究组织和残留青石棉的基团变化。根据组织的主要组分和组织生化物质的红外光谱特征来区分振动基团的归属。

如图 4.37 所示，肌体组织中 $3376cm^{-1}$ 峰为蛋白酰胺中 N—H 伸缩振动，$3084cm^{-1}$ 峰为氨基酸盐中的 $N—H_2$ 伸缩振动，$2957cm^{-1}$ 峰为膜脂质中末端 —CH_3 与膜蛋白中非对称伸缩振动，$2919cm^{-1}$ 峰为不对称—CH_2 伸缩振动，$2850cm^{-1}$ 峰为膜脂质中—CH_2 对称伸缩振动，$2319cm^{-1}$ 峰为"铵盐"峰；$1667\sim1647cm^{-1}$ 峰形为一个宽带，归属为—NH_2 非对称弯曲振动、蛋白质中的 C＝O 伸缩振动以及酰胺中 NH 与 CN 耦合，$1549cm^{-1}$（肩状）峰为 C—N 伸缩振动；$1533cm^{-1}$ 峰为—NH_2 对称弯曲振动，$1464cm^{-1}$ 峰为 COO—对称弯曲振动，$1388cm^{-1}$ 峰为蛋白质的特征吸收，由—CH_3 弯曲振动、酰胺 C—N 伸缩与 C—C＝O 耦合而成，$1339cm^{-1}$ 峰为 C—N 伸缩振动，$1311cm^{-1}$、$1237cm^{-1}$ 峰为蛋白质的特征吸收，归属为 C—N 伸缩振动，$1168cm^{-1}$ 峰为蛋白质的特征吸收，是蛋白质分子的丝氨酸、苏氨酸和酪氨酸残基中的 C—O(H)伸缩振动，$1043cm^{-1}$ 峰为糖原中的 C—O 基团伸缩振动；$720cm^{-1}$ 峰为长链存在的 C—C 骨架振动，—CH_2 基团在 4 个以上，必有此峰，且峰强与链长成正比；$699cm^{-1}$ 峰为蛋白质的特征吸收，归属不饱和双链（吴瑾光，1994）。在蛋白质的吸收中没有出现螺旋链状结构的特征带：$1110cm^{-1}$、$930cm^{-1}$。

染尘肌体组织与肌体红外光谱比较可以看出，$3417cm^{-1}$ 比原峰上移了 $41cm^{-1}$，表明蛋白酰胺中 N—H 伸缩振动对称性降低，—NH_2 非对称弯曲振动带 $1667cm^{-1}$ 和 C—N 伸缩振动带 $1549cm^{-1}$ 消失，—NH_2 对称弯曲振动带分裂，新出现的 $1535cm^{-1}$ 峰，—COO 对称弯曲振动带 $1464cm^{-1}$ 增强，均与 Si—C_2H_5 振动有关，新出现的 $1397cm^{-1}$ 归属于—Si—C—R 振动，$1311cm^{-1}$ 消失，$1238cm^{-1}$ 弱化，$1168cm^{-1}$ 消失，表明蛋白质的结构中 C—N、C—O 基团已发生变化，Si—O—Si 振动上移到 $1110cm^{-1}$，表明 Si—O—Si 基团中部分硅被 C、N 等元素取代，新出现的 $1090cm^{-1}$、$1035cm^{-1}$，$980cm^{-1}$ 均归属于 Si—O—C 的振动，$781cm^{-1}$ 变弱是由于

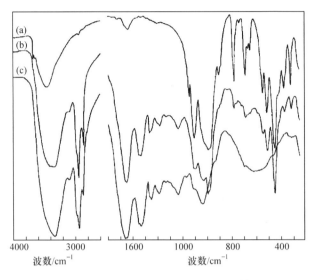

图 4.37　(a)青石棉、(b)大鼠肌体组织和(c)染尘肌体组织的红外光谱

Figure 4.37　The FT-IR spectra of (a) crocidolite,(b) organism tissue and (c) organism tissue reacted with crocidolite in rat

Si—O 弯曲振动部分被 Si—CH$_3$ 振动取代,原青石棉中的 548cm^{-1}、375cm^{-1}、320cm^{-1}弱化,518cm^{-1}下移到 508cm^{-1},表明 OH$^-$已被烷基取代。

　　红外光谱表明,肌体的原蛋白质组织结构在与青石棉的相互作用过程中已发生变化,对称性降低,结构疏松,在质和量方面均与原来的组织不同;青石棉的硅已与蛋白质中的烷基、氨基交联成键,存在明显的 Si—O—C(N)、Si—R 新的吸收谱带;青石棉自身也在结构和成分上发生了变化,残留的粉尘仅为以硅为主的物质。

　　4. PBS 缓冲液和模拟人体体液处理后矿物表面结构分析

　　1) PBS 缓冲溶液作用后石英表面结构分析

　　石英红外光谱吸收主要集中在 900~1200cm^{-1}、798cm^{-1}、779cm^{-1}、695cm^{-1}、514cm^{-1}、461cm^{-1}(图 4.38)。研究表明,1200~400cm^{-1}的谱段正是反映石英成分和结构变化的指纹区,而 3400~2000cm^{-1}具有反映挥发分(H$_2$O)含量变化的指纹波谱(罗军燕等,2009;Etchepare et al.,1974)。石英经 PBS 缓冲溶液作用 8d 后,其主要红外特征吸收峰的峰位并未发生明显变化,即溶解对石英表面基团没有产生很大影响。

　　2) 模拟人体汗液溶液作用后方解石表面结构分析

　　方解石红外光谱吸收主要集中在 3434cm^{-1}、2919cm^{-1}、2573cm^{-1}、1797cm^{-1}、1427cm^{-1}、1122cm^{-1}、876cm^{-1}和 713cm^{-1}(图 4.39)。其中,1427cm^{-1}、876cm^{-1}、

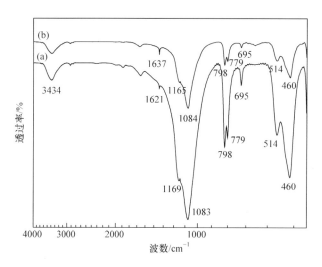

图 4.38　(a)石英原矿和(b)PBS 溶液作用 8d 后的石英的红外光谱

Figure 4.38　FT-IR spectra of (a) quartz and (b) quartz dissolved in
PBS solution for 8 days

$713cm^{-1}$皆为方解石的特征吸收峰,分别对应碳酸钙中 C—O 反对称伸缩振动,CO_3^{2-}面外变形振动和 O—C—O 的面内变形振动。通过红外光谱图可以发现在 $1420cm^{-1}$附近的波峰振动强度最大,该峰是由碳酸根内 C—O 的不对称伸缩振动所引起的(Khare and Baruah,2010;许虹等,2008)。方解石与模拟人体汗液作用 8d 后,可以发现方解石表面基团并未发生明显变化,在特征吸收峰处的峰位并未发生明显改变。但是方解石溶解后在 $618cm^{-1}$处的吸收峰消失,同时在 $2350cm^{-1}$处出现了新的吸收峰。在 $1122cm^{-1}$处的特征峰由高波数向低波数移动。红外峰的波数取决于键的力常数,发生红移现象,可能是当体系经过反应后,形成了共轭体系,共轭体系内的各个键长趋于平均化。此时,键长变长,力常数变小,即随着溶解时间延长,破坏了纳米 $CaCO_3$分子结构的稳定性,同时伴随有峰向低波数移动的现象。

3) Gamble 溶液作用后石英表面结构分析

石英经不同 pH 的 Gamble 溶液作用 8d 后,表面基团发生了一定程度的变化,特别是在 $900\sim1200cm^{-1}$、$779cm^{-1}$、$695cm^{-1}$、$514cm^{-1}$范围内的 Si—O 振动(图 4.40)。$1879cm^{-1}$处的吸收峰消失,即 C=O 振动减弱,表明 CO_2 这一挥发分的含量减少,$1621cm^{-1}$处的特征峰向高波数移动,即 H—O—H 的弯曲振动发生改变。$1080cm^{-1}$处的特征峰由高波数向低波数移动,尤其是石英溶解在初始 pH=3 的溶液。在 $1177cm^{-1}$处的特征峰 pH 为 5 的实验组由低波数向高波数移动,pH 为 3 和 7 的实验组都是向低波数移动。$1080cm^{-1}$与 $1177cm^{-1}$处吸收峰的相对峰强发

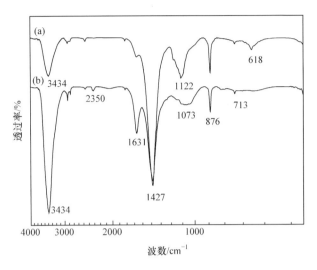

图 4.39　(a)方解石原矿和(b)模拟人体汗液溶液作用 8d 后的方解石的红外光谱

Figure 4.39　FT-IR spectra of (a) calcite and (b) calcite dissolved
in simulant sweat solution for 8 days

生了明显变化。红外吸收峰的位置(频率)主要取决于键能,同一个键键能改变通常反映键长的变化。这可能主要是由 H$^+$ 首先形成 Si—O(H^{2+}),并使 Si—O—Si 变短,键强增加引起的(张思亭和刘耘,2009)。

综上所述,可得出以下结论:

(1) 矿物粉尘经酸性体系处理后,纤维状粉尘纤维变短、长径比减小、柔性减弱、端部变圆,部分溶解成串珠状;粗大颗粒松散塌陷,表面粗糙度增加;片状粉尘表现为变碎变细。硅酸盐矿物粉尘在酸性环境中的溶解残余物具有向呈近球状,主要成分是无定型 SiO$_2$ 的纳米级颗粒转化的趋势。这种纳米级颗粒的致病机理值得深入研究。

(2) 不同种类、不同形态的矿物粉尘在 Gamble 溶液、酒石酸及盐酸中的分解难易程度是不同的,片状及晶体细小的矿物粉尘较易溶解,纤维状矿物中硅灰石、蛇纹石较易溶解,纤状海泡石、坡缕石溶解性较差,说明它们的生物活性是不同的,因而对人体的危害性不同。

(3) 硅灰石矿物在有机酸中发生了反应,溶解过程经历了酸碱中和反应生成有机酸盐和 SiO$_2$ 再溶解形成含硅有机配合物的两个反应历程。

(4) 纤维矿物与氨基酸作用的结果是对氨基酸产生了反应损伤,各种纤维矿物都能导致氨基酸的断键与络合,其中酸性氨基酸产生的损伤作用最强,能导致氨基酸分解和络合,中性氨基酸的溶解特征与纤维的性质有较大的关系,生物活性较弱的纤维在中性氨基酸中溶解较强。在碱性氨基酸中矿物产生的溶解和氨基酸损

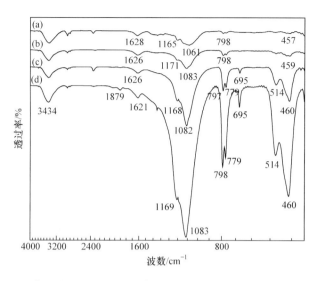

图 4.40　(a)石英原矿和(b),(c),(d)与 pH 为 3、5、7 的 Gamble 溶液作用 8d 后的
石英的红外光谱

Figure 4.40　FT-IR spectra of (a) quartz and the quartz reacted with Gamble solution
(b) pH＝3,(c) pH＝5,(d) pH＝7 for 8 days

伤作用都较弱。

（5）动物体内肌体组织与青石棉作用后,对称性降低;青石棉的硅与蛋白质中的烷基、氨基交联成键,存在明显的 Si—O—C(N)、Si—R 新的吸收谱带;青石棉自身残留的粉尘仅为 Si—O 为主的物质。

（6）矿物粉尘的危害性和其反应活性之间存在一定的关系,但粉尘的致病机理是相当复杂的,粉尘在生物体内的化学作用具有复杂性,不能仅用其反应活性来评价其危害性。

参 考 文 献

陈传平,固旭,周苏闽,等. 2008. 不同有机酸对矿物溶解的动力学实验研究. 地质学报,82(7):
　　1007-1012
戴永定. 1994. 生物矿物学. 北京:石油工业出版社
邓建军,董发勤,王利民,等. 2009. 温石棉与其 3 种天然代用纤维矿物粉尘体外细胞毒性的对
　　比研究. 工业卫生与职业病,35(6):321-323
邓建军,董发勤,王利民,等. 2011. 温石棉与岩棉及硅灰石纤维体外细胞毒性的比较. 中华劳
　　动卫生职业病杂志,29(7):535-537
董发勤. 1997. 纤维水镁石(FB)应用矿物学研究. 成都:四川科学技术出版社
董发勤,邓建军,蒲小允,等. 2006. 异形矿物粉尘巨噬细胞毒性研究. 生物医学工程学杂志,
　　23(4):848-851

冯启明,董发勤,彭同江,等．2000．矿物纤维粉尘在酸中稳定性与化学活性研究．岩石矿物学杂志,19(3):243-248

甘四洋,董发勤,曾娅莉,等．2009．温石棉、纳米 SiO_2、硅灰石及人造纤维粉尘的细胞毒性研究．安全与环境学报,9(4):13-16

耿迎雪,董发勤,孙仕勇,等．2015．可吸入性超细石英粉尘在模拟人体体液中溶解特性．中国环境科学,35(4):1239-1246

黄丽,戴俊明,傅华．2013．石棉致职业性肺癌和间皮瘤的系统评价．中华劳动卫生职业病杂志,31(1):19-23

刘奋武,卜玉山,田国举,等．2013．温度与 pH 对生物合成施氏矿物在酸性环境中溶解行为及对 Cu^{2+} 吸附效果的影响．环境科学学报,33(9):2445-2451

刘锦华,张莹,郭智屏,等．2014．中山市 2006-2013 年新发尘肺病例发病特征分析．华南预防医学,40(3):225-228

刘京跃,梁淑容,李申德,等．1993．硅灰石对金仓鼠胚胎细胞转化作用．中国医学科学院学报,15(2):132-136

刘琨,冯其明,杨艳霞,等．2007．纤蛇纹石制备氧化硅纳米线．硅酸盐学报,35(2):164-169

罗军燕,李胜荣,杨苏明,等．2009．石英傅立叶变换漫反射红外光谱在成矿作用研究中的应用——以山西繁峙义兴寨金矿床为例．矿物岩石,29(1):25-32

宋彬,杨保俊,郝建文,等．2008．蛇纹石尾矿制备高纯氧化镁工艺条件的研究．合肥工业大学学报(自然科学版),31(1):150-153

唐俊,董发勤,代群威,等．2013．降尘矿物在柠檬酸中的溶出顺序研究．岩石矿物学杂志,32(6):857-862

闻珞．1998．矿物红外光谱学．重庆:重庆大学出版社

吴逢春,董发勤,吴思源．2007．温石棉与其代用纤维致癌性研究．中国社区医师:医学专业,9:8

吴瑾光．1994．近代傅里叶变换红外光谱技术及应用(上、下卷)．北京:科学技术文献出版社

许虹,张静,高一鸣．2008．用矿物方解石进行水体除磷实验研究．地学前缘,15(4):138-141

杨艳霞,冯其明,刘琨,等．2007a．纤蛇纹石的盐酸浸出及其动力学模型研究．材料导报,21(3):136-139

杨艳霞,冯其明,刘琨,等．2007b．纤蛇纹石在盐酸浸出过程中结构变化的研究．中国矿业大学学报,36(4):556-564

曾颖,朱萍,刘强,等．2006．活化酸浸蛇纹石提取镁的实验研究．矿冶工程,26(2):57-60

张凌,董发勤,贺小春．2013．大气降尘及人工粉尘在缬氨酸中的溶解特性研究．岩石矿物学杂志,32(6):849-856

张思亭,刘耘．2009．石英溶解机理的研究进展．矿物岩石地球化学通报,28(3):294-300

中西香尔,索罗曼 P H．1984．红外光谱分析 100 例．王绪明译．北京:科学出版社

朱晓俊,陈永青,李涛．2012．职业接触岩棉对肺通气功能及呼吸系统症状的影响．工业卫生与职业病,38(2):68-72

朱晓俊,陈永青,李涛．2014．人造矿物纤维绝热棉对作业工人呼吸系统的影响．环境与职业

医学,31(4):262-266

Becker H,Herzberg F,Schulte A,et al. 2011. The carcinogenic potential of nanomaterials,their release from products and options for regulating them. International Journal of Hygiene and Environmental Health,214(214):231-238

Bellmann B,Muhle H. 1994. Investigation of the biodurability of wollastonite and xonotlite. Environmental Health Perspectives,102(5):191-195

Bellmann B,Muhle H,Creutzenberg O,et al. 2001. Effects of nonfibrous particles on ceramic fiber (RCF1) toxicity in rats. Inhalation Toxicology,13(10):877-901

Bhattacharya S,Ledwani L,John P J. 2016. Siderophores,the answer for micro to nanosized asbestos fibre related health hazard. National Conference on Thermophysical Properties, 1724(1):1-10

Chi C L,Yu L T S,Chen W. 2012. Silicosis. Lancet,379(9830):2008-2018

Colombo C,Monhemius A J,Plant J A. 2008. Platinum,palladium and rhodium release from vehicle exhaust catalysts and road dust exposed to simulated lung fluids. Ecotoxicology and Environmental Safety,71(3):722-730

Diaz-Robles L A,Fu J S,Vergara-Fernandez A,et al. 2014. Health risks caused by short term exposure to ultrafine particles generated by residential wood combustion: A case study of Temuco,Chile. Environment International,66(2):174-181

Etchepare J,Merian M,Smetankine L. 1974. Vibrational normal modes of SiO_2. I. and quartz. Materials Chemistry and Physics,60:1873-1876

Ferro A R,Kopperud R J,Hildemann L M. 2004. Elevated personal exposure to particulate matter from human activities in a residence. Journal of Exposure Analysis and Environmental Epidemiology,14:S34-S40

Hesterberg T W,Miiller W C,Musselman R P,et al. 1996. Biopersistence of man-made vitreous fibers and crocidolite asbestos in the rat lung following inhalation. Fundamental & Applied Toxicology,29(2):269-279

Jemec A,Drobne D,Remskar M,et al. 2008. Effects of ingested nano-sized titanium dioxide on terrestrial isopods (Porcellio scaber). Environmental Toxicology and Chemistry, 27 (9): 1904-1914

Khare P,Baruah B P. 2010. Elemental characterization and source identification of PM2. 5 using multivariate analysis at the suburban site of North-East India. Atmospheric Research,98(1): 148-162

Navarro E,Baun A,Behra R,et al. 2008. Environmental behavior and ecotoxicity of engineered nanoparticles to algae,plants,and fungi. Ecotoxicology,17(5):372-386

Parikh S J,Kubicki J D,Jonsson C M,et al. 2011. Evaluating glutamate and aspartate binding mechanisms to rutile (α-TiO_2) via ATR-FTIR spectroscopy and quantum chemical calculations. Langmuir the Acs Journal of Surfaces & Colloids,27(5):1778-1787

Rapisarda V,Loreto C,Ledda C,et al. 2015. Cytotoxicity,oxidative stress and genotoxicity induced by glass fibers on human alveolar epithelial cell line A549. Toxicology in Vitro,29(3): 551-557

Valavanidis A,Vlachogianni T,Fiotakis K,et al. 2013. Pulmonary oxidative stress,inflammation and cancer:Respirable particulate matter,fibrous dusts and ozone as major causes of lung carcinogenesis through reactive oxygen species mechanisms. International Journal of Environmental Research Public Health,10(9):3886-3907

第5章　液相介质中矿物粉尘释放自由基研究

粉尘颗粒大小、形态和化学组成、物相与其致病性密切相关。在自然尘埃($0.1\sim$ $0.3\mu m$,风成的或悬于水中的)中约 51％为长石类,16％为 Ca-Mg-Fe 硅酸盐(如辉石和角闪石),12％为石英,5％为黏土类,其余为云母、蛇纹石、滑石等;另外,8％主要由氧化物、碳酸盐、硫酸盐和磷酸盐的混合物组成。火山灰和尘埃则大多由玻璃质和玻璃质聚集体微粒以及各种常见的硅酸盐(如长石、辉石、角闪石)组成。地外尘埃是 Fe-Ni 硅酸盐微粒的混合物(Frisch and Slavin,2013;Kolokolova and Kimura,2010)。

矿物粉尘中的石英等微细粒子及其所吸附的各种有毒成分进入人体,在体内被吞噬—释放—再吞噬的动态过程中,本身会释放或刺激细胞释放出活性自由基,不断地激发自由基链和支链式反应,形成新的自由基。自由基产生后,主要作用于脂质、蛋白质、脱氧核糖核酸(deoxyribonucleic acid,DNA),引起膜脂质过氧化、蛋白质氧化或水解、诱导或抑制蛋白酶活性、DNA 损伤等(刘卫霞,2013)。自由基持续地损伤细胞膜,使体内的自由基代谢不平衡,引起粉尘性疾病,包括尘肺和肿瘤。随着自由基理论的不断深入发展,粉尘对机体的毒性作用研究有了新的认识,与矿物粉尘有关的自由基引起的脂质过氧化(lipid peroxidation,LPO)损伤、遗传毒性和细胞毒性,成为近年来粉尘致病机理研究的热点(Lee et al.,2012;曹佳等,2011)。现在许多研究者认为,活性氧的产生是粉尘在呼吸系统中产生急性和慢性毒性作用的一个重要因素(Alif et al.,2016)。在 20 世纪 80 年代初,国外就开展了粉尘释放自由基的研究,研究对象也从工业粉尘转向天然尘及空气污染颗粒物(Jantzen et al.,2016;Valavanidis et al.,2014),国内在此方面的研究显得较为薄弱。Velichkovskii(2011)研究了高岭石、石英和石棉的催化特性。结果表明,这些粉尘在粒细胞悬液中增加了超氧阴离子自由基($\cdot O_2^-$)和过氧化氢的量,表明有自由基生成。Shi 等(2006)用电子自旋共振法(electron spin resonance,ESR)研究了空气颗粒物(particulate matter,PM)以及水溶性组分在 H_2O_2 存在时产生的羟自由基($\cdot OH$),水溶性组分能诱导细胞内 DNA 的损伤,这种损伤依赖于组分中过渡金属产生的 $\cdot OH$。Lu 等(2015)的结果表明,非毒性剂量的纳米 SiO_2 会加重含 Pb 粉尘对 A549 细胞的氧化应激和 DNA 损伤,表明复合粉尘的毒性由于协同作用而被叠加。从国内外的研究文献可以看出,矿物粉尘是大气颗粒物的重要组成部分,与呼吸系统和心血管系统空气污染疾病密切相关。细颗粒物由于微尺度(纳米)效应、高比表面积和复杂的化学构成而具有与常规物质不同的活性。对粉尘致病的研究逐渐通过多学科联合方式对颗粒物的表面电性、表面基团、矿物-生物化学作用、体外生物溶解界面反应及自由基等方面,从有机-无机体系的界面反应模拟和实验等角度重点揭示其化学-生物活性和毒性机理(董发勤等,2013)。本章采用简便的活性氧试剂盒对比研究各种粉尘在溶液中释放自由基的特点,对释放自由基量大的石英、方解石等矿物粉尘进行荧光分光光度法检测,并对它们的释放机理进行探讨。

5.1　分光光度法研究矿物粉尘释放自由基的特征

自由基是指带有未成对电子的分子($\cdot CH_3$,$\cdot NO$)、原子($\cdot H$)或离子($\cdot O_2^-$)。自由基具有一个未成对电子,因此它表现出极易发生丧失或得到电子的反应而显示出极活泼的化学活性;其存留时间(即寿命期)很短且具有顺磁性,因此测试手段的选择至关重要。常用的测试方法有电子自旋共振法(ESR)或电子顺磁共振法(electron paramagnetic resonance,EPR)(洪肇嘉等,2014)、高效液相色谱法(high performance liquid chromatography,HPLC)(Bektaşoğlu et al.,2008)、化学发光法(Miller et al.,2011)和分光光度法等。分光光度法是根据自由基与某种物质反应,使该种物质的吸光度发生变化,从而确定自由基的量。这种方法具有操作简单、简便实用等特点,易为一般实验室所采用。它主要用于测定羟自由基等活性氧自由基的产生与清除(王明翠等,2015;于露和李凡修,2011),以及天然抗氧化剂的筛选。以分光光度法为原理的活性氧试剂盒,可以观测各种天然物质以及有机体的各种成分产生$\cdot O_2^-$及$\cdot OH$的能力。根据实际实验条件,对粉尘在水中释放自由基首先采用活性氧试剂盒进行研究。

5.1.1　实验样品

实验样品选取天然降尘和提纯的矿物粉尘,所有原样品都进行筛分,全部过200目筛。粉尘原样描述见表5.1。

表 5.1　样品描述
Table 5.1　Brief description of natural dustfall and mineral dusts

编号	采集地点或名称	主要物相(含量从高到低)或分子式
FC-2	绵阳某发电厂,自然沉降	石英,莫来石,蓝透闪石,蛇纹石,羟硅硼钙石,沸石
FC-12	双马水泥厂平台上 (距烟囱 50~100m)	方解石,石英,硅酸三钙,钠蒙脱石,蓝透闪石,金云母
FC-15B	绵阳西南科技大学室内积尘	石英,方解石,绢云母,钠长石,钙长石
FC-18	西宁市南川东路汽车一 厂院内(户外)	石英,方解石,钠长石,绢云母,淡斜绿泥石,钙长石

续表

编号	采集地点或名称	主要物相(含量从高到低)或分子式
FC-19	西安雁塔区丈八路室外窗台积尘	石英,方解石,绢云母,钠长石,钠蒙脱石,钙长石
FC-22	内蒙古托县新曹子镇新营子村积尘	石英,钠长石,方解石,绢云母,钙长石
DJ96-4	吉林磐石针状硅灰石	硅灰石,$CaSiO_3$
DJ96-5	河南信阳斜发沸石	斜发沸石,$(Na,K)(AlSi_2O_8) \cdot nH_2O$
DJ96-20	陕南水镁石	水镁石,$(Mg,Fe)(OH)_2$
DJ96-22	重庆奉节纤状坡缕石	坡缕石,$Mg_5Si_8O_{20}(OH)_2(H_2O)_4 \cdot 4H_2O$
DJ96-23	湖南浏阳土状海泡石	海泡石,$Mg_8(H_2O)_4[Si_6O_{13}]_2 \cdot 8H_2O$
DJ96-29	陕南利蛇纹石	利蛇纹石,$Mg[Si_2O_5](OH)_4$

酸处理样品:称取 0.50g 上述原样放入磨口锥形瓶内,加入 50mL 质量分数为 3‰的缬氨酸或 VC 溶液(上海康达氨基酸厂生产的层析纯试剂),立即把锥形瓶置于水浴振荡器内(哈尔滨生产的 HZS-H 水浴振荡器,恒温 37℃,转速 120r/min),并开始计时,72h 后用定量滤纸过滤,冲洗 3 次后,将矿物残渣在 37℃培养箱中烘干,即得到处理样品。为区分原样,在处理样品后面分别添加代号 Xie(经缬氨酸处理的)和 VC(经 VC 处理的)表示经酸处理的样品。

研磨样品:取一定量粉尘放入玛瑙研钵中,均匀用力研磨 5min,立即称取样品于测试体系中,从研磨完后称取样品到加入测试体系中整个过程控制在 1min 内。

5.1.2 测试原理及条件

1. 测试原理

芬顿(Fenton)反应是最常见的产生羟自由基的化学反应:

$$M^+ + H_2O_2 \longrightarrow M^{2+} + \cdot OH + OH^-$$

常用的金属离子 M 为 Fe^{2+}、Cu^+、Co^{2+} 等,H_2O_2 的量和 Fenton 反应产生的·OH 量成正比,当给予电子受体后,用格里斯试剂(Greiss reagent)显色,形成红色物质,其呈色与·OH 的多少成正比。

2. 测试条件优化

分光光度法测试自由基对样本浓度比较苛刻,因此先选用利蛇纹石粉尘样品与水反应不同时间后,提取溶液,稀释后做该粉尘释放自由基的最佳条件测试。

仪器为 721 型分光光度计(上海),HZS-H 水浴振荡器(哈尔滨),800 型离心沉淀器(上海)。吸取液体的吸量管为 1.0mL 或 0.5mL。活性氧试剂盒为南京建成生物工程研究所生产,试剂使用后放入冰箱 4℃保存。

制样:称取 250mg 粉尘于锥形瓶中,然后加入 50mL 水,立即把锥形瓶放入水浴振荡器中(37℃,120r/min)。10min、30min、1h、4h、8h、12h、26h 后取出 5mL,移入 6mL 离心管中,放入沉淀器在 3000r/min 转速下离心 5min。然后用吸液管把上清液移入比色管中,最后用此原液配制各种测试样本。

测试中各种试剂溶液的配制及量取按照活性氧试剂盒说明书进行操作。

产生活性氧物质的单位计算如下。

(1) 定义:规定每毫升或每毫克物质在本反应体系中使反应液 H_2O_2 的浓度增加 1mmol/L 为一个活性氧单位。

(2) 活性氧计算公式:

$$活性氧浓度 = \frac{测定管光密度 - 对照管光密度}{标准管光密度 - 标准空白管光密度} \times 标准管浓度(8.824mmol/L)$$
$$\times \frac{1mL}{取样量} \times 样本测试前的稀释倍数$$

测试结果见表 5.2。

表 5.2　DJ96-29 粉尘在水中释放活性氧自由基的试测结果

Table 5.2　The release of reactive oxygen species from DJ96-29 dust in water

(单位:$\mu mol/mL$)

稀释倍数		1	10	50	100	200	400
与水作用时间	10min	8	71	166	381	238	—
	30min	−1	23	208	201	166	
	1h	−1	8	172	178	48	—
	4h	−2	30	77	107	71	
	8h	−3	132	232	309	285	
	12h	−1	127	321	440	428	
	26h	3	46	262	1047	1950	2165

从表 5.2 和图 5.1 可看出,在粉尘与水作用的一定时间内,粉尘提取液释放的活性氧自由基对测试体系有一个最优值,一般在短作用时间内(<4h),取原液的稀释倍数为 100 时较好;在较长作用时间内(>12h),取原液的稀释倍数为 200 时较好。对不同的粉尘而言,其在水中的活性差异较大,而且样本浓度对测试体系很敏感,因此,在实际测试时,为了得到准确的结果,在短作用时间内同时做了稀释样本为 50 倍和 100 倍的测试实验,在长作用时间内,同时做了 100 倍、200 倍的测试实验,并依据实际测试结果及其趋势,有些还测了原液稀释 150 倍或 300 倍的样本。

表 5.2 中测试结果出现负值,是因为溶液中活性氧自由基浓度过大,抑制了测

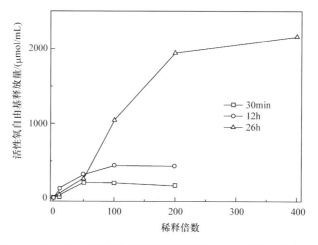

图 5.1 DJ96-29 尘提取液在不同稀释倍数下产生的活性氧自由基

Figure 5.1 Reactive oxygen species produced by DJ96-29 dust extract in series dilution times

试体系,从而出现样品释放的活性氧自由基低于空白对照实验中产生的活性氧自由基的现象。从表 5.2 也可看出,随着作用时间的延长,粉尘在水中释放的活性氧自由基增加,这一方面可能是表面基团的离解增多,另一方面是由于离解出的单电子氧化还原的金属离子增加。

5.1.3 粉尘在水中释放活性氧自由基的特征及影响因素

由于样品量大,只选测了粉尘在水中作用时间为 30min、12h(为大多数粉尘电离平衡的时间)的溶液试样。粉尘用量为 50.0mg,溶剂水为 10mL。各种粉尘在水中释放活性氧自由基的测试结果见表 5.3 和表 5.4。

表 5.3 天然粉尘在水中活性氧自由基释放量(μmol/mL)

Table 5.3 The release of reactive oxygen species from natural dustfall in water (μmol/mL)

粉尘样品	作用时间	样号					
		FC-2	FC-12	FC-15B	FC-18	FC-19	FC-22
天然粉尘原样	30min	227	160	320	120	93	187
	12h	933	833	680	1333	1166	1520
研磨处理粉尘	30min	548	269	461	231	288	221
	12h	1346	1096	1038	923	836	1615
缬氨酸处理粉尘	30min	102	174	184	153	123	—
	12h	1149	715	511	51	337	—
VC 处理粉尘	30min	54	13	41	76	91	—
	12h	364	574	699	423	393	—

表 5.4　矿物粉尘在水中活性氧自由基释放量（μmol/mL）

Table 5.4　The release of reactive oxygen species from mineral dust in water（μmol/mL）

粉尘样品	作用时间	样号					
		DJ96-4	DJ96-5	DJ96-20	DJ96-22	DJ96-23	DJ96-29
矿物粉尘原样	30min	32	84	179	179	517	211
	12h	1013	422	591	211	2597	1963
研磨处理粉尘	30min	280	226	666	506	692	573
	12h	1358	1065	1012	959	2415	1633
缬氨酸处理粉尘	30min	107	—	—	—	133	204
	12h	562	—	—	—	281	429
VC 处理粉尘	30min	84	—	—	—	69	98
	12h	574	—	—	—	272	187

1. 原始粉尘在水中释放的活性氧自由基

从表 5.3 可看出，粉尘与水作用 30min 后，提取液具有较小的活性，随着作用时间延长，活性提高，产生的活性氧自由基数量增加。粉尘与水作用 30min 时，活性氧自由基活性最大的是室内尘 FC-15B；在与水作用 12h 后，产生的活性氧自由基数量最小。同样，在与水作用 30min 时，产生活性氧自由基最少的西安天然粉尘 FC-19，在与水作用 12h 后，产生的活性氧自由基数为 1166，其他粉尘也有类似情况。说明天然粉尘与水在不同的作用时长内，产生活性氧自由基的方式是不同的。对产生的活性氧自由基数量与其成分逐一对比后，发现粉尘与水作用后的活性与粉尘中某一化学成分无关。可以推测，粉尘的这种活性是多种化学成分共同作用的结果。对比粉尘在水中的溶解特征可以得出，天然粉尘在水中作用达到溶解平衡后，它在水中的平衡电导率大小与其产生的活性氧自由基数量呈正相关关系。

表 5.4 表明，矿物粉尘与水作用不同时段后，各粉尘产生活性氧自由基的总量相对排序上相差不大，说明矿物粉尘在产生活性氧自由基速率上较为稳定且具有持续性，受外界干扰小。海泡石（DJ96-23）和蛇纹石样（DJ96-29）相比，在溶液中释放活性氧自由基的多少与其在水中的 pH 升降幅度相反，海泡石虽然在水里较为稳定，但一旦进入各种体液中，其活性可能更大，释放更多活性氧自由基。

2. 研磨粉尘在水中释放的活性氧自由基

研磨使得粉尘颗粒粒径变小，表面悬键更多地裸露，活性增高。表 5.3 和

表5.4的活性氧自由基数据表明,研磨粉尘能产生更多活性氧自由基。从表5.3可看出,研磨的天然尘与水作用30min后产生的活性氧自由基是未研磨粉尘产生活性氧自由基的1～3倍。但随着作用时间延长,这种差别缩小。这是因为研磨粉尘表面活性高,能催化或激活金属离子和水中的氧,释放出大量的活性氧自由基,但这种高活性在溶液里持续时间短,随着时间的延长,表面活性减弱,粉尘与水作用12h后,表面活性对其产生活性氧自由基的贡献很小。

矿物组成单一的粉尘研磨后,表面裸露的活性基团更多,在溶液里更易产生活性氧自由基。粉尘与水作用30min时,研磨矿物粉尘是未研磨粉尘产生活性氧自由基的2～8倍。跟天然粉尘活性氧自由基变化趋势相似,研磨粉尘在与水作用12h后,粉尘的表面活性对其产生的活性氧自由基数量的贡献减小,特别是对于本身活性大的粉尘,研磨对其后期释放自由基几乎无贡献。但对于"惰性"粉尘,如纤状坡缕石,研磨对其后期活性贡献仍然很大(图5.2中DJ96-22Y样品),在此类粉尘超细加工中应特别重视这一问题。

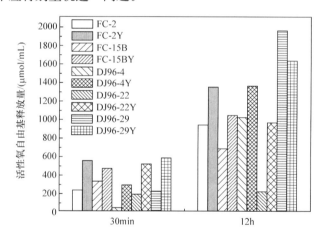

图5.2　天然粉尘与研磨粉尘产生活性氧自由基对比图

Figure 5.2　Comparison of reactive oxygen species produced by natural dust and by abrasive dusts

3. 酸处理粉尘在水中释放的活性氧自由基

氨基酸和维生素在人体组织的代谢、生长、维护和修复过程中起重要作用。粉尘与它们作用后,其活性、毒性有可能被抑制,也有可能被增强。从处理前后的数据可看出,经缬氨酸处理后的粉尘,在与水作用30min后,其活性氧自由基活性有所减少,在与水作用12h后,除水泥厂粉尘外,其余处理粉尘产生活性氧自由基的能力都比未处理的低。经VC处理过的粉尘,在与水作用30min后,产生的活性氧自由基远远少于未处理粉尘;随着作用时间的延长,产生活性氧自由基数量增加,但仍然少于相应未处理粉尘产生的活性氧自由基数量。这是因为酸性介质能与活性大的粉尘反应,使其溶出金属离子,并能与离子形成多种配合物。酸性越强,溶出的离子越多,表面受溶蚀的程度越大。对于未处理粉尘,表面处于相对"惰性"状态,与水作用时,离子的溶出变慢,溶出量较少。从图 5.3 可看出,随着作用时间的延长,酸处理粉尘与原粉尘释放的活性氧自由基差别缩小。因此,对主要由金属离子贡献产生活性氧自由基的处理粉尘来说,产生活性氧自由基的能力低于未处理粉尘。虽然观察到缬氨酸和 VC 处理粉尘后,在水中释放活性氧自由基的能力有所下降,但并不能达到完全抑制的地步。Pozzolini 等(2016)研究表明,石英表面大量的自由基会与 VC 进行反应,直接导致细胞毒性增强。

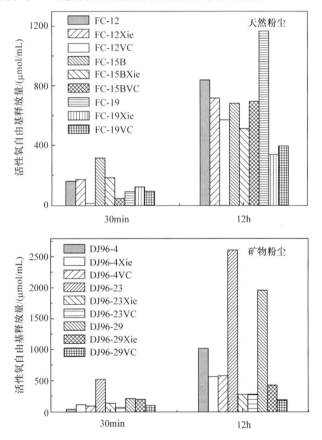

图 5.3　酸处理粉尘与未处理粉尘产生活性氧自由基对比图

Figure 5.3　Comparison of reactive oxygen species
produced by dust and by acid-treated dust

因此,研磨能增加粉尘表面的断键,产生更多的活性位,在短时间内对活性氧自由基起主要贡献,特别是酸处理对于"惰性"粉尘效果更明显。

5.2 采用荧光法分析含硅(钙)矿物粉尘释放自由基

5.2.1 矿物粉尘自由基的荧光法测定

选定样品的编号及特性见表5.5。

表 5.5 选定样品的编号特性

Table 5.5 Samples and their characteristics

样品编号	名称	主要特性
KWC-Q	石英	SiO_2质量分数达97%,石英相质量分数达到95%以上
Nano-SiO_2	Nano-SiO_2	无定型物质,粉体中SiO_2质量分数达97%
KWC-C	方解石	方解石占98.8%以上
Nano-$CaCO_3$	Nano-$CaCO_3$	晶态物质,粉体中$CaCO_3$质量分数在97.5%以上
KWC-M	蒙脱石	蒙脱石相矿物的质量分数99%
白云石	白云石	白云石相矿物质量分数在98%以上

由于无机溶液体系中活性氧自由基浓度极低,检测结果重复性较差,结合前人的研究结果,摸索并选择了荧光分光光度法,经过实验优化,最终确定选用对苯二甲酸(TA)荧光光度法定量检测体系中的羟自由基($\cdot OH$),选用2,7-二氯荧光素二乙酯半定量检测体系中的活性氧自由基(刘立柱等,2014)。

荧光分光光度计 F-7000 仪器参数为光电倍增管(photomultiplier tube,PMT)电压=400V,激发与发射狭缝宽度均为10nm,激发波长 EX=316nm,发射波长扫描范围为 EM=350～500nm,最大发射波长为 EM_{max}=420nm。

建立标准曲线,2-羟基对苯二甲酸标准曲线方程为 $F=2\times10^9C$,$R^2=0.9997$,其中,F 为荧光强度,C 为羟自由基浓度,羟自由基与 2-羟基对苯二甲酸的浓度呈1:1关系,因此体系中羟自由基的摩尔浓度为

$$C_{\cdot OH}=\Delta F/b(\mu mol/L) \tag{5.1}$$

式中,ΔF 为绝对荧光强度,等于实测荧光值与空白对照荧光值之差,即 $\Delta F=F-F_0$;b 为2-羟基对苯二甲酸标准曲线方程的斜率。

实验条件为:称取样品0.04g,若为矿物粉尘,则选取 $D_{50}=2.5\mu m$;后加10mL缓冲溶液、0.125mL对苯二甲酸;37℃,180r/min水浴恒温振荡;取样时用0.22μm微孔滤膜过滤,上机检测滤液荧光强度。

5.2.2 矿物粉尘在液相介质中释放自由基的行为研究

对矿物粉尘石英、Nano-SiO_2、方解石、Nano-$CaCO_3$、蒙脱石和白云石,分别进

行液相羟自由基和活性氧自由基的对比分析,主要研究石英和方解石不同粒径、尘液作用时间、矿物种类等因素对液相自由基释放量的影响。

1. 尘液接触时间对诱发自由基含量的影响

1) 石英粉尘

考虑到石英粉尘与缓冲溶液作用过程中,短时间内滤液荧光强度没有规律性,可能原因是体系产生的羟自由基浓度太低,或荧光产物浓度太低,低于荧光分光光度计的检测限和有效检测区间。因此,石英组尘液接触实验时间设置为 0d、0.5d、1d、2d、3d、4d。滤液荧光光谱结果如图 5.4 所示。

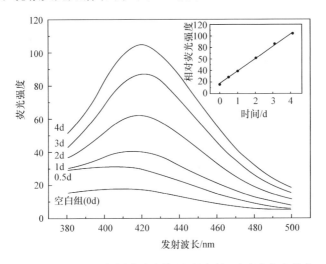

图 5.4　石英粉尘与缓冲溶液作用不同时间后滤液荧光强度

Figure 5.4　Fluorescence intensity of quartz dust in buffer solution

从结果中可看出,随着时间延长,4d 内,石英粉缓冲溶液体系羟自由基的浓度呈线性增大(图 5.5)。

2) 方解石粉尘

对方解石同时进行短时间和较长时间的对比研究,尘液短时间作用观测点为 10min、30min、60min、90min、120min、180min、240min,较长时间观测点为 0.5d、1d、2d、3d、4d,滤液荧光光谱结果及羟自由基含量分别如图 5.6 和图 5.7 所示,滤液荧光光谱结果及羟自由基含量如图 5.8 和图 5.9 所示。

从结果中可看出,短时间内,方解石缓冲溶液体系中羟自由基含量呈现一定的规律性,先是快速增长,120min 后缓慢增长。较长时间内,随着时间延长,4d 内,体系滤液羟自由基的浓度变化不明显,由此推知,方解石在水中释放羟自由基是短期过程,且含量比石英明显要高(图 5.8、图 5.9)。

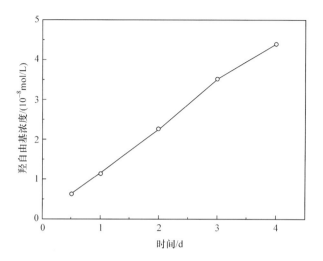

图 5.5　石英粉尘与缓冲溶液作用不同时间后羟自由基含量

Figure 5.5　Hydroxyl free radical content of quartz dust in buffer solution

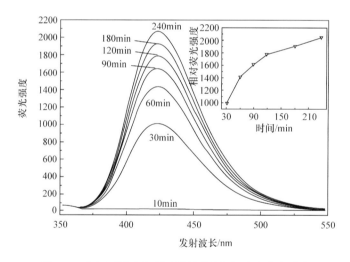

图 5.6　方解石粉尘与缓冲溶液作用 4h 滤液荧光强度

Figure 5.6　Fluorescence intensity of calcite powder in buffer solution for 4h

3) 蒙脱石粉尘

蒙脱石组尘液接触实验时间设置为 0d、0.5d、1d、2d、3d、4d。滤液荧光光谱结果及羟自由基含量如图 5.10 和图 5.11 所示。蒙脱石粉尘与缓冲溶液作用时,滤液荧光强度较稳定,在平衡附近为锯齿状变化,可能与蒙脱石的吸附性有关。

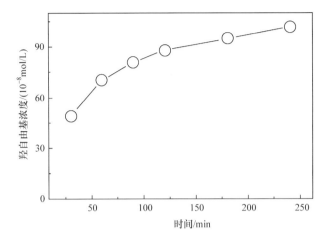

图 5.7　方解石粉尘与缓冲溶液作用 4h 后羟自由基含量

Figure 5.7　Hydroxyl free radical content of calcite powder in buffer solution for 4h

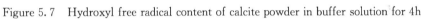

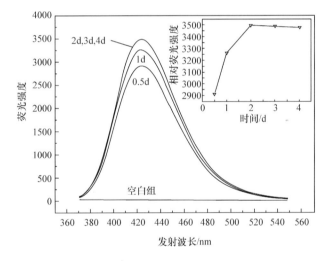

图 5.8　方解石粉尘与缓冲溶液作用 4d 滤液荧光强度

Figure 5.8　Fluorescence intensity of calcite powder in buffer solution for 4d

4）白云石粉尘

白云石与方解石性质相似，也属于碳酸盐矿物。对白云石只做了与缓冲溶液短时间作用的实验研究。尘液接触时间设置为 10min、30min、60min、90min、120min、180min、240min 和 0h、2h、4h、8h、16h、24h、48h 两组。滤液荧光光谱结果及羟自由基含量分别如图 5.12、图 5.13 和图 5.14、图 5.15 所示。

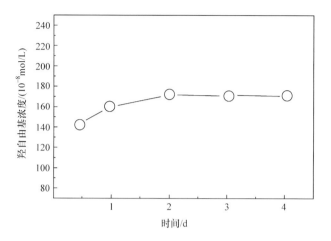

图 5.9　方解石粉尘与缓冲溶液作用 4d 后羟自由基含量

Figure 5.9　Hydroxyl free radical content of calcite powder in buffer solution for 4d

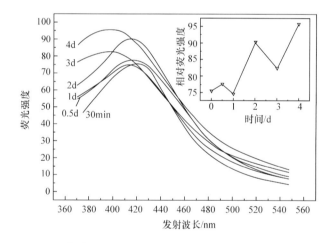

图 5.10　蒙脱石粉尘与缓冲溶液作用不同时间滤液荧光强度

Figure 5.10　Fluorescence intensity of montmorillonite powder in buffer solution

　　从结果中可看出,短时间内,白云石缓冲溶液体系中羟自由基含量呈现很好的线性关系,稳步增多。随着时间延长,羟自由基含量先是快速增加,10h 后增速变缓,30h 后增速进一步变缓。由此推知,白云石在水中释放羟自由基的速度较方解石慢,比石英快,且羟自由基的释放量介于方解石与石英之间。

　　从图 5.16 可以看出,方解石的荧光强度显著高于石英和蒙脱石,特别是 1d 前上升较快。蒙脱石呈下降趋势,石英一直上升,1d 后,方解石呈稳定下降趋势。虽然荧光强度值是个相对值,但从其趋势可以推断,石英在缓冲溶液中释放羟自由基的量呈上升趋势,即后期危害更大。

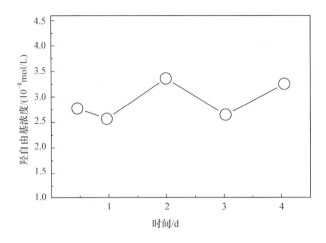

图 5.11 蒙脱石粉尘与缓冲溶液作用不同时间后羟自由基含量

Figure 5.11 Hydroxyl free radical content of montmorillonite powder in buffer solution

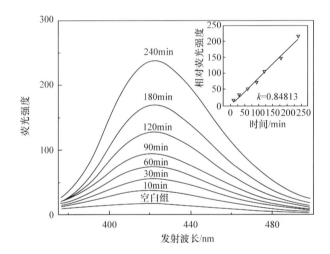

图 5.12 白云石粉尘与缓冲溶液作用 0～4h 滤液荧光强度

Figure 5.12 Fluorescence intensity of dolomite powder in buffer solution for 0～4h

2. 矿物粉尘种类对液相自由基释放的影响

不同矿物的晶胞结构和表面特性差异很大,特别是其表面结构基团和元素组成对液相自由基的释放影响较大。为了探明不同种类矿物释放液相自由基的能力,分别选取石英、方解石、钠长石、蒙脱石、白云石五种矿物(大气颗粒物中的矿物成分主要为石英、方解石、钠长石、黏土矿物和白云石等),粒度均为 $D_{50} = 2.5\mu m$,分别研究其羟自由基和活性氧自由基的释放能力差异。

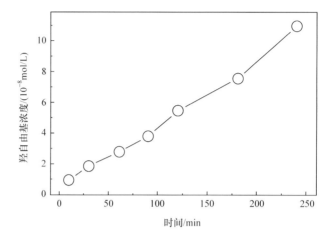

图 5.13　白云石缓冲溶液体系作用 0～4h 后羟自由基含量

Figure 5.13　Hydroxyl free radical content of dolomite powder in buffer solution for 0～4h

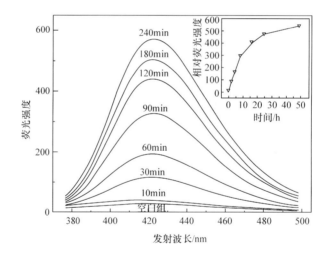

图 5.14　白云石粉尘与缓冲溶液作用 0～2d 滤液荧光强度

Figure 5.14　Fluorescence intensity of dolomite powder in buffer solution for 0～2d

1）羟自由基

石英、方解石、钠长石、蒙脱石和白云石在缓冲溶液中释放羟自由基的荧光光谱图和自由基含量如图 5.17 和图 5.18 所示。从实验结果可看出,几种矿物释放羟自由基的能力有显著差异,按照释放量的多少排序为方解石＞白云石＞石英＞蒙脱石＞钠长石。其中方解石的释放量已经达到 $86.664 \times 10^{-8} mol/L$,钠长石几乎不释放羟自由基,浓度为 $0.2125 \times 10^{-8} mol/L$。

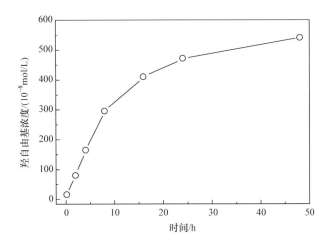

图 5.15　白云石缓冲溶液体系作用 0～2d 后羟自由基含量

Figure 5.15　Hydroxyl free radical content of dolomite powder in buffer solution for 0～2d

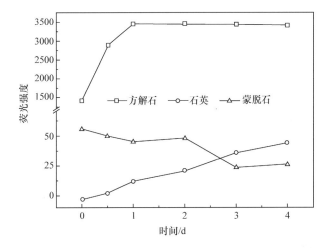

图 5.16　石英、方解石、蒙脱石相对荧光强度-时间关系对比图

Figure 5.16　Variation in fluorescence intensity of quartz, calcite and montmorillonite suspension as a function of time

2）活性氧自由基

　　石英、方解石、钠长石、蒙脱石和白云石在缓冲溶液中释放活性氧自由基的荧光光谱图如图 5.19 所示。从实验结果可看出，几种矿物释放活性氧自由基的能力有显著差异，按照释放量的多少排序为方解石＞蒙脱石＞石英＞白云石＞钠长石。其中方解石释放活性氧自由基量比第二位的蒙脱石高出 58%，钠长石与白云石释放活性氧自由基的能力相当。

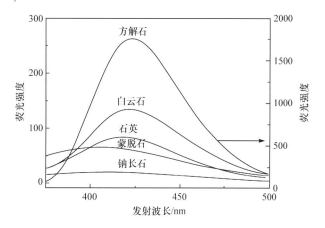

图 5.17　不同矿物种类滤液荧光强度

Figure 5.17　Fluorescence intensity of different mineral species in buffer solution

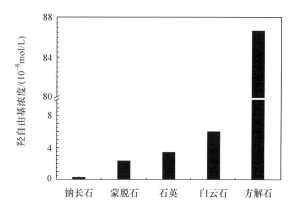

图 5.18　不同矿物液相羟自由基含量

Figure 5.18　Hydroxyl radicals content of different mineral dusts in buffer solution

3. 尘液比对液相自由基释放的影响

人长期暴露在含有颗粒物的空气中,将导致尘肺以及其他呼吸系统疾病。其中,颗粒物浓度是重要影响因素之一。为研究矿物粉尘浓度对羟自由基产生量的影响,选取中位径 $D_{50} = 2.5\mu m$ 的石英、方解石、蒙脱石与白云石,每种矿物设计不同尘(固)液比(即缓冲溶液中矿物粉尘的添加量),作用一定时间后,按 5.2.1 节方法测滤液荧光强度。

白云石释放羟自由基实验结果如图 5.20 和图 5.21 所示。随着矿物粉尘质量的增加,体系中羟自由基的含量增多。低尘液比的体系中,羟自由基的含量随着白云石粉含量的增加而快速升高,在尘液比高于 1600mg/L 时,羟自由基的含量随尘

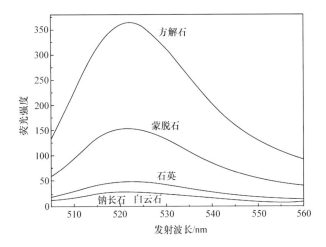

图 5.19　不同矿物种类滤液荧光强度

Figure 5.19　Fluorescence intensity of mineral species in buffer solution

液比的增加而缓慢升高。可能的原因是浓度高时,单位体积溶液中白云石颗粒数量巨大,颗粒与颗粒之间的相互团聚作用影响了颗粒与溶液之间的接触,减缓了自由基的生成。

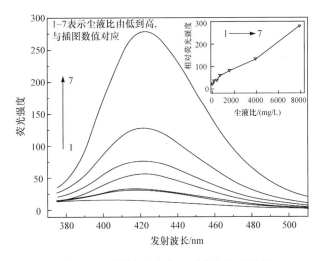

图 5.20　不同尘液比白云石滤液荧光强度

Figure 5.20　Fluorescence intensity of dolomite filtrate in series solid-liquid ratio

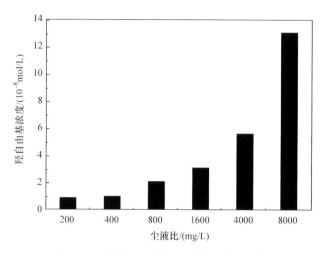

图 5.21　不同尘液比白云石羟自由基含量

Figure 5.21　Hydroxyl radical content released by dolomite in series solid-liquid ratio

方解石释放羟自由基实验结果如图 5.22 和图 5.23 所示。随着矿物粉尘质量的增加,体系羟自由基的累积量不断变大,在尘液比低于 1600mg/L 时,方解石粉尘质量的增加对体系羟自由基的含量增加不明显,非常缓慢。在尘液比高于 1600mg/L 时,羟自由基累积量随着方解石粉含量的增加而显著增加。在 1600～4000mg/L 区间,羟自由基增加显著,上升约 88.45%；在 4000～8000mg/L 区间,羟自由基累积浓度增加量只有 40% 左右。

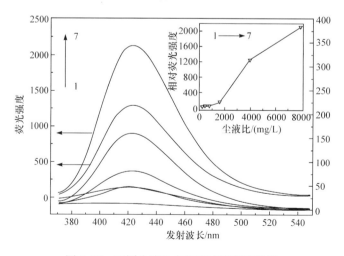

图 5.22　不同尘液比方解石滤液荧光强度

Figure 5.22　Fluorescence intensity of calcite filtrate in series solid-liquid ratio

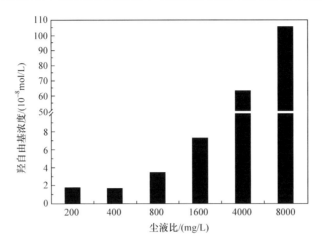

图 5.23　不同尘液比方解石羟自由基含量

Figure 5.23　Hydroxyl radical content released by calcite in series solid-liquid ratio

石英释放羟自由基实验结果如图 5.24 所示。随着矿物粉尘质量增加,体系羟自由基的累积量不断变大,在尘液比低于 800mg/L 时,石英粉质量的增加对体系羟自由基的含量增加非常缓慢。在尘液比高于 800mg/L 时,羟自由基累积量随着方解石粉含量的增加而显著增加。尘液比介于 800~1600mg/L,羟自由基增加显著,上升约 69.6%;在 1600~4000mg/L,羟自由基累积浓度增加量只有 24% 左右;在 4000~8000mg/L 时,增加量达到 33% 左右。

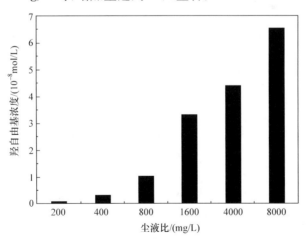

图 5.24　不同尘液比石英羟自由基含量

Figure 5.24　Hydroxyl radical content released by quartz in series solid-liquid ratio

蒙脱石组释放羟自由基实验结果如图 5.25 和图 5.26 所示。随着矿物粉质量的增加,体系羟自由基的累积量基本呈增大趋势,尘液比从 400mg/L 上升到

800mg/L 时,羟自由基增长很小,1600mg/L 和 4000mg/L 尘液比也如此。在尘液比为 8000mg/L 时,体系羟自由基累积量较 4000mg/L 显著增加约 49.4%。

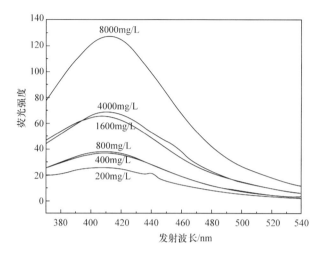

图 5.25　不同尘液比蒙脱石滤液荧光光谱

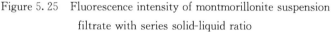
Figure 5.25　Fluorescence intensity of montmorillonite suspension
filtrate with series solid-liquid ratio

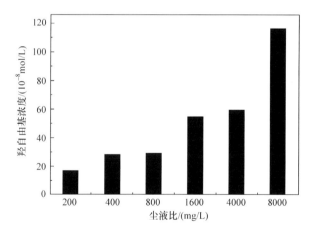

图 5.26　不同尘液比蒙脱石羟自由基含量

Figure 5.26　Hydroxyl radicals content released by montmorillonite
in series solid-liquid ratio

4. 矿物粉尘粒度对液相自由基释放的影响

矿物颗粒的粒径与释放液相自由基的能力有一定关系。研究表明,10μm 以下的颗粒物可进入鼻腔,$7\mu m$ 以下的颗粒物可进入咽喉,小于 $2.5\mu m$ 的颗粒物(即 $PM_{2.5}$)则可深达肺泡并沉积,进而进入血液循环,纳米颗粒能直接侵入细胞,可能导致与心肺的功能障碍有关的疾病(任朝秀等,2016;Armstead and Li,2016)。为研究矿物粉尘粒度对羟自由基产生量的影响,选取石英组与方解石组,每种矿物选择五种粒径,即 $10\mu m$、$5\mu m$、$2.5\mu m$、$1\mu m$、$<100nm$,作用一定时间后,测量滤液荧光强度。

1) 石英组

石英释放羟自由基实验结果如图 5.27 和图 5.28 所示。一般来说,颗粒越小,其比表面积越大,表面裸露基团也越多。石英在超细加工过程中,颗粒表面出现裸露的 ·SiO 和 ·Si 基团,这些基团使得颗粒表面出现电子空穴,因此超细石英颗粒具有很强的活性。石英粉尘与水接触时,表面的 ·SiO 或 ·Si 能夺得 H_2O 中的电子,形成更稳定的—SiOH,即硅醇基,失去质子 H 的 H_2O 随即转化成 ·OH。从实验结果来看,除 Nano-SiO_2 外,石英粉颗粒越小,体系产生的羟自由基越多,这与理论分析结果一致(Karunakaran et al. ,2015)。其中,粒度为 $2.5\mu m$ 和 $1\mu m$ 的石英粉,产生的羟自由基量显著高于粒度为 $10\mu m$ 的石英,这与细胞毒理实验得出的结果是一致的(Lehman et al. ,2016;Kawasaki,2015)。另外,在该体系中,Nano-SiO_2 也产生羟自由基,但其产生量明显低于结晶态二氧化硅,这可能是因为制备 Nano-SiO_2 时,为了保证分散性,往往在成型过程中加入表面活性剂,抑制纳米颗粒团聚,这种表面活性剂阻碍 SiO_2 与 H_2O 直接接触与作用。

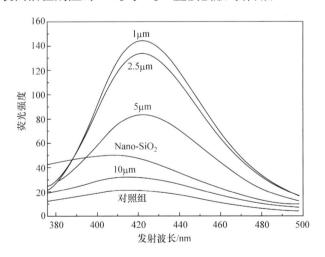

图 5.27　不同粒度石英滤液荧光强度

Figure 5.27　Fluorescence intensity of quartz filtrate in series particle size

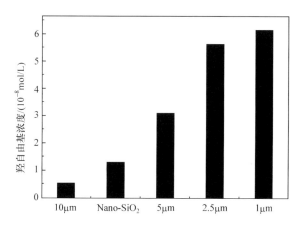

图 5.28　不同粒度石英体系羟自由基含量

Figure 5.28　Hydroxyl radicals content released by quartz in series particle size

2) 方解石组

方解石释放羟自由基实验结果如图 5.29 和图 5.30 所示。方解石与其他颗粒物的现象完全相反,粒度越大,尘液体系产生的羟自由基越多,其中 $D_{50}=10\mu m$、$5\mu m$、$2.5\mu m$ 和 $1\mu m$ 的略有差别,羟自由基的累积量从 $100.7\times10^{-8}mol/L$ 降至 $73.8\times10^{-8}mol/L$,纳米的最小,只有 $48.7\times10^{-8}mol/L$。总体来看,随着方解石粒径的增大,羟自由基的生成量增加幅度越来越小。

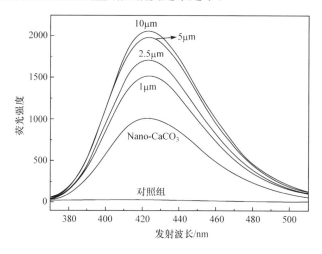

图 5.29　不同粒度方解石滤液荧光强度

Figure 5.29　Fluorescence spectrum of calcite filtrate in series particle size

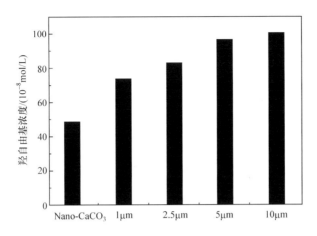

图 5.30　不同粒度方解石羟自由基含量

Figure 5.30　Hydroxyl radicals content released by calcite in series particle size

5.3　预处理对矿物粉尘释放液相自由基的影响

颗粒物在空气中、附着在人体皮肤表面和进入人体时会与外界气相环境、液相环境和微生物进行接触,颗粒物性质主要会受液相环境和微生物的影响,从而增加颗粒物性质变化的不确定性。性质发生变化的颗粒物释放自由基能力是否有变化,是本节主要探讨的内容。本节重点研究方解石、Nano-CaCO$_3$、石英和 Nano-SiO$_2$ 四种粉体预处理后自由基释放能力的变化。

5.3.1　预处理矿物粉尘的制备方法

为了简化实验过程并尽可能地模拟真实环境对矿物颗粒物的影响,本节采用维生素 C(VC)作为有机酸对矿物进行预处理,用人体大肠杆菌(E. coli)作为微生物对矿物进行预处理,用 Fe^{2+} 溶液作为过渡金属离子对矿物进行预处理,矿物粉尘与缓冲溶液作用体系中添加 H$_2$O$_2$ 与酒精,以模拟人体组织液环境中 H$_2$O$_2$ 和酒精对矿物在人体组织液中释放自由基的影响。

四种粉体分别与质量分数为 0.3％的 VC 和大肠杆菌(采用牛肉膏蛋白胨培养基,pH 为 7.0～7.2)置于 37℃环境下以 150r/min 恒温振荡培养 8h 后,离心弃上清液,反复清洗沉淀 3 次,用 pH 为 7.4 的 PBS 缓冲液重悬,调整菌液的光密度(OD$_{600}$)为 1。充分作用 24h,离心清洗后,烘干备用。其中,大肠杆菌处理后的粉体经过灭菌处理。

5.3.2 矿物粉尘预处理后释放液相自由基研究

1. VC 预处理前后粉体释放羟自由基能力的变化

VC又名 L-抗坏血酸,是一种有机酸,本身带有四个羟基,分子中含有连烯二醇基[—C(OH)＝(OH)—]结构,具有很强的还原性,内酯环的结构极易水解,在碱性条件下更易被氧化。

从图 5.31~图 5.35 结果可以看出,经过 VC 预处理后,四种粉体释放液相羟自由基的量都降低,其中 Nano-SiO$_2$ 和方解石释放液相羟自由基的量降低明显,方解石组从 191.55×10^{-8} mol/L 降至 115.331×10^{-8} mol/L,降低 39.79%,Nano-SiO$_2$ 组从 1.808×10^{-8} mol/L 降至 0.4715×10^{-8} mol/L,降低 73.92%。

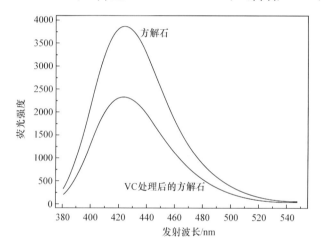

图 5.31　VC 处理前后方解石滤液荧光光谱

Figure 5.31　Fluorescence spectrum of calcite dusts before and after
interaction with VC solution

对于未处理粉尘,表面处于相对"惰性"状态,与水作用时,离子的溶出速率变慢,溶出量减少。VC 电离出来的酸或络合离子与粉尘反应,溶蚀方解石和 Nano-CaCO$_3$、石英和 Nano-SiO$_2$ 颗粒表面,虽然观察到 VC 处理四种粉尘后,方解石和 Nano-SiO$_2$ 在水中释放自由基的能力下降明显,但并没有达到完全抑制的程度,而石英和 Nano-CaCO$_3$ 降幅不大。粉尘高活性表面基团攻击抗坏血酸的 C—H 键,从而产生 COO·自由基(Elias et al.,2006)。

2. 大肠杆菌预处理前后粉体释放羟自由基能力的变化

从图 5.36~图 5.40 可以看出,经过大肠杆菌预处理后,除方解石外,其他三

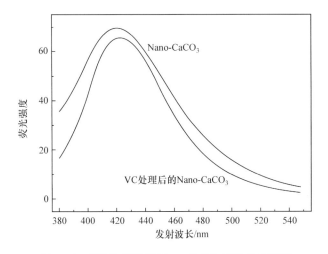

图 5.32　VC 处理前后 Nano-CaCO₃ 滤液荧光光谱

Figure 5.32　Fluorescence spectrum of Nano-CaCO₃ dusts before and after interaction with VC solution

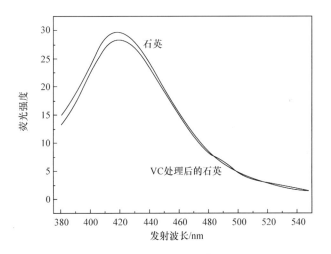

图 5.33　VC 处理前后石英滤液荧光光谱

Figure 5.33　Fluorescence spectrum of quartz dusts before and after interaction with VC solution

种粉体液相释放羟自由基的量都升高,其中 Nano-CaCO₃ 升高最显著,从 2.438×10^{-8} mol/L 升至 13.994×10^{-8} mol/L,升高了 82.58%,方解石组从 172.364×10^{-8} mol/L 降至 64.164×10^{-8} mol/L,降低了 62.77%。

大肠杆菌在新陈代谢过程中分泌大量代谢产物,其中有机酸较多,而方解石遇酸即发生化学性腐蚀,颗粒表面完整结构破坏,从而降低了方解石在缓冲溶液中释

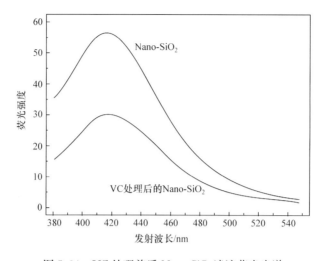

图 5.34　VC 处理前后 Nano-SiO₂滤液荧光光谱

Figure 5.34　Fluorescence spectrum of Nano-SiO₂ dusts before and after
interaction with VC solution

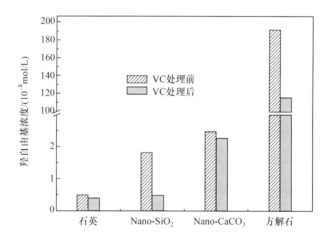

图 5.35　VC 预处理前后矿物粉尘羟自由基含量

Figure 5.35　Hydroxyl radicals content of mineral dusts before and
after interaction with VC solution

放羟自由基的能力。对于石英、Nano-CaCO₃ 和 Nano-SiO₂，与大肠杆菌作用后，有近尺寸作用的颗粒物附着，很难通过离心分离开来，大肠杆菌作为颗粒物的一部分，由于其表面的特殊结构，显著增强了预处理后的石英、Nano-CaCO₃ 和 Nano-SiO₂的活性。这也说明，经过微生物作用的矿物粉尘的生物毒性加强了。

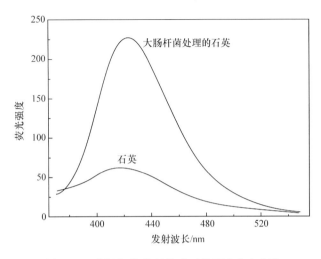

图 5.36　大肠杆菌处理前后石英滤液荧光光谱

Figure 5.36　Fluorescence spectrum of quartz dusts before and after *E. coli* treatment

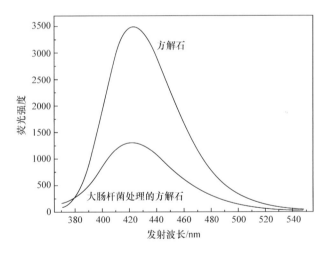

图 5.37　大肠杆菌处理方解石滤液荧光光谱

Figure 5.37　Fluorescence spectrum of calcite dusts before and after *E. coli* treatment

3. Fe^{2+}、H_2O_2 和乙醇对尘液体系自由基的影响

选取石英和方解石两种矿物,实验所加试剂的浓度与量为:0.04g 矿物粉尘,10mL 缓冲溶液,对苯二甲酸溶液 0.5mL,0.5mmol/L H_2O_2 0.5mL,30% 乙醇 0.5mL,1×10^{-2} mol/L Fe^{2+} 溶液 0.3mL。两种体系释放羟自由基的荧光光谱分别如图 5.41 和图 5.42 所示。

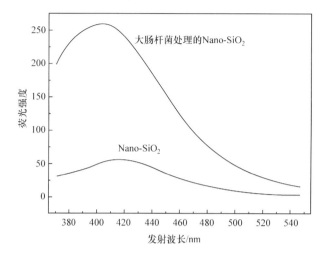

图 5.38　大肠杆菌处理前后 Nano-SiO₂ 滤液荧光光谱

Figure 5.38　Fluorescence spectrum of Nano-SiO₂ dusts before and after *E. coli* treatment

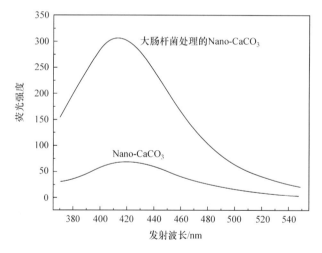

图 5.39　大肠杆菌处理前后 Nano-CaCO₃ 滤液荧光光谱

Figure 5.39　Fluorescence spectrum of Nano-CaCO₃ dusts before and after *E. coli* treatment

　　从图 5.41 和图 5.42 可以看出,方解石和石英都能抑制 H_2O_2 裂解成·OH,方解石和石英均抑制 Fe^{2+} 产生·OH,乙醇作为羟自由基清除剂,对石英和方解石缓冲溶液体系产生的羟自由基具有清除作用,该实验也验证了矿物在缓冲溶液体系中确有羟自由基生成。

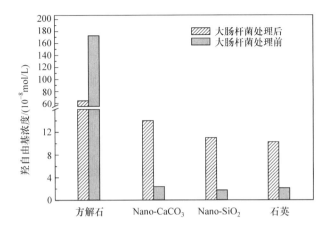

图 5.40　大肠杆菌预处理前后矿物羟自由基含量

Figure 5.40　Hydroxyl radicals content of mineral dusts before

and after *E. coli* treatment

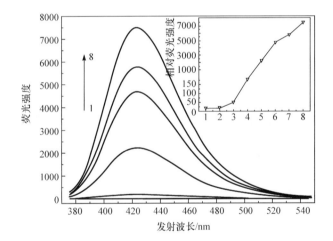

1~8 代表 TA＋液,TA＋乙醇＋液,TA＋粉＋液＋乙醇,TA＋粉＋液,TA＋H_2O_2＋液,TA＋粉＋液＋

H_2O_2,TA＋粉＋液＋Fe,TA＋液＋Fe

图 5.41　添加剂/方解石体系滤液荧光光谱

Figure 5.41　Fluorescence spectrum of additive/calcite filtrate

　　作为过渡元素,Fe^{2+} 能与 H_2O_2 发生 Fenton 反应,催化 H_2O_2 快速的裂解产生

·OH。实验表明,只加了 Fe^{2+} 溶液的体系,羟自由基的生成量最多,原因可能是

部分 Fe^{2+} 被氧化成了 Fe^{3+},而 Fe^{3+} 能自发诱导产生羟自由基。

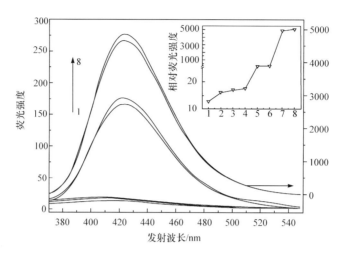

1～8代表 TA+液,TA+乙醇+液,TA+粉+液+乙醇,TA+粉+液,TA+H₂O₂+液,TA+粉+
液+H₂O₂,TA+粉+液+Fe,TA+液+Fe

图 5.42　添加剂/石英体系滤液荧光光谱

Figure 5.42　Fluorescence spectrum of additive/quartz filtrate

5.4　矿物粉尘在液相中释放自由基的机理

5.4.1　石英释放液相自由基的机理

石英是正六面体结构的晶体,晶胞由硅氧四面体组成,硅氧四面体通过共顶点连接构建成整个方石英晶体。石英在超细加工过程中通过异裂和均裂,粉尘颗粒表面生成硅载自由基:硅自由基($\cdot$Si)和硅氧自由基($\cdot$OSi),硅载自由基能在空气中存在约 30h。当新鲜石英粉加入水中时,通过一系列化学反应,生成$\cdot$OH,可能的机理推测如下:

$$\cdot O—Si + H_2O \longrightarrow SiOH + \cdot OH \tag{5.2}$$
$$\cdot Si + H_2O \longrightarrow \cdot O—Si + 2H^+ \longrightarrow SiOH + \cdot OH \tag{5.3}$$
$$\cdot O—Si + \cdot OH \longleftrightarrow SiOOH \tag{5.4}$$

式(5.2)和式(5.3)表明,硅载自由基能与水发生化学反应,生成$\cdot$OH。硅氧自由基与$\cdot$OH 反应,生成硅醇(SiOOH),而硅醇能通过以下反应产生 H_2O_2:

$$SiOOH + H_2O \longrightarrow SiOH + H_2O_2 \tag{5.5}$$

H_2O_2是活性氧自由基的重要组成部分,这也是石英粉能在水中产生活性氧自由基的直接原因,该部分推测在实验中得到证明。从石英成分分析来看,石英粉含有一定比例的铁,石英粉与水作用过程中,会有少量的杂质 Fe 溶出,或者经过溶液浸蚀作用后,石英颗粒内部的杂质 Fe 被裸露出来。因此在固液界面和溶液中,Fe 与 H_2O_2 接触,发生 Fenton 反应,原理如下:

$$Fe^{2+} + H_2O_2 \longrightarrow Fe^{3+} + OH^- + \cdot OH \tag{5.6}$$

$$Fe^{3+} + O_2 \longrightarrow Fe^{2+} + \cdot O_2^- \tag{5.7}$$

根据 Fenton 反应原理,Fe^{3+} 与 O_2 还可能发生式(5.7)所示的反应,生成超氧阴离子自由基($\cdot O_2^-$),而 $\cdot O_2^-$ 也是活性氧自由基的组成部分。另外一种硅载自由基 $\cdot Si$ 产生 $\cdot OH$ 的机理可能是

$$\cdot Si + H_2O_2 \longrightarrow SiOH + \cdot OH \tag{5.8}$$

通过 VC 预处理的石英,在溶液中释放的自由基减少。这是因为 VC 本身是一种强还原剂,能与硅载自由基发生反应,消除硅载自由基,使其活性减弱;另外,石英表面结构的破坏和颗粒中离子的溶出,都可能对石英的表面结构造成改变,使其在溶液中溶出的活性离子减少。因此,VC 预处理降低了粉尘的表面基团和活性金属离子,导致石英在溶液里释放自由基的量明显减少。

5.4.2　方解石释放液相自由基的机理

方解石晶体属于三方晶系,属于复三方偏三角面体晶类,质脆,很容易研磨。高纯方解石白度高,是一种吸附能力较好的材料。

方解石加入磷酸盐缓冲溶液后,溶液 pH 迅速升高,并稳定在 pH 约为 9.0,碱性较强。在 pH 较高的碱性环境中,碳酸钙的溶解平衡和饱和度指数变大,溶解的碳酸钙会与磷酸盐发生共沉淀,生成磷酸钙,但溶液 pH 很高时(pH>8),会进一步转化成以羟基磷灰石 $Ca_5(PO_4)_3OH$ 为主的沉淀:

$$Ca^{2+} + PO_4^{3-} \longrightarrow Ca_3(PO_4)_2 \tag{5.9}$$

$$OH^- + Ca_3(PO_4)_2 \longrightarrow Ca_5(PO_4)_3OH \tag{5.10}$$

溶液中还存在 HPO_4^{2-},会直接与 $CaCO_3$ 生成羟基磷灰石:

$$10CaCO_3 + 6HPO_4^{2-} + 2H_2O \longrightarrow Ca_{10}(PO_4)_6(OH)_2 + 10HCO_3^- \tag{5.11}$$

方解石在磷酸盐溶液中产生羟自由基的机理目前尚不清楚,但通过添加羟自由基清除剂乙醇,发现方解石悬液体系的荧光强度极大降低,由此可反推出方解石悬液体系确有羟自由基生成。方解石在水中的等离子点处于 pH 为 8~9.5 范围内,磷酸盐缓冲溶液的初始 pH 为 7.2~7.3,此时方解石的表面电荷以正电荷为主,初始 ζ 电位在 25.0mV 左右,随着尘液作用时间的延长,ζ 电位由正变负(蒋昊等,1999)。在电位变化过程中,方解石粉体颗粒与附着在颗粒上的溶液稳定层之间的电势差由大变小,在电势降低的过程中,可能有如下反应发生:

$$CaCO_3 + H_2O \longrightarrow Ca^{2+} + HCO_3^- + OH^- \longrightarrow Ca^{2+} + CO_3^{2-} + H_2O \tag{5.12}$$

$$CO_3^{2-} + H_2O \longrightarrow HCO_3^- + \cdot OH + e^- \tag{5.13}$$

$$H_2O - e^- \longrightarrow H_2O \cdot ^+ \qquad (5.14)$$

$$H_2O \cdot ^+ \longrightarrow H^+ + \cdot OH \qquad (5.15)$$

从前面各种粉尘在溶液里释放自由基的状况可以看出,随着粉尘在溶液中作用时间的延长,释放出的自由基更多。从研磨尘与原粉尘释放自由基的对比可看出,研磨增加了粉尘的活性,使其释放出更多的自由基。在短作用时间内(<1h),粉尘的表面活性、表面基团对自由基的释放起主要作用,特别是对于含极少 Fe 等过渡金属离子的粉尘(如石英、方解石、蒙脱石)。通过酸处理的粉尘,在溶液中释放的自由基都有所减少。这是因为一方面酸破坏了粉尘的表面结构,使其活性减弱;另一方面,表面结构的破坏和粉尘中离子的溶出与交换,都可能对粉尘结构造成改变,使其在溶液中溶出的活性离子减少。酸性越强,越能对粉尘的结构产生破坏,并溶出更多的离子。因此,经处理粉尘表面域上基团和活性金属离子的减少以及溶出离子的减少都将导致粉尘在溶液里释放自由基的显著降低。

5.4.3　蛇纹石释放液相自由基的机理

纤蛇纹石 $(Mg,Fe,Ni)_3Si_2O_5(OH)_4$ 是由硅氧四面体构成的六方网层(T 层)与氢氧镁石的八面体层(O 层)形成的 1:1 型三-八面体层状硅酸盐矿物。在蛇纹石石棉纤维两端的端面上,存在不饱和的 O—Si—O、Si—O—Si、Mg—O 键,特别是暴露的 O^{2-} 具有很强的活性。不饱和 O—Si—O 键上脱离出的 $\cdot O^-$ 或 $\cdot O_2^-$ 几乎能与周围的物质发生氧化还原反应,Si—O—Si 基团中的 Si 可以与溶液中的金属离子和络合离子团发生置换反应,也可以吸附阴离子和阴离子团,使其固定在矿物表面。此外,石棉纤维的柱面上除存在活性较强的 OH^- 原子面外,还存在氢键。因此,蛇纹石石棉具有高活性和生物活性。

蛇纹石矿物与液相接触时,首先是表面 $Mg(OH)_2$ 的溶解:

$$H_2O \longrightarrow H^+ + OH^- \qquad (5.16)$$

$$Mg(OH)_2 + H^+ \longrightarrow Mg^{2+} + H_2O \qquad (5.17)$$

第二步为表面活性金属离子催化 H_2O_2 发生 Fenton 反应产生 $\cdot OH$ 和 $\cdot O_2^-$

$$Fe^{2+} + H_2O_2 \longrightarrow Fe^{3+} + OH^- + \cdot OH \qquad (5.18)$$

$$\cdot OH + H_2O_2 \longrightarrow H_2O + H^+ + \cdot O_2^- \qquad (5.19)$$

高活性的蛇纹石石棉提供了催化表面,导致 $\cdot OH$ 和 $\cdot O_2^-$ 活性氧自由基的生成。

随着溶解的进行,SiO_2 裸露,生成硅载自由基和羟自由基。

$$\cdot O - Si + H_2O \longrightarrow SiOH + \cdot OH \qquad (5.20)$$

$$\cdot O - Si + \cdot OH \longleftrightarrow SiOOH \qquad (5.21)$$

石棉、石英等粉尘进入肺泡,与肺泡巨噬细胞相互作用时可诱导激活一氧化氮合酶(inducible nitric oxide synthase,iNOS),催化 L-精氨酸产生大量的 NO $\cdot$ 自由基。NO·能与·O_2^-等活性氧自由基反应生成毒性更强的自由基,即超氧亚硝酸阴离子(ONOO$^-$),ONOO$^-$极不稳定,可迅速分解为高活性的·OH和·NO$_2$等自由基,加重对机体的损伤。

$$\cdot O_2^- + NO\cdot \longrightarrow ONOO^- + H^+ \tag{5.22}$$

$$ONOO^- + H^+ (pH<7.4) \longrightarrow ONOOH \longrightarrow \cdot OH + NO_2 \cdot \tag{5.23}$$

综上所述,矿物粉尘在水里都能产生活性氧自由基,并随着作用时间的延长而增加。但对于不同粉尘,在溶液中作用不同时间,产生活性氧自由基的机制不同。一般来说,在短作用时间内,粉尘表面基团、表面活性及其成分在产生活性氧自由基上起主要作用;在长作用时间内,粉尘电离出的活性离子起关键作用。天然粉尘在水中的平衡电导率大小与其在水中作用相应的溶解平衡时间所产生的活性氧自由基数量呈正相关关系。矿物粉尘在产生活性氧自由基过程中较为稳定,具有持续、受外界干扰小的特点。

纯矿物体系中,方解石样品羟自由基产生量最大,蒙脱石次之,石英最小。随着浓度增加,作用体系羟自由基产生量增大,蒙脱石没有一定规律。时间越长,作用体系羟自由基产生量越大。方解石在短时间(0.5~2h)内呈现良好的线性关系,较长时间(0.5~4d)内,随着时间延长,羟自由基产量增速减慢。石英在较短时间内释放羟自由基增加不明显,在长时间(0.5~4d)内荧光强度也呈现出较好的线性关系。蒙脱石没有一定的规律性。粒度效应与矿物种类有关,石英表现为1μm>2.5μm>5μm>Nano-SiO$_2$>10μm,而方解石表现为10μm>5μm>2.5μm>1μm>Nano-CaCO$_3$。

研磨能增加表面活性。与水短作用时间内,表面活性在粉尘产生活性氧自由基方面起主要贡献。在与水作用30min,研磨使得天然粉尘和纯矿物粉尘产生活性氧自由基能力分别提高1~3倍和2~8倍。

经缬氨酸和VC处理的粉尘,自由基活性降低,酸性越强,越能抑制其自由基活性。随着处理粉尘在水中作用时间的延长,产生的自由基数量增加,主要受粉尘自身特性的影响,但都低于未处理粉尘产生的自由基数量。

对于石英、Nano-CaCO$_3$和Nano-SiO$_2$,大肠杆菌与其作用后,大大增强了石英、Nano-CaCO$_3$和Nano-SiO$_2$释放羟自由基的能力,即经过微生物作用的矿物颗粒物的生物毒性加强了。而大肠杆菌代谢产物破坏了方解石颗粒表面的完整结构,从而降低了方解石在缓冲溶液中释放羟自由基的能力。

乙醇能抑制粉尘体系羟自由基的产生量,Fe^{2+}与H$_2$O$_2$的加入能诱导提高体系羟自由基的产生量。

参 考 文 献

曹佳,郑玉新,周宗灿,等. 2011. 毒理学研究进展及热点. 中国科学基金,3:138-142

董发勤,刘明学,耿迎雪,等. 2013. 超细大气矿物颗粒物界面反应及生物活性研究新进展. 中国测试,39(2):59-63

洪肇嘉,林哲民,沈俊宏. 2014. 利用 ESR 探讨 Fenton 与类 Fenton 反应生成氢氧自由基之研究//2014 中国环境科学学会学术年会论文集(第五章). 成都:中国环境科学学会:4418-4423

蒋昊,胡岳华,蒋玉仁,等. 1999. 固体浓度对方解石动电行为的影响. 矿冶工程,1:38-40

刘立柱,董发勤,孙仕勇,等. 2014. 石英粉/磷酸盐缓冲溶液体系中羟自由基荧光分光光度法定量检测研究. 光谱学与光谱分析,7:1886-1889

刘卫霞. 2013. 羟基自由基 OH·和电子转移诱导核酸损伤机理的理论研究. 上海:上海大学硕士学位论文.

任朝秀,胡献刚,周启星. 2016. 降低纳米毒性的途径及其机理研究进展. 科学通报,7:707-717

王明翠,董发勤,王彬,等. 2015. 可吸入石英粉尘中的羟自由基在磷酸盐缓冲溶液中的释放规律. 中南大学学报(自然科学版),5:1967-1972

于露,李凡修. 2011. 羟基自由基的光度法分析研究进展. 长江大学学报(自然科学版),3:13-15

Alif S M, Dharmage S C, Bowatte G, et al. 2016. Occupational exposure and risk of chronic obstructive pulmonary disease: A systematic review and meta-analysis. Expert Review of Respiratory Medicine,10(8):861-872

Armstead A L, Li B. 2016. Nanotoxity: emerging concerns regarding nanomaterial safety and occupational hard metal (WC-Co) nanoparticle exposure. International Journal of Nanomedicine,11:6421-6433

Bektaşoğlu B, Ozyürek M, Güçlü K, et al. 2008. Hydroxyl radical detection with a salicylate probe using modified CUPRAC spectrophotometry and HPLC. Talanta,77(1):90-97

Elias Z, Poirot O, Fenoglio I, et al. 2006. Surface reactivity, cytotoxic, and morphological transforming effects of diatomaceous earth products in Syrian hamster embryo cells. Toxicological Sciences,91(2):510-520

Frisch P C, Slavin J D. 2013. Interstellar dust close to the Sun. Earth, Planets and Space,65(3):175-182

Jantzen K, Møller P, Karottki D G, et al. 2016. Exposure to ultrafine particles, intracellular production of reactive oxygen species in leukocytes and altered levels of endothelial progenitor cells. Toxicology. 359-360

Karunakaran G, Suriyaprabha R, Rajendran V, et al. 2015. Effect of contact angle, zeta potential and particles size on the in vitro studies of Al_2O_3 and SiO_2 nanoparticles. IET Nanobiotechnology,9(1):27-34

Kawasaki H A. 2015. Mechanistic review of silica-induced inhalation toxicity. Inhalation Toxicology,27(8):363-377

Kolokolova L, Kimura H. 2010. Comet dust as a mixture of aggregates and solid particles: Model consistent with ground-based and space-mission results. Earth Planets Space,62(1):17-21

Lee J C, Son Y O, Pratheeshkumar P, et al. 2012. Oxidative stress and metal carcinogenesis.

Free Radical Biology & Medicine,53(4):742-757

Lehman S E,Morris A S,Mueller P S,et al. 2016. Silica nanoparticle-generated ROS as a predictor of cellular toxicity:Mechanistic insights and safety by design. Environmental Science-Nano,3(1):56-66

Lu C F,Yuan X Y,Li L Z,et al. 2015. Combined exposure to nano-silica and lead induced potentiation of oxidative stress and DNA damage in human lung epithelial cells. Ecotoxicology and Environmental Safety,122:537-544

Miller C J,Rose A L,Waite T D. 2011. Phthalhydrazide chemiluminescence method for determination of hydroxyl radical production:Modifications and adaptations for use in natural systems. Analytical Chemistry,83:261-268

Pozzolini M,Vergani L,Ragazzoni M,et al. 2016. Different reactivity of primary fibroblasts and endothelial cells towards crystalline silica:a surface radical matter. Toxicology,361-362:12-23

Shi T,Duffin R,Borm P J,et al. 2006. Hydroxyl-radical-dependent DNA damage by ambient particulate matter from contrasting sampling locations. Environmental Research,101(1):18-24

Valavanidis A,Vlachogianni T,Fiotakis K. 2014. Airborne particulate matter in urban areas and risk for cardiopulmonary mortality and lung cancer. Dietary antioxidants and supplementation for prevention of adverse health effects. Pharmakeftiki,26(4):139-156

Velichkovskiĭ B T. 2011. Nanotechnologies:Prediction of the possible negative effect of insoluble nanoparticles on the body. Gigiena I Sanitariia,2:75-78

第6章 蛇纹石石棉及其代用纤维的体外毒性研究

40多年来,关于单独接触蛇纹石石棉的致病性,一直是争论的热点,这不仅是学术界的问题,还涉及法律、公共卫生政策等许多方面。鉴于对蛇纹石石棉的安全性存在争议,一些非石棉生产国,特别是西方发达国家,提倡使用蛇纹石石棉的人工代用纤维,如玻璃纤维、岩棉纤维、陶瓷纤维等。世界各国的科学家和医学家对蛇纹石石棉及其代用纤维的细胞毒性进行了大量实验研究,从细胞学的角度,探索石棉危害健康的机理,并且有针对性地提出了降低危害性的途径和治疗石棉疾病的方法,以及安全生产和使用蛇纹石石棉。中国是世界蛇纹石石棉主要的生产和使用大国之一,其纤维及制品的安全使用和环境安全研究,不仅是中国这个发展中国家的资源、环境、社会问题的重大课题,也会对全球包括蛇纹石纤维在内的矿物纤维及代用纤维的安全使用评价有现实的深远影响和重要价值。

6.1 蛇纹石石棉体外细胞毒性研究

6.1.1 蛇纹石石棉及相似矿物纤维巨噬细胞毒性研究

作为环境的重要致病因素之一,纤维矿物粉尘致肺部疾病的研究持续至今已近百年,国内外对其致病机理做了大量深入的研究,提出了不少假说与观点。在此基础上,作者所在课题组从矿物本身的生物活性出发,探讨了工业上常用的以蛇纹石石棉为代表的12种、6对矿物粉尘的化学组成、结构、表面特性(如表面活性基团、表面电荷等)产生的生物效应本质,为减少及预防由这类粉尘所致的尘肺及其他肺部疾病提供理论依据。

1. 矿物粉尘特性

蛇纹石石棉等12种粉尘分别来自全国10多个矿区,样号见表3.1。采用超声分散或气流粉碎制成超细粉尘,各粉尘在悬液中的性质见表6.1,化学组成见表3.13,1$^{\#}$、5$^{\#}$样含丝光沸石,22$^{\#}$样含方解石,25$^{\#}$样含纤状蛇纹石。

表 6.1 超细矿物粉尘在悬液中的性质

Table 6.1 General character of ultrafine mineral dusts suspension

粉尘名称	表面基团	表面电动电位/mV	pH	可释放的主要离子	可释放自由基
纤状硅灰石	Si—O—Si,Si—O,Ca—O⁻	+18.00	8.8	Ca^{2+}	·OSi, ·Si, OH, ·O_2^-
斜发沸石	—Si—O⁻, —Al—O⁻, —Ca—O⁻, —Ca—OH₂ OH⁻, —Al—OH, —Si—O	+67.00	8.0	Ca^{2+}, K^+, Na^+	·OSi, ·Si, ·OAl, ·OH, ·O_2^-
纤状海泡石	—Mg—OH₂⁻, —Al(Si)—OH	−60.60	8.0	Mg^{2+}, Ca^{2+}, OH⁻	·OSi, ·Si, ·OAl, ·OH, ·O_2^-
纤状坡缕石	OH⁻, —Si—O⁻, —Mg—OH₂, —Al(Si)—OH	−65.10	8.3	Mg^{2+}, Ca^{2+}, OH⁻, Al^{3+}	·OSi, ·Si, ·OAl, ·OH, ·O_2^-
纤状水镁石	OH⁻, Mg(OH)⁺	+36.00	9.0	Mg^{2+}, Fe^{2+}, OH⁻	OH, ·O_2^-
蛇纹石石棉	OH⁻, (O₂), Mg(OH)⁺, Si—O—Si	+26.00	8.7	Mg^{2+}, Fe^{2+}, Fe^{3+}, OH⁻	·OSi, ·Si, ·OH, ·O_2^-

2. 矿物粉尘的肺泡巨噬细胞毒性

肺泡巨噬细胞(alveolar macrophage,AM)通过吞噬由呼吸道进入体内肺泡和肺间质的外来物,构成机体防御的第一道防线。通过对混合培养体系中 AM 死亡率、乳酸脱氢酶(lactate dehydrogenase,LDH)、脂质过氧化产物丙二醛(malondialdehyde,MDA)、超氧化物歧化酶(superoxide dismutase,SOD)、膜流动性、细胞电泳率等一系列细胞活性指标进行检测分析,并使用光学显微镜、扫描电子显微镜观察 AM 形态结构变化,反映蛇纹石石棉等矿物粉尘的 AM 毒性(邓建军等,2007)。结果见表 6.2~表 6.6 和图 6.1。

表 6.2 矿尘的肺泡巨噬细胞毒性($\bar{x}\pm s, n=3$)

Table 6.2 Toxicity of mineral dusts to the alveolar macrophage

粉尘名称	死亡率/%	LDH/(U/L)	SOD/(U/L)	MDA/(nmol/L)
对照组	10.49±6.29	23.57±13.34	17.93±4.49	2.65±0.15
沸石	20.4±14.56	23.5±6.56	11.05±2.36	2.76±0.16
斜发沸石	17.20±14.56	24.3±2.08	13.69±2.49	2.46±0.26
硅灰石	25.86±10.8	27.0±10.73	9.16±5.57	3.03±0.37
纤状硅灰石	25.04±4.16	20.0±4.31	13.24±3.43	2.46±0.26

续表

粉尘名称	死亡率/%	LDH/(U/L)	SOD/(U/L)	MDA/(nmol/L)
土状坡缕石	47.09±7.93**	80.5±13.23**	6.67±2.09**	3.77±0.18**
纤状坡缕石	44.73±4.39**	87.7±21.23**	14.75±3.76	2.90±0.30
土状海泡石	42.55±5.14**	76.8±10.5**	18.22±3.68	2.77±0.12
纤状海泡石	37.28±3.73**	23.25±4.03	14.75±3.76	2.54±0.23
块水镁石	52.93±10.5**	80.5±15.29**	4.58±1.89**	3.90±0.34**
纤状水镁石	47.43±4.83**	97.5±22.89**	7.39±2.49**	3.23±0.17*
蛇纹石	30.5±6.82*	12.0±2.27	13.46±2.37	2.66±0.20
蛇纹石石棉	49.0±4.83**	92.7±9.0**	5.26±2.06**	4.33±1.05**

$* P<0.05$；$** P<0.01$。

AM 受损后，膜的通透性会发生改变，细胞质内 LDH 释放，测定培养体系上清液 LDH 活性变化可判断细胞受损程度；SOD 是一种抗氧化酶，广泛存在于生物体的各种组织中，能清除超氧阴离子自由基（superoxide anion，$\cdot O_2^-$），减弱 $\cdot O_2^-$ 造成的脂质过氧化及细胞膜损伤；MDA 是膜脂过氧化最重要的产物之一，它的产生能加剧细胞膜的损伤，通过测定 MDA 含量反映细胞膜系统受损程度。表 6.2 显示，与对照组相比，沸石、斜发沸石、硅灰石、纤状硅灰石各组指标无显著性差异，未表现出细胞毒性，而蛇纹石石棉等其他几种矿物粉尘各组检测指标均存在显著性差异，表现出不同程度的细胞毒性。

AM 与蛇纹石石棉培养 5h 后，暴露组各项指标与对照组相比均有显著性差异。且随着时间增加，细胞死亡率、LDH 和 MDA 含量均逐步升高，SOD 含量降低（表 6.3）。实验表明，蛇纹石石棉在培养 5h 后开始对 AM 产生细胞毒性，并且毒性随时间延长逐渐增强。

表 6.3　培养时间对蛇纹石石棉致肺泡巨噬细胞毒性的影响（$\bar{x}\pm s, n=3$）

Table 6.3　Effects of culture time on the toxicity of chrysotile to alveolar macrophages

培养时间/h	死亡率/%	LDH/(U/L)	SOD/(U/L)	MDA/(nmol/L)
对照组	12.4±1.6	36.5±3.5	12.5±3.0	3.02±0.2
1.5	13.6±2.0	38.0±4.0	13.7±2.3	3.10±0.26
3	15.0±3.7	40.1±2.9	11.7±2.7	3.17±0.28
5	30.5±5.0**	60.8±5.7**	8.03±0.64*	3.89±0.22*
7	35.0±2.6**	76.0±4.1**	6.44±1.0**	4.52±0.11**
15	43.2±3.3**	114.±8.5**	4.6±0.89**	4.58±0.06**
18	60.8±5.7**	120.±3.9**	3.0±0.76**	5.04±0.49**

$* P<0.05$；$** P<0.01$。

与对照组相比,蛇纹石石棉达到 $125\mu g/mL$ 剂量开始出现细胞毒性,表现为培养体系细胞死亡率、LDH、MDA 含量逐步升高,SOD 含量逐步降低,随剂量增加,细胞毒性逐渐增加(表 6.4)。

表 6.4　蛇纹石石棉剂量对肺泡巨噬细胞毒性的影响 $(\bar{x}\pm s, n=3)$

Table 6.4　Effects of chrysotile dose on the toxicity of chrysotile to alveolar macrophages

剂量/$(\mu g/mL)$	死亡率/%	LDH/(U/L)	SOD/(U/L)	MDA/(nmol/L)
对照组	12.4±1.6	36.5±3.5	12.5±3.0	3.02±0.2
125	30.0±3.7**	48.0±5.1*	13.4±2.2	3.22±0.16
250	41.2±5.5**	65.5±3.9**	6.9±1.0**	3.75±0.20**
500	48.9±5.0**	100.8±13.0**	3.0±0.8**	5.04±0.49**
1000	56.3±4.17**	143.4±20.5**	3.4±0.8**	5.38±0.11**
1500	70.7±8.7**	156.8±18.6**	3.0±0.8**	5.29±0.17**

* $P<0.05$;** $P<0.01$。

细胞膜是包围细胞质的一层柔软而富有弹性、由磷脂和蛋白质分子组成的生物半透膜。流动的脂质双分子层是生物膜结构的基本特征,膜流动性的改变给细胞正常的生理活动带来不利影响,从而使细胞膜生理功能发生障碍。荧光偏振度 (P) 及膜脂微黏度 (η) 越小,反映细胞膜流动性越大;反之,则越小。表 6.5 显示与对照组相比,纤状硅灰石、斜发沸石、纤状水镁石细胞膜流动性无显著差异,蛇纹石石棉、纤状海泡石、纤状坡缕石对细胞膜有不同程度的影响。

表 6.5　染尘后肺泡巨噬细胞膜流动性变化 $(\bar{x}\pm s, n=3)$

Table 6.5　Cytomembrane mobility of alveolar macrophages after incubation with mineral dusts

实验组	荧光偏振度(P)	膜脂微黏度(η)	实验组	荧光偏振度(P)	膜脂微黏度(η)
对照组	0.153±0.006	1.0±0.057	纤状海泡石组	0.204±0.026**	1.62±0.36**
纤状硅灰石组	0.149±0.018	0.96±0.19	纤状水镁石组	0.182±0.055	1.39±0.61
斜发沸石组	0.16±0.022	1.25±0.25	蛇纹石石棉组	0.138±0.076*	0.868±0.055*
纤状坡缕石组	0.092±0.022**	0.509±0.157**			

* $P<0.05$;** $P<0.01$。

当细胞膜表面电荷密度分布受影响时,细胞在等强度电场作用下的移动速率会发生改变。根据电泳速率的改变,可以判断外源性物质对细胞膜是否具有损伤作用。从表 6.6 可看出,六种纤维矿物均引起了 AM 电泳率的显著性变化。

表 6.6　　染尘后肺泡巨噬细胞电泳结果($\bar{x}\pm s, n=3$)

Table 6.6　Electrophoretic mobility of alveolar macrophages after incubation with mineral dusts

实验组	电泳率 /[μm/(cm·V·s)]	实验组	电泳率 /[μm/(cm·V·s)]	实验组	电泳率 /[μm/(cm·V·s)]
蛇纹石石棉组	0.53 ± 0.013**	斜发沸石组	0.60 ± 0.057*	纤状海泡石组	0.54 ± 0.023**
纤状硅灰石组	0.061 ± 0.011*	纤状坡缕石组	0.61 ± 0.010*	纤状水镁石组	0.61 ± 0.055*
对照组	0.069 ± 0.013				

＊$P<0.05$；＊＊$P<0.01$。

经蛇纹石石棉、纤状坡缕石、斜发沸石纤维与 AM 共同培养后，AM 形态如图 6.1 所示。与对照组正常的椭球形规则细胞相比，各暴露组细胞出现吞噬后细胞形态收缩，细胞膜凹陷或穿孔等现象。

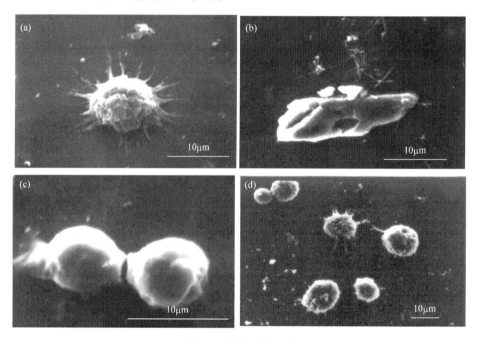

图 6.1　细胞 SEM 图

(a)巨噬细胞吞噬斜发沸石，胞外呈针尖状突起；(b)吞噬蛇纹石石棉的细胞表面有"洞眼样"膜缺陷；
(c)对照组细胞形态规则，球形；(d)吞入纤状坡缕石的细胞，膜完整，也有胞外针尖状突起现象

Figure 6.1　SEM images of alveolar macrophages

(a) penetration of clinoptilolite into cell；(b) surface cave-like defect of cell damaged by
chrysotile；(c) spherical cell in control group；(d) endocytosis of palygorskite into cell

AM 吞噬石棉后，释放活性氧自由基、活性氮自由基和多种细胞因子，可能在

石棉致肺纤维化和致癌过程中起重要作用(Lemaire,1996;Brody,1993;Kamp et al. 1992)。AM中含有诱导型一氧化氮合酶(iNOS),当其被活化后可产生大量的一氧化氮(nitrogen monoxide,NO)、过氧亚硝酸离子(peroxynitrite anion,ONOO⁻)发挥毒性效应作用(张艳淑等,2004)。NO是一种生物信使分子,也是一种自由基,为细胞毒性效应分子。詹显全(1999)及詹显全和杨青等(1999)通过蛇纹石石棉致兔AM的NO释放和抗氧化酶的损伤情况研究发现,NO能与·O_2^-反应生成毒性更强的ONOO⁻。ONOO⁻极不稳定,可迅速分解为高活性的羟基自由基(hydroxyl free radical,·OH)和二氧化氮自由基(nitrogen dioxide free radical,NO₂·),发挥其毒性效应,加重机体的损害。而机体本身具有谷胱甘肽过氧化物酶(glutathione peroxidase,GSH-Px)、SOD等抗氧化酶来对抗活性氧自由基,使细胞免受或减轻活性氧的损害。NO·等活性自由基还可引起炎症反应、脂质过氧化作用、基因突变和DNA链断裂等,从而可能参与致纤维化及细胞恶性转化过程。

不同剂量蛇纹石石棉粉尘刺激兔肺泡AM 24h后,兔肺泡AM的死亡率随石棉剂量的增加而提高,细胞活性随石棉的增加而降低,以上均表现出剂量-效应关系($r_1=0.9495,P<0.01;r_2=-0.7816,P<0.01$,表6.7)。

表6.7 蛇纹石石棉对兔肺泡巨噬细胞细胞活性的影响($\bar{x}\pm s,n=6$)

Table 6.7 Effects of chrysotile on the cell viability of rabbit alveolar macrophages

剂量 /(μg/mL)	0.0 (对照组)	12.5	25.0	50.0	100.0	200.0	r
死亡率/%	9	18**	25**	30**	35**	50**	0.9495△△
细胞活性 (用光密度 表示,OD)	0.4300± 0.0289	0.4043± 0.0164	0.3141± 0.0162**	0.3035± 0.0098**	0.2893± 0.0315**	0.2483± 0.0225**	-0.7816△

＊＊$P<0.01$,△△$P<0.01$,△$P<0.05$。

不同剂量的石棉纤维刺激兔肺泡AM 24h后,培养液中NO含量随剂量增加而增加,且有剂量-效应关系。随着石棉剂量的增加,SOD活性先上升后下降,且呈明显的剂量-效应关系。GSH-Px随石棉剂量的增加而显著降低($P<0.01$)。在0~50μg/mL石棉组间,NOS活性随石棉剂量的增加而显著地提高;在100μg/mL和200μg/mL石棉组,NOS活性反而有所下降,但NOS活性均高于对照组($P<0.05$,表6.8)。

表 6.8　蛇纹石石棉对兔肺泡巨噬细胞产生 NO 及抗氧化酶活性的影响($\bar{x} \pm s, n = 3$)

Table 6.8　Effects of chrysotile on the generation of NO and anti-oxidasic activity of rabbit alveolar macrophages

剂量/(μg/mL)	NO/(μmol/L)	NOS/(U/mL)	SOD/(U/mL)	GSH-Px/(U/L)
0.0	13.46±3.23	6.97±1.00	70.24±12.77	51.58±3.68
12.5	16.15±4.20	10.18±0.15**	72.60±11.26	45.25±4.05**
25.0	20.00±2.99*	10.59±0.26**	72.83±5.65	43.73±2.58**
50.0	21.92±1.84**	11.57±0.24**	65.84±8.03	42.02±1.65**
100.0	22.18±2.07**	10.78±0.57**	59.30±7.28##	35.63±3.06**
200.0	22.95±1.75**	8.82±0.14*	58.85±8.53##	27.40±2.01**

＊$P < 0.05$，＊＊$P < 0.01$，与 0μg/mL 蛇纹石石棉组比较；

＃＃$P < 0.01$，与 12.5μg/mL 或 25.0μg/mL 组比较。

目前已有大量文献报道石棉可以诱导活性分子产生并导致肿瘤的形成,但其致病机理目前尚不清楚,尤其是 NO 在石棉致病中的作用还知之甚少。研究发现,AM 中含有 iNOS,在内毒素、细胞因子、毒物的诱导下可使 iNOS 激活,催化 L-精氨酸合成 NO。而 NO 极不稳定,可迅速氧化形成稳定的亚硝酸盐/硝酸盐(nitrite/nitrate,NO_2^-/NO_3^-)(Iyengar et al.,1987;Myrvik et al.,1961),因此测定 NO_2^-/NO_3^- 的量可间接反映 AM 产生 NO 的量。研究结果表明,蛇纹石石棉可激活兔 AM 合成 NO,并呈剂量-效应性增加,且 iNOS 活性随石棉剂量的增加呈单峰曲线,在 0~50μg/mL 石棉组间呈剂量-效应性增高,而在高剂量石棉组(100μg/mL、200μg/mL)iNOS 活性有所降低,但均比对照组高。此现象可解释为:随着粉尘剂量的增加,AM 的死亡率也相应增加,高剂量石棉组 AM 死亡较多,在去除培养液时丢失的 AM 多,造成 iNOS 活性偏低。

周君富等(1997)研究表明,GSH-Px 和 SOD 在保护细胞免受或减轻活性氧损伤的过程中起着重要作用。本研究发现,蛇纹石石棉可致 AM 的 GSH-Px 和 SOD 活性呈剂量-效应性降低,这和石棉处理 AM 后,AM 的死亡率和细胞活性有较好的相关关系,说明蛇纹石石棉能破坏 AM 的自我防御系统。这可能是蛇纹石石棉能使 AM 的 iNOS 激活产生大量 NO·,并促使 GSH-Px、SOD 等抗氧化酶活性降低,从而导致 AM 的防御能力减弱而使细胞机能受到损伤。

NO·与·O_2^- 的反应可以介导许多毒性反应而抑制 NO 和(或)·O_2^- 的生成,是一种减少 $ONOO^-$ 等有害物质生成的有效方法。应用 L-精氨酸类似物等 NO 合成抑制剂可以抑制 NO 的产生,对于·O_2^- 的抑制可以通过体内的两种抗氧化机理来完成,一种是谷胱甘肽(GSH)还原机理,一种是 SOD 机理(Darley-Usmar et al.,1995)。此外,$ONOO^-$ 还可以不可逆地氧化疏基,使 $ONOO^-$ 的强氧化能力减弱甚至消失。因此,对于石棉引发的 NO 释放和抗氧化能力降低的干预措施有待进一步深入研究,可为石棉相关疾病的防治提供依据。

6.1.2 蛇纹石石棉及类似矿物纤维预处理后的细胞毒性变化

1. 反应溶液预处理后矿物粉尘的细胞毒性变化

采用不同浓度的柠檬酸、草酸、酒石酸、乙酸处理矿物粉尘,检测酸处理后粉尘对红细胞(red blood cell,RBC)毒性的影响。柠檬酸处理后的纤状水镁石与未处理的纤状水镁石相比,造成 RBC 的溶血率和脂质过氧化效应明显降低;且随处理柠檬酸浓度的增加,纤状水镁石对 RBC 的毒性显著降低,见表 6.9。

表 6.9 不同浓度柠檬酸处理纤状水镁石对 RBC 的毒性($\bar{x}\pm s$,$n=3$)

Table 6.9 Toxicity of fibrous brucite to the RBC as a function of concentration of citric acid

组别	处理前	处理后			
		2%柠檬酸	4%柠檬酸	8%柠檬酸	16%柠檬酸
溶血率/%	18.5±2.3	13.07±2.01*	9.48±1.73**	2.73±1.50**	2.70±1.38**
MDA/(nmol/L)	8.5±2.0	6.72±1.27	5.75±0.58**	2.54±0.80**	3.09±0.75**

* $P<0.05$,** $P<0.01$。

低浓度弱酸,如草酸、酒石酸、乙酸处理对纤状水镁石和海泡石的 RBC 毒性影响不同。处理显著降低了纤状水镁石对 RBC 的细胞毒性(表 6.10)。然而,对纤状海泡石的毒性无显著影响(表 6.11)。这与两者的耐酸性不同,从而引起酸处理对纤维表面活性的影响不同相关。尼古丁则显著增加纤状水镁石及海泡石对 RBC 的细胞毒性,这反映吸烟与纤维状粉尘呈现协同致病作用。

表 6.10 有机酸或尼古丁处理纤状水镁石对 RBC 毒性的影响($\bar{x}\pm s$,$n=3$)

Table 6.10 Toxicity of the postmodified fibrous brucite to the RBC

组别	处理前	处理后			
		8%草酸	2%酒石酸	2%乙酸	0.3%尼古丁
溶血率/%	18.5±2.3	5.07±1.8**	10.56±3.7**	5.87±3.5**	25.5±3.0*
MDA/(nmol/L)	8.5±2.0	2.5±0.95**	5.77±1.5**	3.85±1.0**	11.50±0.8*

* $P<0.05$,** $P<0.01$。

表 6.11 有机酸或尼古丁处理纤状海泡石对 RBC 毒性的影响($\bar{x}\pm s$,$n=3$)

Table 6.11 Toxicity of the postmodified fibrous sepiolite to the RBC

组别	处理前	处理后				
		2%柠檬酸	4%酒石酸	2%乙酸	4%草酸	0.3%尼古丁
溶血率/%	10.61±2.56	9.21±1.75	10.65±2.03	10.62±1.78	8.21±2.3	14.57±1.88*
MDA/(nmol/L)	10.85±2.06	8.35±1.63	8.46±2.10	7.62±1.85	8.44±1.71	15.0±2.16*

* $P<0.05$。

用 H^+、NH_4^+、K^+、Ca^{2+} 等阳离子处理纤状海泡石能显著降低其对 RBC 的细胞毒性(表 6.12)。

表 6.12　阳离子交换对纤状海泡石溶血能力的影响($\bar{x} \pm s, n=3$)

Table 6.12　Effect of the exchanged cations in fibrous sepiolite on the hemolytic ability

组别	纤状海泡石	H^+ 型纤状海泡石 20%HCl	NH_4^+ 型纤状海泡石 20%NH₄Cl	K^+ 型纤状海泡石 20%KCl	Na^+ 型纤状海泡石 20%NaCl	Ca^{2+} 型纤状海泡石 20%CaCl
溶血率/%	10.61±2.56	3.51±1.07**	2.75±1.05**	3.2±0.95**	1.18±0.63**	1.79±0.90**
MDA/(nmol/L)	10.85±2.06	4.81±1.36*	4.69±1.26*	4.59±1.05*	1.56±0.75**	11.75±0.34**

* $P<0.05$，** $P<0.01$。

用 pH 为 3、5、7 的模拟人体体液 Gamble 溶液处理纤状海泡石能显著降低海泡石对 RBC 的细胞毒性(表 6.13),且处理溶液酸性越强对纤蛇纹石的减毒性作用越明显。结合表 6.11 和表 6.12 的结果,酸溶液作用及盐处理对海泡石的结构产生影响,最终降低了海泡石的细胞毒性。

表 6.13　Gamble 溶液处理前后海泡石对 RBC 毒性的影响($\bar{x} \pm s, n=3$)

Table 6.13　Toxicity comparison of sepiolite treated by the Gamble solution to the RBC

组别	处理前	Gamble 溶液处理 pH=3	Gamble 溶液处理 pH=5	Gamble 溶液处理 pH=7
溶血率/%	10.61±2.56	5.71±1.85*	5.19±1.31*	9.27±2.15
MDA/(nmol/L)	10.85±2.06	5.07±0.38*	5.89±1.35*	8.51±1.71

* $P<0.05$。

2. 抑制剂和激活剂处理粉尘对细胞周期及凋亡的影响

增殖、分化和凋亡是细胞的基本生命活动,在正常情况下它们共同控制细胞数的动态平衡。以往常用氚-胸腺嘧啶核苷(tritiated thymidine,3H-TdR)掺入法研究细胞增殖,该指标十分敏感,但不能区分细胞周期的时相(周建华和周立人,1997;夏昭林和柯佛心,1993);而流式细胞术(flow cytometry,FCM)(雷松和魏于全,1996)能对增殖细胞进行分期并检测细胞凋亡情况。

张敏等(2009)采用单细胞凝胶电泳实验(single cell gel eletrophoresis,SCGE)、喹啉化合物染料(quinoline dye compounds,YP)/碘化丙啶(propidium iodide,PI)双染,FCM 检测蛇纹石石棉对人支气管上皮细胞(bronchial epithelial cells,BEAS-2B)凋亡的影响。结果表明,蛇纹石石棉可诱导 BEAS-2B 凋亡,并且随着染尘时间延长上调半胱氨酸蛋白酶-3(cysteine protease protein-3,caspase-3)、半胱氨酸蛋白酶-9(caspase-9)等凋亡相关基因表达水平增强,但是否通过线粒体途径介导细胞凋亡还需检测线粒体膜的通透性及细胞色素 C 等的变化来进一步证实。此外,蛇纹石石棉可导致 BEAS-2B 细胞 DNA 损伤(Hiraku et al.,2010;Li et al.,2008)。错配修复基因-1,2(mismatch repair gene-1,2,hMSH-1、hMSH-2)是目前研究较广泛的 DNA 错配修复基因,它们的失活可导致 DNA 错配修复能力降低。朱丽瑾等(2011)研究表明,蛇纹石石棉可导致 BEAS-2B 细胞 hMSH-1 和 hMSH-2 表达发生变化。

詹显全等(2001)用 FCM 检测了蛇纹石石棉诱导 AM 的上清液中致人胚肺成纤维细胞(human embryonic lung fibroblasts,HEPF)细胞周期时相和细胞凋亡的变化情况,以及蛋白激酶 C(protein kinase C,PKC)信号通路对这些改变的影响。结果显示,蛇纹石石棉诱导 AM 释放的某些生物活性物质可通过 PKC 信号通路促进 HEPF 增殖。初步探讨 PKC 信号通路与蛇纹石石棉介导 HEPF 细胞周期及细胞凋亡改变的联系,以此来解释蛇纹石石棉致 HEPF 增殖的实质。

细胞增殖是细胞周期循环运动的结果,细胞凋亡是对抗细胞增殖的基本生命活动。细胞周期由 G1(DNA 合成前期)→S(DNA 合成期)→G2(DNA 合成后期)→M(细胞分裂期)四个连续的时相组成,当细胞增殖、分化和凋亡处于动态平衡时,体内细胞数才得以保持平衡。表 6.14~表 6.16 结果显示,石棉处理的 AM 培养上清液可刺激 HEPF 细胞,使 S 期细胞比例增加,即可加速细胞 DNA 合成。蛇纹石石棉诱导的 AM 因子可促使 HEPF 细胞 G2/M 期细胞百分比增加,加速了细胞分裂,细胞凋亡的比例明显减少,从而促进了 HEPF 的增殖。上述结果与用噻唑蓝 [3-(4,5-dimethyl-2-thiazolyl)-2,5-diphenyl-2-H-tetrazolium bromide,MTT]方法发现蛇纹石石棉处理 AM 的培养上清液能显著刺激 HEPF 增殖的结果(詹显全等,2001;詹显全和杨青,2000)相符。研究表明,蛇纹石石棉处理 AM 的培养上清液刺激 HEPF 增殖可能是通过影响细胞周期,特别是增加 S 期 DNA 合成、促进 G2/M 期细胞分裂、减少细胞凋亡来实现的。但 AM 组、标准二氧化钛(titanium dioxide,TiO_2)组、标准二氧化硅(silicon dioxide,SiO_2)组 S 期细胞百分比要高于蛇纹石石棉组,这可能由后者缩短了细胞周期所致。

表 6.14　PKC 抑制剂和激活剂 PMA 处理粉尘介导的 HEPF 48h 后其细胞周期时相的构成比

Table 6.14　HEPF cell cycle arrest after 48h incubation with dusts pretreated by PKC inhibitor and PMA

组别	细胞数	G1/%			S/%			G2/M/%			S+G2/M/%			X_2^1	X_2^2
		−	+	++	−	+	++	−	+	++	−	+	++		
空白对照	10000	57.3	64.9	59.5	38.1	31.5	35.5	4.6	3.6	5.0	42.7	35.1	40.5	12.2**	15.0**
AM	10000	52.0	66.0	55.8	43.1	19.3	40.8	4.9	14.8	3.4	48.0	34.1	44.2	158.1**	46.8**
标准 TiO_2	10000	51.9	64.8	55.1	41.5	22.6	38.3	6.6	12.7	6.6	48.1	35.3	44.9	90.3**	22.4**

组别	细胞数	G1/%			S/%			G2/M/%			S+G2/M/%			X_2^1	X_2^2
		−	+	++	−	+	++	−	+	++	−	+	++		
标准 SiO₂	10000	53.3	69.0	54.1	41.0	21.3	42.1	5.7	9.7	3.8	46.7	30.8	45.9	92.8**	40.1**
蛇纹石石棉	10000	55.0	61.1	50.8	37.8	27.3	41.0	7.2	11.6	8.2	45.0	38.9	49.1	30.4**	36.2**

注:−表示不加 PKC 抑制剂和 PMA;+表示加 PKC 抑制剂;++表示加 PMA。在未加 PKC 抑制剂和激活剂的情况下,各组间细胞周期时相构成比的比较,$\chi^2 = 174.03$,$P < 0.01$;X_2^1 表示每组不同处理方式间(−、+)细胞周期时相构成比的比较;X_2^2 表示每组不同处理方式间(−、++)细胞周期时相构成比的比较。

**$P < 0.01$。

表 6.15　PKC 抑制剂和 PMA 激活剂处理粉尘介导的 HEPF 48h 后 HEPF 的细胞凋亡百分率

Table 6.15　HEPF cell apopotosis after 48h incubation with dusts pretreated by PKC inhibitor and PMA activator

组别	细胞数	细胞凋亡百分率/%			X_2^1	X_2^2
		−	+	++		
空白对照	10000	14.4	11.0	11.0	5.2*	5.2*
AM	10000	6.8	11.7	14.3	14.3**	29.8**
标准 TiO₂	10000	9.4	14.4	22.1	13.6**	60.7**
标准 SiO₂	10000	9.6	6.4	11.8	6.9**	2.5
蛇纹石石棉	10000	3.5	22.7	28.3	161.9**	229.9**

注:−表示不加 PKC 抑制剂和 PMA;+表示加 PKC 抑制剂;++表示加 PMA;在未加 PKC 抑制剂和激活剂的情况下,各组间细胞周期时相的构成比较,$\chi^2 = 174.03$,$P < 0.01$;X_2^1 表示每组不同处理方式间(−、+)细胞周期时相构成比的比较;X_2^2 表示每组不同处理方式间(−、++)细胞周期时相构成比的比较。

*$P < 0.05$,**$P < 0.01$。

表 6.16　PKC 抑制剂和 PMA 激活剂对蛇纹石石棉致 HEPF 增殖的细胞周期和凋亡的影响

Table 6.16　Cell cycle arrest and apoptosis of HEPF cell after incubation with PKC inhibitor and PMA activator pretreated chrysotile fibres

组别	细胞数	G1/%	S/%	G2/M/%	S+G2/M/%	细胞凋亡率/%
蛇纹石石棉	10000	55.0	37.8	7.2	45.0	3.5
PKC 抑制剂	10000	61.1	27.3	11.6	38.9	22.7
PMA 激活剂	10000	50.8	8.2	41.0	49.2	49.1

詹显全和杨青(2000)研究还发现,PKC 抑制剂能使蛇纹石石棉介导的 HEPF 细胞周期的 S+G2/M 期细胞百分比减少、细胞凋亡百分率增加。说明 PKC 抑制剂抑制蛇纹石石棉导致 HEPF 增殖主要是通过抑制细胞 S 期 DNA 合成和促进细胞凋亡来实现的。PKC 激活剂佛波酯(phorbol 12-myristate 13-acetate,PMA)使

蛇纹石石棉导致 HEPF 增殖时的 S＋G2/M 期细胞百分比增加,表明 PMA 可通过加速 S＋G2/M 期 DNA 合成和细胞分裂来促进蛇纹石石棉导致的 HEPF 增殖。对于 PMA 使细胞凋亡百分率增加,可从两方面理解,一方面可能是其促进细胞增殖的速率大于凋亡的速率,而最终表现仍是促进细胞增殖;另一方面可能是在做 PMA 组实验时对样品处理时间较长,PMA 产生了细胞毒性作用。由此可见,在蛇纹石石棉导致 HEPF 增殖时,PKC 抑制剂和激活剂都主要是作用于 S 期 DNA 的合成。显示出 PKC 信号通路与蛇纹石石棉介导的 HEPF 细胞周期间具有密切联系。当然,细胞内存在众多的信号通路,各细胞信号通路之间具有广泛联系,因此该实验仅是一个初步研究,其机制有待进一步深入探讨。

6.1.3　矿物纤维的细胞毒性与其表面性质的关系

　　蛇纹石石棉及其相似矿物对 AM 和 RBC 等细胞的活力影响均呈现剂量-效应关系和时间-效应关系。尤其是巨噬细胞与矿物粉尘作用后,几乎所有细胞都吞有较短纤维,且与细胞接触处的纤维显著粗于未接触部分,细胞形态发生了显著变化,出现巨大细胞、梭形细胞等。然而,矿物粉尘对兔 AM 及人 RBC 表现出不同的细胞毒性,如纤状海泡石未表现出 AM 毒性而表现出较强的人 RBC 毒性;蛇纹石石棉却表现出较强的 AM 细胞毒性及较低的 RBC 细胞毒性。这些结果说明,暴露剂量和时间仅是影响其细胞毒性的因素之一,各类矿物受到各自不同性质的影响而呈现不同的生物活性。此外,相同的矿物经过不同处理,表面性质不同,对细胞毒性作用不同,充分说明矿物粉尘的细胞毒性主要是由其表面特性决定的。

　　矿物粉尘表面的活性 OH$^-$ 含量与细胞毒性呈正相关关系,纤状水镁石、蛇纹石石棉能电离出 OH$^-$,而且可以发生多级电离,电离度高。矿物粉尘所形成的高 pH 环境不利于细胞生存,从而表现出较强的细胞毒性。经酒石酸、柠檬酸、乙酸、草酸等有机酸、pH 为 3.0 和 5.0 模拟人体体液 Gamble 溶液处理后,水镁石表面丰富的 OH$^-$ 被中和,从而显著降低了其对人“O”型 RBC 的毒性。而不同矿物对酸的耐受性不同,造成经不同酸处理或处理时间和浓度不同时,减毒性效果不同。此外,矿物表面的活性 OH$^-$ 含量直接影响以 OH$^-$ 或 H$^+$ 为定位离子的矿物粉尘的表面电位,对于此类矿物显示出与细胞表面电位的相关性。而酸处理过程也造成了矿物表面暴露原子的解离情况不同,从而并未显示出与表面电动位之间的直接关系。

　　对比几种蛇纹石及其类似矿物纤维粉尘,细胞毒性并非与其 SiO$_2$ 的含量呈正相关关系,如不含 SiO$_2$ 的纤状水镁石表现出较强的细胞活性,含 SiO$_2$ 很高的斜发沸石未表现出细胞毒性。对于其中的硅酸盐矿物纤维,表现出的细胞活性也并非与其 SiO$_2$ 含量明显相关。这主要是依据各矿物不同的晶体结构造成其破碎为微米颗粒时表面的活性基团类型不同,主要活性位点数量差异较大。而 SiO$_2$ 含量仅是对矿物粉尘整体的表征,并不能反映表面活性位点数和反应能力。矿物粉尘的变价元素含量也可影响细胞的毒性,如纤状水镁石生物活性可能与溶解过程中变价元素 Fe^{2+} 的释放有关。

此外,研究发现矿物纤维与模拟人体 Gamble 溶液作用 96 天后,纤维的形态、成分、细度、表面基团及表面电性等均发生变化,其细胞毒性显著降低。可以看出,粉尘的各类性质变化是相辅相成的,并不能单独考虑某一种因素对体外细胞毒性的贡献。粉尘进入体内后,除却其对细胞的直接作用,还存在粉尘纤维在体内滞留的持久性问题。低生物持久性的矿物粉尘对细胞是安全的,矿物粉尘的 pH、化学组成及溶度积这些性质又决定了粉尘生物持久性作用的趋势。

综上所述,矿物粉尘与细胞的相互作用是一个非常复杂的过程,矿物粉尘所表现出的细胞毒性是多种因素共同作用的结果。根据研究结果,对六种纤状矿物短期细胞毒性排序为:纤状水镁石＞蛇纹石石棉＞纤状海泡石、纤状坡缕石＞纤状硅灰石、斜发沸石。

6.2　蛇纹石石棉代用纤维的体外细胞毒性对比研究

蛇纹石石棉代用纤维包括玻璃纤维、耐火陶瓷纤维、岩棉、矿渣棉,其生产原料主要为熔融岩石、矿渣、玻璃、金属氧化物、瓷土等,通过熔融、拉丝、切割、包装等工艺生产而成。熊豫麟等(2011)对我国 1990～2009 年发表的石棉研究文献进行梳理和分析后认为目前使用的石棉替代品并不安全。此外,国内外大量流行病学、动物毒理学及细胞毒理学研究也认为蛇纹石石棉代用纤维的危害不一定小于蛇纹石石棉。因此,至今尚没有一种代用纤维能在安全性、综合性能、广泛适应性以及价格上比蛇纹石石棉更优异,石棉代用纤维制品的环境安全性有待进一步深入研究。

6.2.1　蛇纹石石棉代用纤维的巨噬细胞毒性研究

进入人体的纤维既可向下经尿道和直肠排泄,也可借助气管-支气管树的黏液向上运移,随咳嗽排出。排出的方式也包括体内的巨噬细胞对短于 $5\mu m$ 的纤维粉尘的吞噬,以及释放出的酶对纤维及粉尘的消化或溶蚀。据研究统计,人体吸入纤维的 95%～98% 都是通过上述几种方式排出体外的。纤维粉尘的危险性及排出体外的难易程度还与其进入人体的通道有关。一般说来,吞食的纤维因为可从胃肠道排出体外而危险性最小,通过呼吸道进入的较长纤维易被鼻孔入口部位的保护绒毛阻挡而不能入肺。吸入体内的石棉短纤维可随体液和淋巴系统在体内运移到达胃肠等不同部位,也可随巨噬细胞转移,部分排出体外,部分引起病变。

耐火陶瓷纤维(refractory ceramic fiber,RCF)主要应用于工业电炉、加热器和电抗器中的高温绝缘体。在 20 世纪 80 年代已有少数学者提出这一材料具有潜在的健康影响。随着 RCF 用量的快速增长,人们更加关注其对人体健康的影响。

Kim 等(2001)研究表明,AM 吞噬 RCF 后,其细胞活性下降,LDH 释放增加,细胞生长受阻,表现出一定程度的细胞毒性作用。Mast 等(2000)对 RCF 进行了包括细胞毒理学、流行病学及其风险分析的全面总结,认为纤维浓度为 $0.5f/cm^3$ 的职业暴露(平均 8h 的时间累计)所造成职业健康的风险低于 9.1×10^{-5}。此外,研究证实石英和石棉均可引起肺纤维化,而且石棉可致肺癌和胸腹膜间皮瘤(Brody,1993)。有学者认为 AM 分泌的细胞因子及释放的活性自由基在其致病中起了重要作用(Lemaire,1996;Kamp et al.,1992)。NO 能与 $\cdot O_2^-$ 等自由基反应生成毒性更强的自由基,加重对机体的损伤。研究发现,AM 中含有 iNOS,活化后可产生大量 NO。纤维长度已被视为纤维毒性的一个决定性因素。Castranova 等(1996)研究并评估了大、小两类建筑玻璃纤维材料(一类为长而粗,一类为短而细的玻璃纤维)对雄性(Sprague Dawley,SD)大鼠 AM 的毒性作用,认为短而细的玻璃纤维比长而粗的玻璃纤维具有更强的体外毒性。小纤维的细胞毒性由剂量决定,表现为细胞寿命及功能的降低;大纤维对细胞寿命有一定影响但并不改变 AM 的细胞功能。Blake 等(1998)开发了一套微量鼠 AM 培养系统以研究 JM-100 纤维的纤维长度在细胞毒性中所起的作用。鼠 AM 在含有 5 段 JM-100 纤维的 96-孔板培养,18h 之后出现 LDH 活性提高,且逐渐增加纤维剂量,LDH 活性提高,细胞受损加重。比较不同长度纤维的细胞效应显示,长纤维黏附在 AM 上,其中平均长度 $17\mu m$ 的长纤维对 AM 造成的损伤最强,因此认为长度是 JM-100 纤维毒性的一个重要决定因素。

6.2.2　蛇纹石石棉及其硅酸盐代用纤维的 V79 细胞毒性研究

当蛇纹石石棉被人体吸收到肺部时,主要与人体肺上皮细胞接触,其会多大程度地影响细胞的正常生长,与硅酸盐代用纤维及纳米二氧化硅(Nano-SiO₂)相比,其影响处于何种程度,是本节研究的重点。本节以贴壁生长的中国仓鼠肺成纤维细胞(Chinese hamster lung fibrolast(V79)cell,V79 细胞)作为细胞模型,检测蛇纹石石棉、Nano-SiO₂、岩棉、玻璃纤维、陶瓷纤维及硅灰石对其存活率、形貌、生长代谢情况和基因毒性的影响(邓建军等,2009;甘四洋等,2009;黄凤德等,2007)。

1. 纤维粉尘对 V79 细胞存活率的影响

采用 MTT 法检测蛇纹石石棉及其硅酸盐代用纤维对 V79 细胞存活率的影响,比较纤维粉尘的生物安全性,实验结果如图 6.2 所示。

由图 6.2 可知,蛇纹石石棉、硅灰石、岩棉、陶瓷纤维、玻璃纤维和 Nano-SiO₂ 粉尘对 V79 细胞的存活率均有显著影响,且随着暴露粉尘剂量的增加,细胞的存活率降低,呈现剂量-效应关系,且不同的粉尘对细胞的影响程度有一定差异。在六种粉尘中,岩棉纤维粉尘对细胞生长抑制最弱,表现为细胞存活率最高,在 $100\mu g/mL$

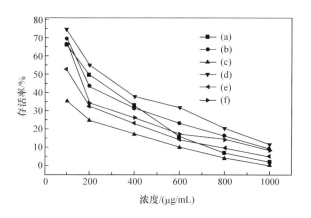

图 6.2 不同种类粉尘对 V79 细胞存活率的影响

(a)蛇纹石石棉;(b)硅灰石;(c)Nano-SiO₂;(d)岩棉;(e)玻璃纤维;(f)陶瓷纤维

Figure 6.2 Variation of the viability of V79 cell as a function of dust concentration and dust dose

(a) chrysotile asbestos;(b) wollastonite;(c)nanosized silica;(d) rock wool; (e) glass fiber;(f) ceramic fiber

时细胞存活率高达 74.39%。虽然随着岩棉粉尘暴露剂量的递增,细胞存活率也存在明显的下降趋势,但总体而言,在各暴露剂量下,暴露于岩棉纤维粉尘的细胞存活率最高;六种粉尘中,Nano-SiO₂ 对细胞生长增殖影响最为严重,表现为各暴露剂量下细胞存活率最低,100μg/mL 时细胞存活率仅为 35.56%;低剂量 (100μg/mL)下,暴露于硅灰石、蛇纹石石棉、玻璃纤维、陶瓷纤维粉尘的 V79 细胞存活率分别为 69.33%、66.07%、66.33%、52.69%。此浓度下,硅灰石、蛇纹石石棉、陶瓷纤维三种粉尘对细胞存活率的影响处于一个层次,但随着粉尘剂量的增加,暴露于蛇纹石石棉的 V79 细胞存活率下降最为明显,至 1000μg/mL 时细胞存活率仅高于该暴露剂量下的 Nano-SiO₂,整个梯度剂量下暴露于硅灰石纤维粉尘的细胞存活率始终高于暴露于陶瓷纤维粉尘的细胞存活率,暴露于陶瓷纤维粉尘的细胞存活率始终高于暴露于玻璃纤维粉尘的细胞存活率;在暴露粉尘剂量达到 600μg/mL 时,玻璃纤维和陶瓷纤维粉尘的细胞存活率开始高于蛇纹石石棉。从整个趋势图可以看出,六种纤维粉尘对 V79 细胞的生长和增殖的影响程度为:低剂量下,Nano-SiO₂＞玻璃纤维＞陶瓷纤维＞蛇纹石石棉＞硅灰石＞岩棉;高剂量下,Nano-SiO₂＞蛇纹石石棉＞玻璃纤维＞陶瓷纤维＞硅灰石＞岩棉。

2. 纤维粉尘对 V79 细胞形态的影响

细胞是生物体的基本结构和功能单位,其形态与功能是相适应的。当 V79 细胞暴露于不同的粉尘环境,受到环境的影响和刺激时,细胞的形态会发生变化。为了更好地对细胞形态进行观察,用瑞氏-吉姆萨(Wright-Giemsa,W-G)染色试剂对细胞进行染色。

1）V79 细胞形态的光学显微镜观察

W-G 染色以后 V79 细胞形态如图 6.3 所示,细胞核被染成紫红色,细胞质染成蓝紫色。培养 72h 后,阴性对照组细胞贴壁生长良好,呈梭形,细胞质和胞核清楚,胞质清亮,胞核位于细胞中部,多为圆形或椭圆形,部分细胞核呈不规则状或分裂成两个细胞核,核仁难见。而暴露组细胞形态多发生细胞肿胀、膜破损、胞质空泡化等现象。整体上,粉尘破坏细胞形态的强弱表现为:Nano-SiO₂＞陶瓷纤维＞玻璃纤维＞岩棉＞蛇纹石石棉＞硅灰石(曾娅莉等,2012)。

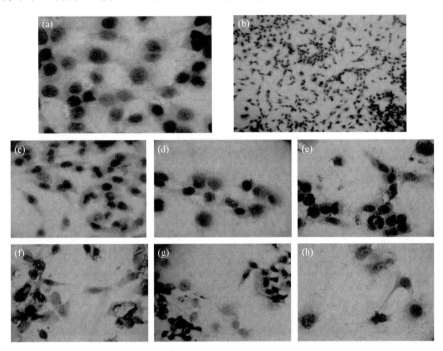

图 6.3 V79 细胞染尘前后的形态变化

(a),(b)阴性对照组细胞;(c)蛇纹石石棉;(d)硅灰石;(e)岩棉;(f)玻璃纤维;(g)陶瓷纤维;(h)Nano-SiO₂

Figure 6.3 Morphology of stained V79 cells treated and untreated by dusts

(a),(b) negative control group;(c) chrysotile asbestos;(d) wollastonite;

(e) rock wool;(f) glass fiber;(g) ceramic fiber;(h) nano silica

蛇纹石石棉组作用后 V79 细胞多呈梭形,部分细胞呈现圆形或不规则形态,细胞质细胞核清晰,细胞株边缘的细胞核多数具有外溢现象,部分细胞出现裸核(细胞膜破裂引发)、少量黑褐色颗粒以及胞核浓染聚集和空泡的现象。整体而言,与蛇纹石石棉作用后分别约有 35％、15％和 45％的细胞出现裸核、胞核浓染聚集和空泡现象。

硅灰石组作用后 V79 细胞多数细胞质细胞核清晰、呈圆形,部分细胞(特别是在纤维粉尘周围的细胞)出现细胞和细胞核变大、结构不清、细胞核裸露、细胞质破坏的现象,并有坏死细胞存在,较少的细胞核出现空泡和微核现象。该组细胞中出现裸核、坏死、细胞质破坏的细胞分别约有 12%、5% 和 25%。

岩棉组作用后 V79 细胞核、细胞质清晰,但约 26% 的细胞出现肿胀现象、8% 的细胞出现细胞核浓染聚集、7% 的细胞核内出现 2~5 个空泡,有约 18% 的细胞出现细胞质破裂现象。该组胞膜破坏而不完整的细胞较多,约有 40%。

玻璃纤维组作用后 V79 细胞多呈不规则形态,细胞质细胞核清晰,但存在大量黑褐色颗粒和胞核疏松的现象,细胞间界限模糊。约 10% 的细胞核内具有少量不规则气泡,分别约 68% 和 40% 的细胞出现肿胀或胞核浓染聚集的现象,偶见微核(染色体变异引发)。

陶瓷纤维组作用后 V79 细胞中有 10% 的裸核细胞、18% 的肿胀细胞和坏死细胞。

Nano-SiO$_2$ 组作用后 V79 细胞数大幅减少,且约有 60% 细胞内有 2~5 个透明的空泡,约 84% 的细胞染色异常,细胞质受到破坏,100% 细胞出现裸核现象。

2) V79 细胞形态的扫描电镜观察

染尘作用后 V79 细胞形态如图 6.4 所示。由图可以看出,阴性对照组细胞呈梭形或圆形,细胞表面光滑,略有褶皱,有弹性感;蛇纹石石棉组细胞多呈梭形,梭形细胞两端的表面上堆积大量颗粒状残余体;陶瓷纤维组细胞表面光滑,与阴性对照组细胞相似,且生长旺盛;硅灰石组细胞多呈梭形或放射状,形态正常但细胞表面褶皱明显,略觉毛刺感;岩棉组细胞中常见分裂的细胞,梭形细胞贴壁明显;玻璃纤维组多坏死细胞,细胞表面出现塌陷现象;Nano-SiO$_2$ 组细胞数量较少,很难发现正常形态的细胞,多是细胞残余体。

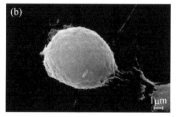
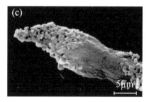

 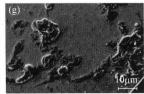 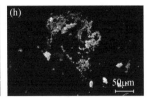

图 6.4　染尘细胞的 SEM 图

(a),(b)阴性对照组细胞;(c)蛇纹石石棉;(d)陶瓷纤维;(e)硅灰石;(f)岩棉;(g)玻璃纤维;(h)Nano-SiO₂

Figure 6.4　SEM images of the dust treated cells

(a),(b) negative control group;(c) chrysotile asbestos;(d) ceramic fiber;

(e) wollastonite;(f) rock wool;(g) glass fiber;(h) nano silica

3. V79 细胞培养液中主要生化指标的变化研究

正常生长的细胞在培养过程中受到外界因素的干扰,细胞代谢能力会发生改变。通过研究染尘组与阴性对照组细胞培养液的主要营养代谢物质及离子含量的差异,探讨各粉尘的毒性及其毒性作用机理。

利用四川绵阳四〇四医院检验科的全自动生化分析仪(美国 NOVA)测定培养液中的总蛋白(total protein,TP)、葡萄糖(glucose,GLU)、LDH 以及 K、Ca、Na、Cl、Mg 等元素的含量以及培养液酸碱度,采用吸光光度法测定其中 Si 元素的含量,采用西南科技大学分析测试中心的原子吸收光谱测定细胞培养液中的 Fe 元素含量。生化指标含量测试结果见表 6.17(邓建军等,2000)。

表 6.17　V79 细胞培养液中生化指标含量

Table 6.17　Content of biochemical substances in culture media of V79 cells

指标	阴性	CA	WS	RW	GF	CF	NS
LDH/(U/L)	15.30	15.20	12.30	13.60	13.10	11.80	15.30
TP/(g/L)	4.88	4.86	4.56	4.83	5.87	5.13	5.61
GLU/(mmol/L)	1.59	9.46	2.44	4.35	7.04	6.48	9.77
pH	7.72	8.58	7.85	8.01	8.16	8.05	8.41

注:CA 表示蛇纹石石棉;WS 表示硅灰石;RW 表示石棉纤维;GF 表示陶瓷纤维;NS 表示 Nano-SiO₂。

利用全自动生化分析仪测定结果见表 6.18。

表 6.18　V79 细胞培养液主要元素含量

Table 6.18　Main element content in culture media of V79 cells　　(单位:mg/L)

元素	阴性	CA	WS	RW	GF	CF	NS
K	209.19	212.31	209.58	216.61	223.26	218.18	209.19
Na	3030.08	3124.34	3039.28	3154.23	3170.32	3108.25	3234.69
Cl	3736.43	3793.15	3835.69	3988.13	3942.04	3934.95	3389.02

元素	阴性	CA	WS	RW	GF	CF	NS
P	104.37	106.85	104.06	104.99	105.61	104.99	103.44
Mg	26.74	49.59	19.93	22.61	9.72	1.94	13.13
Ca	0.85	4.24	7.93	3.85	10.02	3.67	6.56
Si	0.16	0.85	0.24	0.41	0.54	0.43	1.82
Fe	0.35	1.35	0.81	2.32	1.51	0.95	0.52

　　LDH 是一种糖酵解酶,主要存在于细胞质内,参与催化乳酸脱氢生成丙酮酸。当细胞受到刺激,细胞膜被破坏时,LDH 便会漏出到培养液中,使细胞培养液中 LDH 含量增高。阴性对照组和 Nano-SiO$_2$ 染尘组 LDH 含量同为 15.30U/L,蛇纹石石棉染尘组的 LDH 含量为 15.20U/L,比 Nano-SiO$_2$ 和阴性对照组稍低,但是其他染尘组的 LDH 含量都明显比阴性对照组低。在细胞培养液中细胞生长过程消耗大量 GLU,会造成体系 GLU 含量降低,因此培养体系中 GLU 的含量可间接反映细胞的生长情况。阴性对照组培养液中 GLU 的含量为 1.59mmol/L,比染尘组小得多,说明阴性对照组中细胞生长旺盛;而 Nano-SiO$_2$ 染尘组培养液中 GLU 含量为 9.77mmol/L,是各染尘组中 GLU 含量最高的一组;其他组别中 GLU 含量由高到低依次为蛇纹石石棉、玻璃纤维、陶瓷纤维、岩棉、硅灰石染尘组。培养液中 TP 具有维持细胞内外渗透压和 pH、运输代谢物、调节被运输物质的生理作用等多种功能,因此在一定程度上反映细胞膜的运载能力和细胞膜的损伤程度。阴性对照组 TP 含量为 4.88 g/L,蛇纹石石棉和岩棉染尘组 TP 含量与阴性对照组相当,其他组别中 TP 含量由低到高的依次为硅灰石、陶瓷纤维、Nano-SiO$_2$、玻璃纤维。培养液具有一定的酸碱缓冲能力,阴性对照组的 pH 为 7.72,属于中性溶液范畴,但是当矿物纤维加入培养液中时,将会影响缓冲液的缓冲能力,使 pH 变化,蛇纹石石棉由于表面含有大量 OH$^-$,加入培养液中使之 pH 增加,最高达 8.58,呈碱性环境;其他染尘组的 pH 由大到小为 Nano-SiO$_2$、玻璃纤维、陶瓷纤维、岩棉、硅灰石。

6.2.3　蛇纹石石棉及其代用纤维的 V79 细胞基因毒性

　　采用 SCGE 法测定不同剂量蛇纹石石棉和代用纤维粉尘对 V79 细胞的染色体和基因毒性,其毒性分析结果见表 6.19。研究表明,50μg/mL 纤维粉尘作用 24h 即可引起细胞 DNA 受损,但未表现出明显的染色体损伤。纤维粉尘与 V79 细胞共培养作用 24h 和 48h,各剂量组细胞的 DNA 迁移距离(tail length,TL)、Olive 尾矩(Olive tail moment,OTM)、DNA 拖尾率(tail DNA,T)与阴性对照组比较均有显著差异($P < 0.01$);且随着暴露时间的延长,TL 和 OTM 均较染尘作用 24h 时增加。天然蛇纹石石棉与人工代用纤维的毒性水平差距不大(王洪州等,

2014a,2014b;邓丽娟等,2013;曾娅莉等,2013)。

表 6.19　蛇纹石石棉及其代用纤维对 V79 细胞染色体和基因的毒性分析

Table 6.19　Toxicity of chrysotile asbestos and the substitute fibers on the gene and chromosome of V79 cells

组别	剂量/(μg/mL)	染尘 24h				染尘 48h	
		$F/‰$	$T/‰$	TL/μm	OTM	TL/μm	OTM
阴性对照		13	3	14.70±3.19	14.70±3.19	15.20±3.29	3.27±1.28
阳性对照		88	24	114.20±11.6**	114.20±11.6**	115.00±10.5**	28.67±1.62**
甘肃阿克塞蛇纹石石棉	50	7	28	22.00±4.13**	4.37±0.81**	43.10±4.80**	6.55±1.76**
	100	13	42	35.10±2.92**	5.59±1.32**	72.50±4.82**	10.59±1.65**
	200	27	56	51.50±4.37**	7.00±1.42**	97.60±6.06**	18.59±1.79**
青海茫崖蛇纹石石棉	50	6	31	27.80±5.22**	5.93±1.06**	45.60±3.63**	7.41±1.72**
	100	15	45	37.00±4.39**	6.63±1.14**	92.50±4.86**	18.65±1.51**
	200	30	59	58.78±4.41**	7.51±1.33**	205.70±5.54**	60.43±1.47**
四川新康蛇纹石石棉	50	9	33	29.00±4.29**	4.48±1.42**	77.80±3.77**	14.39±1.35**
	100	18	48	74.10±4.51**	12.34±1.11**	127.80±4.80**	23.55±1.46**
	200	33	79	121.3±3.40**	21.16±1.61**	171.80±3.68**	48.92±1.20**
陕南黑木林蛇纹石石棉	50	9	26	21.40±3.89**	4.61±1.09**	88.70±4.32**	20.8±1.13**
	100	17	40	27.80±3.32**	5.83±1.19**	120.67±4.03**	25.67±1.62**
	200	31	54	53.90±4.14**	7.33±1.65**	166.70±4.50**	56.78±1.56**
玻璃纤维	50	6	13	27.90±8.06**	4.47±1.35**	35.30±3.27**	6.20±1.55**
	100	12	32	47.70±3.40**	6.84±0.67**	91.00±4.62**	11.58±1.69**
	200	26	46	67.20±4.10**	10.88±1.19**	146.20±5.87**	24.74±1.34**
陶瓷纤维	50	7	60	21.50±4.24**	4.34±1.02**	64.90±4.82**	12.61±1.49**
	100	16	27	38.80±4.39**	6.52±1.05**	131.40±4.55**	24.70±1.45**
	200	33	41	50.10±3.90**	8.74±1.03**	185.70±4.83**	51.54±1.11**
岩棉纤维	50	4	63	26.90±3.41**	4.61±1.03**	70.75±5.07**	13.74±1.37**
	100	15	30	45.10±3.11**	6.13±1.36**	126.00±4.32**	24.75±1.49**
	200	34	44	72.80±3.96**	9.90±1.14**	183.80±4.41**	39.68±1.56**

注:F 为细胞微核率,统计细胞 1000 个,以其中含有微核细胞的千分率表示;T 为细胞拖尾率,统计三张照片,以每张照片上面拖尾细胞的比率的平均数表示;TL 和 OTM,随机统计 50 个细胞,由 Casp 软件统计分析得到。

** $P < 0.01$。

　　癌基因和抑癌基因在调节细胞增殖和分化的过程中具有拮抗作用,机体借着这一对立统一的机制,调节细胞的生长与凋亡。采用免疫组化的方法检测不同产地蛇纹石石棉及玻璃纤维、陶瓷纤维、硅灰石、岩棉等对 V79 凋亡抑制蛋白(*Survivin*)

及肿瘤相关基因钙活性蛋白-43(calcium acrivated protein 43,*Cap43*)、B 淋巴细胞瘤-2(B-cell lymphocytoma-2,*Bcl-2*)、多肿瘤抑制基因-16(multiple tumor suppressor,*p16*),*p53* 抗癌基因(*p53*)分布和表达情况的影响(图 6.5,表 6.20)。免疫组化结果表明,V79 细胞经蛇纹石石棉与人工代用纤维粉尘处理 48h,表现为 *Survivin*、*Bcl-2* 和 *Cap43* 表达显著增加,*p16* 和 *p53* 表达明显降低,并呈现浓度依赖性。比较蛇纹石石棉及相关代用纤维的作用,肿瘤相关蛋白谱表达以玻璃纤维组最大,岩棉纤维组最小,这与细胞抑制率结果相似。实验表明,各代用纤维可诱导 V79 细胞基因发生突变或者缺失,诱导细胞恶性转化,并通过 *p16* 和 *p53* 抑癌基因的下调,以及 *Survivin*、*Cap43* 和 *Bcl-2* 等基因的上调,最终诱导细胞向肿瘤发展。

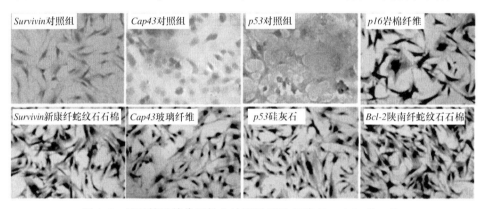

图 6.5　经石棉及其代用粉尘处理后 V79 细胞 *Survivin*、*Cap43*、
Bcl-2、*p16* 和 *p53* 的分布及表达情况

Figure 6.5　Distribution and expression of *Survivin*,*Cap43*,*Bcl-2*,*p16* and *p53* on V79 cell after treated by chrysotile asbestos and the substitute fibers

表 6.20　纤维粉尘($100\mu g/mL$)对 V79 细胞肿瘤基因表达的影响

Table 6.20　Effect of chrysotile asbestos and the substitute fibers on the *Survivin*, *Cap43*,*Bcl-2*,*p16* and *p53* express in V79 cells

组别	*Survivin*	*Cap43*	*Bcl-2*	*p16*	*p53*
对照组	不表达	不表达	不表达	0.548 ± 0.005	0.532 ± 0.006
四川新康纤蛇纹石石棉	$0.382\pm0.009^{**}$	$0.340\pm0.007^{**}$	$0.393\pm0.008^{**}$	$0.311\pm0.005^{*}$	$0.302\pm0.006^{*}$
陕南黑木林纤蛇纹石石棉	$0.391\pm0.009^{**}$	$0.343\pm0.008^{**}$	$0.397\pm0.008^{**}$	$0.296\pm0.006^{*}$	$0.293\pm0.006^{*}$
玻璃纤维	$0.321\pm0.007^{**}$	$0.316\pm0.007^{**}$	$0.312\pm0.008^{**}$	$0.357\pm0.008^{*}$	$0.343\pm0.003^{*}$
陶瓷纤维	$0.280\pm0.005^{**}$	$0.261\pm0.006^{**}$	$0.253\pm0.006^{**}$	$0.398\pm0.004^{*}$	$0.387\pm0.005^{*}$
硅灰石	$0.196\pm0.007^{**}$	$0.176\pm0.005^{**}$	$0.187\pm0.005^{**}$	$0.435\pm0.007^{*}$	$0.426\pm0.008^{*}$
岩棉纤维	$0.092\pm0.006^{**}$	$0.072\pm0.004^{**}$	$0.101\pm0.006^{**}$	$0.494\pm0.003^{*}$	$0.483\pm0.005^{*}$

　*$P<0.05$,**$P<0.01$。

6.3　蛇纹石石棉与代用纤维的生物持久性对比研究

6.3.1　矿物纤维的生物持久性

石棉及相关代用纤维应用广泛,作为一种很难彻底清除的材料,会长时间分散于空气环境中并产生环境与健康危害(Darcey and Alleman,2004)。一些研究认为,石棉类矿物具有较高的致癌风险,也有研究表明在低剂量的蛇纹石石棉暴露下不存在可检测的健康风险,甚至高剂量蛇纹石石棉暴露的致病性风险也很低(Goodman et al.,2014;Bernstein et al.,2013;Bernstein and Hoskins,2006)。石棉类矿物安全性评估的差异,可能是由于不同种矿物性质不同,更与其生物持久性相关。

生物持久性(即生物蓄积性)是指一个吸入的颗粒在它被各种肺清洁作用从肺中消除所需要的时间。通常颗粒的清除作用包括颗粒在肺部酸性环境中溶解、破碎成更小的粒子及被巨噬细胞吞噬等。可以被巨噬细胞吞噬的颗粒,部分经过消化分解排出细胞外,而不能消化的残渣将再次经过吞噬等一系列循环反复过程。颗粒的清除方式和清除速率取决于吸入颗粒的长度、直径、晶胞形状、表面电荷、化学成分、溶解性、活性等物理化学性质。也正是为此,颗粒的生物持久性可以短至几天或几周,也可以长至数月或数年。对于石棉纤维,随着其在体内滞留时间的延长,纤维粉尘可逐渐分裂为更细小的纤维单体。纤维数量增加,并在体液作用下逐渐形成以石棉纤维为核,表面包裹生物有机质的石棉小体(Pascolo et al.,2015)。石棉小体表面分段分节,不同节段则由球形或立方单元连接而成。细小的纤维最终可游离并累积在淋巴结、肺泡、胸腔、淋巴管等处。因此,纤维的生物持久性越强,长久的滞留期带来有害影响的可能性就越大,可以表现为慢性炎症、肺纤维化,并最终引发肿瘤等更高的风险。反之,生物持久性小的纤维,具有较短的肺中滞留时间,发生病理学上的级联事件(炎症、纤维化、肿瘤)的可能性更小。在纤维慢性吸入研究以及癌变研究中,发现长度超过 $20\mu m$ 的纤维生物持久性可以良好预示肺负荷和较早的病理改变(Bernstein et al.,2001)。因此,认为生物持久性是影响吸入颗粒粉尘人体安全性最重要的参数(Dong et al.,2000)。

基于目前纤维致病性与生物持久性关系的大量科学研究评估,在 1997 年 12 月欧盟委员会(European Commission,EC)采用 97/69/EC(O.J.L 343/19 of 13 December 1997)方案,制定了人造矿物纤维分级和标记的标准。Bernstein 等为了量化纤蛇纹石从肺脏中清除的机制和比率,对比分析了编号为 QS、等级为 3-F 的蛇纹石石棉样本与透闪石石棉纤维的生物持久性(Bernstein et al.,2003a,2003b)。研究表明,蛇纹石石棉如所期待的那样,可以非常迅速地得以清除,且没有出现新增炎性细胞等有害影响方面的显微证据特征;而与透闪石纤维接触后的早期,并未显示出纤维的清除现象,且在接触终止后极早阶段就显示出肺泡壁细胞的肥大及增生的情况,到第 14 天出现胶原沉淀(纤维化)现象,并呈现加重趋势,到接触后的 90 天时出现肺间质纤维化。由此可见,蛇纹石石棉和透闪石石棉生物持久性有天壤之别,造成作用结果差异巨大。角闪石石棉引发严重损害可能也是其强的生物持久性导致的。

6.3.2　蛇纹石石棉及其硅酸盐代用纤维的生物耐久性

根据世界卫生组织(World Health Organization,WHO)和国际癌症研究机构(International Agency for Research on Cancer,IARC)的研究评价,纤维粉尘进入机体并诱发疾病的整个过程都是在富含水、体液和代谢产物的环境中进行的,已有研究表明,蛇纹石石棉的酸溶解行为与纤维的生物残留动力学类似,很多专家研究了其纤维粉尘在液相环境中的溶解行为,表征其在机体内可能引发的反应。人体肺部 pH 为 3.0~5.0,因此研究酸性环境下蛇纹石石棉及其无机代用纤维在有机酸中的溶解特性,对比评估蛇纹石石棉及其代用纤维毒性有很重要的意义(霍婷婷等,2016a;Ogasawara and Ishii,2010)。

本节通过研究蛇纹石石棉、人造硅酸盐纤维及 Nano-SiO$_2$ 在乙酸、草酸、酒石酸和柠檬酸溶液中的溶蚀特性(Favero-Longo et al.,2013),评价蛇纹石石棉及其代用纤维粉尘的耐久性及毒害作用,探讨几种纤维粉尘的溶解机理。

利用西南科技大学分析测试中心的 X 射线荧光光谱仪(X-ray fluorescence spectrometer,XRF)对原材料成分进行测定。实验所用芒崖矿区产出的蛇纹石石棉主要成分(质量分数)为 42.43% MgO、41.64% SiO$_2$、8.93% H$_2$O$^+$、4.49% Fe$_2$O$_3$、0.68% Al$_2$O$_3$、0.62% CaO 等;吉林磐石硅灰石粉尘主要成分为 44.47% SiO$_2$、55.23% CaO。玻璃纤维、陶瓷纤维、岩棉等三种人造硅酸盐纤维,因制备过程及原料的差异其成分有所不同,三者的化学成分分析结果见表 6.21。Nano-SiO$_2$ 中 SiO$_2$ 含量达 97.065%,纯度高。

表 6.21　人造硅酸盐纤维主要成分

Table 6.21　Chemical composition of artificial silicate fibers 　（单位：%）

纤维类别	SiO$_2$	CaO	Al$_2$O$_3$	Fe$_2$O$_3$	MgO	K$_2$O	Na$_2$O	SO$_3$	P$_2$O$_5$
玻璃纤维	69.409	12.376	11.139	0.498	1.604	1.226	2.123	0.274	0.065
陶纤	42.056	0.935	43.612	2.245	0.807	6.530	0.071	0.069	0.064
岩棉	29.275	32.578	10.709	17.961	2.605	1.556	0.632	0.335	0.658

1. 工业纤维粉尘对有机酸溶液的酸碱度和电导率的影响

用电子天平称取蛇纹石石棉、人造硅酸盐纤维及 Nano-SiO$_2$ 粉尘 0.50g,分别置于 20mL 系列浓度有机酸溶液中。然后用 pH 计和电导率仪作用 1h、2h、4h、8h、16h、24h、48h 和 72h 时测定反应溶液的 pH 和电导率,结果见表 6.22 和表 6.23。

表 6.22　粉尘在有机酸溶液中的 pH 测试结果

Table 6.22　pH of acid-dusts solution systems

有机酸	粉尘	1h	2h	4h	8h	16h	32h	48h	72h
乙酸	4.55 CA	CA	3.55	3.56	3.6	3.63	3.7	3.76	4.42
	WS	3.17	3.26	3.62	3.89	4.29	4.42	5.28	5.42
	GF	2.6	3.38	3.39	3.38	3.46	3.47	4.1	4.21
	CF	2.72	2.77	2.82	2.89	2.98	3.08	3.74	3.89
	RW	3.6	3.71	3.83	3.85	3.95	4	4.62	4.74
	NS	3.38	2.62	2.64	2.62	2.65	2.72	3.36	3.44
草酸	CA	1.22	1.31	1.36	1.43	1.6	1.69	2.48	3.01
	WS	1.04	1.05	1.3	1.22	1.32	1.33	1.7	1.86
	GF	1.03	0.99	1.04	1	1	0.98	1.45	1.46
	CF	0.97	0.94	0.98	0.96	0.94	0.98	1.44	1.5
	RW	1.14	1.2	1.3	1.31	1.31	1.29	1.81	1.94
	NS	0.99	0.94	1.02	0.95	0.94	0.94	1.42	1.36
酒石酸	CA	2.69	2.78	2.83	2.95	3.13	3.17	3.42	3.58
	WS	2.21	2.23	2.19	2.31	2.43	2.41	2.50	2.48
	GF	2.40	2.38	2.37	2.42	2.48	2.43	2.48	2.54
	CF	2.25	2.23	2.22	2.29	2.44	2.46	2.59	2.75
	RW	2.62	2.82	2.84	3.00	3.07	3.11	3.20	3.25
	NS	2.18	2.17	2.19	2.21	2.25	2.18	2.18	2.29
柠檬酸	CA	2.89	2.93	2.97	3.13	3.24	3.34	3.57	3.72
	WS	2.44	2.51	2.79	3.17	3.40	3.44	3.45	3.46
	GF	2.50	2.51	2.51	2.53	2.53	2.53	2.56	2.55
	CF	2.21	2.21	2.27	2.29	2.41	2.40	2.53	2.62
	RW	2.97	3.19	3.45	2.58	3.61	3.58	3.63	3.64
	NS	2.18	2.17	2.18	2.18	2.21	2.12	2.19	2.18

注:CA 表示蛇纹石石棉;WS 表示硅灰石;GF 表示玻璃纤维;CF 表示陶瓷纤维;RW 表示岩棉;NS 表示 Nano-SiO$_2$;有机酸的浓度均为 0.25mol/L。

表 6.23 粉尘在有机酸溶液中的电导率测试结果
Table 6.23　Conductivity of acid-dusts solution systems　　（单位：mS/cm）

有机酸	粉尘	1h	2h	4h	8h	16h	32h	48h	72h
乙酸	CA	2.5	3.76	3.93	4.09	4.29	4.63	4.8	5.32
	WS	1.716	2.269	3.99	6.89	9.35	10.8	11.77	12.46
	GF	1.668	2.62	2.73	2.83	2.66	3	3.02	3.21
	CF	1.04	1.022	1.062	1.137	1.247	1.326	1.401	1.519
	RW	3.43	4.35	5.34	5.81	5.85	6.46	6.5	6.92
	NS	2.62	1.596	1.576	1.607	1.574	1.614	1.629	1.637
草酸	CA	26.9	24.0	20.68	17.91	12.40	10.60	6.18	3.71
	WS	35.0	31.2	26.6	21.7	18.23	16.7	14.89	12.06
	GF	37.1	37.1	36.2	35.8	34.4	36.0	38.0	32.6
	CF	41.0	41.1	40.5	40.5	39.0	39.0	34.0	30.8
	RW	29.4	24.5	22.6	21.42	20.05	20.4	17.92	13.9
	NS	39.4	39.6	38.7	39.6	37.8	38.5	40.2	41.7
酒石酸	CA	5.00	5.15	5.49	5.86	5.87	6.30	7.33	7.10
	WS	4.91	4.95	4.85	4.19	3.51	3.35	3.15	3.08
	GF	4.63	4.57	4.47	4.55	4.26	4.36	4.27	4.09
	CF	5.08	4.91	4.69	4.54	3.90	3.99	3.51	3.40
	RW	4.69	4.49	4.47	4.37	4.45	4.31	4.26	4.22
	NS	5.88	5.70	5.68	5.73	5.66	5.50	5.52	5.57
柠檬酸	CA	5.29	5.39	5.90	6.29	6.64	6.75	7.40	7.58
	WS	4.19	4.21	4.37	5.30	5.71	5.94	5.73	5.35
	GF	4.15	4.29	4.29	4.19	4.16	4.08	4.17	4.11
	CF	4.77	4.71	4.25	4.12	3.84	3.76	3.71	3.63
	RW	5.70	6.84	8.03	7.92	7.96	8.20	7.90	8.05
	NS	5.40	5.38	5.27	5.12	5.11	5.28	5.12	5.20

注：CA表示蛇纹石石棉；WS表示硅灰石；GF表示玻璃纤维；CF表示陶瓷纤维；RW表示岩棉；NS表示Nano-SiO₂；有机酸的浓度均为0.25mol/L。

　　陶瓷纤维和Nano-SiO₂乙酸溶液体系的pH及电导率随时间变化不明显；岩棉、蛇纹石石棉、玻璃纤维三者的乙酸溶液体系的pH和电导率变化主要发生在4h内，变化依次减弱；硅灰石反应体系，特别是在高浓度乙酸反应体系中，其主要电导率变化的时间范围明显延长至24h。且随着纤维粉尘在乙酸溶液中溶蚀时间的延长，溶液的pH上升、电导率增加。

　　草酸反应溶液的 pH 和电导率变化在最初作用的 4h 内均呈现随作用时间延长 pH 急剧增加和电导率急剧降低的现象；随后蛇纹石纤维体系继续呈现近线性变化趋势，其他反应体系的 pH 呈现 20h 的停滞期后继续增加，岩棉和硅灰石组 pH 及电导率变化强于玻璃纤维和 Nano-SiO$_2$。

　　随着纤维粉尘在柠檬酸和酒石酸溶液中反应时间延长，各粉尘反应体系的 pH 也均呈现上升趋势，但有机酸对粉尘的溶蚀能力差异造成 pH 变化不同。

　　2. 工业纤维粉尘在有机酸溶液中的溶解量

　　将定量滤纸和过 200 目筛的各种实验粉尘在 105℃鼓风干燥箱中烘干 24h 后，于干燥皿中冷却保存待用。用电子天平称取蛇纹石石棉、人造硅酸盐纤维及 Nano-SiO$_2$ 粉尘 1.0g，分别置于 40mL 浓度为 0.10mol/L 和 0.50mol/L 的四种有机酸溶液中，同一实验组设置两个。为模拟人体温度条件，实验在恒温水浴振荡器 37℃、160r/min 的振荡条件下进行。分别于 24h 和 72h 时取出溶解反应体系，于 3000r/min 转速下离心，残余的固体物质经过清洗、过滤、收集、烘干、称量，最后计算各种粉尘在 0.10mol/L 和 0.50mol/L 四种有机酸中的溶蚀率，结果见表 6.24。

表 6.24　工业纤维粉尘在有机酸溶液中的溶蚀率

Table 6.24　The acid-erosion rate of fibrous dusts in different concentration of organic acid

（单位：%）

有机酸种类	硅灰石	蛇纹石石棉	岩棉	陶瓷纤维	玻璃纤维	Nano-SiO$_2$
0.10mol/L 乙酸溶液(24h)	20.5	12.6	10.7	1.9	1.1	1.2
0.10mol/L 乙酸溶液(72h)	22.3	18.9	15.4	2.4	7.1	2.1
0.50mol/L 乙酸溶液(24h)	27.5	16	12.6	5.1	7.7	1.9
0.50mol/L 乙酸溶液(72h)	37.4	23.3	18.7	7.1	9.0	2.6
0.10mol/L 草酸溶液(24h)	−5.4	6.5	5.2	3.9	2.5	2.9
0.10mol/L 草酸溶液(72h)	−6.2	7.3	5.6	4	2.7	2.3
0.50mol/L 草酸溶液(24h)	−61.6	−29.4	15.6	16.4	5.4	6
0.50mol/L 草酸溶液(72h)	−63.3	−32.7	18.1	19.3	6.3	6.1
0.10mol/L 柠檬酸溶液(24h)	−32.1	22.3	58.2	7.3	7.3	5
0.10mol/L 柠檬酸溶液(72h)	−61.2	33.5	59.6	9.1	9.7	4.8
0.50mol/L 柠檬酸溶液(24h)	30.5	28.8	72.8	7.5	8	0.6
0.50mol/L 柠檬酸溶液(72h)	35.3	42.7	75.3	13.8	7.2	5.7
0.10mol/L 酒石酸溶液(24h)	−63.9	15.4	3.3	7.7	2.5	1.3
0.10mol/L 酒石酸溶液(72h)	−69.5	20.2	2.8	11.7	2.5	5.3
0.50mol/L 酒石酸溶液(24h)	−91.6	24	1.9	8.6	5.2	2.8
0.50mol/L 酒石酸溶液(72h)	−107	34.6	−7.4	14.4	4.5	5.5

在相同反应条件下六种工业纤维粉尘的溶蚀率排序为:硅灰石>蛇纹石石棉>岩棉>玻璃纤维>陶瓷纤维>Nano-SiO$_2$,与六种纤维粉尘酸溶液体系 pH 和电导率变化强弱一致,说明酸蚀作用造成粉尘结构的破坏及晶格元素的溶出。

在与 0.10mol/L 的草酸溶液作用 24h 时,硅灰石的溶蚀率为负值,说明硅灰石在经过溶解后其质量增加,其他各纤维粉尘在溶蚀过程中都呈现质量降低的现象;但在 0.50mol/L 的草酸溶液中,硅灰石和蛇纹石石棉的溶蚀率均为负值,其他粉尘的溶蚀率依然保持为正值。原因是在低浓度草酸溶液中,蛇纹石石棉可能失去大量的 OH$^-$,而草酸镁的生成量较小,使得溶蚀率为正,但在高浓度草酸溶液中,H$^+$ 与蛇纹石石棉表面的 OH$^-$ 反应完全以后,开始大量溶解蛇纹石石棉八面体结构中的 Mg^{2+},生成草酸镁沉淀使得溶蚀率为负值。

除硅灰石外,其他各粉尘经过柠檬酸溶解后,其质量都出现降低现象,其中岩棉降低最为明显,在 0.50mol/L 的柠檬酸溶液中,经过 24h 和 72h 反应,其溶蚀率分别为 72.8% 和 75.3%。

硅灰石经酒石酸溶液溶蚀后,残余固体质量增加;岩棉纤维在 0.50mol/L 的酒石酸溶液中反应 72h 后,残余固体质量增加,说明在该种反应条件下,岩棉与酒石酸生成大量难溶解的物质,使得固体质量增加;其余粉尘经过酒石酸溶解,其粉尘质量有所降低,其中蛇纹石石棉降低最明显。

3. 工业纤维粉尘在有机酸溶液中金属元素的溶出特征

有机酸与各粉尘作用 24h 和 72h 后,测定反应溶液中主要元素 Fe、Ca、Mg、Na、K、Mn、Si 和 Al 的含量。其中 Si、Al 的含量采用比色法进行测定,其余元素含量由西南科技大学分析测试中心原子吸光光度计测定。蛇纹石石棉经有机酸溶解后,溶液中主要金属离子为 Mg^{2+} 和 Fe^{2+},经 0.50mol/L 的乙酸、草酸、柠檬酸和酒石酸溶解 72h 后,溶液中的 Mg^{2+} 浓度分别为 1685.36mg/L、1038.57mg/L、3979.51mg/L、2838.38mg/L;溶液中 Fe^{2+} 浓度分别为 179.82mg/L、505.50mg/L、115.99mg/L、291.61mg/L。其中草酸溶液中溶出 Mg^{2+} 浓度为各有机酸中最低的,这与草酸镁石结晶的生成有关。

硅灰石[CaO$_6$]八面体中 Ca^{2+} 溶解进入草酸和酒石酸溶液中,Ca^{2+} 易与草酸根和酒石酸根结合生成沉淀,因此草酸溶液中的 Ca^{2+} 浓度极低(Ptáček et al.,2010)。经过 0.50mol/L 的乙酸、草酸、柠檬酸和酒石酸溶解 72h 后,反应液中的 Ca^{2+} 浓度分别为 7891.22mg/L、11.29mg/L、1751.22mg/L 和 27.72mg/L。

岩棉纤维中可溶解离子比例较高,有机酸溶解以后各溶液中 Mg^{2+}、Fe^{2+}、K$^+$ 含量较高,而 Ca^{2+} 在草酸和酒石酸中易沉淀,造成溶液中含量较低。岩棉纤维经 0.50mol/L 的乙酸溶解 72h 以后,溶液中 Mg^{2+}、Fe^{2+}、K$^+$ 和 Ca^{2+} 含量分别为 636.89mg/L、113.20mg/L、156.20mg/L 和 233.61mg/L;0.50mol/L 的草酸溶解

72h 后,溶液中 Mg^{2+}、Fe^{2+}、K^+、Ca^{2+} 含量分别为 808.64mg/L、707.83mg/L、188.13mg/L、5.78mg/L;0.50mol/L 的柠檬酸溶解 72h 后,溶液中 Mg^{2+}、Fe^{2+}、K^+、Ca^{2+} 含量分别为 793.52mg/L、1143.71mg/L、2299.27mg/L、212.60mg/L;0.50mol/L 的酒石酸溶解 72h 后,溶液中 Mg^{2+}、Fe^{2+}、K^+、Ca^{2+} 含量分别为 471.32mg/L、578.39mg/L、129.29mg/L、2.19mg/L。

玻璃纤维经过有机酸溶解以后溶液中主要金属离子为 Na^+、Al^{3+}、Ca^{2+} 和 Mg^{2+}。陶瓷纤维有机酸溶液中 Al^{3+} 和 K^+ 含量较高。

Nano-SiO_2 经有机酸溶液溶解,在有机酸溶液中含有大量的水溶性 Si。经过 0.50mol/L 的乙酸、草酸、柠檬酸和酒石酸溶蚀 72h 以后,溶液中 Si 含量分别为 313.22mg/L、380.96mg/L、510.17mg/L、587.70mg/L。有机酸溶液中 Na 含量略低于 Si 元素。

近年来,相关研究从蛇纹石石棉纤维生物持久性、物理化学属性及矿物学表面特性等方面报道了石棉的毒性作用机理,并通过与 SiO_2 毒性效应对比,对石棉纤维在体内长期滞留溶蚀前后性质改变与类似的同种成分颗粒的毒性作用差别进行了研究,表明蛇纹石石棉的生物毒性行为与矿物的表面物理化学性质、生物持久性密切相关。然而,生物体内生物化学反应体系复杂多变,现阶段的研究多以单一化学溶液模拟浸蚀环境,较少考虑环境中生物大分子,如蛋白、多糖、有机酸等与石棉纤维的复合以及连锁反应,对评价蛇纹石石棉对机体稳态平衡的影响有很大局限性。因此,今后应从矿物和生物物理化学的双重角度探索纤维表面活性特性、持久性与生物安全性之间的本质联系,深入揭示石棉长期作用的致病机制,进而指导蛇纹石石棉的安全使用。

6.4　蛇纹石石棉代用纤维的溶解残余物特征研究

蛇纹石石棉代用矿物纤维如纤状海泡石、纤状坡缕石、纤状水镁石等的溶蚀残余物特征研究已在第 3 章讨论。本节主要讨论石棉的五种硅酸盐代用纤维在柠檬酸、草酸、酒石酸和乙酸四种有机酸溶液中的溶解残余物的结晶度特征变化,进一步讨论不同硅酸盐纤维的溶蚀机理及生物持久性。

6.4.1　硅灰石酸溶残余物特征分析

图 6.6 为硅灰石在 0.50mol/L 有机酸溶液中溶解 72h 后形成残余固体的 XRD 图谱。实验所选用的硅灰石主要以 α-$CaSiO_3$ 为主,同时含有方解石。

由图可以看出,硅灰石经 0.50mol/L 草酸和酒石酸溶解 72h 后,其残余固体的 XRD 图谱变化极其明显,保留硅灰石的特征衍射峰,又多出一些新的衍射峰,表明酸蚀作用造成硅灰石晶体结构非晶化,并伴有新结晶相生成,分别为晶质草酸

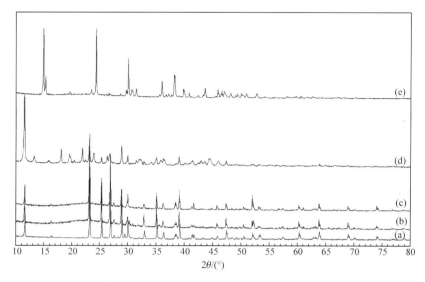

图 6.6　硅灰石在 0.50mol/L 有机酸溶液中溶解 72h 的 XRD 图谱
(a)纤硅灰石原矿;(b)乙酸;(c)柠檬酸;(d)酒石酸;(e)草酸

Figure 6.6　XRD patterns of (a) wollastonite,(b) acetic-acid etched residuals,(c) citric-acid
etched residuals,(d) tartaric-acid etched residuals,and (e) oxalic-acid etched residuals

钙和四水酒石酸钙的特征峰;而乙酸和柠檬酸溶解后残余固体的 XRD 图谱变化
较小,明显保持硅灰石矿物的 XRD 特征,但在 2θ 为 15°~30°范围内出现弥散峰,
这与无定型 SiO_2 的生成有关。

　　经 0.10mol/L 的草酸溶液溶解,残余固体中主要晶相物质为硅灰石,特征衍
射锋较溶蚀前有一定的减弱现象(图 6.7)。此外,浸蚀固体中残存少量的方解石,
并有晶态的草酸钙生成。而经 0.50mol/L 草酸溶液溶解 24h 和 72h,残余固体的
主要晶态物质转变为一水草酸钙(calcium oxalate monohydrate,COM),XRD 图
谱中难寻硅灰石的特征吸收,而在 2θ 为 15°~30°时出现弥散峰。

6.4.2　岩棉酸溶残余物特征分析

　　图 6.8 为岩棉经乙酸、酒石酸、柠檬酸和酒石酸溶蚀后形成的残余固体的
XRD 图谱。由图可知,岩棉原样(RW)完全属于无定型物质,除一个弥散峰以外,
没有任何尖锐的锋存在;经乙酸溶解后,残余固体的 XRD 图谱仅在 2θ 为 15°~40°
时存在弥散状的馒头峰,与岩棉原矿相比并未发生明显变化;酒石酸处理的岩棉残
余固体在 d 为 0.771nm 处出现一个强的衍射峰,并在同范围弥散状衍射包上出现
一系列弱的衍射峰;柠檬酸处理 72h 的岩棉残余固体的 XRD 中,2θ 在 15°~40°范
围内的弥散峰增高,并出现 Al_2O_3 和 SiO_2 的特征衍射峰;0.50mol/L 的草酸溶液
溶解 72h,残余固体中生成新的晶相物质为 COM 和二水草酸钙(calcium oxalate

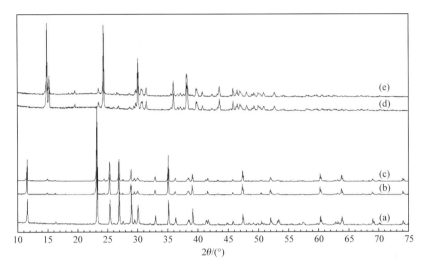

图 6.7　硅灰石经草酸溶蚀后残余物的 XRD 图谱

（a）硅灰石原矿；（b）草酸 0.10mol/L 作用 24h；（c）草酸 0.10mol/L 作用 72h；

（d）草酸 0.50mol/L 作用 24h；（e）草酸 0.50mol/L 作用 72h

Figure 6.7　XRD patterns of wollastonite and its oxalic acid-etched residuals

（a）wollastonite；（b）oxalic acid,0.10mol/L,24h；（c）oxalic acid,0.10mol/L,72h；

（d）oxalic acid,0.50mol/L,24h；（e）oxalic acid,0.50mol/L,72h

dihydrate,COD），但在 2θ 为 15°～40°时依然存在弥散的衍射包，表明岩棉与酒石酸、柠檬酸、草酸已发生剧烈反应并有结晶态盐和新氧化物生成。

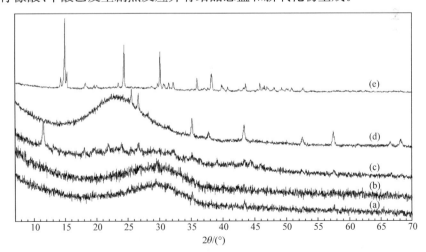

图 6.8　岩棉经有机酸溶蚀后残余物的 XRD 图谱

（a）岩棉原样；（b）乙酸；（c）酒石酸；（d）柠檬酸；（e）草酸

Figure 6.8　XRD patterns of rock wool and its acid-etched residuals

（a）rock wool；（b）acetic acid；（c）tartaric acid；（d）citric acid；（e）oxalic acid

6.4.3　玻璃纤维酸溶残余物特征分析

图 6.9 为玻璃纤维在 0.50mol/L 的草酸、乙酸、酒石酸、柠檬酸溶液中溶蚀 72h 后,残余固体的 XRD 图谱。玻璃纤维中含有晶态物质的 Al_2O_3、$CaCO_3$ 和 CaF_2,所有的衍射图谱在 2θ 为 15°~40°的范围内都存在一个强度较高的衍射包。与原样的 XRD 相比较,经草酸、柠檬酸、酒石酸和乙酸作用形成残余固体中的 $CaCO_3$ 的衍射峰消失,说明玻璃纤维中的 $CaCO_3$ 被溶蚀;此外,经草酸溶液溶解的玻璃纤维的 XRD 图谱多出一些新的衍射峰,为 COM 的特征衍射;经柠檬酸溶蚀后的玻璃纤维在 $d=0.336$nm 处也多出了一个明显的衍射峰,为石英的特征衍射峰。

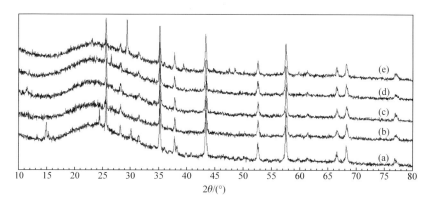

图 6.9　玻璃纤维经有机酸溶蚀后残余物的 XRD 图谱
(a)草酸;(b)乙酸;(c)酒石酸;(d)柠檬酸;(e)玻璃纤维原样
Figure 6.9　XRD patterns of glass fiber and its acid-etched residuals
(a) oxalic acid;(b) acetic acid;(c) tartaric acid;(d) citric acid;(e) glass fiber

6.4.4　陶瓷纤维酸溶残余物特征分析

图 6.10 为在 0.50mol/L 的乙酸、酒石酸、柠檬酸和草酸溶液中溶蚀 72h 后,陶瓷纤维的 XRD 图谱。由图可以看出,陶瓷纤维所含的晶态物质主要为 Al_2O_3,结晶度不高,溶蚀前后的 XRD 图谱变化不明显。

6.4.5　纳米 SiO_2 酸溶残余物特征分析

图 6.11 为 Nano-SiO_2 经 0.50mol/L 的乙酸、酒石酸、柠檬酸和草酸溶蚀 72h 后的 XRD 图谱。由图可以看出,除 2θ 在 15°~30°的范围内的衍射包以外,没有其他的衍射峰出现,Nano-SiO_2 结晶度依次逐渐降低,残余物含量也逐渐降低。这与石英在酸和盐中的溶解行为截然不同,见 3.4 节。

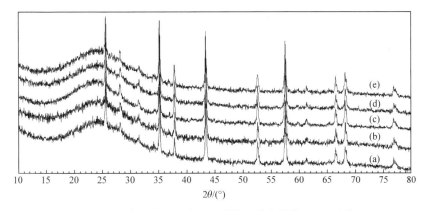

图 6.10　陶瓷纤维经有机酸溶蚀后残余物的 XRD 图谱

(a)陶瓷纤维原样；(b)乙酸；(c)草酸；(d)酒石酸；(e)柠檬酸

Figure 6.10　XRD patterns of ceramic fiber and its acid-etched residuals

(a) ceramic fiber；(b) acetic acid；(c) oxalic acid；(d) tartaric acid；(e) citric acid

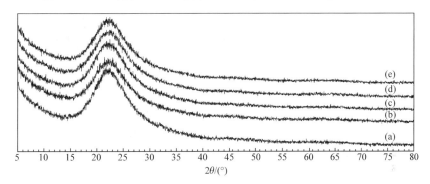

图 6.11　Nano-SiO$_2$ 经有机酸溶蚀后残余物的 XRD 图谱

(a)Nano-SiO$_2$；(b)乙酸；(c)草酸；(d)酒石酸；(e)柠檬酸

Figure 6.11　XRD patterns of nano silica and its acid-etched residuals

(a) nano silica；(b) acetic acid；(c) oxalic acid；(d) tartaric acid；(e) citric acid

五种硅酸盐纤维的有机酸溶液溶解残余物的红外光谱特征、表面溶解形貌特征分析结果见 4.2.2 节。

6.4.6　人造硅酸盐纤维在有机酸中的溶蚀机理探讨

玻璃纤维主体结晶度较差，与浸蚀介质接触时，玻璃中某些活性较高的金属氧化物组分溶解到溶液中，其余部分残留在玻璃表面而形成化学稳定性较高的保护膜，玻璃骨架没有瓦解。酸中活动能力较强的 H$^+$，其平均直径只有 0.001nm，而玻璃网络空隙的平均直径为 0.3nm，因此这样大的空隙对 H$^+$ 而言是畅通无阻的，当 H$^+$ 浓度较高时，H$^+$ 可深入玻璃较深部位置换金属阳离子，置换的阳离子主要为 Ca^{2+}、Mg^{2+}、K$^+$、Na$^+$ 等。

陶瓷纤维与玻璃纤维在结构上比较相似,但在结晶度上稍有区别,主要差别在于可溶性金属阳离子含量较少。结晶度较低时溶解机理与玻璃纤维相似,结晶度较高时溶解机理与相同成分和结构的矿物粉尘相近,其溶解机理详见 3.5.5 节和 3.6.3 节。

岩棉纤维中可溶性阳离子质量分数达 60% 以上,主要是有机酸中 H^+ 置换网状结构中的可溶性阳离子。在岩棉溶解过程中存在大量的一价金属元素的溶解,其溶解过程与玻璃纤维中一价金属元素的溶解过程类似。而玻璃纤维、陶瓷纤维中二价金属元素的溶解与岩棉中钙的溶解过程类似,纤维中溶解或者溶解量极少的是 Si 和 Al 元素。

Nano-SiO_2 属于无定型且表面活性较高的无机材料,由于较高的表面活性和大量裸露的 Si—断键,在水中发生水解反应生成正硅酸,这些硅酸被具有多羧基基团的有机酸离子吸附,形成非剂量的含 Si 有机配合物。溶液中 Nano-SiO_2 水解生成的正硅酸吸附有机酸,正硅酸中的 H^+ 与有机酸的羧基形成氢键。有机酸的羧基基团可看成羰基和羟基的组合,羰基中碳氧双键中碳原子 p 轨道与氧原子的 p 轨道交叉形成 π 键,与羟基中氧原子的 p 电子云形成共轭体系,产生 p-π 共轭效应,使羟基中氧原子周围的电子云密度降低,导致氧和氢间的电子云偏向氧原子,使该氧原子成为提供电子的原子,在水溶液中提供电子与硅酸中的氢形成氢键。活性 SiO_2 吸附含硅有机酸分子,这一过程加速了 SiO_2 在有机酸中的溶解。SiO_2 表面的氧原子在水中水解的同时与含 Si 有机酸分子中硅酸部分的 H^+ 再形成氢键,通过正硅酸形成的氢键使 SiO_2 得到进一步溶解。有机酸离子与架状结构的 Si—O—Si 键直接发生作用,在 SiO_2 和有机酸分子之间发羟基化反应。而由硅灰石生成的 SiO_2 在水中水解电离后,H^+ 分布于 SiO_2 表面的扩散层中,这些 H^+ 与有机酸中羧基提供的电子对相互作用,并将电子向 Si 原子转移,引起 Si 原子周围的电子云密度增高,使键变短变强,形成 Si—OH 键。另外,由于无定型 SiO_2 结构中原子排列不存在对称性和周期性,骨架 Si—O 键的活化能较低,具有较高的化学活性,在有机酸基团的作用下,SiO_2 与基团发生化学结合,易形成含 Si—OH 键的可溶有机酸配合物。

6.5 粒/片状超细矿物粉尘的 A549 细胞毒性研究

石英、钠长石、蒙脱石、绢云母等含硅矿物以及方解石为大气环境中存在范围较广的几种矿物粉尘。本节针对这几种常见的矿物粉尘,研究粒径小于 $10\mu m$ 的球状石英、钠长石、方解石、Nano-SiO_2、绢云母、蒙脱石粉尘对 A549 细胞存活率、形态、培养上清液中 LDH、细胞内 SOD 活性和 GSH 含量,以及细胞释放的肿瘤坏死因子-α(tumor necrosis factor-α,TNF-α)和白细胞介素-6(interleukin-6,IL-6)的影响,探讨矿物粉尘毒性作用机理。测试样品的编号见表 6.25。

表 6.25　矿物样品对应编号和粒径分布

Table 6.25　Brief information of mineral samples

矿物样品及编号	石英 (KWC-Q)		钠长石 (KWC-A)		绢云母 (KWC-S)		方解石 (KWC-C)		蒙脱石 (KWC-M)
	KWC-Q3	KWC-Q4	KWC-A3	KWC-A4	KWC-S3	KWC-S4	KWC-C3	KWC-C4	KWC-M
$D_{50}/\mu m$	1.711	0.967	0.345	0.287	2.032	0.522	1.792	2.023	1.947
$D_{90}/\mu m$	4.088	1.588	1.783	0.557	3.676	1.054	3.076	3.739	19.23

6.5.1　粒/片状超细矿物粉尘对 A549 细胞活性的影响

1. 矿物粉尘对 A549 细胞存活率的影响

采用 MTT 实验,检测粉尘悬液作用 24h 和 48h 后 A549 细胞的存活率。结果表明,方解石和钠长石作用 24h 对细胞存活率影响较小,与对照组相比无显著差异,但当暴露时间延长到 48h 时,细胞的死亡率相对于对照组明显升高。石英粉尘和绢云母粉尘暴露 24h 时,随着暴露浓度的增高,A549 细胞死亡率明显升高,呈现较好的剂量-效应关系。蒙脱石粉尘和 Nano-SiO$_2$ 对 A549 细胞的毒性作用较强,在 50μg/mL 浓度时,A549 细胞的存活率仅分别为(53.22±7.94)%和(73.76±2.72)%;随着浓度增高,细胞存活率急剧下降,并在 200μg/mL 时趋于稳定,此时细胞的存活率约为 20%。

2. 矿物粉尘对细胞形态的影响

粉尘在暴露环境下 A549 细胞形态发生改变(图 6.12)。由 W-G 染色结果观察到,细胞胞质有不同程度的皱缩变形和泄漏、染色质浓聚、出现大量空泡、透明度下降;高剂量暴露组中多数细胞间隙增大,排列稀疏,表现出明显的细胞结构受损和死亡数目上升。SEM 图片更清晰地表明,在暴露环境下,蒙脱石可以吸附于细胞周围,造成细胞塌陷;钠长石和方解石对细胞的表面形态影响较小,仅细胞表面出现少量凸起。石英粉尘的暴露则引起细胞骨架的改变,对细胞形状和结构影响较大;绢云母粉尘则造成细胞膜表层出现大量褶皱。

3. 矿物粉尘引起 A549 细胞膜损伤

矿物粉尘的加入,引起细胞培养液 pH 不同程度的变化,其趋势均是先升高,后缓慢降低,暴露 48h 后,方解石、石英、Nano-SiO$_2$、钠长石粉尘悬液的 pH 分别稳定在 7.15、7.65、7.66 和 7.35 左右,而绢云母和蒙脱石粉尘悬液的 pH 仍有继续

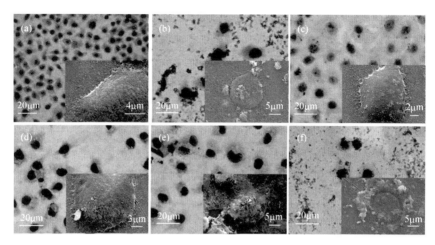

图 6.12　矿物粉尘对 A549 细胞形貌的影响

(a)对照组;(b)KWC-Q3;(c)KWC-C4;(d)KWC-A4;(e)KWC-S4;(f)KWC-M

Figure 6.12　SEM image of A549 cells after exposure to mineral dusts

(a) Control;(b) KWC-Q3;(c) KWC-C4;(d) KWC-A4;(e) KWC-S4;(f) KWC-M

降低的趋势。培养环境的改变以及粉尘的持续机械刺激,影响细胞膜的选择透过性和完整性。通过检测培养液中的 LDH 含量表征细胞膜的完整性。不同浓度矿物粉尘作用 24h,A549 细胞释放 LDH 的情况如图 6.13 所示。由图可知,除 KWC-

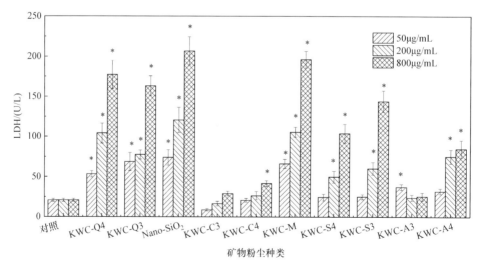

图 6.13　A549 细胞暴露于不同矿物粉尘悬液中 24h LDH 的释放量

(* $P \leqslant 0.05$,与阳性对照且相比差异显著,$n=3$)

Figure 6.13　LDH release of A549 cell after incubated with different mineral suspensions for 24h

(* $P \leqslant 0.05$,compared with the negative control group,$n=3$)

A3、KWC-C3 和 KWC-C4 组细胞 LDH 释放量较对照组无显著差异变化外,其余各组 LDH 释放量与浓度之间呈现剂量-效应关系。LDH 释放量从高到低的顺序为:Nano-SiO₂＞KWC-M＞KWC-Q4＞KWC-Q3＞KWC-S3＞KWC-S4＞KWC-A4。此顺序与矿物粉尘对细胞存活率的影响顺序一致。不同暴露组细胞 LDH 释放量随时间的变化如图 6.14 所示。由图可知,除了毒性较小的大粒径方解石和钠长石颗粒,其余各组粉尘均引起细胞膜损伤,且随作用时间延长而加重,以 Nano-SiO₂ 和 KWC-M 的作用最为强烈。

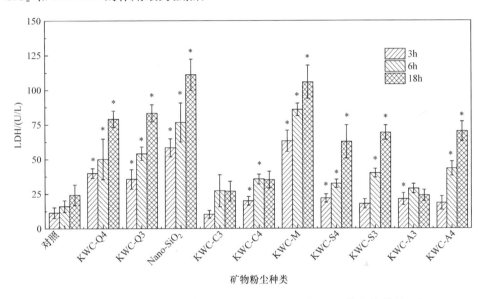

图 6.14　与矿物粉尘作用不同时间 A549 细胞 LDH 的释放情况
(＊$P \leqslant 0.05$,与同作用时间对照组相比差异显著)

Figure 6.14　LDH release of A549 cell during the incubation with different mineral suspensions
(＊$P \leqslant 0.05$,significant difference compared with control of the same time)

4. 矿物粉尘引起 A549 细胞的氧化应激反应

粉尘暴露环境中 A549 细胞内 SOD 活性及 GSH 含量如图 6.15 和图 6.16 所示。研究表明,方解石、钠长石和绢云母粉尘引起 A549 细胞内 SOD 活性变化均不显著,方解石和绢云母粉尘引起 GSH 含量降低,而钠长石则引起 A549 细胞内 GSH 含量升高;石英、蒙脱石粉尘引起 A549 细胞内 SOD 活性的普遍升高,呈现一定的剂量-效应关系,GSH 含量相对于阴性对照组明显降低;Nano-SiO₂ 低浓度引起 SOD 活性的显著升高和 GSH 含量的明显降低,但未呈现剂量-效应关系。

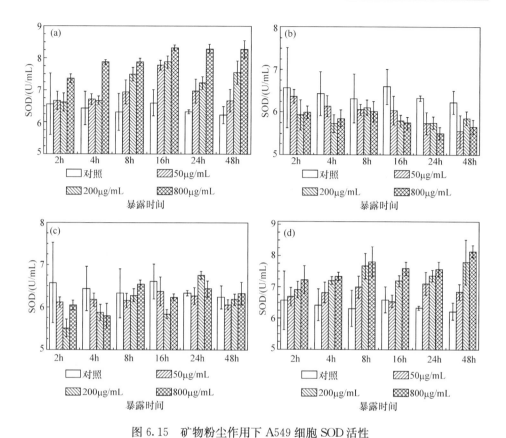

图 6.15　矿物粉尘作用下 A549 细胞 SOD 活性

(a) KWC-Q3；(b) KWC-C4；(c) KWC-S4；(d)KWC-M

Figure 6.15　SOD activities of A549 cells after exposed to mineral suspensions

(a) KWC-Q3；(b) KWC-C4；(c) KWC-S4；(d) KWC-M

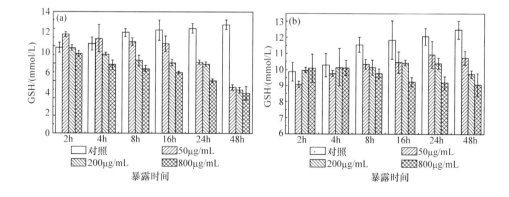

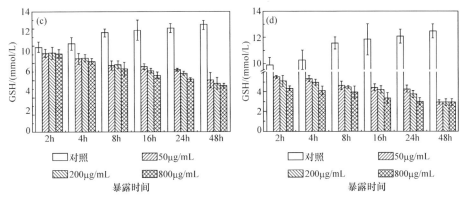

图 6.16 矿物粉尘暴露下 A549 细胞内的 GSH 含量

(a) KWC-Q4;(b) KWC-C3;(c) KWC-A4;(d) KWC-M

Figure 6.16 The GSH contents of A549 cells after exposed to the mineral suspensions

(a) KWC-Q4;(b) KWC-C3;(c) KWC-A4;(d) KWC-M

5. 矿物粉尘对 A549 细胞炎性因子释放的影响

在众多炎性细胞因子中,TNF-α 是炎症反应中出现最早且起重要作用的炎性介质,不仅能激活中性粒细胞、淋巴细胞,使血管内皮细胞通透性增加,还能调节其他组织代谢活性并促使其他细胞因子的合成和释放。IL-6 是一种多效细胞因子,可由白细胞介素-1(interleukin-1,IL-1)、TNF-α、血小板衍生生长因子(platelet derived growth factor,PDGF)及环腺苷酸(cyclic adenosine monophosphate,cAMP)等诱导产生。不同粉尘作用下 A549 细胞分泌的 IL-6 和 TNF-α 情况如图 6.17~

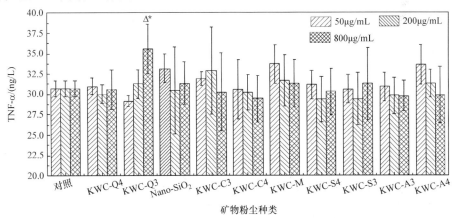

图 6.17 暴露于不同浓度的矿物粉尘悬液中 8h A549 细胞 TNF-α 释放情况

(Δ、*、♯$P \leqslant 0.05$,分别表示与对照组、50μg/mL、200μg/mL 的同类粉尘组相比差异显著,$n=3$)

Figure 6.17 Concentration of TNF-α in A549 cells medium after exposed to different mineral suspensions for 8 hours

(Δ,*,♯$P \leqslant 0.05$,as compared with control,50μg/mL,200μg/mL of the same sample,$n=3$)

图 6.19 所示。研究表明,A549 暴露于 $200\mu g/mL$ 矿物粉尘悬液 3h 时,与对照组相比 TNF-α 会显著升高,即各组矿物粉尘均能引起 A549 细胞分泌 TNF-α,促发炎症反应;但随暴露时间的延长,培养液中的 TNF-α 趋于稳定;除方解石和钠长石粉尘外,其他粉尘则能引起 A549 细胞释放 IL-6 的显著升高,促进细胞在粉尘暴露下的炎症反应发生,且与阴性对照组相比差异显著。

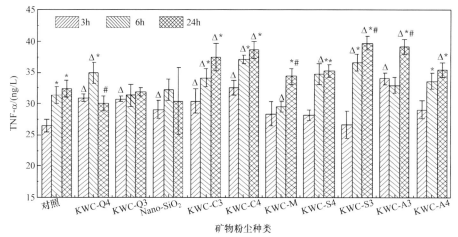

图 6.18　不同暴露时间 A549 细胞培养液上清液中 TNF-α 的释放情况
($\triangle$、*、# $P\leqslant0.05$ 表示与对照组、同矿物 $200\mu g/mL$ 粉尘暴露 3h、8h 相比差异显著,$n=3$)

Figure 6.18　Concentration of TNF-α in A549 cells culture medium supernatants after exposed to mineral dusts($\triangle$, *, # $P\leqslant0.05$,as compared with control,3h,8h exposure group of the same mineral sample at $200\mu g/mL$,$n=3$)

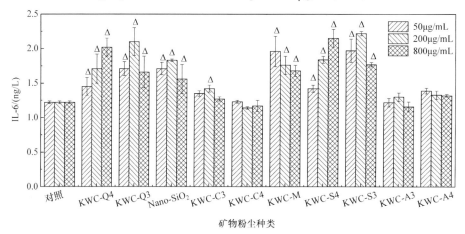

图 6.19　暴露于不同浓度的矿物粉尘悬液中 A549 细胞 IL-6 的变化
($\triangle P\leqslant0.05$,表示与对照组相比差异显著,$n=3$)

Figure 6.19　Change of IL-6 in A549 cell medium after exposed to different mineral dusts ($\triangle P\leqslant0.05$,as compared with control group,$n=3$)

6.5.2 粒/片状超细矿物粉尘的 A549 细胞毒性研究

1. 粒/片状超细矿物粉尘对 A549 细胞的染色体损伤

采用微核实验检测粉尘对细胞染色体造成的损伤,实验结果如图 6.20 所示。钠长石和方解石粉尘各浓度组对 A549 细胞微核产生的影响不显著,但微核率有随暴露浓度增加而增高的趋势。在<20%细胞致死率的情况下,石英和绢云母粉尘引起的微核率随着暴露浓度的增加呈现递增趋势,且具有较好的线性关系。由于蒙脱石较强的分散和吸附能力,能够造成 A549 细胞黏附性降低,细胞死亡率高,在实验设置暴露浓度下细胞的致死率较高,暴露浓度为 $50\mu g/mL$ 时,细胞产生微核率仅为活细胞数的 $(5.667\pm1.528)‰$,在这种条件下测定细胞微核率意义不大。Nano-SiO$_2$ 的暴露则引起 A549 细胞较高的微核率,其在 $50\mu g/mL$ 时产生的微核率就为 $(14.667\pm2.51)‰$,当粉尘浓度升高为 $100\mu g/mL$ 时,细胞的微核率升高到 $(18.333\pm2.082)‰$,在所测试的粉尘中引起的 A549 微核率最高。

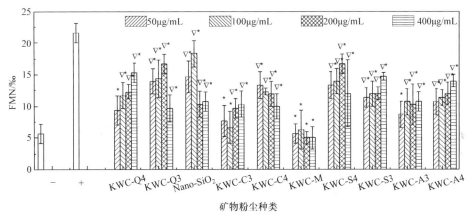

图 6.20 暴露于矿物粉尘中 24h A549 细胞微核产生率

(∇,* $P\leqslant0.05$,分别表示与阴性(—)和阳性(+)对照组相比差异显著,$n=3$)

Figure 6.20 A549 cell micronucleus test after exposed to mineral suspensions for 24h

(∇,* $P\leqslant0.05$,as compared to the negative(—)and positive(+)control,$n=3$)

综合微核实验结果可知,在不考虑蒙脱石粉尘的微核率情况下,实验矿物粉尘样品均能引起 A549 细胞微核率升高,即矿物粉尘能够对细胞的染色体造成损伤,具有导致染色体畸变的能力;且在细胞致死率较低的情况下,随着暴露浓度的增加,细胞微核率有升高的趋势。各矿物粉尘暴露组细胞微核率与阴性对照组相比均有显著差异,且低浓度组($50\mu g/mL$ 和 $100\mu g/mL$)细胞产生微核率的顺序为:Nano-SiO$_2$>KWC-Q3>KWC-S4>KWC-C4>KWC-S3>KWC-A4>KWC-Q4>KWC-A3>KWC-C3。

2. 粒/片状超细矿物粉尘对 A549 细胞 DNA 的损伤

采用单细胞凝胶电泳实验分析粉尘对细胞 DNA 的损伤程度。从各暴露组图像中随机选择 50 个细胞,使用 CASP 彗星分析软件分析彗星图像,以 TL、T 及 OTM 作为主要分析指标,采用 SPSS 19.0 软件对结果进行统计学分析。

荧光显微镜下观察可得到部分彗星图片如图 6.21 所示。阴性对照组细胞中无 DNA 断裂诱变剂存在,没有明显的 DNA 断片向阳极迁移的痕迹,细胞呈现较亮的圆形头部,形状规则,与背景分界清晰;矿物粉尘暴露下,出现断裂 DNA 片段朝向阳极方向的迁移,形成如同彗星一样的弥散拖尾;随着暴露浓度的增加,可观察到 A549 细胞 T 增加,彗星头部变小,亮度增加,彗尾逐渐变圆,荧光强度增强;当 A549 细胞受到的 DNA 损伤达到一定程度后造成细胞凋亡时,则呈现"羽毛球状"拖尾。

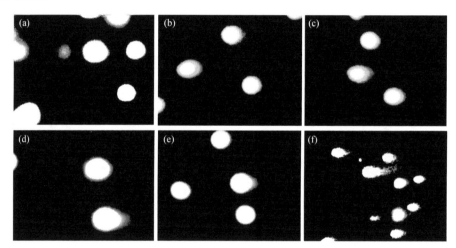

图 6.21　暴露于矿物粉尘悬液中 24h 后 A549 细胞的 SCGE 荧光照片

(a)阴性对照组;(b)KWC-C3;(c)KWC-Q3;(d)KWC-S3;(e)KWC-M;(f)阳性对照

Figure 6.21　SCGE fluorescent images of A549 cells exposed to mineral suspensions for 24h

(a)negative control group;(b)KWC-C3;(c)KWC-Q3;(d)KWC-S3;(e)KWC-M;(f)positive control

粉尘作用下,A549 细胞的 SCGE 荧光图像细胞 TL、T、OTM 的统计结果如图 6.22~图 6.24 所示。综合判定 DNA 损伤的三种指标,方解石粉尘和钠长石粉尘仅在大于等于 $400\mu g/mL$ 时,才显示出对 A549 细胞的 DNA 损伤,对细胞基因水平上的损伤较小,且浓度各组间差异不明显;石英粉尘、绢云母和蒙脱石粉尘在浓度$\geqslant 100\mu g/mL$ 时即造成大量细胞拖尾产生,各组的 TL、T 和 OTM 值与对照组相比均具有显著差异,即矿物粉尘开始对细胞 DNA 造成明显的损伤,且随着暴露剂量的增加,细胞 T 增加,尾部 DNA 含量增高,相应的 OTM 值增加明显;

Nano-SiO$_2$ 则在较低浓度下就造成明显的 DNA 拖尾,且随着暴露浓度的增大,TL、T 和 OTM 值与对照组相比均具有显著差异,造成的 DNA 损伤比石英和绢云母粉尘强。根据矿物粉尘造成 A549 细胞 TL 判断,将所采用实验矿物对细胞 DNA 损伤等级分为两类。①低级损伤:KWC-C3、KWC-C4、KWC-A3、KWC-A4、KWC-Q3、KWC-S3;②中级损伤:KWC-S4、KWC-M、KWC-Q4、Nano-SiO$_2$。根据 OTM 值判断,矿物所造成的 DNA 损伤大小排序为:KWC-M＞Nano-SiO$_2$≥KWC-S3 ≥ KWC-S4＞KWC-Q4＞KWC-Q3＞KWC-C3＞KWC-A4＞KWC-A3＞KWC-C3。

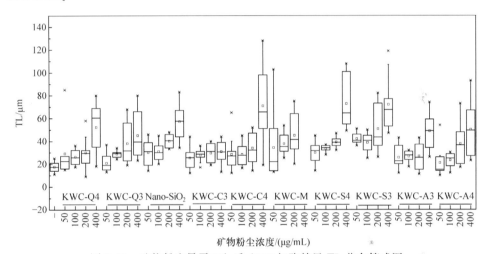

图 6.22　矿物粉尘暴露 24h 后 A549 细胞彗星 TL 分布箱式图

Figure 6.22　Box plot of A549 cells comet TL after exposed to mineral suspensions for 24h

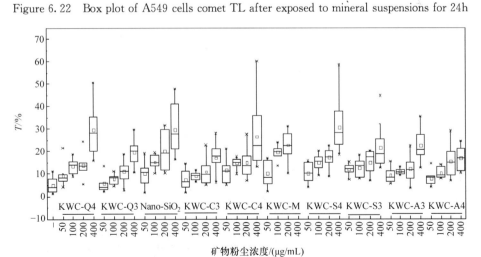

图 6.23　矿物粉尘暴露 24h 后 A549 细胞彗星 T 分布箱式图

Figure 6.23　Box plot of A549 cell comet T after exposed to mineral suspensions for 24h

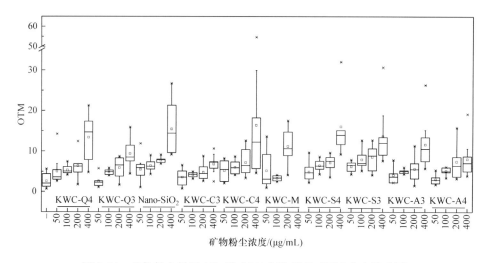

图 6.24　矿物粉尘暴露 24h 后 A549 细胞彗星 OTM 分布箱式图

Figure 6.24　Box plot of A549 cell comet OTM after exposed to mineral suspensions for 24h

6.5.3　超细矿物粉尘的细胞毒性作用机理

1. 石英粉尘的细胞毒性作用机理

石英是地表分布最广的矿物之一,很多职业环境(矿物开采和加工过程等)及非职业环境(大气和土壤等)中都有大量石英粉尘存在。此外,石英的广泛应用增加了人和动物对石英粉尘的暴露。IARC 于 1997 年将石英列为致癌物质,而随着对石英矿物粉尘安全性研究的深入,石英含量与其毒性作用之间并不完全是正相关性,矿物本身的性质,如颗粒细度与运移方式、表面化学性质和结构,杂质矿物种类与含量等,均对石英活性作用有重要影响。

本实验的超细石英粉尘 KWC-Q3 对 A549 细胞的毒性作用强于 KWC-Q4。石英粉尘的加入使细胞培养液 pH 迅速升至 7.9 左右,12h 后稳定在 7.65 左右。在暴露实验过程中,粉尘悬液呈现高于细胞正常生长的 pH 环境(7.3～7.4),溶液的电导率在加入粉尘后上升至 $1550\mu S/cm$。加入矿物粉尘后,培养液中的 $\cdot OH$、$\cdot O_2^-$ 和 H_2O_2 在 2h 即显著高于对照组细胞。这些自由基可能是由石英本身产生的,也可能是石英产生自由基和细胞产生自由基反应生成的。自由基不仅能攻击细胞膜上的不饱和脂肪酸反应形成脂肪酸自由基,还引发一系列的自由基链式反应,造成细胞膜通透性增加、完整性破坏。A549 细胞表面积聚大量粉尘,细胞表面粗糙,较阴性对照组细胞欠饱满;W-G 染色图片中出现细胞溶解等现象;且随着粉尘暴露剂量的增加,细胞膜的损伤更加严重,通透性增强,培养液中 LDH 的含量升高。因此,石英粉尘液相中活性氧自由基造成的 A549 细胞膜损伤,可能是细胞损伤的重要原因。

在石英粉尘的刺激作用下,细胞可能发生呼吸爆发,产生大量的自由基。石英本身产生的自由基也可进入细胞体内引起新陈代谢功能的紊乱。实验结果表明,石英的暴露引起细胞体内 SOD 活性增强和 GSH 含量降低。SOD 参与体内 $\cdot O_2^-$ 歧化反应,将其转化为 H_2O_2 和 O_2。一些研究证明,在大量活性氧产生时,会引起 SOD 活性的降低,而本实验中 SOD 活性一直处于较高水平,即矿物粉尘的暴露并未引起 A549 细胞 SOD 防护体系的破坏,而是诱导 SOD 处于活跃的氧化消除过程中,且此过程未造成细胞内 SOD 抗氧化反应失衡。GSH 为细胞内主要的巯基抗氧化剂,主要用于防止非酶性小分子对细胞的氧化损伤。石英粉尘在作用于 A549 细胞 2h 时引起胞内 GSH 含量降低,且随着暴露时间的延长,GSH 的含量持续降低,实验中未见浓度对 GSH 含量有显著影响。因此,石英粉尘主要通过产生一些非酶性小分子或自由基对 A549 细胞进行攻击,引起细胞内抗氧化体系的紊乱。采用维生素 E、抗坏血酸等抗氧化剂对细胞内活性氧的屏蔽降低了细胞内脂质过氧化程度,说明活性氧引发的细胞内抗氧化系统的失衡可能是造成细胞损伤和死亡的机制(Kornicka et al. ,2016)。

前期 ζ 电位测定实验所选用石英粉尘表面带负电荷,红外图谱中发现的 Si—O 残键[Si—O_t—(O_t—末端氧)、Si—O_b—(O_b—桥氧)等]的振动峰,且随着研磨时间的延长和颗粒粒径的减小,表面裸露的基团和残键增多。石英表面的残键可以与细胞膜表面带正电的基团[如磷脂分子中的—$N^+(CH)_3$]作用,从而引起细胞膜流动性结构改变,细胞膜通透性增加,致使细胞崩解死亡(Wei et al. ,2015;Fukui et al. ,2014)。此外,培养液中的物质也可以包覆在石英粉尘表面,增加粉尘和细胞表面的亲和,降低石英粉尘的毒性作用。

石英本身及刺激细胞产生的自由基除造成膜损伤和抗氧化体系失衡外,还可以引发或调控细胞炎症反应(Ahmad et al. ,2012),炎性细胞激活和促炎因子释放在肺损伤发病机制中起重要作用,TNF-α 也参与其中(霍婷婷等,2013);自由基也可以攻击染色体和基因,造成染色体分裂异常、DNA 断裂或者碱基突变(Lu et al. ,2015;Giantomassi et al. ,2010)。

实验使用的纳米 SiO_2 粉尘,在水中的分散力较好,呈胶体状。其粒径处于 20～60nm,属于无定型物质,微观上呈三维链状结构分子状态,表面存在大量不饱和残键和不同键合状态的羟基。除与石英粉尘相同的作用外,纳米粉尘的比表面积万倍于 0.9～20μm 的颗粒,粉尘表面裸露的基团更多,单位表面积具有更强的活性。悬浮于空气中的纳米颗粒可能吸附更多有毒有害物质,加重颗粒造成的负面效应。此外,超细颗粒能够跨越细胞膜的屏障作用,与细胞起作用,甚至直接进入细胞核,与核内 DNA 或染色体反应,造成纳米 SiO_2 粉尘微核率显著增加,DNA

链损伤严重。因此,超细颗粒与细胞核内物质的反应也应该列入其对细胞造成损伤的主要原因之一。

2. 方解石粉尘的细胞毒性作用机理

方解石为碳酸盐矿物,也是分布和应用最广、最常见的粉尘之一。本实验使用的方解石 $CaCO_3$ 含量高达 99%。方解石为微溶性强电解质,其在水中或培养液环境中的溶解度受其表面性质、动电性质及溶液中离子浓度的影响。在水溶液 pH 为 7.5 左右时,$CaCO_3$ 会发生微弱的溶解反应产生下列化学组分:HCO_3^-、CO_3^{2-}、Ca^{2+}、$CaHCO_3^+$、$CaOH^+$、$Ca(OH)_2(aq)$ 和 $CaCO_3(aq)$,$CaCO_3$ 的溶解反应与表面所带的电荷,离子的配位和吸附作用相关。方解石在水溶液中的等离子点处于 pH 为 8~9.5 的范围内,细胞培养液 pH 为 7.3~7.4,此时方解石的表面电荷以正电荷为主。MTT 实验测得,方解石粉尘与 A549 细胞作用 24h,不仅没有造成细胞死亡,反而有促进增殖的作用,且短时间高浓度的粉尘暴露对细胞增殖的影响不大。而当暴露时间延长至 48h 时,高浓度的粉尘抑制了细胞的生长,细胞存活率降至 75% 左右。实验测得暴露 24h 时培养液 pH 为 7.4 左右,适合细胞生长,但随着细胞的增殖,培养液的 pH 缓慢降低,48h 时已经降至 7.15 左右,且有继续降低的趋势。在实验测定的 24h 内,方解石粉尘的暴露未引起 LDH 含量的升高,这也与矿物粉尘对细胞增殖的促进作用相关。然而,长时间的暴露引起细胞内 SOD 与对照组相比有较为显著的降低,说明方解石的暴露下,细胞内进行以 SOD 清除活性氧为主的抗氧化反应,尚未引起胞内 GSH 含量降低。方解石虽未引起 A549 细胞的明显死亡,但在暴露前期已经引发了细胞分泌 TNF-α 的显著升高,并在 24h 内有持续升高的趋势。这可能与方解石在培养液中的溶解释放的 Ca^{2+} 有关,低浓度的 Ca^{2+} 可以促进细胞的增殖作用,而随着培养液中离子强度增强(54h 时 KWC-C4 和 KWC-C3 粉尘悬液的电导率分别升高至 $1620\mu S/cm$ 和 $1600\mu S/cm$ 左右)逐渐对细胞膜的离子通道产生胁迫作用;此外,长时间的暴露引发自由基对细胞膜的攻击也可造成大量细胞外 Ca^{2+} 的内流,使细胞内钙含量增加。细胞内钙含量增加是细胞损伤的后果,同时 Ca^{2+} 作为细胞内信号传导的第二信使,必定导致细胞一系列的应激反应,又成为细胞膜进一步损伤的始动因子。经过遗传毒性的检测,发现方解石粉尘在低浓度下就已经产生了与对照组相比较高的微核率,而对细胞的拖尾、彗星尾部 DNA 含量及 OTM 值的影响不大,说明方解石可能会影响染色体的分裂。

3. 蛇纹石石棉细胞毒性作用机理

蛇纹石存在三种不同的晶体形态[纤维状(纤蛇纹石)、叶片状(叶蛇纹石)和鳞片状(利蛇纹石)]和其他多型,但它们的细胞毒性与矿物的表面物理化学性质、变价元素种类和含量、生物持久性等密切相关。

蛇纹石先对细胞生长和细胞膜损伤产生影响。蛇纹石纤维管状结构最外壳层是"氢氧镁石"八面体片,表面的—OH 基团具有亲水性,易进入液相,同时镁离子游离出来,起初会有利于细胞生长但形态会产生变异,后期较多溶解和电离会造成细胞生长环境的碱性明显升高,反而抑制细胞的增殖。失去阴离子基团的纤维表面产生过剩正电荷,同时纤蛇纹石三价阳离子对单元层中 Si^{4+} 和 Mg^{2+} 的替代,也造成八面体片正电荷过剩,四面体片负电荷过剩,在单体颗粒表面产生一种双电层偶极子结构。纤蛇纹石的一维纳米管结构决定其具有较大的比表面积和高比表面能,同时其裸露表面异价离子替代所产生的双电层偶极子使纤蛇纹石对极性分子有很强的吸附能力,通常 Al^{3+} 和 Fe^{3+} 含量越高,与极性分子结合越紧密。虽然利蛇纹石结构中 Al^{3+} 和 Fe^{3+} 含量高,但是表面裸露的断键较少,且其表面的 Al^{3+} 以络合态存在,屏蔽了部分硅烷醇基团与细胞膜之间的作用,降低了利蛇纹石与细胞膜作用的取向性及生物活性。而蛇纹石石棉空管结构更容易与生物壁膜结构中带负电荷的亲水性极性分子发生定向黏附、垂直穿刺作用,引起细胞膜膜电异动、黏度降低,细胞膜流动性通透性降低。带电蛇纹石与细胞膜上的生物大分子物质发生电性作用,使分子或膜电性发生改变,产生相互凝聚沉淀而使细胞活性降低或失去活性。

溶解产生的自由基、变价元素(如 Fe 等元素)发生 Fenton 反应及诱导细胞产生的自由基对细胞具有攻击破坏作用。矿物粉尘·OH 的释放也被认为与铁相关,但又并非与总铁含量直接相关,能够被激活产生自由基的铁活性位点仅存在于特定的晶格位点中,并具有特定的价态和配位关系(Manning et al.,2002)。通常还原态的 Fe^{2+} 由于能够参与 Fenton 反应而催化产生更多自由基。利蛇纹石较纤蛇纹石虽有更多的 Fe 和 Al 元素,如四面体中 Al^{3+}/Fe^{3+} 对 Si^{4+} 的替代,八面体中 Fe^{3+}/Al^{3+} 对 Mg^{2+} 替代,但主要以氧化态存在,液相产生自由基的活性较弱,相对生物活性较低。

在水环境中,纤蛇纹石棉表面的·SiO、·Si 等基团能发生质子化反应,形成较稳定的—SiOH;失去质子的 H_2O 转化为·OH 自由基。因它含铁等重金属离子或被其他变价重金属离子污染(Cr、Pb、Cd、As),在含水条件下会增强羟自由基的释放,O_2^-(势能:-858.42 eV)通过 Fenton 反应与水分子产生·OH。·OH 具有强氧化性,对脂多糖或蛋白质等生物大分子有很强的攻击性,攻击过程中靠抢夺大分子的电子使自身稳定,失去电子的生物大分子被氧化。由于纤蛇纹石石棉及其表面的·SiO 不断发生质子化产生自由基作为自由基源与生物大分子作用,产生新的自由基,进行自由基链式传递,使大分子进一步损伤,造成其结构上的破坏,如对肽聚糖的四肽侧链和双糖单位结构产生影响及功能效应。蛇纹石石棉颗粒及其残余物与蛋白(如牛血清蛋白)作用后会引起蛋白质二级结构中 α-螺旋和 β-转角结构的含量降低,相应 β-折叠的含量则会增加,并引起 α-螺旋和无规卷曲含量的降低以及 β-折叠含量的增高。同样的影响也存在于磷脂分子的分子内脂酰基 C—C 骨架的构象、脂酰基的 C—C 骨架全反式构象、反对称 C—H 伸缩振动和—CH$_2$ 对称伸缩振动。因此,纤蛇纹石石棉及其残余 Nano-SiO$_2$ 主要通过影响磷脂分子的有序性使其纵向、横向有序性增加来减小磷脂膜的流动性。

蛇纹石石棉与细胞膜作用过程可能是:首先,粉尘产生自由基,如·OH,对外层物质产生作用,进而使不同功能的活性基团受到影响,活性基团的变化会造成相应小分子结构和性质的改变,引起对应结构大分子的变化,造成壁膜结构的破坏,即细菌壁膜结构逐级受损的破坏模式。细胞中的自由基、生物活性基团和生物小分子、生物大分子会与上述受损过程形成协同或拮抗作用,加速或延缓细胞凋亡。

由于蛇纹石石棉独特的空管结构和纳米构造,其液相或液-固相反应大量释放自由基或其他生物化学活性物质,以及由机械刺激等作用引起的细胞内活性氧/活性氮爆发,胞内 SOD/GSH 抗氧化体系平衡破坏。长久的黏附与穿膜作用造成系统性代谢紊乱与新毒性物质产生攻击性自由基造成功能蛋白、功能酶、电子穿梭体等重要物质变异和失活细胞增殖、遗传物质突变、信号通路改变,细胞结构和功能损伤等,最终导致细胞周期改变或凋亡,甚至细胞膜裂解。

生物持久性学说从粉尘的形态和溶解性来解释粉尘的细胞毒性机理。以成分极其相似的纤蛇纹石和利蛇纹石为例,片状与纤维状的粉尘直接引起两者在作用形式上的区别。小于 20μm 的片状或纤维粉尘可以直接被巨噬细胞吞噬,消化溶解。对于不能被巨噬细胞吞噬的纤维,认为其生物持久性是影响生物活性的关键因素。基于此,在可接受的时间范围内,具有生物持久性的纤维,以及具有生物可溶性却不能被巨噬细胞吞噬的纤维(这类纤维会在肺部迅速消失),其生物活性均较弱(Oberdörster,2002)。此处,主要考虑两者的溶解性。蛇纹石石棉的管状结构外围为氢氧镁石层,经过 NH$_4^+$、K$^+$、Ca^{2+} 等阳离子以及酸蚀和体液浸蚀作用后,表面基团和形态发生改变,生物活性明显降低。而利蛇纹石片层的两个解理面,即硅氧四面体层和氢氧镁石层,均可与水分子作用,形成硅酸或者 Mg^{2+},从而游离到溶液中,在不考虑粒径和形貌的前提下,其生物持久性均弱于纤蛇纹石。

综上所述,通过对纤维状、片状蛇纹石粉尘结构、成分、表面电性以及溶蚀特性等进行研究,结合各粉尘对细胞生长活性、细胞形态以及培养液中生化数据的分析,综合认为蛇纹石粉尘的细胞毒性与其形态、粒度、成分、表面结构性质和溶解特性等众多因素有关。不能单纯地认为纤维状粉尘就比颗粒状粉尘对细胞增殖代谢影响更为严重,粉尘粒度越细小、成分越复杂、粉尘变价元素含量越高、表面活性 OH$^-$ 越多、耐久性越强,毒性就越强。粉尘的生物活性与毒性则应结合矿物固有的物理化学性质、免疫细胞功能、组织消解行为、基因突变等综合评估纤维粉尘的生物毒性,见 9.2.2 节。

4. 几种粒/片状硅酸盐细胞毒性作用机理

钠长石、绢云母以及蒙脱石三种硅酸盐粉尘对 A549 细胞的毒性作用相近。在暴露时间内,钠长石产生的 pH 适于细胞生长,且其具有酸碱不溶性,决定了粉尘的暴露对培养液的离子强度影响较小,对 A549 细胞毒性作用在设置浓度和暴露时间内均不显著。绢云母化学式为 $K_{0.5\sim1}\{(Al,Fe,Mg)_2[Si_3AlO_{10}](OH)_2\}$,呈极细鳞片状集合体形态,在水介质及有机溶剂中分散悬浮性好,且具有黏土矿物的某些特性,酸碱不溶。蒙脱石 $[(Na,Ca)_{0.33}(Al,Mg)_2[Si_4O_{10}](OH)_2 \cdot nH_2O]$ 的晶胞由两层 Si—O 四面体夹一层 Al—O 八面体构成天然纳米结构,具有较大的比表面积和优良的吸附特性。

Michel 等(2014)的研究表明,黏土类矿物(云母、高岭石)对细胞的毒性明显高于架状硅酸盐矿物(长石)的毒性,推测与黏土矿物粒径小、比表面积大相关,矿物的毒性顺序与本书研究结果一致。几种硅质矿物均含 Si—O 四面体结构单元,由于矿物晶体结构、结构单元之间的结合能和结构单元原子间的价键能不同,破碎后表面键磨损和断裂程度不均一,出现不饱和离子和基团数量不同。载有不饱和基团和离子键的表面具有很高的表面能,尤其是矿物粉尘表面的 Si—O—Si 键断裂形成 ·O—Si 与 ·Si,水化后形成的 Si—OH 是矿物粉尘表面的活性基团之一 (Huo et al. ,2017;Ferenc et al. ,2015)。粉尘的表面活性位点数在一定程度上决定了能够与细胞发生活性反应的程度。当粉尘分散于细胞体系中时,粉尘倾向于吸附溶液中的氨基酸等生物分子以降低粉尘的表面能,而未被掩盖的活性基团选择性地与细胞膜磷脂分子的极性头部,如甘油、鞘氨醇、磷酸及胆碱等的季铵离子和磷酸根离子发生静电吸引,抑或形成氢键,发生比较稳定的键合或吸附作用,破坏细胞膜的结构和功能,从而产生细胞毒性。各组粉尘对细胞膜的损伤表现为蒙脱石>石英>绢云母>钠长石,与细胞存活率所反映的规律相似(霍婷婷等,2016b)。粉尘在 pH=7.4 时 ζ 电位大小顺序为:钠长石>绢云母>石英>蒙脱石。带负电的粉尘可与细胞膜上的生物大分子物质发生电性作用,破坏细胞膜的完整性,使其崩解,或中和生物大分子(如蛋白质)表面的电荷,使分子的电性发生改变,易于相互凝聚沉淀而失去活性(董发勤等,2016;Liu,et al. 2011),粉体表面的电荷越负,对细胞膜的损伤越严重。钠长石造成细胞膜损伤可能是由粉体的机械刺激作用随时间累积造成的。蒙脱石具有较强的表面负电位、离子交换和吸附能力,它会形成"房式"胶凝结构,阻止物质迁移和影响细胞膜周围的 CO_2 分压,片状颗粒更倾向于包覆在细胞膜表面(Baek et al. ,2012),引起细胞生长微环境改变,致使细胞呼吸链电子传递受阻,引起细胞存活率降低。此外,蒙脱石悬液中,存在少量粒径处于亚微米或纳米级别的石英粉尘,会加重蒙脱石产生的细胞毒性效应。

参 考 文 献

邓建军,董发勤,蒲晓允,等. 2000. 纤状蛇纹石石棉对兔肺泡巨噬细胞影响的体外研究. 第三军医大学学报,22(12):1170-1172

邓建军,董发勤,刘俭,等. 2007. 蛇纹石石棉与纤维水镁石矿物粉尘体外细胞毒性的对比. 中国工业医学杂志,22(5):117-119

邓建军,董发勤,王利民,等. 2009. 蛇纹石石棉与其 3 种天然代用纤维矿物粉尘体外细胞毒性的对比研究. 工业卫生与职业病,36(6):321-323

邓丽娟,王洪州,王利民,等. 2013. 蛇纹石石棉及其代用纤维对鼠细胞 EGFR 及 *Survivin* 表达的影响. 中国医药导报,33(10):4-10

董发勤,刘明学,耿迎雪,等. 2016. 超细大气矿物颗粒物界面反应及生物活性研究新进展. 中国测试,39(2):59-63

甘四洋,董发勤,曾娅莉,等. 2009. 蛇纹石石棉、纳米 SiO_2、硅灰石及人造纤维粉尘的细胞毒性研究. 安全与环境学报,9(4):13-16

黄凤德,董发勤,吴逢春,等. 2007. 温石棉与其代用纤维细胞毒性研究. 毒理学杂志,21(6):498-500

霍婷婷,董发勤,邓建军,等. 2013. 石英和 Nano-SiO_2 粉体对 A549 细胞炎性因子的影响. 矿物学报,33(3):402-407

霍婷婷,董发勤,邓建军,等. 2016a. 蛇纹石石棉纤维表面活性及生物持久性研究进展. 硅酸盐学报,44(5):763-768

霍婷婷,董发勤,邓建军,等. 2016b. 几种高硅质矿物细颗粒的 A549 细胞毒性对比. 环境科学,37(11):4410-4418

雷松,魏于全. 1996. 流式细胞术的基本原理. 华西医学,11(4):433-435

王洪州,邓丽娟,王利民,等. 2014a. 温石棉及其代用纤维对 V79 细胞 $p16$ 和 $p53$ 表达的影响. 山东医药,9(54):1-3

王洪州,邓丽娟,王利民,等. 2014b. 石棉及其代用纤维对鼠细胞钙激活蛋白 43 及 B 淋巴细胞瘤-2 表达的影响. 实用医院临床杂志,3(11):49-52

夏昭林,柯佛心. 1993. 染尘肺泡巨噬细胞对肺成纤维细胞(V79)的体外作用. 四川大学学报(医学版),24(1):87-91

熊豫麟,贾贤杰,周薇,等. 2011. 1990-2009 年我国石棉研究文献计量学分析. 中国职业医学,38(2):142-144

曾娅莉,甘四洋,董发勤,等. 2012. 蛇纹石石棉与 4 种主要代用纤维在有机酸溶解特性与体外细胞毒性的机理研究. 现代预防医学,39(12):2938-2941

曾娅莉,王洪州,董发勤. 2013. 我国蛇纹石石棉与其 4 种代用品致 V79 细胞肿瘤蛋白谱表达的影响. 岩石矿物学杂志,6(32):803-808

詹显全. 1999. 一氧化氮自由基及其在石棉致肺纤维化研究中的作用. 职业卫生与病伤,17(3):178-180

詹显全,杨青. 2000. 蛋白激酶 C 抑制剂对蛇纹石石棉诱导肺成纤维细胞增殖的影响. 中华劳动

卫生职业病杂志,18(6):346-349

詹显全,杨青,王治明. 1999. 石英和蛇纹石石棉致兔肺泡巨噬细胞谷胱甘肽过氧化物酶活性改变的比较研究. 职业卫生与病伤,17(3):129-132

詹显全,杨青,王绵珍,等. 2001. 蛋白激酶 C 信号通路对蛇纹石石棉介导的肺成纤维细胞细胞周期调控蛋白表达的影响. 中华劳动卫生职业病杂志,19(1):37-39

张敏,陈钧强,贾振宇,等. 2009. 温石棉对人支气管上皮细胞 BEAS-2B 凋亡的影响. 环境与职业医学,26(2):155-158

张艳淑,姚林,Djang A H K,等. 2004. Oncolyn 对蛇纹石石棉所致肺泡巨噬细胞氧化损伤的缓解作用. 中国工业医学杂志,17(1):16-17

周建华,周立人. 1997. 石棉诱导 AM 因子对成纤维细胞作用的研究. 工业卫生与职业病,23(4):219-222

周君富,郭芳珍,钱志君,等. 1997. 吸烟对抗氧化类维生素和抗氧化酶活性的影响. 中华预防医学杂志,31(2):67-70

朱丽瑾,鞠莉,肖芸,等. 2011. 蛇纹石石棉诱导人支气管上皮细胞错配修复基因表达改变. 中国职业医学,38(3):216-219

Ahmad J, Ahamed M, Akhtar M J, et al. 2012. Apoptosis induction by silica nanoparticles mediated through reactive oxygen species in human liver cell line HhepG2. Toxicology and Applied Pharmacology,259(2):160-168

Baek M, Lee J A, Choi S J. 2012. Toxicological effects of a cationic clay, montmorillonite in vitro and in vivo. Molecular and Cellular Toxicology,8(1):95-101

Bernstein D M, Sintes J M R, Ersboell B K, et al. 2001. Biopersistence of synthetic mineral fibers as a predictor of chronic inhalation toxicity in rats. Inhalation Toxicology,13(10):823-849

Bernstein D M, Chevalier J, Smith P. 2003a. Comparison of Calidria chrysotile asbestos to pure tremolite: Inhalation biopersistence and histopathology following short-term exposure. Inhalation Toxicology,15(14):1387-1419

Bernstein D M, Rogers R, Smith P. 2003b. The biopersistence of Canadian chrysotile asbestos following inhalation. Inhalation Toxicology,15(13):1247-1274

Bernstein D M, Hoskins J A. 2006. The health effects of chrysotile: Current perspective based upon recent data. Regulatory Toxicology and Pharmacology:RTP,45(3):252-264

Bernstein D M, Dunnigan J, Hesterberg T, et al. 2013. Health risk of chrysotile revisited. Critical Reviews in Toxicology,43(2):154-158

Blake T, Castranova V, Schwegler-Berry D, et al. 1998. Effect of fiber length on glass microfiber cytotoxicity. Journal of Toxicology and Environmental Health Part A,54(4):243-259

Brody A R. 1993. Asbestos-induced lung disease. Environmental Health Perspectives,100(47):21-30

Castranova V, Pailes W, Judy D, et al. 1996. In vitro effects of large and small glass fibers on rat alveolar macrophages. Journal of Toxicology and Environmental Health,49(4):357-369

Darcey D J, Alleman T. 2004. Occupational and environmental exposure to asbestos. Pathology of

Asbestos-Associated Diseases,130(3):17-33

Darley-Usmar V,Wiseman H,Halliwell B. 1995. Nitric oxide and oxygen radicals:A question of balance. Febs Letters,369(2-3):131-135

Dong F Q,Wan P,Peng T J,et al. 2000. New advances in the study of environmental mineralogy and environmental medicine of the fibrous mineral dusts. Acta Petrol Mineral (in Chinese), 19(3):191-198

Favero-Longo S E,Turci F,Fubini B,et al. 2013. Lichen deterioration of asbestos and asbestiform minerals of serpentinite rocks in western Alps. International Biodeterioration and Biodegradation,84(6):342-350

Ferenc M,Katir N,Miłowska K,et al. 2015. Haemolytic activity and cellular toxicity of SBA-15-type silicas:Elucidating the role of the mesostructure,surface functionality and linker length. Journal of Materials Chemistry B,3(13):2714-2724

Fukui H,Endoh S,Shichiri M,et al. 2014. The induction of lipid peroxidation during the acute oxidative stress response induced by intratracheal instillation of fine crystalline silica particles in rats. Toxicology and Industrial Health,32(8):1430-1437

Giantomassi F,Gualtieri A F,Santarelli L,et al. 2010. Biological effects and comparative cytotoxicity of thermal transformed asbestos-containing materials in a human alveolar epithelial cell line. Toxicology in Vitro,24(6):1521-1531

Goodman J E,Peterson M K,Bailey L A,et al. 2014. Electricians' chrysotile asbestos exposure from electrical products and risks of mesothelioma and lung cancer. Regulatory Toxicology and Pharmacology,68(1):8-15

Hiraku Y,Kawanishi S,Ichinose T,et al. 2010. The role of inos-mediated DNA damage in infection- and asbestos-induced carcinogenesis. Annals of the New York Academy of Sciences,1203(1):15-22

Huo T T,Dong F Q,Yu S W,et al. 2017. Synergistic oxidative stress of surface silanol and hydroxyl radical of crystal and amorphous silica in A549 cells. Journal of Nanoscience and Nanotechnology,17(9):6645-6654

Iyengar R,Stuehr D J,Marletta M A. 1987. Macrophage synthesis of nitrite,nitrate,and n-nitrosamines:Precursors and role of the respiratory burst. Proceedings of the National Academy of Sciences of the United States of America,84(18):6369-6373

Kamp D W,Graceffa P,Pryor W A,et al. 1992. The role of free radicals in asbestos-induced diseases. Free Radical Biology & Medicine,12(4):293-315

Kim K A,Lee W K,Kim J K,et al. 2001. Mechanism of refractory ceramic fiber- and rock wool-induced cytotoxicity in alveolar macrophages. International Archives of Occupational and Environmental Health,74(1):9-15

Kornicka K,Babiarczuk B,Krzak J,et al. 2016. The effect of a sol-gel derived silica coating doped with vitamin E on oxidative stress and senescence of human adipose-derived mesenchymal stem cells (AMSCS). RSC Advances,6(35):29524-29537

Lemaire I,Quellet S. 1996. Distinctive profile of alveolar macrophage-derived cytokine release induced by fibrogenic and nonfibrogenic mineral dusts. Journal of Toxicology and Environmental Health,47(5):465-478

Li J,Nagai H,Ohara H,et al. 2008. Characteristics and modifying factors of asbestos-induced oxidative DNA damage. Cancer Science,99(11):2142-2151

Liu Q,Liu Y,Xiang S,et al. 2011. Apoptosis and cytotoxicity of oligo (styrene-co-acrylonitrile)-modified montmorillonite. Applied Clay Science,51(3):214-219

Lu C F,Yuan X Y,Li L Z,et al. 2015. Combined exposure to nano-silica and lead induced potentiation of oxidative stress and DNA damage in human lung epithelial cells. Ecotoxicology and Environmental Safety,122:537-544

Manning C B,Vallyathan V,Mossman B T. 2002. Diseases caused by asbestos:Mechanisms of injury and disease development. International Immunopharmacology,2(3):191-200

Mast R W,Maxim L D,Utell M J,et al. 2000. Refractory ceramic fiber:Toxicology,epidemiology,and risk analyses-a review. Inhalation Toxicology,12(5):359-399

Michel C,Herzog S,de Capitani C,et al. 2014. Natural mineral particles are cytotoxic to rainbow trout gill epithelial cells in vitro. PLOS ONE,9(7):e100856

Myrvik Q,Leake E S,Fariss B. 1961. Studies on pulmonary alveolar macrophages from the normal rabbit:A technique to procure them in a high state of purity. Journal of Immunology,86(86):128-132

Oberdörster G. 2002. Toxicokinetics and effects of fibrous and nonfibrous particles. Inhalation Toxicology,14(1):29-56

Ogasawara Y,Ishii K. 2010. Exposure to chrysotile asbestos causes carbonylation of glucose 6-phosphate dehydrogenase through a reaction with lipid peroxidation products in human lung epithelial cells. Toxicology Letters,195(1):1-8

Pascolo L,Borelli V,Canzonieri V,et al. 2015. Differential protein folding and chemical changes in lung tissues exposed to asbestos or particulates. Scientific Reports,5,12129

Ptáček P,Nosková M,Brandštetr J,et al. 2010. Dissolving behavior and calcium release from fibrous wollastonite in acetic acid solution. Thermochimica Acta,498(1-2):54-60

Wei X R,Jiang W,Yu J C,et al. 2015. Effects of SiO_2,nanoparticles on phospholipid membrane integrity and fluidity. Journal of Hazardous Materials,287:217-224

第7章 蛇纹石石棉开发及其代用品利用现状

近十年来,蛇纹石石棉开发利用方面的研究持续下降,其无机代用品的研发稳中有升。本章主要讨论国内外蛇纹石石棉资源基本状况及其开发利用的现状、国内外蛇纹石石棉制品业及其代用品使用现状与新趋势,以及常用水泥、摩擦密封材料制品中代用纤维的安全性评价、无石棉制品的开发和使用现状。

7.1 蛇纹石石棉资源及其开发利用现状

7.1.1 中国蛇纹石石棉资源概况

我国蛇纹石石棉资源按成矿类型可分为超镁铁质岩(镁质超基性岩)型和镁质碳酸盐岩型。它们分别与幔源物质超镁铁质岩的地球化学演化、改造和壳源物质镁质碳酸盐岩的热液蚀变有成因关系,有各自的时空分布和成矿规律。在我国,大约以东经105°为界,西部地区以超镁铁质岩大型蛇纹石石棉为主,即中国西部次级板块聚合部位的蛇绿岩系超镁铁质岩大型岩体产出蛇纹石石棉矿产,占全国储量92%以上,广泛分布在青海、新疆、四川、云南、陕西、甘肃等省区;而东部地区,基本上都是铁质超基性岩(只有山东日照、江西弋阳等个别地区有镁质超基性岩产出蛇纹石石棉),主要是镁质碳酸盐岩型蛇纹石石棉矿床产出。我国富镁质碳酸盐岩型蛇纹石石棉矿床主要赋存于遭受变质作用和热液蚀变的前寒武系震旦系镁质碳酸盐岩中,大多分布在我国东北地区和华北地区,如辽宁、河北、山西、内蒙古等省区,规模较小(多为中、小型矿床)。镁质碳酸盐岩型蛇纹石石棉储量约占全国蛇纹石石棉储量的 2%。据美国地质勘探局(United States Geological Survey,USGS)统计,世界已探明的蛇纹石石棉储量逾 2 亿 t(基础储量)。我国蛇纹石石棉储量为 8947.2 万 t,居世界第三位。

我国镁质超基性岩型蛇纹石石棉矿床基本上都与蛇绿岩建造有成生联系,有许多是大型、特大型蛇纹石石棉矿床。一些蛇绿岩建造已成为蛇纹石石棉矿床重要成矿带,如阿尔金山蛇绿岩建造已有安南坝、茫崖、若羌、阿帕等矿床;北祁连蛇绿岩建造已有小八宝、双叉沟、小黑刺沟等矿床。与蛇纹石石棉矿床有成生联系的镁质超基性岩侵位的地质时期,主要是前寒武纪(四川石棉县、山东日照等)、加里东期(小八宝、双叉沟、小黑刺沟、黑木林等)、海西期(茫崖、若羌、阿帕等)、燕山期(云南德钦、墨江等)。地质研究表明,我国镁质超基性岩型蛇纹石石棉矿床的形成是后期热液蚀变过程中蛇纹石化作用使镁质超基性岩的地球化学演化改造达到成棉临界状态生成的。显然,区域大地构造、矿田构造、矿床构造(主要是断裂构造)是成矿的重要控制因素。综合蛇纹石石棉矿床的地质特征及成矿条件,中国镁质超基性岩型蛇纹石石棉矿床可分为三种亚类型,即三联构造部位的多期改造型矿床(茫崖型矿床)、板间带中相对稳定地段的简单型矿床(小八宝型矿床)和板间带中相对活动地带的改造型矿床(过渡型矿床,如双叉沟-小黑刺沟矿床)。

7.1.2　世界蛇纹石石棉矿产资源开发概况

世界上共有 20 多个国家在生产石棉,其中蛇纹石石棉是开采规模最大的品种,占世界石棉产量的 99％以上,其主要生产国有俄罗斯、中国、加拿大、哈萨克斯坦、巴西、津巴布韦等。石棉可广泛应用于水泥建筑材料、摩擦密封材料以及纺织品等行业,因此 20 世纪世界各国对石棉资源进行了大量开采。例如,1980 年世界石棉总产量超过 480 万 t(表 7.1)。然而,基于严重的石棉暴露问题及其对公共卫生产生的重大影响,世界卫生组织和国际劳工组织对石棉生产及其行业应用采取了严厉的限制措施,致使世界石棉产量大幅降低。例如,1990 年世界蛇纹石石棉产量约为 400 万 t,2000 年下降至 200 万 t 左右,之后比较稳定地保持在这个水平(USGS,2017)。

截至 2015 年底,已有超过 60 个世界卫生组织会员国(包括所有欧盟成员国)为促进和保障公众健康颁布了相关法律,禁止使用各类石棉(包括蛇纹石石棉)。但是,其他国家的限制措施不太严格,并且部分国家(主要是俄罗斯、中国、巴西等国)仍在生产或使用,甚至在增加生产或使用蛇纹石石棉。

7.1.3　中国蛇纹石石棉进出口及消费情况

我国目前已全面禁用角闪石石棉,蛇纹石石棉仍在开采和使用。由于石棉对公共健康的危害日益受到政府部门和相关企业的关注和重视,近年来,我国蛇纹石石棉的生产量和消费量已呈现逐渐下滑的趋势(表 7.2)。近十年来,我国蛇纹石石棉最高年产量仅为 44 万 t(2009 年),最高年消费量不到 68 万 t(2008 年);截至 2016 年底,蛇纹石石棉年产量已下降至不足 20 万 t(主要为短纤维石棉),年消费量下降至 26.5 万 t。我国部分优质蛇纹石石棉仍保有一定的出口量,为 2 万～5 万 t,且呈现逐年下降的趋势。俄罗斯、哈萨克斯坦等国是我国蛇纹石石棉的主要进口国,其进口量与国内石棉生产量、出口量以及消费量有关,进口量表现出一定的波动,但整体为下降趋势。近十年来,2008 年的进口量最大,约为 30 万 t,2013 年下降至约 20 万 t,2016 年进一步下降至约 11 万 t。

表 7.1　1950～2015 年世界石棉生产国家的产量一览表

Table 7.1　Asbestos production from 1950 to 2015

（单位：t）

国家	1950年	1960年	1970年	1975年	1980年	1985年	1990年	1995年	2000年	2003年	2005年	2010年	2015年
南非	79305	159551	287431	354710	277734	194905	161494	88642	18782	6218	—	—	—
津巴布韦	64891	121537	81288	261542	250949	173500	160500	169487	152000	147000	150000	24000	—
斯威士兰	29637	29055	33059	37601	32833	25130	35938	28574	12690	—	—	—	—
中国	102	81288	172737	150000	250000	150000	191800	447000	315000	350000	350000	400000	400000
印度	211	1711	10056	20312	—	29450	26053	23844	21000	19000	19000	262	200
日本	5665	15461	21389	4612	3897	2791	5184	2399	—	—	—	—	—
土耳其	245	216	1685	15496	8882	29039	—	—	18000	18000	—	—	—
加拿大	794140	1014699	1507497	1055667	1323053	750190	724620	524392	309719	194350	200000	100000	—
美国	37522	41028	113688	89497	80079	57457	20000	9290	5260	—	—	—	—
塞浦路斯	14990	21153	28708	31602	35535	16360	—	—	—	—	—	—	—
希腊	—	—	—	—	—	46811	65993	75003	—	—	—	—	—
哈萨克斯坦	—	—	—	—	—	—	—	160829	233200	354500	355000	2141000	215000
芬兰	10949	9556	13626	2791	—	—	—	—	—	—	—	—	—
法国	7456	25583	710	—	—	—	—	—	—	—	—	—	—
意大利	21434	51123	118618	146984	157794	136006	3862	—	—	—	—	—	—
苏联	217746	599499	1065889	1900000	2070000	2500000	2400000	—	—	—	—	—	—
俄罗斯	—	—	—	—	—	—	—	685000	750000	878000	875000	995100	1100000
南斯拉夫	958	5416	12105	12336	10468	6918	6578	—	—	—	—	—	—
澳大利亚	1643	14164	740	47922	32418	—	—	—	—	—	—	—	—
巴西	844	13237	16329	73978	170403	165446	205220	210352	290332	194350	195000	302257	311000
总计	129×10⁴	221×10⁴	349×10⁴	421×10⁴	481×10⁴	432×10⁴	402×10⁴	242×10⁴	203×10⁴	214×10⁴	225×10⁴	201×10⁴	203×10⁴

注：表中数据引用自 USGS(http://minerals.usgs.gov/minerals/pubs/commodity/asbestos/)。

表 7.2 2005~2016 年我国蛇纹石石棉生产量、消费量以及进出口情况

Table 7.2 The Chinese yearly production, consumption and import/export of chrysotile asbestos from 2005 to 2016

年份	生产量/万 t	消费量/万 t	出口		进口	
			数量/万 t	金额/万美元	数量/万 t	金额/万美元
2005	33.20	47	0.54	128	17	3299
2006	34	55	1.02	250	19.14	3994
2007	39.60	60	0.43	109	25.04	5491
2008	38	67.60	1.45	533	29.99	7835
2009	44	55.40	2.46	1036	20.99	5577
2010	40	56.40	4.53	1575	25.91	6976
2011	38.50	55.80	5.65	1973	25.42	7650
2012	35.50	46.90	6.94	3021	18.03	6716
2013	30	45	5.40	2289	20.29	7180
2014	25.86	30	4.05	1780	14.75	4999
2015	22.71	30	3.13	1355	10.49	3725
2016	19.16	26.5	2.18	951	11.02	3824

注:表中数据引用自中国石棉(http://smxh. org. 13414. m8849. cn/)。

1. 中国蛇纹石石棉消费结构及需求预测

我国蛇纹石石棉的主要消费途径是蛇纹石石棉水泥制品、摩擦密封制品以及纺织制品等,其中生产蛇纹石石棉水泥制品的用量占总消费量的 80% 以上。然而,我国生产的蛇纹石石棉水泥制品产品单一,主要为传统的石棉瓦、石棉水泥板等。目前较流行的各种彩色蛇纹石石棉瓦、蛇纹石石棉复合彩色板、大型蛇纹石石棉水泥管等在我国的生产尚未全面开展,并且经济价值较高的蛇纹石石棉地面材料的开发几乎是空白。相比彩钢瓦,彩色石棉瓦具有使用年限长、隔热保温效果好、价格便宜等优势,通过采用意大利和比利时的全套进口设备以及在彩瓦喷涂中选用德国涂料技术,可实现高度自动化生产。我国需大力发展彩色石棉瓦的生产。此外,在蛇纹石石棉总消费量中,蛇纹石石棉摩擦密封制品占 10%~15%,纺织制品及其他用途占 5%~10%(表 7.3)。目前,国内蛇纹石石棉年需求量为 25 万~30 万 t,其中 30%~40% 靠进口补充。

表 7.3 我国蛇纹石石棉消费结构

Table 7.3 Consumption structure of chrysotile asbestos in China（单位：%）

消费领域	1970~1979 年	1980~1989 年	1990~1999 年	2000~2010 年	2010~2015 年
石棉水泥制品	65~70	70~75	75~80	80~85	80 以上
摩擦密封制品	15~20	15~20	13~18	10~13	10~15
其他（纺织、保温等制品）	15	10	7	5~7	5~10

2. 国际蛇纹石石棉市场需求分析

国际蛇纹石石棉市场波动较大。1950~1990 年国际蛇纹石石棉需求旺盛,年生产量最高接近 500 万 t。世界主要蛇纹石石棉出口国为加拿大、俄罗斯、南非、津巴布韦、巴西、美国等,加拿大每年以全国总产量的 90%~95%供给出口市场;南非每年出口占其石棉总产量的 90%~95%,主要供给日本和欧洲市场;津巴布韦每年出口占其石棉总产量的 95%~100%;苏联蛇纹石石棉以年总产量的 25%~30%出口供给东欧和日本。苏联解体后,俄罗斯蛇纹石石棉生产量仍在 100 万 t 左右,哈萨克斯坦年产蛇纹石石棉在 40 万 t 左右。目前,俄罗斯与哈萨克斯坦两国已成为主要蛇纹石石棉出口国,其产品遍布亚洲市场。蛇纹石石棉的主要进口国家有加拿大、墨西哥、德国、中国、日本、沙特阿拉伯、英国、美国等(王怀宇和陈凌瑾,2009;王广驹,2004,2007)。随着世界卫生组织、世界劳工组织、国际癌症研究中心等组织对石棉危害的鉴定和宣传以及众多国家相继对石棉的立法禁令,国际蛇纹石石棉市场需求急剧降低,进口量下降最大的是美洲,其次是大洋洲和欧洲。日本在 2008 年立法并全面禁止石棉的使用,但是中国对蛇纹石石棉的高需求量使亚洲的蛇纹石石棉市场总体保持稳定。目前,亚洲(不包括日本)已成为主要的蛇纹石石棉消费市场。非洲蛇纹石石棉进口量不大,也不稳定,但该区多数国家属发展中国家,也是重要的蛇纹石石棉市场之一。近年来,发展中国家工业发展较快,尤其是建筑业和石油工业,石棉水泥制品及保温材料等畅销,蛇纹石石棉消费量仍维持在较高水平。因此,发展中国家的蛇纹石石棉使用量具有较大的增长潜力。

7.2 中国蛇纹石石棉制品业及其代用品使用现状

中国蛇纹石石棉制品大体分为五类:①蛇纹石石棉水泥制品,主要为石棉水泥瓦/板/管等;②蛇纹石石棉制动制品和密封衬垫材料;③蛇纹石石棉保温、绝缘材料;④蛇纹石石棉纺织制品;⑤其他蛇纹石石棉制品,如蛇纹石石棉橡胶制品、复合彩色板、泡沫石棉制品、化工和军工用蛇纹石石棉材料等。以下介绍主要的蛇纹石石石棉新制品与代用纤维的使用情况。

7.2.1　蛇纹石石棉绝热材料与新进展

蛇纹石石棉绝热材料(也称为石棉保温材料),是一类天然矿物纤维多孔绝热材料,工业中主要由低档次的六、七级短棉和石棉矿泥(粉)制成。从 20 世纪 70 年代后开始,传统的蛇纹石石棉绝热保温材料逐步退居次要地位。这是因为绝热材料逐步向复合材料方向发展,但硅酸盐水泥、沥青或碳酸镁类胶结剂的加入会使成型制品的密度增大($>1.2\times10^3$ kg/m³),且热导率增高。随着人造矿物纤维(如岩棉、矿棉、玻璃棉、超细玻璃棉、硅酸铝耐火纤维及泡沫玻璃、微孔硅酸钙制品等)快速发展,以及高分子有机绝热材料(聚乙烯泡沫塑料、聚氨酯塑料、聚苯乙烯、聚氯乙烯与酚醛泡沫塑料等)的大量应用,传统的蛇纹石石棉保温材料逐渐退出市场。但是,我国仍已研制出两种新型石棉类绝热材料:超轻质泡沫石棉毡和复合硅酸盐保温绝热涂料,正在得到应用。

1. 泡沫石棉

泡沫石棉是一种超轻质高效绝热节能材料,以蛇纹石石棉纤维为原料,通过制浆、发泡、干燥成型与防水处理等工艺制成,具有容重小、热导率低、保温性能极好、防水性能良好、抗腐蚀、吸声防振,不刺激皮肤、无粉尘污染等特点,并兼有可任意裁剪、弯曲、施工简便迅速、无损耗等优点(表 7.4)。该产品是各种热力管道、设备、窑炉、冷冻设备等工业保温、隔热的理想材料,广泛应用于石油、化工、电力、冶金、轻工、建筑等部门。泡沫石棉通常制成超轻质多孔毡形软质板材,可分为三类:普通型、压缩回弹性耐水型、防水疏水弹性型。

表 7.4　泡沫石棉的性能

Table 7.4　Physical properties of litaflex

性能项目	普通耐水型泡沫石棉	防水疏水型泡沫石棉
密度/(kg/m³)	25~50	20±5,30±5,40±5
常温热导率/[W/(m・K)]	0.0406~0.0557	0.0302~0.0450
吸声系数(800~4000Hz)	0.53~0.95	0.55~0.96
抗拉强度/MPa	0.03~0.08	0.03~0.08
含水率/%	0.5~1.8	0.5~1.2
吸湿率/%*	5.5~13.4	2.0~3.0
压缩回弹率/%**	30~80	>95
耐火性	可燃,有有机物异味溢出	不燃,无烟气异味

续表

性能项目	普通耐水型泡沫石棉	防水疏水型泡沫石棉
化学稳定性	良好	很好
耐水性	普通型较差,弹性型良好	很好
疏水性	不疏水	优良
安全使用温度/℃	0~500	-273~550
低温保冷性	不能	良好
施工安全性	易施工,不刺激皮肤, 但在切割时有少量扬尘	易施工,不刺激皮肤, 但在切割时有少量扬尘
外观	白、灰白、柔软、可弯曲, 易剪切、泡孔均匀,平整	灰白、灰黑、柔软、可弯曲, 易剪切、泡孔均匀,平整

*吸湿率为95%湿度饱和吸湿;**压缩回弹率为压缩50%恢复后与原厚度的百分比。

　　泡沫石棉被誉为"最好的无机绝热材料",在国内得到迅速推广应用。国内泡沫石棉生产企业遍及全国各省市,至少450家,多为个体经营,普遍未参加行业协会,年总产量已超过100万 m^3,年消耗蛇纹石石棉约2万t。由于公众对石棉致癌的恐惧,泡沫石棉生产企业主要采取以下两种应对措施:一是将"泡沫石棉"一词改称为"硅酸盐(硅酸镁)绝热保温毡"或"碳镁硅保温材料"等名称,以回避"石棉"一词;二是在配方中减少化学渗透剂用量,减少成浆棉比例,同时大量添加其他类人造矿物纤维及矿物粉体填料,使成本显著下降,逐步由纯蛇纹石石棉发泡型绝热材料转变为蛇纹石石棉/人造矿物纤维类复合制品。但是这导致材料的密度增加,热导率增大,保温效果降低。

2. 复合硅酸盐绝热涂料

　　复合硅酸盐绝热涂料是指由蛇纹石石棉与海泡石类硅酸盐矿物混杂复合的产品,同时添加其他以硅酸盐或矿物为主的人造纤维与粉体材料,所以称为复合硅酸盐绝热涂料。它是目前应用最广泛的新型保温涂料,也被认为是无石棉材料。然而,这种观点是不对的。因为纤状海泡石与纤状坡缕石是一种富镁硅酸盐纤维矿物,其主要化学成分与蛇纹石石棉相似,只是矿物结晶形态有别,但基本符合商品石棉的定义(Suárez and García-Romero,2011)。此外,复合硅酸盐绝热涂料的配方中,需使用化学成浆性能良好的蛇纹石石棉(通常含量低于干料总重的30%)进行打浆增强,再添加预浸泡的海泡石纤维及其他填料和黏结剂,搅匀复合,最后制成硅酸盐绝热涂料。

　　复合硅酸盐绝热涂料综合了涂料及保温材料的双重特点,涂料可直接施工涂覆在待保温的装备上,自然干燥后形成具备一定强度及弹性的保温层。复合硅酸盐绝热涂料具有优良的物理化学性能(表 7.5),相比于其他保温材料(岩棉、矿棉、玻璃棉等制品),其优势在于:①热导率低,保温效果显著;②可与基层全面黏结,整体性强,特别适用于其他保温材料难以解决的异型设备保温;③质轻、层薄,在建筑物内保温使用相对提高了住宅的使用面积,工业保温层用厚度比常规保温材料小50%以上;④阻燃性好,环保性强;⑤施工相对简单,可采用人工涂抹的方式进行,无粉尘污染,施工无损耗;⑥生产工艺简单,能耗低。

表 7.5　复合硅酸盐绝热涂料的物理化学性能
Table 7.5　Physicochemical properties of the silicate-based heat insulation coatings

项目	技术指标	项目	技术指标
浆料湿密度/(kg/m³)	<750~800	干后收缩率/%	25~35
浆料干密度/(kg/m³)	<35	外观	颜色均匀一致黏状浆体
黏结强度/kPa	>30	耐酸性	30%HCl 浸泡 24h,无开裂脱落起泡现象
热导率/[W/(m·K)]	0.055~0.075	耐碱性	40%NaOH 浸泡 24h,无开裂脱落起泡现象
使用温度/℃	-50~800	耐油性	机油浸泡 24h,无开裂脱落起泡现象
pH	7~8	不燃性	不燃

据不完全统计,我国现在绝热涂料生产能力已超过 800 万 m³/a,实际生产量随市场及季节变化,年消耗蛇纹石石棉 1.0 万~1.5 万 t,海泡石纤维与海泡石粉体 1.0 万~1.5 万 t。目前,复合硅酸盐保温涂料主要用于工业保温涂料,并逐步应用于建筑内墙保温。但是其自身的材料结构具有一定缺陷并存在一些亟待解决的问题:①干燥周期长,施工受季节和气候影响大;②抗冲击能力弱;③干燥收缩大,吸湿率大;④对墙体的黏结强度偏低,施工不当易造成大面积空鼓现象;⑤装饰性有待进一步改善。因此,亟须加大研发力度以提高此类涂料的综合性能,使之广泛应用于建筑隔热保温。

3. 新型蛇纹石石棉绝热材料的开发启示

首先,无论弹性防水泡沫石棉,还是复合硅酸盐绝热涂料,它们之所以性能优越,超过常见的各类其他品种的绝热材料,关键是依靠蛇纹石石棉(或纤状海泡石)的高膨胀性和高成浆性。而高成浆性的实质是蛇纹石石棉(或纤状海泡石)都可以充分(化学)膨胀松散到接近单纤维的纳米级(2~3nm)水平。成浆性使这些浆体材料具有质轻多孔和自由成型的特点,而且均是湿法加工与湿法施工,避免了粉尘污染。

　　蛇纹石石棉绝热材料还具有很多可开发新工艺和新产品的潜力。例如,全球保温隔热材料正朝着高效、节能、薄层、隔热、防水外护一体化方向发展,其中绝热保温材料的憎水性是保温材料的重要发展方向。因为常温下水的热导率是空气的23.1倍。绝热材料吸水后不但会大幅降低其绝热性能,而且会加速对金属的腐蚀,是十分有害的。利用有机硅烷改性可以显著提升材料的憎水性,蛇纹石石棉表面具有丰富的羟基基团,能够和有机硅烷发生接枝反应,从而实现对蛇纹石石棉的功能化改性,提升其憎水性,降低蛇纹石石棉绝热材料的吸水率,有望显著提升蛇纹石石棉绝热材料的性能。此外,有机硅烷改性具有稳定性好、成本低、工艺简单等优点,具有良好的发展潜力。然而,"禁止使用石棉"的"石棉恐惧症"的环境压抑开发研究的积极性。

　　其次,我国石棉湿法纺织及泡沫石棉和复合硅酸盐绝热涂料均使用富镁蛇纹石石棉,利用它的表面电性为高正值的ζ电位,使用阴离子表面活性剂来化学松解成浆。而西方各国在这类产品(湿纺及泡沫石棉)生产时原先(现已禁用)使用更容易致癌的角闪石石棉,如青石棉,ζ电位为负值,必须使用阳离子型表面活性剂。就是说两者的原材料、活性剂和安全性有很大区别。

7.2.2　纤维水泥制品工业中的石棉代用品

1. 水泥制品无石棉化倾向受阻

　　国际上使用石棉水泥制品已有100多年的历史,自20世纪80年代初石棉粉尘对人体有害的观点提出后,国际纤维水泥制品行业发生了很大的变化,由单纯生产石棉水泥制品逐步转向生产多种非石棉纤维水泥制品。目前,所有欧盟成员国、美国、加拿大、日本、澳大利亚等国已不生产、不进口、不使用石棉水泥制品,用非石棉纤维水泥制品取而代之;中国、巴西、印度等发展中国家在继续生产石棉水泥制品的同时也生产非石棉纤维水泥制品,石棉水泥占有超过80%的市场份额;俄罗斯和大多数的非洲与中东国家仍然只生产和使用石棉水泥制品(林震等,2011;沈荣熹,2004,2002)。国际上知名的非石棉纤维水泥制品公司有比利时的 Etex 集团、SVK 公司,丹麦的 Cembrit 公司,澳大利亚的 James Hardie 公司,巴西的 Brasilit/St Bobain Eternit 等公司。非石棉水泥制品主要包括玻璃纤维增强水泥(glass fiber reinforced concrete,GRC)、压蒸纤维素纤维水泥与纤维素纤维硅酸钙、合成纤维水泥制品以及混杂纤维水泥制品等(沈荣熹,2002)。石棉代用纤维主要有玻璃纤维、维纶纤维、木浆纤维、高模量维纶纤维、高强度聚丙烯纤维等。事实上,传统的石棉水泥制品中也添加有少量中碱玻璃纤维(0.5%~0.6%)、纸浆纤维(0.5%~1.4%)等非石棉纤维,目的是补充蛇纹石石棉产品中缺乏的中长纤维,同时改善过滤性与成浆性和分散悬浮性。非石棉水泥制品中的代用纤维与基材(水泥、石灰等基材)的物化性质不同,两者之间的结合力是影响最终产品性能的重要因素。因此,通常加入矿粉辅助材料改善代用纤维与基材之间的握裹力,提高制品的性能。辅助材料的加入可适当降低纤维的用量,降低成本,并能改善生产料浆特性,降低制品的干缩变形,提高稳定性等。常用的矿粉辅助材料有硅微粉、石灰石、云母、硅灰石、珍珠岩、膨润土、硅藻土等(林震等,2011)。

我国蛇纹石石棉商品棉年用量为 30 万~40 万 t,其最大用途为石棉纤维水泥制品,可占到总量的 80% 以上。我国石棉水泥制品工业自 20 世纪 80 年代以来发展很快,主要反映在产品产量、品种与技术水平等方面。据统计,我国目前共有石棉水泥制品厂 560 余家,主要生产石棉水泥波瓦,其次为石棉水泥平板与石棉硅酸钙板,以及一定量的石棉水泥压力管与电缆管等,年耗蛇纹石石棉约 36 万 t。石棉水泥波瓦的年产量在 3.0 亿 m^2 左右,以小波瓦与中波瓦居多,大波瓦的年产量有限。

与此同时,我国已开发了多种非石棉纤维水泥制品。GRC 制品是从无到有发展起来的,利用国产的抗碱玻璃纤维(玻纤)、抗碱被覆玻纤网格布与低碱度硫铝酸盐水泥作为原料,采用国内自制的设备,开发出多种 GRC 制品,已投入批量生产。全国现有 300 余家企业生产 GRC 多孔条板,年产量已逾 2500 万 m^2。用国产的高模量与改性维纶纤维制成的大幅面非石棉纤维水泥加压平板与轻质平板,也已批量生产。同时还掌握了用维纶纤维制造非石棉纤维水泥电缆管的制造技术。此外,国内已有 6 家厂商可生产压蒸的非石棉纤维水泥板与硅酸钙板,主要用纤维素纤维作为增强材料。虽然我国的非石棉纤维水泥发展迅速,但是石棉水泥制品仍占主导地位,石棉水泥制品与非石棉制品按纤维用量的比例计算约为100∶6。鉴于蛇纹石石棉的优良性能,美国曾禁用一段时间后,又在下水管、污水管、灌溉管等无压力水泥管道上放开了对蛇纹石石棉纤维水泥制品的限制(ASTM C 428-2005)。欧盟自 20 世纪 80 年代发现石棉对人体造成巨大危害以来,于 2007 年已不生产、不进口、不使用石棉水泥制品,而采用非石棉纤维水泥制品取而代之,常用的代用纤维以纤维素和合成纤维等为主。

2. 纤维水泥制品生产过程中蛇纹石石棉纤维的粉尘控制

蛇纹石石棉在生产过程中能否安全使用,取决于是否会扩散扬尘(Kim et al.,2015)。纤维水泥制品工业生产是在湿法工艺中进行的,蛇纹石石棉在与水泥及其他辅料的湿法制备与成型过程中不会扬尘。因此,可能产生石棉尘污染的作业点是在进行湿法加工之前的原棉处理车间及配料工序。在 20 世纪 90 年代前,我国石棉水泥制品厂都采用干法工艺对原棉进行除砂并进一步松解纤维,因此粉尘污染比较严重。90 年代后,干法二次加工均已改为湿法加工,粉尘污染受到很大程度的防治。在计量配料及与硅酸盐水泥混合制备料浆时,一些企业也均改进为封闭式无尘或自动化计量制浆技术。例如,湖北省黄石市华新纤维水泥制品有限公司,从 2005 年初改制后进行了十几项技术改造创新举措,其中之一是原料系统无尘化及计量自动化改造,也就是将过去采用敞开式荷兰式打浆机(电耗高、效率低,而且不利于与水泥配料计量,粉尘飞扬,严重危害岗位工人身体健康),改为使用封闭式湿法松解蛇纹石石棉纤维设备,与浆泵配合,采用先进的计量控制技术,与水泥密闭配浆混合,计量由原来人工机械式改为数控自动控制,结构紧凑,人员减少,计量质量与环保防尘性能均大幅度提高,消除了扬尘现象,其直接和间接经济、环保效益显著。事实证明,采用湿法处理与自动化无尘化加工工艺可以完全防止石棉制品厂的粉尘污染,蛇纹石石棉是可以安全加工利用的。

3. 对纤维水泥制品工业中代用纤维的安全性评价

在纤维水泥制品工业上,我国研究与生产代用纤维制品已经有 20 多年,比较成功地实现了"无石棉化"。已成功地试制与使用的代用纤维材料包括中碱或耐碱玻璃纤维、维纶纤维,纤状海泡石、纤状水镁石以及配合使用的植物纤维、纸纤维、布纤维、麻纤维等(Hosseinpourpia et al.,2012)。

在这里有两个问题应当谈谈作者的观点:

纤状海泡石与纤状水镁石,同样都是从岩石中产出的具可纺性的天然矿物纤维。其中的纤状海泡石,矿物学名为 α-海泡石,它与蛇纹石石棉一样都属于含水镁硅酸盐纤维状矿物,主要化学成分也基本相同;纤状水镁石是氢氧化物类(含水氢氧化镁)矿物纤维,在 20 世纪 70 年代以前被"误归入"石棉类矿产储量,称为水镁石石棉。近 20 年来它们之所以被称为石棉代用纤维或无石棉纤维来使用,主要是因为"商品石棉"的定义不是很严谨,或者出于回避"石棉"一词的商业利益考虑。

以上各种蛇纹石石棉代用纤维,包括纤状海泡石与纤状水镁石在内,它们的综合技术性能与价格比均不能与蛇纹石石棉相媲美(荣葵一,2006;万朴,2005)。

此外,一些纤维水泥制品公司的产品使用情况可作为质量安全的旁证。我国的公司每年会向韩国、日本、新加坡等国出口无石棉瓦、无石棉板、无石棉管等约 100 万件。这些无石棉水泥制品主要使用纤状海泡石,也配以玻璃纤维或维纶纤维等其他非石棉纤维,质量符合无石棉化水泥制品要求。但是据该公司自己评价,实际上还是蛇纹石石棉水泥制品性能质量最好,而无石棉水泥制品每过 3~5 年就会变质,必须更换,成本也高。好在这些国家认为只要是"无石棉化",就可以放心大胆使用,价格与使用年限不成问题。因此可以大量向国外出口无石棉水泥制品;而在国内,则继续大量生产石棉水泥制品。从这里反映出国外宣传蛇纹石石棉有害带动的"无石棉化"制品进程中,产品价格、成本、性能与安全方面的负面影响可能比其自身可控制的粉尘污染带来的危害更大。

作者不反对为了满足"石棉恐惧症"者的心理需要,生产并向国外销售无石棉纤维水泥制品。但是也有必要提醒,那些所谓无石棉化的代用纤维就安全吗? 所谓的无石棉化的纤状海泡石与纤状水镁石等矿物纤维,也需要医学毒理学研究证明它们是高度安全的才可行。例如,玻璃纤维在国际上早有致病致癌的报道,不是没有致病的风险,只是人们不去大力宣传而已。再如,维纶类有机纤维生产和使用是否也会对人体产生有毒有害的影响,其医学病理学、公共卫生学的无害证明也不足。联合国国际癌症研究机构列出 90 种对人类致癌的物质,其中包括含酒精的饮料、含阿司匹林的止痛混合物、腌鱼(中国风味)、烟草烟尘和木屑这些混合物等。那么,用于纤维水泥制品中的粗纸纤维与木屑类似,它们的安全性有没有本质的区别呢?

上述这些石棉代用纤维,它们与硅酸盐水泥的黏结强度远远不如蛇纹石石棉,而且它们的耐氧化性与耐碱性也不如蛇纹石石棉,因此用它们制成的纤维水泥制品(容易被氧化老化而在 3～5 年内即破裂粉化)的耐久性等性能也不如蛇纹石石棉水泥制品(持续 30 年以上质量性能基本稳定),但关注这种使用安全性的人不多。

还有一点要特别指出,蛇纹石石棉与硅酸盐水泥在水中从混料、成型开始就发生复杂的水化反应,直到 28 天后反应才完成。蛇纹石石棉纤维的表面含有大量的活性基团(如表面羟基、化学断键等)(Anbalagan et al. ,2008),能与硅酸盐水泥形成化学键合以及氢键等相互作用,所产生的水化物填充于纤维间隙。因此,在达到高效复合黏结的同时,蛇纹石石棉也通过水化反应改变了自身的孔隙结构,失去了化学活性,在纤维表层表现出高稳定性。这种制品制造化学反应改性的重要性与后期安全性更缺少综合评价。

事实上,若盲目的无石棉化过程是基于一再宣称石棉有害的舆论而不是基于科学的证据,以为只要禁用蛇纹石石棉,改用代用纤维,健康就有保证,会导致世界范围内的无石棉化倾向进入另一个误区。

7.2.3　中国摩擦密封材料工业中石棉代用品

1. 中国摩擦密封材料行业无石棉化的进展

1998 年,我国公布了新的《汽车用制动器衬片》国家标准(GB 5763—1998,现已更新为 GB 5763—2008)。标准中明文规定从 2003 年起,所有制动器衬片配方中不准再使用石棉。由此,开始了逐步禁止使用蛇纹石石棉的无石棉化的中国行动。这被认为是石棉制品行业与"国际接轨"的一大举措。为了响应国内外高涨的禁止使用石棉的呼声,中国石棉制品工业协会也改名为中国摩擦密封材料协会,并在行业内全力推行无石棉化进程。摩擦材料和密封材料中非石棉制品所占比例由 2002 年的 49.9% 和 9.7%,分别增高至 2008 年的 73.77% 和 49.3%,这表明摩擦密封材料行业中的无石棉化进展成效显著。在 2009 年以后,中国摩擦密封材料协会并未给出非石棉制品所占的比例(表 7.6),这可以理解为在该行业中,生产非石棉制品占比相当高,已成为行业内的默认准则。

表 7.6 摩擦密封材料行业 2002～2016 年生产统计表

Table 7.6 Friction sealing materials industry production statistics from 2002 to 2016

年份	摩擦材料		密封材料		年份	摩擦材料		密封材料	
	产量/万 t	非石棉占比/%	产量/万 t	非石棉占比/%		产量/万 t	非石棉占比/%	产量/万 t	非石棉占比/%
2002	10.38	49.9	3.45	9.7	2010	41.66	—	7.30	—
2003	15.76	51.5	4.47	11.7	2011	44.96	—	8.15	—
2004	19.41	56.8	4.89	12.4	2012	42.87	—	8.23	—
2005	27.71	59.9	5.53	15.4	2013	46.21	—	8.34	—
2006	31.63	64.7	5.89	24.6	2014	47.65	—	8.35	—
2007	37.17	65.5	7.46	26.3	2015	48.10	—	8.63	—
2008	32.62	73.77	6.90	49.3	2016	48.68	—	8.65	—
2009	37.50	—	6.53	—					

注:表中数据引用自中国摩擦密封材料协会会刊(2003—2017)。

上述成果对主张无石棉化的人而言是鼓舞人心的。但是,中国摩擦密封材料协会所给出的数据能否真实反映当前的实际情况呢? 首先,该协会公布的数据仅是各个成员单位所提供数据的汇总,目前另有超过数百家个体企业尚未参加该协会。还有一点需特别注意,协会公布这个数据时用的是"非石棉"一词,而未用"无石棉"之语。"无石棉"化为什么用"非石棉"呢? 这是行业内的不成文约定:制品中蛇纹石石棉用量不超过制品总重量的 20%～40% 者,可称为"非石棉"制品。因此,"非石棉"制品并不完全等同于"无石棉化"制品。另外,在这些"非石棉"制品中,所用的代用纤维多为纤状水镁石及纤状海泡石,前者是常与蛇纹石石棉共生的氢氧镁石,后者是化学成分和矿物结构成分与蛇纹石石棉相似的硅酸盐纤维矿物,只是产量太少,大多数人不知道而已。

2. 摩擦密封材料中蛇纹石石棉代用纤维的类型与性能

摩擦密封材料中石棉代用纤维的种类很多,主要包括以下几个大类(王文霞等,2007)。

(1) 天然植物纤维:由木材或棉、麻织物作为摩擦制动材料,天然纤维性能不稳定,与树脂的相容性差,容易降解,容易燃烧,通常不单独使用。

(2) 天然矿物纤维:包括纤状海泡石、纤状坡缕石、纤状水镁石、纤状硅灰石等,性能见 2.3 节。

（3）玻璃纤维：包括普通玻璃纤维（短切纱、包芯纱布、混纺纱布、复合纱布）和增强型无碱玻璃纤维（短切玻璃纤维、摩擦材料专用玻纤、水溶型短玻璃纤维）等，性能见 2.4 节。

（4）人造矿渣棉绒类（不具可纺性的超短纤维），包括岩棉、矿渣棉、超细玻璃棉、玄武岩纤维棉等，性能见 2.4 节。

（5）陶瓷纤维：包括甩丝纤维和喷丝纤维等，性能见 2.4 节。

（6）金属纤维：包括钢纤维与钢棉、有色金属纤维（铜纤维、硼纤维），既具有合成纤维的柔软性，又有金属本身良好的导热、耐腐蚀及高温下良好的耐磨性（如铜纤维、钢纤维、铸铁纤维等），金属纤维在高温下容易被氧化，会影响材料的性能和使用寿命。

（7）有机合成纤维：包括芳纶纤维、芳纶浆粕纤维、凯夫拉（Kevlar）纤维，其中芳纶纤维具有极高的强度和中等的弹性模量，密度小，耐热好，高温下尺寸稳定性好且耐磨，但是容易结团，导致混料不均匀。

（8）碳纤维：碳纤维具有比强度高、比模量高、耐高温、耐疲劳、抗蠕变、导电传热和热膨胀系数小等特点，可用来增强聚合物组成高性能聚合物基复合材料。

上述代用纤维单独使用的效果都低于蛇纹石石棉，因此需复合使用才能达到蛇纹石石棉纤维的高性能，如矿物复合纤维，也称为无石棉矿物复合纤维（fabric kevlar fiber，FKF），是一种替代石棉作为增强材料的非金属型矿物纤维，是由 4 或 5 种及以上非石棉纤维根据使用对象不同按比例组成的，大多以无机人造矿物纤维为主，并添加部分有机合成纤维（Bezerra et al.，2006）。FKF 的化学组成为 $40.0\% \sim 43.0\%$ SiO_2、$16.0\% \sim 18.0\%$ Al_2O_3、$14.0\% \sim 16.0\%$ CaO、$5.0\% \sim 7.0\%$ MgO、$3.0\% \sim 5.0\%$ Fe_2O_3、$4.0\% \sim 6.0\%$ C。FKF 由耐高温非金属矿混合物经 1000℃以上温度熔融，离心或喷丝形成。FKF 的冲击强度和洛氏硬度分别为 $0.37J/cm^2$ 和 68，低于石棉纤维冲击强度（$0.7J/cm^2$）和洛氏硬度（99.2）；FKF 在摩擦片的工作温度范围内（$200 \sim 400$℃），其摩擦系数为 $0.28 \sim 0.51$，磨损率为 $0.53 \times 10^{-7} \sim 1.45 \times 10^{-7} cm^3/(N \cdot m)$，与石棉纤维的摩擦系数（$0.26 \sim 0.48$）和磨损率（$0.49 \times 10^{-7} \sim 3.28 \times 10^{-7} cm^3/(N \cdot m)$）相当；此外，FKF 具有良好的耐热性能，可减少摩擦片的热衰退现象。

通过比较蛇纹石石棉与代用纤维的差异（表 7.7）可以清楚地看出，尽管代用纤维有各自的优点，但专门应用于摩擦材料、密封材料或纤维水泥制品时，其综合技术性能远不如蛇纹石石棉。这主要表现在：①代用纤维单纤维直径远大于蛇纹石石棉纤维，其比表面积小，很难有效地吸附足够量的有机黏结剂；②蛇纹石石棉纤维界面含有大量活性基团，能与有机聚合物形成较强的相互作用，实现高效复合黏结；③蛇纹石石棉纤维的抗拉强度与弹性模量显著高于人造矿物纤维；④蛇纹石石棉的开采耗能低，生产成本显著低于人造纤维。

表 7.7 蛇纹石石棉与人造矿物纤维和人造有机纤维性能比较

Table 7.7 Performance comparison between synthetic organic fiber, chrysotile asbestos and artificial mineral fiber

性能项目	蛇纹石石棉	玻璃纤维	玻璃微纤维	岩棉矿渣棉	陶瓷纤维	复合矿物纤维(FKF)	芳纶纤维(Twaron)	芳纶浆粕(Twaron浆粕)	尼龙	碳纤维	凯夫拉纤维
密度/(g/cm³)	2.2~2.4	2.5~2.7	2.5~2.7	2.5~2.7	2.5~2.7	0.12~0.22	1.44	1.3~1.4	1.14	1.4~1.9	1.5~1.6
直径/μm	0.0179~0.05	3~9	1~3	5~9	2~5.5	~20	12.0	3.0~4.0	3~8	3~8	3~8
长度/mm	0.1~1000以上	连续长纤维或短切纤维	0.1~5	1.0~8	0~8.5	~20	连续长纤维或短切纤维	—	连续长纤维或短切纤维	连续长纤维或短切纤维	连续长纤维或短切纤维
比表面积/(m²/g)	>0.9~1.35	—	—	—	—	—	—	—	—	—	—
抗拉强度/MPa	2450~3800	1470~4800	—	—	—	—	2800	—	490~680	2600~3800	2800
弹性模量/GPa	169~180	71.5~86.0	—	—	—	—	80	—	—	221~262 (断裂伸长率1.0%)	(断裂伸长率2.5%)
表面电性/mV	8.7~39.7	—	—	—	—	—	—	—	—	—	—

续表

性能项目	蛇纹石石棉	玻璃纤维	玻璃微纤维	岩棉矿渣棉	陶瓷纤维	复合矿物纤维(FKF)	芳纶纤维(Twaron)	芳纶浆粕(Twaron浆粕)	尼龙	碳纤维	凯夫拉纤维
耐温性/℃	550~580	<350	<350	<300	800~1000	水分<3%,800℃1h失重<10%,工作温度-400℃	90℃(分解温度500℃)	—	<200	900~1000	900~1000
耐火性	不燃	部分可燃	部分可燃	不燃	不燃	不燃	可燃	可燃	可燃	不燃	不燃
耐酸性	差	较差	较差	较差	良好	—	—	—	较差	良好	良好
耐碱性	好	较差	较差	较差	良好	—	—	—	较差	好	好
是否需要改性处理	不必	必需	必需	必需	必需	必需	必需	必需	必需	必需	必需
制品的耐候性	好	易老化变脆	易老化变脆	易变脆	好	良好	较好	较好	可	好	较好
价格比	1.0	1.2~1.5	1.4~1.8	0.6~1.0	1.5~2.0	1.5~2.0	3.2~4.0	3.5~4.5	2.0~2.5	8~13	8~13

7.2.4 纤维增强复合材料的发展方向

1. 开发蛇纹石石棉混成复合材料

通过对我国蛇纹石石棉制品行业使用蛇纹石石棉的现状进行分析,并对代用纤维的应用进行综合分析,不宜宣传一刀切的"无石棉化"倾向或加大"石棉恐惧症",在石棉类纤维矿物应用领域内,蛇纹石石棉的综合品质与性价比是最优异的。然而,并不反对其他非石棉纤维(人造纤维)与蛇纹石石棉的配合/复合使用或单独使用,这是因为蛇纹石石棉不是万能的纤维材料,而人造纤维又有各自的特点。现代材料科学的一大特点是发展高性能混成复合材料。根据对材料高性能的要求,将蛇纹石石棉的优点与人造纤维的优点复合使用,无疑是纤维增强复合材料的重点发展方向。

一些人借口石棉有害,又回避代用纤维是否也有害的问题,完全从某些行业的商业利益出发,鼓吹禁止使用蛇纹石石棉,这就违背了应该遵守纤维材料本身优缺点作为选择最恰当纤维材料的科学原则,把科学的是非与材料的优劣问题卷入了商业竞争利益的错误轨道。某些复合材料工业上完全排斥蛇纹石石棉,全盘无石棉化制品的现象,不仅浪费了很多企业的财力物力,浪费了科技工作者独立自主创造性地开发新工艺新产品的机会,而且会使广大材料科学工作者和企业丧失独立性。

2. 微纤维化是蛇纹石石棉新材料的主要发展方向

在谈到一些人造纤维由于纤维直径细度远不如蛇纹石石棉时,生产商采用"微纤维化"技术,提高了纤维的细度及表面粗糙度,虽然这种细度的改善总是有限的,但仍然能有效改善制品的质量。

在谈到蛇纹石石棉绝热材料时所介绍的两种新型蛇纹石石棉绝热材料,泡沫石棉和复合硅酸盐绝热涂料,实际上也是微纤维化技术生产的制品,只是它们的微纤维化对象本身就是蛇纹石石棉(微纤维或超微纤维集合体),通过把蛇纹石石棉分散到类胶体粒径($<2\mu m$,直径达到纳米级)的超微纤维水平,使蛇纹石石棉具有胶体纤维的成浆性,成为一维纳米材料(董发勤,2015)。

在20世纪90年代后期,有人采用同一化学成浆原理处理某些蛇纹石石棉,产品曾用于多家石棉水泥瓦生产,使得这类石棉水泥瓦每张瓦节约30%以上的蛇纹石石棉纤维,成本可降低1元/张瓦。但是由于这种微纤维化处理方法要使用表面活性剂,水泥瓦厂回水极易起泡,且回水浓度升高等,该方法并未得到推广应用。

事实上,实施微纤维化不仅可采用表面化学的方法,也可以采用以机械物理松解为主的方法,这样的微纤维化产品具有广泛的适应性。

3. 湿法加工是保障无尘污染和微纤维化的根本方法

实施蛇纹石石棉微纤维化的方法,无论表面化学法还是机械物理法,最有效的都是在液体(水)介质中进行。因此,如果从矿山选矿开始就实施蛇纹石石棉湿法选矿,并在选矿厂后段工序按用户要求实施不同程度的微纤维化,这样就解决了蛇纹石石棉选矿加工与二次加工的石棉粉尘污染问题,再加上所有制品工艺也都采用湿法加工,这就能彻底解决石棉工业最头痛的粉尘污染问题,让纤维质量与环境质量同时彻底解决(Racine,2010)。

总之,只要科学使用,蛇纹石石棉就会在纤维增强复合材料工业中安全地发挥其优异功能,为中国材料工业做出更大的贡献。

7.3　国外石棉代用品开发和使用现状

美国国家环境保护局于 1989 年颁布了限制使用石棉的法规,明确规定禁止使用含石棉的地板、墙板、保温管材和石棉布以及石棉摩擦材料、石棉密封衬垫材料。日本、加拿大、德国等国家也先后公布了对石棉的禁用政策,致使石棉用量一度处于全球性下降的趋势。世界各国都在致力于石棉替代材料的研究。石棉代用品的种类按成分可分为天然纤维和合成纤维,依据是否含碳可分为有机纤维和无机纤维,形态上可分为纤维态和非纤维态等。目前尚无完全可代替石棉的材料,在实际应用中只采用一种石棉替代品难以达到目的,应根据使用途径和最终目的不同,采用多种石棉替代物搭配使用,实现产品性能、生产成本和环境法规同时兼顾。理想的石棉替代物应具有五大特性,即增强、耐热、绝缘、耐化学腐蚀、非致癌物质(刘承延,2011)。石棉代用品的开发主要涉及保温绝热材料、石棉纺织、摩擦密封、制动等领域。

1. 保温绝热材料

石棉材料被代用最成功的是在保温绝热材料领域。究其原因是在该领域可替代石棉的矿物种类繁多、材料来源广、成本相对低廉以及加工制造容易等。这也就使得石棉保温材料在市场上所占比例逐渐下降。典型的无石棉绝热材料主要有聚苯并咪唑纤维、酚醛纤维、聚丙烯腈(polyacrylonite,PAN)预氧化纤维、芳纶纤维等填充的绝热材料。其中,芳纶纤维因具有超高强度、高模量、耐高温、耐酸碱和抗老化等特性,是一种较理想的石棉代用品,并已广泛应用于保温绝热、建材、特种防护服装等行业。美国早在 20 世纪 80 年代就开始大规模研究芳纶纤维绝热材料(宋月贤等,2001)。目前,芳纶短纤维填充的三元乙丙橡胶材料已应用于固体火箭发动机中(王文东等,2015)。石棉代用短纤维一般呈表面惰性,与橡胶等基体材料复合过程中存在难以均匀分散以及黏结性不好等问题。为了解决此问题,通常需要在混炼过程中直接加入分散剂或对纤维表面进行预处理。短纤维预处理技术主要有浸渍法、预分散体法、短纤维接枝法、氟气蚀刻法等。短纤维经预处理之后,纤维束被分开,纤维之间不易缠结,可提升纤维在基体中的分散程度,同时增加了纤维表面官能度和粗糙度,改善了纤维与基体的浸润性,提高与橡胶等基体的黏合强度(宋崇健等,2003)。

此外,其他用于保温制品的石棉替代品也相继被开发出来。例如,苏联研制出使用温度达 850℃的珍珠岩石棉高岭土保温材料 AK;日本则研制出一种耐高温石棉微孔硅酸钙,使用温度可达 1000℃(晓非,1995);美国的 Johns-Manville 公司利用硅灰石代替石棉研究了高密度绝热材料的制造工艺。总之,在保温绝热领域内,石棉代用品的研究和发展取得了长足进步,但在一些特殊场合,石棉保温制品(如泡沫石棉等)仍在继续使用。

2. 石棉纺织业

石棉纺织行业是石棉工业的基础,在制品工业中占据主导地位。聚苯并咪唑纤维是纺织领域中较理想的石棉代用品。聚苯并咪唑纤维在高温条件下具有良好的尺寸稳定性和抗拉强度,并兼有耐化学腐蚀和优良的纺织性能,已广泛应用于高温防护手套和消防服等。此外,碳纤维也是一种良好的代用品。碳纤维碳含量在 95% 以上,强度高、密度低、耐腐蚀,并且兼具纺织纤维的柔软可加工性,是新一代增强纤维。但碳纤维核心技术只被少数发达国家所掌握,并保持一定技术封锁。2016 年 2 月 15 日,我国突破日本管制封锁研制出高性能碳纤维,其在石棉代用品纺织业的应用主要有轻质防护服、防火手套等。玻璃纤维是石棉在纺织业的另一重要代用品。玻璃纤维的单丝直径为几微米到 $20\mu m$,是一种性能优异的无机非金属材料。其种类繁多、绝缘性能好、机械强度高等特点可以用来生产玻璃布、玻璃带、单向织物等。但玻璃纤维存在耐磨性较差、材料本身较脆等缺点,限制了使用范围(何东,2017;牛爱君等,2017)。石棉代用品在纺织业的使用较为广泛,但代用品的价格普遍较高,今后在纺织业仍然需要寻求一种经济适用又符合要求的石棉代用品。

3. 摩擦密封行业

石棉代用品在摩擦行业的应用始于 20 世纪 80 年代,欧美等国家率先在新型车辆上安装无石棉衬片、面片。美国环境保护局在 1994 年要求汽车上禁止使用石棉制动品,到 1996 年,汽车维修市场禁止销售石棉制动品,1997 年全面禁用。目前世界上多数国家仍然在使用石棉作为制动品。石棉代用品在摩擦行业上的主要问题在于非石棉纤维混合性差,一般难以达到均匀分散,致使代用品效果较差。已开发出较好的代用品是凯夫拉纤维、沥青基碳纤维和钢纤维。沥青基碳纤维制成的飞机和汽车制动片比石棉产品的热稳定性好,使用寿命也较长。以日本为例,每年进口沥青基碳纤维达 30 万 t,主要用作飞机和汽车的制动片。然而,沥青基碳纤维等石棉代用品最大的缺点是价格偏高,随着制造业的发展和成本的降低,石棉代用品在摩擦行业的前景会越来越好。

对于密封材料,石棉代用品必须满足不蠕变、耐腐蚀、能成形等性能。在密封制品中可以代替石棉的有聚芳酰胺纤维、聚四氟乙烯纤维、柔性石墨、玻璃纤维等,多数是两种以上非石棉配合使用。此外,酚醛纤维与其他纤维复合使用时,能够在高温下与橡胶质发生界面反应,能够提高尺寸稳定性;由于接触面互不抵触,因此又可以提高密封性。这些无石棉密封材料虽然价格较昂贵,但使用性能良好。就无石棉橡胶而言,美国、日本等国家已经开发了优质产品,如日本石棉公司的 T/1995、美国的 V9 等已投入批量生产并使用。

4. 非石棉纤维水泥制品

石棉水泥制品具有较高的抗弯和抗拉强度,且具有耐腐蚀、不透水、抗冻性与耐热性好、易于机械加工等诸多优点,在石棉用品的总量中占据 75% 以上。石棉水泥制品具有建筑拆修时产生空气污染以及对人体危害等缺点(Krówczyńska et al.,2016)。因此,世界各国都在寻求一种能够代替石棉纤维水泥的材料。国际上自 20 世纪 80 年代初开始发展非石棉纤维水泥行业,目前已取得较广泛的应用。目前,制造常温养护的非石棉纤维水泥制品所用石棉代用纤维主要是纤维素纤维与合成纤维,前者在制坯过程中起过滤作用,并在制品中起一定的增强作用;后者则主要在制品中起增强作用。纤维素纤维主要由针叶树木浆(又称软木浆)或阔叶树木浆(又称硬木浆)制成。由软木浆制得的纤维素纤维具有较大的长径比(2.70~3.05)和良好的过滤性,且对水泥制品的增强效果较好,而由硬木浆制得的纤维素纤维的长径比较小(0.05~2.5),其过滤性较好,但是对水泥制品的增强效果较差。合成纤维主要有高模量维纶纤维、改性腈纶纤维与高强度丙纶纤维。维纶纤维对水泥制品的增强效果最佳,并且在养护温度与使用温度不大于 40℃ 的非石棉纤维水泥制品中有很好的耐久性,但是维纶纤维的成本较高;改性腈纶纤维对非石棉纤维水泥制品的增强与增韧效果较差,而且较高的成本也限制了改性腈纶纤维在非石棉纤维水泥中的应用;高强度丙纶纤维的生产成本低于维纶纤维和改性腈纶纤维,具有较高的抗拉强度(850MPa)与弹性模量(6GPa),并且能够提升纤维与水泥基材的界面黏结强度,因此,高强度丙纶纤维在非石棉纤维水泥行业应用较广泛。

非石棉纤维水泥制品在国际上的发展主要取决于价格、质量与长期耐久性三个要素。虽然在很多国家已实现非石棉纤维水泥制品的工业化生产,但此种制品的价格仍然高于石棉水泥制品,主要是石棉代用纤维的价格较高。为此,除应充分发挥现有石棉代用纤维的增强作用适当降低其掺量外,还应进一步探索来源广、耐久性好、价格低的其他石棉代用纤维。与此同时,对于非石棉纤维水泥制品的应用及市场定位也应该转变观念,非石棉纤维水泥制品不应是单纯的石棉水泥制品的代用品,而应体现产品品质的提高和用途的扩展。

综上所述,在实际应用中,石棉代用品在一定程度上能够代替石棉的作用。这一方面解决石棉带来的环境污染问题,另一方面避免了人群暴露在石棉环境下而引发健康问题。然而,大量研究表明,石棉代用纤维不是完全安全的,部分人造矿物纤维毒性甚至比石棉的更大(Salamatipour et al.,2016;李益琪等,2015);代用品价格普遍比石棉高,导致生产成本居高不下,这也限制了石棉代用品的使用。因此,对石棉代用品而言不能盲目地接受或否定,首先要在代用品的制造工艺和材料上进行研究,改善当前制造工艺、寻求价格合适的材料。此外,对现有代用品的使用要根据实际情况确定,一味地采用代用品不仅价格上难以接受,环境安全风险也未必会比石棉低,所以对代用品的使用要保持理性。同时,政府做好代用品的安全评价,对安全又实用的石棉代用品加大推广和宣传力度,并对使用代用品的单位给予一定的经济补助。通过政府的引导、科研机构的科技支撑、企业和个人树立正确的石棉代用品观念,今后必将能够协调好石棉和石棉代用品间的关系。

参 考 文 献

董发勤.2015.应用矿物学.北京:高等教育出版社

何东.2017.玻璃纤维的制备技术及存在问题.中国棉花加工,1:42-43

李益琪,李巧,余珉.2015.人造矿物纤维企业工人粉尘暴露及其健康状况.环境与职业医学,32(6):565-568

林震,张沂,王媛媛.2011.国内外纤维水泥制品发展概况.混凝土世界,4:24-28

刘承延.2011.在全球化环境下对中国石棉行业发展的研究.北京:首都经济贸易大学硕士学位论文

牛爱君,刘兴月,荀洪宝.2017.玻璃纤维及其复合材料的应用进展分析.中文科技期刊(文摘版):工程技术,1:00291

荣葵一.2006.辩证与理性的认识石棉.中国选矿技术网,http://www.mining120.com/html/0603/20060310_2506.asp[2017-4-12]

沈荣熹.2002.国际纤维水泥制品的百年回顾与中国纤维水泥制品发展方向探讨//中国水泥制品工业协会水泥制品行业技术进步大会,广州

沈荣熹.2004.我国非石棉纤维水泥复合材料的发展.中国建材,2:79

宋崇健,张炜,莫纪安.2003.无石棉内绝热层材料现状与发展.宇航材料工艺,33(3):5-8

宋月贤,郑元锁,袁安国,等.2001.芳纶短纤维增强橡胶耐烧蚀柔性绝热层材料的研究进展.橡胶工业,48(11):697-699

万朴. 2005. 中国蛇纹石纤维资源及其资源环境. 中国非金属矿工业导刊, 2:50-52

王广驹. 2004. 国际石棉生产消费和市场前景. 中国非金属矿工业导刊, 41(s1):107-109

王广驹. 2007. 世界温石棉生产消费和市场前景. 中国非金属矿工业导刊, 5:56-58

王怀宇, 陈凌瑾. 2009. 世界温石棉生产消费和国际贸易. 中国非金属矿工业导刊, 3:61-64

王文东, 胡浩, 李小慧. 2015. 芳纶织物增强三元乙丙/丁基橡胶复合材料的力学与粘接性能. 机
械工程材料, 39(9):72-75

王文霞, 张弦, 茆巍浩. 2007. 汽车无石棉制动摩擦片材料研究现状. 上海第二工业大学学报,
24(4):291-294

晓非. 1995. 国外石棉代用品开发现状与进展. 砖瓦世界, (3):6

Anbalagan G, Sakthimurugesan K, Balakrishnan M, et al. 2008. Structural analysis, optical
absorption and EPR spectroscopic studies on chrysotile. Applied Clay Science, 42(1):175-179

Bezerra E M, Joaquim A P, Savastano H, et al. 2006. The effect of different mineral additions and
synthetic fiber contents on properties of cement based composites. Cement & Concrete Com-
posites, 28(6):555-563

Hosseinpourpia R, Varshoee A, Soltani M, et al. 2012. Production of waste bio-fiber cement-based
composites reinforced with nano-SiO$_2$ particles as a substitute for asbestos cement composites.
Construction & Building Materials, 31(6):105-111

Kim Y C, Hong W H, Zhang Y L. 2015. Development of a model to calculate asbestos fiber from
damaged asbestos slates depending on the degree of damage. Journal of Cleaner Production, 86:
88-97

Krówczyńska M, Wilk E, Pabjanek P, et al. 2016. Mapping asbestos-cement roofing with the use
of APEX hyperspectral airborne imagery: Karpacz area, Poland—A case study. Miscellanea
Geographica, 20(1):41-46

Racine W P. 2010. Emissions concerns during renovation in the healthcare setting: Asbestos
abatement of floor tile and mastic in medical facilities. Journal of Environmental Management,
91(7):1429-1436

Salamatipour A, Mohanty S K, Pietrofesa R, et al. 2016. Asbestos fiber preparation methods
affect fiber toxicity. Environmental Science & Technology Letters, 3(7):270-274

Suárez M, García-Romero E. 2011. Chapter 2—Advances in the crystal chemistry of sepiolite and
palygorskite//Galan E, Singer A. Developments in Palygorskite-sepiolite Research: A New
Outlook on These Nanomaterials. Amsterdam: Elsevier

USGS. 2017. Mineral commodity summaries 2017. Virginia: U. S. Department of the Interior &
U. S. Geological Survey

第8章 中国蛇纹石石棉职业病调查和环境安全

我国早在20世纪初就开始开采蛇纹石石棉,1916年日本在河北涞源县投资开采。抗日战争时期,上海石棉制品厂内迁到重庆,成立重庆石棉制品厂。它与四川石棉县的蛇纹石石棉资源为中国人民的抗战胜利提供了重要的战略物资资源。1949年后,石棉工业至今一直与国民经济增长速度同步,为民族工业发展做出了重要贡献。由于复杂的历史原因与行业管理无序多变,石棉相关职业病方面的累计统计资料目前很难全面提供。这也反映出石棉行业管理与研究水平的差距。

我国的角闪石石棉矿床分为两类:一类是蓝石棉矿床,有陕西商南、河南淅川、湖北十堰市郧阳区等矿,另一类是阳起石透闪石石棉矿床,有安徽宁国、河北赤城、四川康定等矿点。云南、四川等地产青石棉,我国在20世纪80年代已关闭了所有的角闪石石棉矿,并已全面停止了青石棉的生产、加工和使用。我国的蛇纹石石棉矿山主要分布在西北地区和西南地区,其中西北的茫崖矿区为最大的石棉采选和尾矿堆存区。石棉粉尘污染及由此引起的石棉职业病长期困扰着我国石棉工业,20世纪80年代以来环保部门做了很大努力,但由于复杂的原因一直无法得到有效治理,各石棉制品厂的石棉粉尘污染情况也大致相同,这其中主要原因在于我国石棉矿山向制品厂提供的商品石棉,几乎都达不到制品厂对原料石棉的要求,制品厂还必须进行二次再加工,造成了对制品厂环境的二次污染(大都设在城镇)。石棉所致的职业病就是在这种背景下发生的。石棉加工行业遍布于大部分省市,在高峰期全国31个石棉矿中有12万工人直接接触石棉,超过百万的工人从事蛇纹石石棉制品产业。1984年之前,石棉选矿工艺主要以土法生产为主,石棉粉尘浓度高达800mg/m³;1985~1987年,由于生产条件持续改善及对工人身体健康的重视,石棉粉尘浓度降至316.57mg/m³(1987年);但在20世纪90年代初期,石棉矿的盲目扩张,致使石棉粉尘浓度又反弹为431.85~691.40mg/m³(1991)。90年代后期少数新建的大型矿厂由于进口部分设备,采矿的生产条件大为改善,可以确保粉尘浓度控制在10~15mg/m³;随着石棉行业的技术革新和设备更换,以及国家对环境保护的逐步重视,大部分落后的中小型石棉矿山被关停,投产或新建的石棉矿厂工作区域石棉粉尘浓度控制在2.5~3mg/m³(2000年),如2000年茫崖石棉矿新建3万t选矿厂以及祁连矿新投产的1万t石棉矿排放粉尘浓度为2.5~3mg/m³,已经基本接近当时的国家安全标准2mg/m³(陈照亮等,2007)。

理论上,1mg石棉含几百万根单纤维(秦运巧,2016)。极其微小的单纤维能在大气和水中悬浮数月之久,一旦较多的石棉纤维被吸入人体肺中,容易导致肺部纤维化,也有诱发恶性肿瘤的危险。为此,相关的国际组织和国家逐渐出台了各项规定,对石棉的生产、使用和处置做了严格限制或要求,如《控制危险废物越境转移及其处置巴塞尔公约》、《鹿特丹公约》、国际劳工组织《1986 年石棉公约》(第 162号)等。欧洲国家 2005 年起禁止石棉产品(含蛇纹石石棉);2009 年,韩国全面禁止各类石棉的生产、进口和使用。2005 年我国商务部、海关总署、环境保护部联合发文禁止了除蛇纹石石棉之外其他五类石棉的进出口;我国香港从 1986 年起规定,任何建筑物不允许含有石棉。

石棉制品目前虽已被许多国家禁用,但随着科学技术的发展,蛇纹石石棉及其制品行业的工艺和生产环境有了显著改善。我国也先后发布一系列政策指导产业发展,如 2007 年国家发展改革委公布的《产业结构调整指导目录》鼓励无石棉摩擦、密封材料新工艺、新产品的开发与生产,限制石棉摩擦、密封材料生产项目;同年又上报国务院《关于促进温石棉安全生产和合理使用的报告》提出了六点建议。在石棉制品方面,仅对汽车制动系统(GB 12676—2014)、家用和类似用途电器(GB 4706.1—2005)及墙体材料(GB 50574—2010)等少数行业禁用了石棉。

8.1　粉尘浓度与石棉肺——以某石棉制品厂为例

本节通过对 20 世纪 70 年代前后接尘的工人石棉肺发生和肺癌死亡情况进行调查研究,为改善作业环境、安全生产和使用石棉提供基础资料,也为我国修订石棉粉尘卫生标准提供参考。

调查资料来自某市石棉制品加工厂,该厂始建于中华人民共和国成立之前,主要生产各类石棉制品,所用石棉来自国内某蛇纹石石棉矿。该厂石棉原料的用量从 20 世纪 50 年代 200t/a,到 90 年代的 6000t/a。60 年代以前车间中粉尘浓度高达 146.2 (32.8～230.4)mg/m³,60 年代后采用湿式作业、通风除尘等防尘措施,粉尘浓度逐渐下降,到 70 年代有明显下降,90 年代下降到 10mg/m³ 以下。

调查对象为 1972 年以来该厂工资在册的、接触蛇纹石石棉粉尘的所有男性工人和行政人员。观察时间为 1972 年 1 月 1 日至 2005 年 12 月 31 日,前后共 33年。人群资料采用队列调查的方法,生产环境粉尘资料采用现场粉尘浓度的测试方法。

8.1.1　生产现场粉尘浓度

根据 30 多年的现场测尘结果(表 8.1)可以看出,原棉处理过程中粉尘浓度高于其他车间。从不同年代监测结果可以看出,随着生产工艺的改革和防尘设施的应用,各车间的粉尘浓度均有不同程度的下降,尤其是 20 世纪 70 年代以后,浓度降低更明显。

表 8.1　某石棉制品厂各年度、不同车间粉尘浓度测定结果

Table 8.1　Dust concentration of different workshop in asbestos factory

(单位:mg/m³)

年份	原棉	梳纺	编织	制瓦	橡胶板	混合(水泥、橡胶板)
1955	137.10	116.10	116.10	123.10	—	123.10
1960	297.40	308.40	85.50	230.44	—	230.40
1965	93.80	48.60	34.50	58.99	—	59.00
1970	193.40	143.70	81.50	139.56	—	139.50
1975	59.00	26.50	13.00	32.83	—	32.90
1980	21.50	15.20	12.10	16.28	—	16.30
1985	49.60	39.30	8.27	28.35	—	25.70
1990	6.20	20.30	2.03	10.50	—	9.48
1994	4.90	6.40	1.90	28.26	29.81	34.00
1999	11.40	6.10	1.15	2.90	2.90	4.00
2002	6.30	8.63	0.25	2.90	2.90	2.90

8.1.2　人群调查

男性职工共 1135 人,33 年间发生石棉肺 122 例,死亡共 263 人,其中肺癌 53 人、恶性胸膜间皮瘤 2 人。作者分别就不同年代和不同工种间石棉肺和肺癌的发生情况进行比较,报告如下。

1. 石棉肺的发生情况

在 33 年的队列调查中(表 8.2)可见,石棉肺的发生主要集中在 20 世纪 50 年代接触石棉尘的工人,70 年代以后接触者无一例,表明石棉肺的发生与接触粉尘的浓度有关,只要解决粉尘浓度的问题就能预防石棉肺的发生。

表 8.2　20 世纪不同年代接尘工人的石棉肺发生情况

Table 8.2　The occurrence of asbestosis for dust-exposed workers in 20th century

年代	总人数	I 期	II 期
50 年代之前	16	1	2
50 年代	339	95	17
60 年代	90	6	1

年代	总人数	Ⅰ期	Ⅱ期
70 年代	370	—	—
80 年代	253	—	—
90 年代及 90 年代后	67	—	—
合计	1135	102	20

　　由于工种不同,接触石棉粉尘的浓度不相同,因此石棉肺的发病率也不一样。原棉车间因接触的纯石棉浓度比其他车间高,防护设施不如其他车间,故石棉肺的发生率最高,结果见表 8.3。

表 8.3　不同工种作业人员的石棉肺发生情况
Table 8.3　The occurrence of asbestosis for workers in different workshop in asbestos factory

工种	调查人数	Ⅰ期		Ⅱ期	
		例数	发生率/%	例数	发生率/%
原棉	132	24	18.2	8	6.06
梳纺	77	9	11.7	—	—
编织	93	12	12.9	2	2.15
制瓦	202	22	10.9	6	2.97
橡胶板	144	6	4.2	1	0.69
车间维修	209	16	7.7	2	0.96
管理	278	13	4.7	1	0.36
合计	1135	102	8.99	20	1.76

2. 肺癌的发生情况

　　石棉粉尘接触是导致肺癌的因素之一,但肺癌的发生受到多种因素的影响,如吸烟、接触其他多种化学因素[砷、石英、苯并(a)芘(B(a)P)]等,同时与接触石棉的种类及其潜伏期有一定联系。从表 8.4 可见,肺癌的发生主要集中在 20 世纪 50 年代和 60 年代,表 8.5 显示原棉处理车间工人的肺癌发生率最高。如果石棉粉尘浓度控制在国家卫生标准内,那么石棉所致的肺癌是可以预防的。

表 8.4　不同年代接尘工人的肺癌发生情况

Table 8.4　The occurrence of lung cancer for dust-exposed workers in different decades

工种	调查人数	50 年代前	50 年代	60 年代	70 年代	80 年代	90 年代及 90 年代后	合计
原棉	132	2	14	—	3	—	—	19
梳纺	77	—	3	1	—	—	—	4
编织	93	—	3	1	1	—	—	5
制瓦	202	—	6	1	—	—	—	7
橡胶板	144	—	1	—	—	—	—	1
车间维修	209	—	7	2	1	—	—	10
管理	278	—	3	3	—	1	—	7
合计	1135	2	37	8	5	1	—	53

表 8.5　不同工种作业人员的肺癌发生情况

Table 8.5　The occurrence of lung cancer for workers in different

workshop in asbestos factory　　　　　（单位：%）

工种	调查人数	观察人年	肺癌	发病率/（1/10 万）
原棉	132	3431.9	19	553.6
梳纺	77	1603.9	4	249.4
编织	93	2710.3	5	184.5
制瓦	202	5488.5	7	127.5
橡胶板	144	4294.0	1	23.3
车间维修	209	6216.9	10	160.9
管理	278	8954.8	7	78.2
合计	1135	32700.3	53	162.1

　　调查分析吸烟与肺癌发生的关系时发现,54.7%的石棉接触工人有吸烟史,其肺癌发生率为 7.4%,接触石棉而不吸烟者虽然也有肺癌发生,但仅为 1.3%。结果见表 8.6。

表 8.6　石棉工人吸烟与肺癌发生情况

Table 8.6　The relationship between the smoking and the occurrence of

lung cancer for asbestos workers

吸烟史	患肺癌		未患肺癌		合计	发生率/%
	例数	%	例数	%		
有	46	86.8	575	53.1	621	7.4*
无	7	13.2	507	46.9	514	1.3
合计	53	100	1082	100	1135	4.6

　　* P<0.05。

王绵珍课题组(邓茜等,2009)引入累积接尘量(mg·a)与长期和严格的流行病学观察,以确定单纯接触蛇纹石石棉与石棉肺患病之间的剂量-效应关系。

人体累积接尘量(mg·a)计算公式为 $\sum(C_i \cdot T_i)$,T_i 为各工种的工作时间(a),C_i 为该工种工作地点粉尘浓度(mg/m³)。石棉尘接触者累积至 2001 年 12 月 31 日,石棉肺患者累积至初次确诊为石棉肺。利用寿命表法建立累积接尘量与累积发病概率间的直线回归方程,据此预测石棉肺发病趋势。

队列的一般情况及死因分析见表 8.7。研究队列总观察人年数为 8291,观察期的总死亡数为 147 人(死亡密度为 17.7/10 万),其中癌症为 65 例,占总死亡的 44.2%。这 65 例中,肺癌 36 例(55.4%)、肝癌 8 例、食道癌 5 例、胃肠癌 3 例、喉癌 2 例、间皮瘤 2 例(胸、腹膜各 1 例),其余 9 例为肾上腺、脑、甲状腺、胆道、睾丸等部位癌症。良性呼吸系统疾病引起的死亡占总死亡例数的 31.3%,其中有 27.9% 由肺心病导致。

表 8.7　队列的一般情况及各死因追踪结果
Table 8.7　The general situation of the cohort and the results of each cause of death track

分类	石棉肺患者	非石棉肺患者	总人数
人数	92	246	338
平均年龄(SD)	71.9(7.6)	64.0(11.3)	66.1(11.0)
平均观察时间(SD)	21.9 (5.6)	25.5 (7.7)	24.5(7.3)
总人年数	2010	6281	8291
吸烟人数(所占百分比/%)	73(79.3)	186(75.6)	259(76.6)
全死因(所占百分比/%)	86(93.5)	61(24.8)	147(43.5)
全癌人数(占全死因人数百分比/%)	24 (27.9)	41(67.2)	65(44.2)
肺癌人数(占全癌人数百分比/%)	17(70.8)	19(46.3)	36(55.4)
胸膜间皮瘤	1	1	2
良性呼吸系统疾病人数(占全死因人数百分比/%)	26(30.2)	20(32.8)	46(31.3)
肺心病人数(占全死因人数百分比/%)	24 (27.9)	17(27.9)	41(27.9)

根据计算的工人累积接触剂量将接尘工人分为 8 个接触水平,用寿命表法计算各个接尘水平的石棉肺累积发病概率,见表 8.8。将接尘量与发病关系进行直线化处理,由各组累积接尘量的上限值转换成对数值 lgD 作为横坐标(x),相应的累积发病概率由公式 $\ln[P/(1-P)]$ 换算成 Logit 值作为纵坐标(y),得到直线回归方程式为 $y=3.322x-12.332(r=0.993, P<0.00$①$)$。

---

① 该 P 值由 SPSS 分析软件给出,表示 P 值很小,但不为 0。

表 8.8　不同质量浓度接尘量的发病率和累积发病概率

Table 8.8　The incidence of cumulative dust incidence and cumulative incidence probability

$D/(\text{mg} \cdot \text{a})$	L_x	A_x	W_x	L_x'	P_x	q_x	Q_x
0～800	338	19	0	338	0.0562	0.9438	0.0562
800～1300	319	20	53	292.5	0.0684	0.9316	0.1207
1300～1800	246	23	18	237	0.0970	0.9030	0.2061
1800～2300	205	12	6	202	0.0594	0.9406	0.2532
2300～3300	187	8	82	146	0.0548	0.9452	0.2942
3300～3800	97	6	28	83	0.0723	0.9277	0.3451
3800 以上	18	1	17	9.5	0.1052	0.8947	0.4560

注:D 表示累积接尘量;L_x 表示各接尘量组的累积观察人数;A_x 表示各接尘量组的石棉肺发病人数;W_x 表示只观察到该接尘组的人数;P_x 表示各接尘量组发病概率;q_x 表示各接尘量组不发病概率;Q_x 表示各接尘量组累积发病概率。

　　根据得到的直线回归方程,可计算一定工作年限和发病率水平相应的石棉粉尘浓度水平。当按 1% 石棉肺患病率,工人 40 年工作年限计算时,可预测石棉粉尘质量浓度与纤维计数浓度最高容许浓度应分别低于 3.9mg/m³,高于现行国家石棉粉尘卫生标准。

　　众所周知,吸烟可以导致肺癌发生,单独接触石棉也可导致肺癌发生。调查资料表明,如果接触石棉又吸烟,则肺癌的发生率增加 24 倍;而国外调查资料为增加 53 倍,若重度吸烟则增加 93 倍。根据调查,石棉工人吸烟率为 80% 以上,控制吸烟可使石棉所致肺癌发生率显著下降。

　　国内外学者都曾对石棉粉尘与石棉肺发病间的剂量-效应关系进行过研究,Berry 调查了石棉纺织工人的石棉肺发病情况(Berry et al.,1979),提出接触石棉60 年及石棉肺发病率为 1% 时,石棉粉尘容许浓度为 0.37f/mL。孙统达和朱胜军(2001)调查了浙江慈溪石棉加工工人的石棉发病情况,提出工作年限为 30 年及石棉肺发病率为 1% 时,石棉粉尘容许浓度为 2.71mg/m³。作者得到最高容许浓度为 3.9mg/m³,换算或直接比较均高于前者的报道。这可能是由于各研究的石棉行业有所不同,各厂的接触条件和研究时段也不尽相同。因此,现场粉尘浓度精确测定、作业工时、工种、防护用品使用等情况的记录是必不可少的。

　　综上所述,蛇纹石石棉对人体健康的危害是客观存在的;石棉粉尘浓度与石棉肺及肺癌发生的剂量-效应关系表明,将用工制度改为轮换工(工人岗位轮换,控制接触石棉尘在 10 年以内),可显著减少肺癌发生。

　　降低蛇纹石石棉危害性的关键在于改革石棉生产工艺(尤其是原棉处理、梳纺和维修)、降低石棉粉尘的浓度、控制吸烟和进行用工制度改革。这些预防措施实施和坚持的难度很大。如能坚持防尘、降尘,使之达到国家卫生标准,严格控烟和改进用工制度,蛇纹石石棉的危害是可以预防的。

8.2　吸烟与石棉肺——以某石棉制品厂为例

接触石棉是石棉肺发生的直接原因,吸烟对肺功能有极大的影响,吸烟加重石棉工人肺功能损害,吸烟的石棉工人比非吸烟者更易发生石棉肺(Wang et al.,2012a;Andujar et al.,2010)。在 20 世纪 30 年代,人们开始认识到长期接触石棉有可能导致肺癌。50 年代中期以后有大量队列调查,大多数的调查结果表明石棉工人的肺癌发生危险度有所增加。Selikoff 和 Hammond(1968)首先报道了吸烟可产生协同作用而增加石棉工人支气管肿瘤的发生率。随后进行的大量流行病学调查均认为石棉与吸烟的联合作用表现为相乘作用(Yano et al.,2010)。动物实验也证明,当在石棉中加入苯并(a)芘后,注入实验动物体内,肿瘤发生率明显增加。说明接触石棉与吸烟两种因素共同作用下,致癌性更强。

但是,对于是否吸烟以及吸烟量与石棉肺严重程度(期别)的关系,还未见相关报道。因此,为了分析吸烟量与石棉肺严重程度(期别)的关系,并为制定石棉肺防治措施提供科学依据,进行了本次调查。

8.2.1　对象和方法

选取某石棉制品厂在职的 1814 名工人,男性工人 1130 名,女性工人 684 名,年龄范围为 14~93 岁,平均年龄(51.65±14.66)岁。其中,由尘肺诊断组集体诊断的石棉肺患者有 145 名,男性 122 名,女性 23 名;石棉肺患者中吸烟的有 100 名,非吸烟石棉肺患者为 45 名;无石棉肺征象(0 期)的有 1174 人,诊断为Ⅰ期的有 121 人,Ⅱ期有 23 人,Ⅲ期有 1 人。在统计分析时,由于Ⅲ期病例数很少,故将其合并到Ⅱ期组计算。

统计方法包括如下信息。

(1) 一般情况:姓名、性别、出生年月。

(2) 吸烟史:是否吸烟,如果吸烟,则统计吸烟量(支/日)、开始吸烟的年龄(如已戒烟,则应询问其烟龄)。吸烟史定义为长期有规律吸烟。如果偶尔吸 1 或 2 支烟则不认为是吸烟。对于吸烟量,采用吸烟包×年计算,若每天吸一包,吸了一年,即为 1(包×年),每天吸半包,吸了 10 年,则为 5(包×年);并按<40(包×年)和≥40(包×年)分为两组。

(3) 职业史:工种、首次接触石棉时间、暴露时间、工龄、脱尘时间等。工龄即为脱尘时间减去首次接触石棉时间。

(4) 石棉肺病史:是否患有石棉肺(或肺癌)、石棉肺期别、首次确诊时间。工厂定期组织工人进行 X 射线胸片照射,按照国家职业病诊断标准,由尘肺诊断组集体诊断,期别分为 0、Ⅰ、Ⅱ、Ⅲ,该项资料由该石棉厂提供。

(5) 作业环境:石棉尘浓度(计数法、质量法采集浓度)。

调查采用的是普查,即以该石棉厂记录的某时刻所有在职工人都为调查研究对象,在全面描述石棉厂工人信息资料的基础上,统计所有工人的患病结果,消除抽样误差。对于仍在世且能够联系的工人,对本人进行问卷调查;对于已经去世的工人,联系其亲戚朋友,询问调查收集资料,保证较高应答率;对于不能联系的工人,通过该工厂的记录资料获得其资料。石棉肺诊断由尘肺诊断组进行集体会诊以保证诊断的准确性。

调查结果用 Excel 建立数据库,采用 SPSS12.0 软件进行统计分析,规定检验标准为 0.05。

8.2.2　结果与分析

本次共调查 1814 名工人,收回调查表 1814 份,回收率 100%。其中 495 名工人资料不齐全,故在统计分析时排除,有效的有 1319 份,占 72.7%。实际进行统计分析的共有 1319 名工人,其中男性工人 831 人,占 63%,女性工人 488 人,年龄范围为 21~93 岁,平均年龄(57.25±12.30)岁。

1. 石棉工人基本情况

该石棉厂有 8 类工种,按石棉粉尘浓度由低到高依次是行政管理、生产管理、车间维修、橡胶板、制瓦、编织、梳纺、原料,其中从事行政管理 128 人,编织工人 189 人,车间维修工人 204 人,生产管理人员 110 人,梳纺工人 227 人,橡胶板 100 人,原料工人 164 人,制瓦工人 197 人。

石棉工人的工龄范围为 2~55 年,平均工龄为(22.16±8.87)年,其中<20 年的有 456 人,占 34.5%,20~30 年的有 560 人(42.5%),≥30 年的有 303 人(23.0%)。

2. 石棉工人吸烟情况及吸烟量分布

该厂职工中吸烟的总情况以男性职工多于女性,结果见表 8.9。

表 8.9　石棉工人有无吸烟情况
Table 8.9　The smoking status of the asbestos workers

性别	吸烟史			吸烟率/%
	有	无	合计	
男	575	256	831	69.2
女	1	487	488	0.2
合计	576	743	1319	43.7

从表 8.9 可见,男性工人的吸烟率高达 69.2%,而女性工人吸烟率很低,仅为0.2%,与全国调查结果相似。吸烟与否和吸烟量对于是否发生石棉肺就可能有一定关系,因此对工人进行吸烟量的分析,结果见表 8.10。

表 8.10　石棉工人吸烟量分布

Table 8.10　Distribution of the smoking amount of the asbestos workers

吸烟量/(包×年)	例数	所占比例/%
0	743	56.3
<40	414	31.4
40 以上	162	12.3
合计	1319	100

3. 石棉工人吸烟与石棉肺的发生情况

该石棉厂石棉肺患者 145 人,其中吸烟者 100 人,占 69.7%,不吸烟组 45 人(31.3%)。吸烟组的患病率(17.4%)远高于非吸烟组(6.1%),差异有统计学意义($\chi^2 > 3.84$,$P < 0.05$),见表 8.11。说明石棉工人中吸烟者比非吸烟者更易发生石棉肺,这与以往的研究报道结果相似。

表 8.11　吸烟石棉工人石棉肺发生情况

Table 8.11　The occurrence of asbestosis for the smoking asbestos workers

吸烟史	例数	患石棉肺 例数/%	未患石棉肺 例数/%	患病率/%
有	576	100/68.7	476/40.5	17.4
无	743	45/31.3	578/59.5	6.1

注:$P < 0.05$。

4. 有无吸烟史者石棉肺程度比较

非吸烟者中无石棉肺征象(0 期)有 698 人,占 93.9%;诊断为Ⅰ期 36 人,占4.8%;Ⅱ期 9 人,占 1.2%。同样,吸烟者中无石棉肺征象(0 期)476 人,占82.6%;Ⅰ期 85 人,占 14.8%;Ⅱ期 15 人,占 2.6%。经检验,不同吸烟史者石棉肺严重程度(期别)有统计学意义($P < 0.05$)。表明吸烟对石棉肺严重程度(期别)有影响,见表 8.12。

表 8.12　不同吸烟史工人的石棉肺严重程度比较

Table 8.12　The asbestosis comparison between asbestos workers with different smoking history

石棉肺期别	人数			秩次范围	平均秩次	秩和	
	有吸烟史（所占比例/%）	无吸烟史（所占比例/%）	合计			有吸烟史	无吸烟史
0	476(82.6)	698(93.9)	1174	1～1174	587.5	280237.5	409487.5
Ⅰ	85(14.8)	36(4.8)	121	1175～1294	1234.5	104932.5	44442
Ⅱ	15(2.6)	9(1.2)	24	1295～1319	1307	19605	11763

注：$P<0.05$。

5. 吸烟量与石棉肺程度相关分析

石棉工人中非吸烟者（吸烟量为 0）有 743 人，其中无石棉肺征象（0 期）有 698 人，占 93.9%；Ⅰ期有 36 人，占 4.8%；Ⅱ期有 9 人（1.2%）。吸烟量小于 40（包×年）的 414 人，其中无石棉肺征象（0 期）有 354 人（85.6%），Ⅰ期为 49 人（11.8%），Ⅱ期为 11 人（2.6%）；40（包×年）以上的有 162 人，其中无石棉肺征象（0 期）有 122 人（75.3%），Ⅰ期为 36 人（22.2%），Ⅱ期为 4 人（2.5%），见表 8.13。

表 8.13　不同吸烟量者石棉肺期别比较

Table 8.13　The asbestosis comparison between asbestos workers with different smoking amount

吸烟量/（包×年）	石棉肺期别			合计（所占比例/%）
	0（所占比例/%）	Ⅰ（所占比例/%）	Ⅱ（所占比例/%）	
0	698(93.9)	36(4.8)	9(1.2)	743(100)
<40	354(85.6)	49(11.8)	11(2.6)	414(100)
≥40	122(75.3)	36(22.2)	4(2.5)	162(100)
合计	1174(89.0)	121(9.2)	24(1.8)	1319(100)

注：$r_s=0.156$，$P<0.01$。

经相关统计分析，吸烟量与石棉肺期别呈正相关关系（$r_s=0.156$，$P<0.01$），表明吸烟量的增加可导致石棉肺严重程度的加重，且有剂量-效应关系。

6. 吸烟对矿工寿命的影响

为排除其他因素对矿工死因的影响，采用多元 Cox 风险模型分别调整性别、石棉暴露情况和工作年限，分析吸烟对矿工死因的影响（表 8.14）。与非吸烟者相比，吸烟人群全死因的相对危险度为 2.09，肺癌死亡率的相对危险度为 2.88(95% CI 0.99，8.35)和恶性呼吸系统疾病的相对危险物为 4.90(95% CI 1.30，18.50)。

此外,心血管疾病死亡率也明显增加(RR 为 2.62,95％CI 1.10,6.23)。

表 8.14　吸烟对矿工死亡率的影响

Table 8.14　Effects of smoking on the morality of workers

死因	吸烟		非吸烟		RR‡	95％CI§
	OBS†	死亡率/(1/10 万)	OBS	死亡率/(1/10 万)		
全死因	389	1159.50	84	499.61	2.09	1.49,2.93
恶性肿瘤	109	324.90	25	148.69	1.70	0.94,3.09
肺癌	54	160.96	8	47.58	2.88	0.99,8.35
胃癌	12	35.77	4	23.79	0.74	0.21,2.70
肝癌	15	44.71	3	17.84	1.30	0.30,5.61
结肠癌	2	5.96	1	5.95	4.06	0.02,719.24
食道癌	10	29.81	2	11.90	1.86	0.23,14.78
心血管疾病	71	211.63	9	53.53	2.62	1.10,6.23
脑血管疾病	56	166.92	11	65.43	1.71	0.75,3.90
呼吸系统疾病	48	143.07	9	53.53	4.90	1.30,18.50
意外死亡	34	101.34	5	29.74	3.86	0.80,18.60
消化系统疾病	18	53.65	4	23.79	2.47	0.50,13.29
泌尿系统疾病	5	14.90	4	23.79	3.24	0.21,49.92
内分泌系统疾病	5	14.90	3	17.84	0.94	0.12,7.32

†OBS:死亡人数;‡RR:相对危险度;§95％CI:95％可信区。

吸烟组肺癌危险度明显高于非吸烟组(图 8.1)。对累积接触总粉尘量(cumulative total dust exposure,CTD)分层后发现各层中吸烟者的肺癌危险度均高于不吸烟组,在相同的接尘水平下,吸烟者发生肺癌的危险性甚至是不吸烟者的十几倍。

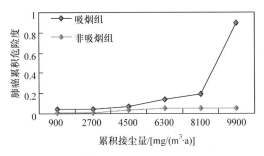

图 8.1　吸烟对肺癌累积危险度的影响

Figure 8.1　Effects of smoking on the cumulative risk of lung cancer

8.2.3　石棉所致疾病的发病率与吸烟的关系

石棉用途多,污染广,不仅可以引起石棉肺、胸膜斑、皮肤疣等非恶性疾病,还可导致肺癌、恶性间皮瘤等恶性肿瘤,严重危害人体健康(Ameille et al. ,2011)。1981年,我国国家劳动局、建材工业部、农业部针对手纺石棉尘危害情况向国务院提交的报告中指出:据天津、浙江、江苏、山东、河南等省(直辖市)不完全统计,对3万多名从事手纺石棉线的人员体检,发现患石棉尘肺病的有1680人,疑似石棉尘肺病的有487人,合计2167人,占受检人数的7%以上。而天津武清县(现武清区)有12300多人手纺石棉线,有1200多人患石棉尘肺病,已死亡219人。同样,据英国健康与安全执行局(the Health and Safety Executive, HSE)报道,1995年英国有3000多人由石棉致死,原因是这些人在许多年前暴露于石棉纤维作业环境;首次接触石棉尘和诊断出与石棉相关的疾病时间间隔很长,20世纪90年代英国因石棉的发病者,首次暴露于石棉纤维的时间可追溯到30年前。据检测,英国由石棉引起的死亡人数正在增加,估计在2010~2025年这一时期死亡者可达高峰,每年5000~10000人。石棉不仅对人体危害极大,还给社会带来了巨大的经济损失。董智伟等(1994)在对上海石棉制品厂职业病经济损失调查中发现,1983~1992年仅石棉肺患者的工资及医药费抚恤费等开支达上千万元。现有患者(335人)的工资、医药及患者死亡后的抚恤等,预计会超过数千万元。间接经济损失如产值损失12023.93万元,利税损失200.86万元,利润损失136.86万元,而同期防尘经费的投入为968.3万元。

据世界卫生组织报道,全球每年600多万人吸烟致死。预计到2030年,因吸烟而死亡的人数将增长超过1/3,对人体健康造成巨大损害和经济负担。根据世界卫生组织报告,全球共有烟民13亿,到2030年将会有800多万人死亡,中低收入国家占80%(World Health Organization,2011)。而我国是世界上最大的烟草生产和消费国,据《2015中国成人烟草调查报告》称,我国人群吸烟率为27.7%,与五年前相比没有显著变化,其中男性占男性总数52.1%,女性占女性总数2.7%。根据当时吸烟率推算,中国吸烟人数比五年前增长1500万,已高达3.16亿。吸烟也是导致我国人群多种疾病发生和死亡的重要危险因素,如慢性阻塞性肺病、肺癌、食管癌、肺结核等。

调查显示,吸烟组的石棉肺和肺癌发病率(分别为17.4%、8.5%)远远高于非吸烟组(分别为6.1%、0.5%)。且吸烟工人的石棉肺比非吸烟者严重,随着吸烟量的增加,石棉肺严重程度也增加,两者呈正相关关系。这可能与吸烟和石棉对导致石棉肺和肺癌具有协同作用有关。

吸烟或高浓度石棉暴露对人体肺部机能会产生巨大损伤,导致呼吸频率加快,使肺部气体交换量增多,因此吸入的石棉粉尘量也相对较多,造成的肺部损害就更大;此外,由于肺功能减弱,对部分有害物质(尼古丁、焦油等)的清除能力也相应减弱;而且吸烟可损伤肺对石棉的清除作用,使石棉更容易沉积在呼吸道中,石棉也可抑制尼古丁、苯并(a)芘等从体内排出;石棉工人长期吸烟也会降低肺组织对石棉的清除能力,进一步放大石棉对肺的损伤效应(Case et al.,2011)。

综上所述,吸烟与石棉对导致石棉肺和肺癌有协同作用,吸烟石棉工人石棉肺或肺癌的发生率远远高于非吸烟者,而且石棉肺严重程度与吸烟和吸烟量有关,呈剂量-效应关系。应采取积极有效的措施,开展对石棉工人的健康教育,让其知道吸烟的危害,开展戒烟宣传活动,最大限度减少石棉工人石棉肺的发生。

8.3　中国蛇纹石石棉矿职业病调查

石棉矿工人由于长期接触各种有害因素(粉尘、噪声)及不良气象条件,加之超常的工作强度和工作时间,极易导致各种慢性病的发生。慢性疾病的高发不仅造成职工的身心痛苦,也给企业带来沉重的经济负担。

蛇纹石石棉对机体的危害是一个长期过程,有必要采用队列研究的方法进行观察,可是目前国内外关于蛇纹石石棉矿工的队列研究非常少。因此,通过队列研究描述蛇纹石石棉工人的死亡情况以及肺癌和石棉肺的发病特点,有助于了解矿工的死因构成与普通人群的差别,以及石棉暴露对矿工健康的影响。

8.3.1　甘肃阿克塞地区五家蛇纹石石棉企业员工职业病调查

甘肃省阿克塞县是全国唯一的少数民族阿克塞族的自治县。从 20 世纪 90 年代到 2010 年已发展为全国最大的蛇纹石石棉生产大县,年产量 15 万～18 万 t,占全国的 1/2(但目前基本处于停产状态),显著超过了曾被誉为全国第一的青海茫崖矿区(8 万～10 万 t/a)。蛇纹石石棉生产与经销,已成为阿克塞自治县最大的经济支柱,全县财政收入的 90% 都来自蛇纹石石棉。

但是像很多工业发展初期一样,该地区的蛇纹石石棉开采十分原始落后,粉尘污染十分严重,为了节省投资,很多企业根本没有采用除尘装备,处于无组织排放状态。选矿回收率很低,资源浪费严重。原有采选企业 30 多家,近期经整顿后调整为 23 家,情况有所改善。

表 8.15～表 8.17 是 2004 年 10 月该县新远石棉开发有限责任公司与阿克塞西部石棉研究所进行的问卷调查统计结果。

表 8.15　2004 年职业病调查总体结果
Table 8.15　Statistical results of the occupational disease in 2004

项目	呼吸病	沙眼病	扎过手	硅肺病	抽烟	认为石棉可怕
人数	107	115	122	34	79	17
比例/%	68.75	73.75	77.5	21.25	49.37	11.87

表 8.16 硅(含蛇纹石石棉)肺病病情程度分布情况

Table 8.16 The silicosis (including chrysotile asbestosis) severity extent distribution table

项目	0^{+*} (半期)	I(一期)	I^{+**} (一期半)	II(二期)
人数	45	20	9	5
占总人数比例/%	28.12	12.5	5.62	3.12

* 硅肺病半期不产生临床症状,不被认为是硅肺病,在汇总和统计时不计算在硅肺病内。

** 按国家现行诊断标准已无。

表 8.17 人员构成情况

Table 8.17 Brief description of the workers in statistics

企业名称	接触石棉工龄/年						合计/人	比例/%
	1~5	6~10	11~15	16~20	21~30	31~40		
国营矿	23	10	17	3	0	2	55	34.37
民主	14	10	9	17	0	0	50	31.25
建设	3	5	9	1	5	0	23	14.37
多坝沟	2	0	1	9	3	0	15	9.37
质检所	16	1	0	0	0	0	17	10.62
合计	58	26	36	30	8	2	160	100
比例/%	36.25	16.25	22.5	18.75	5.0	1.25	100	

注:合计值总和不一致是由比例计算中保留小数点后两位四舍五入造成的。

从以上五个矿山粗浅的问卷调查中,主要可以得出两个重要结论:

(1)该地区的蛇纹石石棉粉尘污染极其严重,患硅(石棉)肺的患者占调查人数的 21.25%,虽然这种调查按流行病学的规则是不够科学的,但是目前没有条件进行更科学的流行病学调查,因此这种情况必须引起各级政府的关注。

(2)虽然有较高比例的蛇纹石石棉肺患者,但尚未发现或证实有接触蛇纹石石棉致癌者。这是否可能证明作者的一个基本观点:致癌的原因并不仅仅是接触蛇纹石石棉,还有其他因素。值得注意的是阿克塞地区没有石棉制品厂,绝大部分工人不会在接触石棉的同时接触到容易致癌的有机化工原料,可能是产生这种现象的关键原因。

阿克塞地区的石棉是典型的蛇纹石石棉,这组调查结果初步证明,只要做好蛇纹石石棉粉尘的治理,是可以安全利用的,致癌不能完全归咎于单独接触蛇纹石石棉。

8.3.2 青海茫崖蛇纹石石棉矿职工职业病调查

青海茫崖石棉矿建于 1958 年,是我国目前规模最大的石棉矿床。矿区海拔

3000 多米,其中矿体最高的山峰海拔 3280m,矿体最高点海拔 3277.8m,目前开采矿场在海拔 3086~3170m。离矿山 18km 的生活福利区海拔 3000m。该地区已探明石棉储存量达 4855 万 t,占全国已探明储存量的 70% 以上。2012 年产量占全国石棉产量的 40% 以上。该石棉矿所生产的石棉属于超基性岩型横纤维蛇纹石石棉,呈现蓝绿、金黄和灰白的色泽;纤维柔软微细,属于半硬结构纤维。在高原戈壁干燥缺氧与石棉粉尘污染的联合作用下,该地区石棉工人的身体健康已受到严重威胁。为了更全面了解石棉作业对工人寿命的影响,调查者收集了相关资料并进行队列随访,分析石棉矿工人的主要死因,并探讨蛇纹石石棉对工人寿命影响的特点(杜利利和兰亚佳,2010)。

研究通过收集茫崖石棉矿职工死亡数据、石棉肺诊断名册和石棉粉尘浓度检测资料;计算职工主要死因构成比和死因顺位,并计算标化死亡比(SMR),SMR 实质上是暴露组某疾病死亡率与全人群某疾病死亡率的比例。以卫生部全国城市居民年龄别死亡率均值为标准对照计算队列人群各类死因的 SMR,SMR 的 95% 可信限和统计检验采用 Mantel-Haenszel 法。参照相关文献,将期望寿命定为 80 岁,计算矿工的潜在寿命损失年。利用 Cox 比例风险模型,控制混杂因素计算主要死因死亡密度和相对危险度(RR),分析石棉暴露、吸烟对矿工寿命的影响。计算接尘工人接触剂量与肺癌、石棉肺危险度的关系,应用生存分析探讨接触剂量-效应关系,并根据发病规律拟合适合的数学模型,推测能保护工人健康的粉尘接触限值。采用多因素 Logistic 回归,分析影响肺癌、石棉肺发生的因素。数据处理软件为 VFP9.0,统计分析使用 SPSS18.0 软件。研究目的在于分析石棉暴露对矿工寿命的影响,以及肺癌和石棉肺的发病特点,探讨累积接尘量与它们的关系。调查结果见表 8.18~表 8.27。

1. 矿区粉尘浓度及环境污染情况调查

由石棉矿生产环境中粉尘浓度结果(表 8.18)可见,车间中最低粉尘浓度为 68.97mg/m³,最高粉尘浓度高达 308.60mg/m³,超过国家标准 154.30 倍(国家粉尘浓度标准为 2mg/m³)。近年来各扬尘点都装上了抽风除尘设备,车间空气中石棉粉尘平均质量浓度已经明显下降,车间平均浓度已经下降到 68.97mg/m³。

表 8.18　石棉矿生产车间的不同年代粉尘浓度

Table 8.18　Dust concentration of the workshop in asbestos factory with different ages

年份	平均粉尘浓度/(mg/m³)	换算纤维浓度/(f/mL)	超标倍数*
1987	133.25	24.30	65.62
1988	204.03	36.54	102.01
1989	308.60	54.63	154.30

年份	平均粉尘浓度/(mg/m³)	换算纤维浓度/(f/mL)	超标倍数*
1990	308.50	54.62	154.25
1991	287.60	51.00	143.80
2009	68.97	13.18	34.49

*超标倍数:依据国家粉尘重量浓度标准得到。

对生活环境,即机关(机修厂、水电厂、运输队等)、医院、居住区、办公大楼等,也进行了粉尘浓度的监测(表8.19)。矿工区平均环境粉尘浓度为 10.06mg/m^3 ,生活区为 1.16mg/m^3 。除了广场、矿山处的环境粉尘浓度接近国家作业场所粉尘浓度标准,其他采样点均超过作业场所标准,居住区甚至高达 4.75mg/m^3 。由于资金短缺、技术落后、除尘设备性能较差,生产车间跑、冒、滴、漏的现象严重,粉尘浓度很高,污染严重,甚至居住区环境粉尘浓度也较高。此外,工人将污染的衣帽等带回家庭,还可以造成二次污染,因此不但影响工人的身体健康,还会对其家属及子女造成一定的身体损伤。

表 8.19 石棉矿的平均环境粉尘浓度

Table 8.19 The average environmental dust concentration of asbestos factory

(单位:mg/m³)

采样点	粉尘浓度范围	均值
广场	1.00~2.48	1.71
机修厂	0.30~5.84	2.37
水电厂	0.57~8.25	2.27
职工医院	0.51~1.75	1.04
车队	0.75~5.10	2.40
矿山处	0.62~2.73	1.73
居住区	4.50~4.95	4.75
学校	0.73~3.64	1.53
办公大楼	0.64~1.37	0.91

2. 队列基本情况

调查组选择茫崖矿区某大型国有石棉矿 1981 年 1 月 1 日～1988 年 12 月 31 日在册且工作一年以上的所有职工进行队列研究,追访其生命状态到 2010 年 6 月 1 日。最终对符合入队标准的 1932 人进行随访研究,其中暴露组是直接接触石棉的一线工人,包括矿工、炮工、机械工、修理工、运输工和化验工,共有 1257 人,对照组是指从事管理和销售等非直接接触石棉工作的工人,包括后勤、管理、医务人员等不直接接触石棉的所有职工,共 675 人。职工参加工作时的平均年龄是 21.0 岁(男性 21.1,女性 20.9)。入队年龄平均为 34.6 岁(男性 35.7,女性 30.7),平均工作年限为 27.7 年(男性 28.5,女性 24.4)。退休和死亡人数占全部成员的82.2%。队列基本情况见表 8.20。

表 8. 20　2010 年队列成员基本情况
Table 8. 20　Brief description of the workers in statistics of 2010

项目	男性	女性	总计	项目	男性	女性	总计
人数(所占比例/%)	1522(78.8)	410(21.2)	1932(100.0)	在职人数(所占比例/%)	261(17.2)	83(20.2)	344(17.8)
随访时间/年	25.8	27.1	26.1	退休人数(所占比例/%)	839(55.1)	276(67.3)	1115(57.7)
入队年龄	35.7	30.7	34.6				
参加工作年龄	21.1	20.9	21.0	死亡人数(所占比例/%)	422(27.7)	51(12.5)	473(24.5)
工作年限	28.5	24.4	27.7				

3. 队列人群死因分析

杜利利等(2014)通过队列研究,分析中国某石棉矿矿工的主要死因、不同年龄段的主要死因、死因标化死亡比(SMR)以及蛇纹石石棉对矿工死因的影响。队列人群总死亡率为 939.20/10 万,明显高于全国城市居民平均水平,差异具有统计学意义(SMR=1.46,$P<0.05$)。石棉矿工人的主要死因按照累积死亡率从高到低依次为恶性肿瘤,心血管、脑血管疾病和呼吸系统疾病等,前 4 种疾病共占全部死因的 71.46%。28.33% 人死于恶性肿瘤,其中肺癌占所有恶性肿瘤的 46.27%,见表 8.21。死于恶性肿瘤的男性工人占全死因总人数的 25.37%,女性占 2.96%。此外,影响女性工人的主要死因为恶性肿瘤、呼吸系统疾病和脑血管疾病。可见,女性矿工与男性矿工的死亡率以及死亡构成都有一定的差异。

表 8. 21　石棉矿职工主要死因
Table 8. 21　The main death causes for the asbestos mine workers

死因	男性		女性		合计	
	人数	构成比/%	人数	构成比/%	人数	构成比/%
全死因	422	100.00	51	100.00	473	100.00
恶性肿瘤	120	28.44	14	27.45	134	28.33
肺癌	57	13.51	5	9.80	62	13.11
肝癌	17	4.03	1	1.96	18	3.81

续表

死因	男性		女性		合计	
	人数	构成比/%	人数	构成比/%	人数	构成比/%
胃癌	15	3.55	1	1.96	16	3.38
食道癌	11	2.61	0	0.00	11	2.33
心血管疾病	76	18.01	4	7.84	80	16.91
脑血管疾病	62	14.69	5	9.80	67	14.16
呼吸系统疾病	50	11.85	7	13.73	57	12.05
石棉肺	5	1.18	0	0.00	5	1.06
消化系统疾病	19	4.50	3	5.88	22	4.65
泌尿生殖	5	1.18	4	7.84	9	1.90
糖尿病	6	1.42	2	3.92	8	1.69
意外死亡	35	8.29	4	7.84	39	8.25

计算 SMR 方法是先列出该人群各年龄组的总人口数,再列出参照人群同年龄组的死亡率作为标准死亡率,计算出该人群的预期死亡数。用实际死亡数和预期死亡数相比得到 SMR($SMR = \sum a_i / \sum E(a_i) \times 100$,式中 a_i 是观察人群第 i 层年龄组的死亡观察数。$E(a_i)$ 是按标准全人群年龄组死亡率推算的第 i 层年龄组预期死亡数)。与全国城市居民死亡水平相比(表 8.22),蛇纹石石棉矿工的死亡率升高了 46%。其中石棉肺的死亡率升高最为明显($SMR = 9.62$);此外,肺癌、肺心病、呼吸系统疾病和意外伤害的死亡率也明显升高,差异具有统计学意义($P < 0.05$)。

表 8.22　石棉矿职工主要死因标化死亡比

Table 8.22　SMR of the main death causes for the asbestos mine workers

死因	死亡数	期望数	SMR	95%CI
全死因	473	323.42	1.46	1.33~1.60*
恶性肿瘤	134	114.99	1.17	0.98~1.37
肺癌	62	41.16	1.51	1.15~1.90*
心血管疾病	80	64.30	1.24	0.99~1.53
肺心病	20	7.42	2.70	1.65~4.00*
脑血管疾病	67	59.70	1.12	0.87~1.41
呼吸系统疾病	57	29.54	1.93	1.46~2.46*
石棉肺	5	0.52	9.62	3.10~19.69*
肺结核	1	4.71	0.21	0.00~0.78

续表

死因	死亡数	期望数	SMR	95％CI
消化系统疾病	22	15.81	1.39	0.87～2.03
泌尿生殖系统疾病	9	5.38	1.67	0.76～2.93
糖尿病	8	7.03	1.14	0.49～2.05
意外死亡	39	24.48	1.59	1.13～2.13*

* $P < 0.05$。

4. 蛇纹石石棉接触对死亡特征的影响

为了进一步分析石棉对矿工的危害,将矿工分为暴露组和对照组。其中,暴露组是直接接触石棉的一线工人,共有 1257 人,对照组是指从事管理和销售等非直接接触石棉工作的工人,共 675 人。暴露组全死因死亡高于全国城市居民平均水平（SMR = 1.75,95％CI：1.57～1.94）,对照组工人则与全国水平差别不大（SMR = 0.92,95％CI：0.76～1.10）。暴露组和对照组的前四位死因（按照累积死亡率排序）均为恶性肿瘤、心血管疾病、脑血管疾病和呼吸系统疾病。与全国城市人口死亡率进行比较,暴露组中全死因、恶性肿瘤、肺癌、脑血管疾病、呼吸系统疾病、意外死亡和消化系统疾病明显高于对照组（表 8.23）,SMR 分别为 1.75、1.48、2.50、1.38、2.33、1.96 和 1.99。其中肺癌和呼吸系统疾病死亡率的升高更加显著。

表 8.23　主要死因标化死亡比在暴露组与对照组的分布

Table 8.23　SMR distribution in control and experimental groups

死因	暴露组		对照组	
	SMR	95％CI	SMR	95％CI
全死因	1.75*	1.57～1.94	0.92	0.76～1.10
恶性肿瘤	1.48*	1.22～1.78	0.66	0.44～0.93
肺癌	2.50*	1.85～3.24	1.01	0.52～1.65
肝癌	1.05	0.59～1.62	0.24	0.03～0.67
胃癌	1.26	0.67～2.04	0.49	0.10～1.19
食道癌	1.61	0.73～2.82	0.62	0.07～1.72
结肠癌	0.47	0.05～1.30	0.37	0.00～1.37
心血管疾病	1.27	0.96～1.63	0.81	0.52～1.18
脑血管疾病	1.38*	1.03～1.79	0.75	0.44～1.15
呼吸系统疾病	2.33*	1.68～3.10	1.40	0.80～2.17

续表

死因	暴露组		对照组	
	SMR	95%CI	SMR	95%CI
意外死亡	1.96*	1.33~2.71	0.95	0.41~1.70
内分泌系统疾病	1.45	0.53~2.82	0.72	0.08~2.00
消化系统疾病	1.99*	1.21~2.95	0.36	0.04~0.99
泌尿系统疾病	1.83	0.67~3.56	1.47	0.30~3.54

* $P<0.05$。

利用 Cox 比例风险模型,控制性别、吸烟和参加工作时间混杂因素后计算相对危险度(RR),分析石棉暴露对矿工寿命的影响。表 8.24 显示,暴露组的死亡率明显高于对照组,其中恶性肿瘤(特别是肺癌和肝癌)、脑血管疾病和消化系统疾病在暴露组的死亡率明显高于对照组,RR 分别为 2.38、1.75 和 5.95。

表 8.24　暴露组和对照组主要死亡率的比较

Table 8.24　Mortality comparison between the control and experimental groups

死因	暴露组		对照组		RR‡	95%CI§
	OBS†	死亡/(1/10 万)	OBS	死亡/(1/10 万)		
全死因	357	1113.23	116	634.12	1.91*	1.54,2.37
恶性肿瘤	106	330.54	28	153.06	2.38*	1.56,3.65
肺癌	50	155.91	12	65.60	2.57*	1.35,4.88
肝癌	16	49.89	2	10.93	5.04*	1.14,22.37
胃癌	13	40.54	3	16.40	2.82	0.78,10.18
食道癌	9	28.06	2	10.93	2.37	0.51,11.15
结肠癌	2	6.24	1	5.47	1.27	0.10,16.27
心血管疾病	56	174.62	24	131.2	1.30	0.79,2.14
脑血管疾病	50	155.91	17	92.93	1.75*	1.00,3.08
呼吸系统疾病	40	124.73	17	92.93	1.39	0.75,2.60
意外死亡	31	96.67	8	43.73	1.62	0.74,3.55
消化系统疾病	20	62.37	2	10.93	5.95*	1.37,25.88
泌尿生殖系统疾病	6	18.71	3	16.40	1.46	0.35,6.00
糖尿病	6	18.71	2	10.93	2.41	0.47,12.35

†OBS:死亡数;‡RR:相对危险度;§95%CI:95%可信区间。

* $P<0.05$。

随着时间的变化,石棉工人的死亡率也在不断地变化。其中,暴露组的死亡率始终要高于对照组,对照组的最高死亡率出现在 2006 年,达到 3.1%,但是 2004 年暴露组的死亡率最高,达到 4%,与对照组相比死亡高峰明显提前。

潜在寿命损失年是指人们由于伤害未能活到该地区平均期望寿命而过早死亡,失去为社会服务和生活的时间,用死亡时实际年龄与期望寿命之差,即某原因致使未到预期寿命而死亡所损失的寿命年数来表示。常用的统计指标有潜在寿命损失年(PYLL)、潜在寿命损失率(YPLLR) 和平均减寿年数(AYLL)。计算公式为:$PYLL = \sum (L - a_i) \times d_i$;$YPLLR = PYLL/N \times 100\%$;$AYLL = PYLL/d_i$。其中,$L$ 为生存目标年龄(本调查定为80岁),a_i 为死亡人群中每个人的实际生存年龄,N 为总人口数,d_i 为死亡人数。

通过分析得到石棉矿工人的前六位潜在寿命损失分别为恶性肿瘤、意外死亡、心血管系统疾病、脑血管疾病、呼吸系统疾病和消化系统疾病。平均减寿率分别为 128.8%、87.7%、70.2%、65.4%、45.1% 和 24.0%(表 8.25)。其中男性潜在寿命损失顺位分别为恶性肿瘤、意外死亡、心血管疾病、脑血管疾病、呼吸系统疾病和消化系统疾病。女性潜在寿命损失顺位分别为恶性肿瘤、意外伤害、呼吸系统疾病、脑血管疾病、心血管疾病和消化系统疾病。男性潜在寿命损失率普遍要高于女性,但是消化系统疾病除外。

表 8.25　石棉矿工主要死因的潜在寿命损失

Table 8.25　Potential life loss of the asbestos mine workers

死因	男				女				合计			
	PYLL /年	AYLL /年	YPLLR /%	减寿顺位	PYLL /年	AYLL /年	YPLLR /%	减寿顺位	PYLL /年	AYLL /年	YPLLR /%	减寿顺位
恶性肿瘤	2123	17.7	139.5	1	366	26.1	89.3	1	2489	18.6	128.8	1
意外死亡	1512	43.2	99.3	2	183	45.8	44.6	2	1695	43.5	87.7	2
心血管疾病	1253	16.6	82.3	3	103	25.8	25.1	5	1356	17.0	70.2	3
脑血管疾病	1138	18.4	74.8	4	125	25.0	30.5	4	1263	18.9	65.4	4
呼吸系统疾病	731	14.6	48.0	5	141	20.1	34.4	3	872	15.3	45.1	5
消化系统疾病	408	25.5	26.8	6	55	27.5	13.4	6	463	25.7	24.0	6

5. 队列不同观察阶段的死亡特征

不同时间阶段死因的变化见表 8.26。1990 年、2000 年、2010 年三个不同时期,男性和女性死亡率第一的均是恶性肿瘤。1990 年影响矿工的主要死因为恶性肿瘤和意外死亡;2000 年心脑血管疾病的比例有所增加;2010 年呼吸系统疾病的死亡率明显增加。

表 8.26　队列不同阶段主要死因
Table 8.26　The main death causes in different stages of each research group

死因	男性(所占比例/%)			女性(所占比例/%)		
	1990 年	2000 年	2010 年	1990 年	2000 年	2010 年
全死因	42(100.00)	194(100.00)	422(100.00)	9(100.00)	24(100.00)	51(100.00)
恶性肿瘤	10(23.81)	55(28.35)	120(28.44)	3(33.33)	6(25.00)	14(27.45)
心血管疾病	6(14.29)	31(15.98)	76(18.01)	0(0.00)	3(12.50)	4(7.84)
脑血管疾病	6(14.29)	33(17.01)	62(14.69)	1(11.11)	4(16.67)	5(9.80)
呼吸系统疾病	3(7.14)	14(7.22)	50(11.85)	0(0.00)	2(8.33)	7(13.73)
石棉肺	0(0.00)	3(1.55)	5(1.18)	0(0.00)	0(0.00)	0(0.00)
意外死亡	11(26.19)	29(14.95)	35(8.29)	2(22.22)	2(8.33)	4(7.84)
消化系统疾病	4(9.52)	14(7.22)	19(4.50)	0(0.00)	3(12.50)	3(5.88)

与前期研究结果相比,表 8.27 显示全死因逐年升高。追访至 2000 年时超过全国城市居民平均水平(SMR=1.37)。恶性肿瘤(包括肺癌)、心血管疾病、脑血管疾病和泌尿系统疾病的标化死亡比虽有波动,但总体水平都呈上升的趋势。肺心病标化死亡比(SMR)变化很大,从 1990 年的 0.56 升高到 2010 年的 2.65。但是呼吸系统疾病的 SMR 呈现下降的趋势,从 1990 年的 3.32 下降至 2000 年的 1.64,而后缓慢上升为 2010 年的 1.93。其中石棉肺的死亡率下降最快,SMR 从 1990 年的 45.36 下降到 2010 年的 9.56。

表 8.27　石棉矿工追访 3 个阶段主要死因 SMR 比较
Table 8.27　The SMR comparison of the main death causes of asbestos workers between the three visited stages

死因	SMR1	95%CI	SMR2	95%CI	SMR3	95%CI
全死因	0.91	0.67~1.19	1.37	1.19~1.56	1.41	1.29~1.54
恶性肿瘤	0.66	0.31~1.12	1.11	0.83~1.43	1.16	0.97~1.36
肺癌	1.73	0.56~3.55	1.64	1.00~2.44	1.92	1.47~2.43
心血管疾病	0.81	0.26~1.65	1.45	0.96~2.04	1.67	1.32~2.06
肺心病	0.56	0.01~2.04	2.58	1.11~4.65	2.65	1.62~3.94
脑血管疾病	0.74	0.20~1.63	1.43	1.00~1.94	1.13	0.87~1.41
呼吸系统疾病	3.32	1.59~5.67	1.64	0.97~2.49	1.93	1.46~2.46
石棉肺	45.36	12.20~99.40	16.76	4.51~36.72	9.56	3.08~19.59
肺结核	—	—	0.28	0.00~1.03	0.21	0.00~0.76

死因	SMR1	95%CI	SMR2	95%CI	SMR3	95%CI
意外死亡	1.51	0.75～2.53	2.06	1.40～2.84	1.58	1.12～2.11
内分泌疾病	—	—	0.46	0.01～1.70	1.13	0.49～2.04
消化系统疾病	0.45	0.05～1.24	1.49	0.81～2.37	1.39	0.87～2.03
泌尿系统疾病	0.87	0.01～3.20	1.46	0.39～3.20	1.67	0.76～2.92

注："—"表示该数据缺失；SMR1 表示 1990 年 SMR；SMR2 表示 2000 年 SMR；SMR3 表示 2010 年 SMR。

调查结果显示，影响蛇纹石石棉矿工的前四个主要死因为恶性肿瘤（特别是肺癌、肝癌、胃癌）、心血管疾病、脑血管疾病和呼吸系统疾病。与前期研究结果相比，全死因逐年升高，追访至 2000 年时超过全国城市居民平均水平（SMR=1.37）。恶性肿瘤（包括肺癌）、心血管疾病、脑血管疾病和泌尿系统疾病的 SMR 总体水平都呈上升的趋势。肺心病 SMR 变化很大。但是呼吸系统疾病的 SMR 呈现下降的趋势，其中石棉肺的死亡率下降最快。

不同时间阶段恶性肿瘤都是矿工的第一死因。虽然与国家城市居民相比，暴露组肝癌死亡率并没有升高（SMR=1.05），但是与内对照相比，暴露组肝癌死亡率高于对照组，相对危险度为 5.04。另外，对照组肝癌死亡率比全国水平低。这表明与普通人群相比，职业人群可能存在健康工人效应。1990 年，有研究表明接触蛇纹石石棉可以提高工人肝癌的死亡率。但是意大利也有研究发现石棉纺织工人并没有出现肝癌死亡率升高的现象。

暴露组有更多的机会接触蛇纹石石棉，进而患上石棉肺。石棉肺常严重损害患者的肺功能，并可使肺癌的发生率明显增高（王艳等，2016）。Ohshima 和 Bartsch（1994）报道，机体的炎症（如石棉肺）是人类各种癌症的危险因素。炎症产生的一氧化氮（NO）和氧自由基等会通过不同的机制参与癌症的发生发展。研究表明：长度>10μm 的石棉纤维最具致癌性，且吸入的石棉剂量与肺癌的发生风险具有线性关系（Case et al.，2011）。目前，石棉肺并发肺癌的具体机制仍处于研究中，涉及炎症反应、氧化应激、细胞凋亡及基因突变等各个方面。

许多研究表明，蛇纹石石棉可以增加呼吸系统疾病的发生率和死亡率。石棉纤维在吸入机体的过程中可以直接接触并且损害呼吸系统的细胞。在本队列中，呼吸系统疾病死亡率显著高于全国水平。然而，与对照组相比，暴露组呼吸系统疾病的死亡率并没有明显升高。原因可能是，所选择的对照组并非完全不接触石棉（因矿区大气中有石棉纤维），只是接触石棉的剂量较少。

研究结果还显示，暴露组消化系统疾病死亡率有所升高（RR=5.95）。这可能与生产生活中石棉纤维进入消化道并造成消化系统的损伤有关。陈志霞等（2008）研究的结果也证实矿工的消化系统疾病死亡率明显升高。然而，意大利石棉纺织工人的死因分析结果并没有显示消化系统疾病有升高的现象。此外,暴露组脑血管疾病与国家城市人群相比有明显升高(SMR＝1.38),可能与地处高原的环境有关。目前,对于石棉接触工人脑血管疾病死亡率较高的原因尚不清楚,在著名的魁北克蛇纹石石棉矿中,发现矿工脑血管疾病的 SMR 为 1.07,并没有发现蛇纹石石棉接触与脑血管疾病之间有明显的相关性。美国也没有发现接触蛇纹石石棉纺织工人脑血管疾病风险提高的现象。

通过计算潜在寿命损失年得到影响矿工寿命的主要原因是恶性肿瘤和意外死亡。对每种死因来说,若寿命损失年越高,则说明该死因造成人群"早死"的损失就越大。另外,男性的潜在寿命损失率普遍要高于女性。此外,影响男性潜在寿命损失的主要原因还包括心血管疾病、脑血管疾病和呼吸系统疾病。而女性主要为呼吸系统疾病、脑血管疾病以及心血管疾病。这就表明不同性别的主要死因是有差异的。通过生存曲线也发现,暴露组的死亡风险要高于对照组。

该石棉矿队列中,共有 62 人死于肺癌,其中暴露组 50 人,肺癌的死亡率比全国水平高 2.50 倍;对照组 12 人,与全国水平相比肺癌死亡率没有明显升高。肺癌主要发生在 60 岁以上人群。此外,与全国城市居民死亡水平相比,肺心病、石棉肺和意外死亡率明显升高,差异具有统计学意义($P<0.05$),以石棉肺死亡率升高最为明显。与内部对照相比,暴露组肺癌死亡的危险为对照组的 2.57 倍。鉴于调节了吸烟和年龄等因素,说明肺癌与蛇纹石石棉接触之间是有强烈关联的。应用寿命表法计算石棉矿工的累积粉尘接触与石棉肺累积危险度之间存在明显的剂量关系。但是目前对于接触蛇纹石石棉与肺癌的关系,仍是一个学术界争论的话题。魁北克蛇纹石石棉矿工肺癌的 SMR 明显升高。孙统达和朱胜军(2001)通过荟萃(meta)分析表明,中国单纯接触蛇纹石石棉人员肺癌的死亡率显著升高(meta-SMR:4.39,$P<0.01$)。王治明等(2001)报道蛇纹石石棉矿工肺癌死亡率明显升高。但是,Balangero 蛇纹石石棉矿工肺癌的死亡率与普通人群没有明显的统计学意义。国外学者通过系统研究表明,不同类型的石棉纤维对间皮瘤的影响是有差异的,但是不同类型的石棉对肺癌的影响是否有差异目前还不清楚。

通过分析发现,国家粉尘排放标准对矿工健康起到重要的保护作用。影响肺癌发病的主要因素为累积接尘量、吸烟和开始接尘年龄;影响石棉肺发病的主要因素为累积接尘量,而且接触剂量和发病率之间有明显的剂量-效应关系,这和以前的研究结果也是一致的。因此,有效控制环境中粉尘的浓度是保护矿工健康的关键措施。

通过上述茫崖石棉矿职业病调查分析得出以下结论:矿工的死因构成与普通人群不同,肺癌和呼吸系统疾病的死亡率要高于普通人群;长期接触蛇纹石石棉可以导致矿工死亡率的升高;蛇纹石石棉暴露可以导致肺癌的死亡率明显升高;石棉累积接尘量与肺癌、石棉肺之间存在明显的剂量-效应关系;有效控制粉尘浓度是保护工人健康的关键。

本次调查研究也存在一定的局限性,如划分暴露组和对照组可能存在选择性偏倚,进而可能会放大或缩小暴露与效应的关系。此外,可能还存在诊断误差,如石棉肺、癌症等,只有很少的病例是通过病理切片或者尸检诊断,因此这是石棉矿队列很难避免的问题。另外,与全国水平相比时没有考虑高原环境的差异,与对照组比较时没有考虑生活环境的粉尘和石棉浓度(明显高于正常环境)的影响与校正。

标准化死亡比(SMR)是流行病学广泛应用的指标之一。目前,国内还没有质量控制更好、人数更多的蛇纹石石棉矿的队列研究。但是职业流行病学中由于可能存在健康工人效应,仅通过 SMR 进行比较分析是不恰当的,应该通过内对照消除这种效应。因此,在使用 SMR 的同时使用内对照,能更加准确合理地分析石棉矿工人死因的分布与特点。

8.4　蛇纹石石棉与青石棉粉尘危害对比研究

蛇纹石石棉和青石棉,由于它们在矿物学、结构组成及化学性质上的差异,从而决定了它们不同的生物学活性。蛇纹石石棉在肺内稳定性差,容易裂解成分节状短纤维而被巨噬细胞吞噬,在酸性环境中尤其不稳定。与蛇纹石石棉相比,青石棉在肺内相对稳定、不断裂、耐腐蚀,半衰期比蛇纹石石棉长得多。因此,青石棉往往比蛇纹石石棉具有更强的生物毒性。

8.4.1　蛇纹石石棉与青石棉的致病性调查对比分析

1. 蛇纹石石棉致慢性病的调查研究

慢性病,我国卫生部称为慢性非传染性疾病(NCD),它主要包括恶性肿瘤、心脑血管病、心脏病、高血压、糖尿病、精神病等一系列不能传染且长期不能自愈的疾病。慢性非传染性疾病的发病和死亡现在已成为影响社会经济发展的严重公共卫生问题,目前 NCD 的发病和死亡呈上升趋势,NCD 成为全世界致残和致死的首位病因。

石棉生产存在多种职业病危害因素,特别是石棉矿工人长期接触各种有害因素(粉尘、噪声)及不良气象条件,加之较大的工作强度和较长的累积工作时间,极易导致各种慢性病的发生。慢性病的高发不仅造成职工的身心痛苦,也给企业带来沉重的经济负担。下面以 2007 年调查某蛇纹石石棉矿矿工的健康情况为例,了解主要威胁石棉矿矿工健康的慢性病及其影响因素。这对预防和控制疾病的发生、发展以及石棉的安全生产和使用具有重要价值。

1) 对象与方法

被调查的石棉矿是我国大型石棉矿之一,调查对象为该石棉矿 4 个选厂 2007

年在职且接尘时间至少 1 年的矿工。调查采用统一的调查表,内容包括矿工的一般情况、职业特征、接受职业卫生服务和矿工患慢性病的情况。现患慢性病是指在过去 12 个月内被医生确诊的慢性疾病。患有慢性病是指在过去 12 个月内患有一种及一种以上慢性病。用 Excel 2003 建立数据库并进行数据录入,用 SPSS13.0 进行统计分析。以是否患某慢性病为因变量,以可能影响疾病发生的因素为自变量对研究对象进行非条件 Logistic 回归分析。

2) 结果与分析

(1) 一般情况。

共调查矿工 515 名,其中男性 311 人(60.4%),女性 204 人(39.6%)。年龄范围为 19~56 岁,平均年龄 34 岁。最大接尘工龄为 37 年,最少为 1 年。平均接尘工龄为 14 年。

(2) 慢性病患病情况。

调查的慢性病按系统分类的疾病有 11 类,矿工中共 381 人患有一种以上慢性疾病,慢性病患病率为 74%(表 8.28),比全国同年龄段的慢性病患病率高。患病率有明显年龄差异,有随年龄增加而增加的趋势(趋势卡方检验,$P<0.01$),按接尘工龄分组表现类似情况,患病率随工龄增加而上升(趋势卡方检验,$P<0.01$)。不同工种间与不同性别间的患病率差异无统计学意义。

表 8.28　石棉矿工现患慢性病病例数、患病率及其 P 值

Table 8.28　Number of cases, prevalence and P value for asbestos

miners suffered from chronic diseases

分类		调查人数	患病人数	患病率/%	P 值
性别	男性	311	229	73.6	0.8245
	女性	204	152	74.5	
接尘工龄/年	<10	158	101	63.9	0.0001
	10~20	263	200	76.0	
	>20	94	80	85.1	
	<30	116	75	64.7	0.0003
	30~35	190	132	69.5	
	>35	209	174	83.3	
工种	机修工	187	143	76.5	0.3454
	行政管理	67	53	79.1	
	选矿工	183	132	72.1	
	运输工	78	53	78.0	

各项慢性病的患病率及顺位见表 8.29,患病率由高到低前 5 位疾病依次为肌

肌肉骨骼系统疾病、消化系统疾病、血液疾病、神经感觉系统疾病、呼吸系统疾病。其中男性慢性疾病患病率以肌肉骨骼系统疾病为最高。而女性血液疾病的患病率最高。男、女性慢性病患病率进行统计学对比分析,性别间血液疾病、泌尿系统疾病和肿瘤患病率的差异有统计学意义($P<0.05$),女性患病率均高于男性。

表 8.29　各项慢性病的患病率、顺位及 P 值

Table 8.29　The prevalence, the order and P value of chronic diseases

疾病名称	合计		男性		女性		P 值
	顺位	患病率	顺位	患病率	顺位	患病率	
肌肉骨骼系统疾病	1	37.9	1	39.6	1	35.3	0.330
消化系统疾病	2	34.6	2	36.0	2	32.4	0.390
血液疾病	3	34.6	3	27.3	3	46.6	0.000
神经感觉系统疾病	4	33.8	4	31.2	4	37.8	0.124
呼吸系统疾病	5	29.3	5	31.5	5	26.0	0.177
心血管系统疾病	6	22.9	6	22.2	6	24.0	0.628
皮肤疾病	7	18.3	7	16.7	7	20.6	0.266
心理疾病	8	12.4	8	13.5	8	10.8	0.360
泌尿系统疾病	9	10.9	9	8.4	9	14.7	0.024
内分泌和代谢系统疾病	10	4.3	10	3.9	10	4.9	0.567
肿瘤	11	1.4	11	0.0	11	3.4	0.001

由表 8.29 可见,血液疾病患病率较高(34.6%),在所有慢性病中处于第 2 位,远远高于全国平均水平。进一步分析发现,职工患有的血液疾病主要是贫血,贫血患者有 173 位,占血液疾病患者总数的 97%。可能是由于当地处于高原低氧地区,血液系统代偿性造血增强引起对铁的需要量相对增加,铁的缺乏引起贫血。再加上当地的饮食习惯以肉食和面食为主,蔬菜、水果稀少,饮食单一,维生素的种类及数量摄入严重不足。该情况应该引起重视。

(3) 健康影响因素的非条件 Logistic 回归分析。

以是否患有慢性病为应变量,以被调查对象的社会人口学特征、接尘工龄、工种等 9 项因素做单因素非条件 Logistic 回归(入选回归方程的水准为 0.05,剔除水准为 0.10)。结果表明,年龄、收入水平、作业方式、接尘工龄和职业卫生服务是影响患病的主要因素。见表 8.30。将单因素分析结果 $P<0.05$ 的变量和从专业上判断可能对患慢性病有影响的变量作为自变量,进一步做多因素非条件 Logistic 回归分析。结果提示收入水平低、接尘工龄长、作业方式为手工的矿工慢性病患病率最高,见表 8.31。对位于前 5 位的主要慢性疾病进行多因素非条件 Logistic 回归分析提示,影响肌肉骨骼疾病患病率的因素依次为年龄($RR=1.054$)、接尘工龄

（RR＝1.030）和作业方式（RR＝0.648）。消化系统疾病受接尘工龄（RR＝1.040）影响。呼吸系统疾病受收入（RR＝0.096）、年龄（RR＝0.023）、作业方式（RR＝0.014）和接尘工龄（RR＝0.004）影响。神经感觉系统疾病受接尘工龄（RR＝1.034）和作业方式（RR＝0.664）影响。

表 8.30　单因素非条件 Logistic 回归分析

Table 8.30　Univariate Logistic regression analysis

因素	变量编码	P 值	RR 值	RR 的 95%CI
性别	男为 1 女为 0	0.825	0.955	0.638～1.430
	机修工、行政管理、选矿工、运输工依次为 1～4	0.349		
现工种	现工种(1)	0.151	1.533	0.855～2.747
	现工种(2)	0.133	1.786	0.838～3.807
	现工种(3)	0.496	1.221	0.687～2.170
年龄	实际值	0.000	1.074	1.036～1.115
收入水平	低于 1000 元/月为 1,高于 1000 元/月为 0	0.002	0.493	0.325～0.771
教育水平	初中及以下为 1,高中及以上为 0	0.064	1.487	0.978～2.260
吸烟	吸烟为 1,不吸烟为 0	0.612	0.902	0.605～1.344
作业方式	机械作业为 1,手工作业为 0	0.001	0.508	0.347～0.757
接尘年龄	实际值	0.000	1.058	1.036～1.081
职业卫生服务	接受了服务为 1,没有为 0	0.637	1.100	0.741～1.630

表 8.31　多因素非条件 Logistic 回归分析

Table 8.31　Multivariate unconditional Logistic regression analysis

因素	P 值	RR 值	RR 的 95%CI
年龄	0.303	1.023	0.979～1.069
收入水平	0.022	0.566	0.348～0.921
作业方式	0.002	0.511	0.335～0.778
接尘年龄	0.002	1.040	1.015～1.067

注:各因素变量的编码同表 8.30。

此石棉矿矿工慢性病调查显示:慢性病患病率较高,并且随着工人接触粉尘的工龄和年龄大小的增加呈上升趋势。大多数研究表明,常见慢性病的患病率都是随着年龄的增加而逐渐增长的（梁酉等,2003）。分析表明:收入高的矿工患慢性病的概率偏高,可能是因为在本次调查中收入高的职工年龄均较大,接尘时间也更长。肌肉骨骼系统疾病、血液疾病、消化系统疾病、神经感觉系统疾病、呼吸系统疾病是影响矿工健康的主要慢性疾病。其中男性以肌肉骨骼系统疾病的患病率最高,而女性血液疾病的患病率最高,男女都有血液疾病的患病率差异有统计学意义,女性患病率高于男性。这可能是因为女性由于生理特点等因素贫血者较多(占女性中患血液疾病的 95.7%)。对健康影响因素的非条件 Logistic 回归分析提示,收入水平低、接尘工龄长、作业方式为手工的矿工慢性病患病率偏高。其原因可能是这类工作人员接触粉尘的时间长,工作要求注意力集中,强迫体位精神紧张,较少进行健康体检,不能做到对相关疾病的及早发现和及早治疗。本研究表明,石棉矿工慢性病患病率较高,对健康影响的因素多为工作因素,故有必要加强职业防护,进行健康知识的普及,改变不良的生活习惯,定期开展健康体检,改进劳动生产工具,减轻体力劳动负荷等,以减少矿工疾病的发生,改善其健康状况。

2. 石棉与肿瘤关系的调查研究

角闪石石棉与恶性肿瘤(主要是肺癌和间皮瘤)间密切相关已为不少研究所证实,而对于蛇纹石石棉的致癌性仍存在争论。

许多资料认为 90% 的恶性肿瘤由环境因素所致,石棉为 IARC 确定的致癌物质,各类石棉中以青石棉的致癌作用最强,但环境中低浓度石棉污染是否也会引起肺癌和间皮瘤发生的危险度增高,对此,课题组分别采用回顾队列法、病理分析法、病例-对照的研究方法,探讨了非职业性石棉污染是否可引起恶性肿瘤,尤其是与石棉相关的肺癌和间皮瘤死亡率是否增高及其产生危害的影响因素的研究。

1) 对象与方法

以云南省大姚县金碧镇 1957 年 1 月 1 日前出生,户口在本地的城乡居民 6254 人为青石棉接触的队列研究人群。城镇以工作单位、农村以社区(生产队)整群抽样。肿瘤病例为当地县或县级以上医院确诊的现患或死亡病例。对照组选择在距该县大约 230km 的无青石棉污染的禄丰县金山镇,入列人数 5609 人,入列条件、抽样方法以及肿瘤的诊断与研究人群一致。两县居民的生活习惯、医疗条件等方面相似。在 1987~1995 年回顾队列调查基础上,继续进行前瞻性队列调查。收集研究人群的人口学特征、生存情况、死因等资料。研究期间为 1987~2001 年共 15 年。用 SPSS11.0 统计分析软件建立数据库。计算人年,分析全肿瘤和胃癌、肠癌的死亡率和相对危险度(RR),并用 χ^2 检验进行统计分析。

2) 结果与分析

(1) 队列一般情况。

观察组(大姚县金碧镇)6254 人,其中男性 3535 人(57%),女性 2719 人(43%),截至 2001 年底已死亡 1165 人(18.6%)。随访 15 年共计人年数为 86090.58。对照组(禄丰县金山镇)5609 人,其中男性 3089 人(55%),女性 2520 人(45%),随访人年数为 77174.58。两组的失访率均小于 1%。两组的男女构成比在 50 岁以下人群和 50 岁以上各年龄组中基本相同,见表 8.32。

表 8.32　队列概况

Table 8.32　Queue overview

组别	性别	人数	死亡数	人年	失访数	失访率/%
观察组		6254	1165	86090.58	36	0.58
	男	3535	684	48592.25	18	0.51
（大姚县金碧镇）	女	2719	481	37498.33	18	0.66
对照组		5609	949	77174.58	23	0.41
	男	3089	553	42400.58	13	0.42
（禄丰县金山镇）	女	2520	396	34774.00	10	0.40

（2）队列全肿瘤死亡率。

观察组中 186 人死于癌症,其中胃癌、肠癌（包括大肠癌、结肠癌、直肠癌）各 15 例,死亡率均为 174.2/10^6 人年,占全肿瘤死亡的 8%,并列第 4 位。对照组 129 人死于癌症,其中胃癌 16 例,肠癌 9 例,死亡率分别为 207.32/10^6 人年、116.62/10^6 人年(表 8.33)。

表 8.33　全肿瘤死亡率

Table 8.33　Total tumor mortality

肿瘤名称	观察组（大姚县金碧镇）			对照组（禄丰县金山镇）		
	死亡数	死亡率/（×10^{-6}）	构成比	死亡数	死亡率/（×10^{-6}）	构成比
肺癌	56	650.5	0.30	35	453.51	0.27
肝癌	31	360.1	0.17	35	453.51	0.27
间皮瘤	20	232.3	0.12	0	—	—
胃癌	15	174.2	0.08	16	207.32	0.13
肠癌	15	174.2	0.08	9	116.62	0.07
其他	49	569.2	0.25	34	440.56	0.26
合计	186	2160.5	1.00	129	1671.53	1.00

注:其他肿瘤包括子宫癌、食道癌、鼻咽癌、乳腺癌、白血病、胰腺胆囊癌、淋巴癌、脑癌、喉癌、皮肤癌、骨癌、膀胱癌、卵巢癌、前列腺癌及部位不明确癌 1 例。

（3）肺癌、胃癌、肠癌死亡率及相对危险度。

两组人群患胃癌的危险性差异无显著性($\chi^2=0.235,P>0.05$)。观察组肠癌死亡率的 RR 为 1.494,与对照组比较差异无显著性($\chi^2=0.919,P>0.05$),但男性患肠癌的危险却高于对照组($\chi^2=4.986,P<0.05$)(表 8.34)。结果表明,环境青石棉污染区人群,男性患肠癌的危险明显高于对照组人群,而胃癌的发病可能与环境石棉接触无关。

表 8.34　全肿瘤和肺癌、胃肠癌死亡率($\times 10^{-6}$)的相对危险度

Table 8.34　The relative risk of total tumor and gastrointestinal cancer mortality ($\times 10^{-6}$)

癌症名称	性别	观察组死亡率	对照组死亡率	RR 值	95%CI
肺癌		650.5	453.51	1.434	0.968~2.486
肠癌		174.2	116.62	1.494	0.654~3.414
	男	267.5	70.75	3.780*	1.077~13.270
	女	53.3	172.54	0.309	0.062~1.532
胃癌		174.2	207.3	0.840	0.415~1.700
	男	123.5	259.4	0.476	0.176~1.287
	女	240.0	143.8	1.669	0.559~4.981

* $\chi^2 = 4.986$,$P<0.05$。

　　本次研究以环境青石棉污染的大姚县为观察组。结果显示,胃癌的死亡率与对照组比较差异无统计学意义($P>0.05$),但是否环境接触是在低浓度暴露的情况下,或者本次调查的病例数太少,使得两者之间存在的剂量-效应关系不明显,还需更多的流行病学调查资料加以证实。Ehrlich 等(1991)对结肠癌患者的结肠组织石棉负荷进行了评价,发现 44 例结肠癌病人中有 14 例(31.8%)的结肠组织出现石棉纤维或石棉小体,认为石棉纤维可进入和存在于结肠壁中,与结肠部位的肿瘤组织有着密切关系。本次调查结果显示,环境接触青石棉的男性患肠癌的危险高于对照人群(RR=3.78;$P<0.05$),说明男性肠癌与石棉暴露可能有一定的关系。而肠癌是环境、饮食以及生活习惯与遗传因素协同作用的结果(郑树和杨工,1996),那么,在环境因素中石棉接触在肠癌发病中扮演了何种重要角色,尚需做更深入的肠组织石棉负荷评价和肠癌危险因素分析等才能确定。

　　国内外学者关于蛇纹石石棉的流行病学调查研究结果几近一致。瑞士著名毒理学专家 David Bernstein 博士认为,大于 $20\mu m$ 的蛇纹石石棉在吸入体内后不易被巨噬细胞完全吞噬,而小于 $5\mu m$ 的纤维与非纤维状颗粒物类似,可以被清除掉(Darcey and Alleman. ,2004)。当体内石棉的累积量超过清除量时,矿物纤维即残留于呼吸道或者肺部。残留的纤维在体液作用下逐渐分散为更细小的纤维,并扩散至不同组织、器官,进而形成石棉小体(Pascolo et al. ,2011)。暴露时间越长、肺部或呼吸道累积石棉量越高,危害越大,可引起炎症反应,并导致肺部和呼吸道疾病(Corfiati et al. ,2015)。尽管流行病学调查研究时间长,干扰因素多,但调查结果一致认为首次暴露剂量为影响石棉持久作用最重要的因素,其次是暴露时间和累积暴露剂量(Bernstein,2014),均影响人体呼吸道或肺部沉积的石棉量,进而引起慢性、进行性、弥漫性、不可逆肺间质纤维化、胸膜斑形成和胸膜肥厚,严重损害肺功能,显著增高肺、胸膜恶性肿瘤的发生率(Wang et al. ,2012b)。蛇纹石石

棉的致癌危险性及阈值尚有争议,大量蛇纹石石棉相关职业病的流行病学研究重点放在与肿瘤发生的相关性上。

国内流行病学调查研究表明,单纯暴露于蛇纹石石棉的工人肺癌显著高发。浙江大学医学院李鲁等(2004)以单纯蛇纹石石棉暴露且为肿瘤死亡率队列研究资料作为评估对象,用 meta 分析(Goodman et al. ,1999;Frumkin and Berlin,1988)探讨单独接触蛇纹石石棉人员的癌症是否高发。在这项研究中共有 26 个队列符合入选标准,平均间皮瘤死亡百分比为 0.42%,全死因、全肿瘤死亡、呼吸系统全癌、肺癌和胃癌的 meta-SMR 显著上升,分别为 1.28、1.26、2.24、2.29 与 1.27。肺癌的 meta-SMR 在纺织(3.64)、石棉制品加工(3.07)、采选矿(2.24)和石棉水泥制品加工工人中(1.22)也显著升高,胃癌的 meta-SMR 在石棉制品加工工人中(1.48)显著升高。其余部位癌症的 meta-SMR 均无显著性意义。这项研究显示,单纯蛇纹石石棉暴露能使作业人员肺癌、间皮瘤显著高发,与其他部位肿瘤似无病因联系。

不少有关石棉流行病学调查及队列研究显示蛇纹石石棉具有致癌性,但也要客观地认识到这些研究也存在一定局限性,如多数队列研究缺少环境石棉尘浓度的监测数据,难以计算直接暴露的剂量-效应关系;个别合并队列数较少,meta 分析中本身存在偏倚、代表性和简单化等内在缺陷,可能会影响研究结果;调查人群数量较低、缺少高危人群与正常人群间之间的对比等。

8.4.2　蛇纹石石棉与青石棉的动物毒性实验对比分析

流行病学调查表明,在接触石棉的人群中,除肺癌、胸膜间皮瘤发病增多外,也发现腹膜间皮瘤和胃肠道肿瘤的增加。李健等(1999)在国内首次建立起腹腔注射青石棉诱发大鼠腹膜间皮瘤的理想动物模型,并采用此模型对我国西南某县青石棉致癌情况进行研究,结果表明西南某县青石棉具有较强的致癌性。

Wagner(1973 年)报道了南非 Cape 省 33 例经病理证实的恶性胸膜间皮瘤病例之后,大量的临床、病理和流行病学调查资料表明,青石棉是诱发间皮瘤的重要原因(贾贤杰等,2016;罗素琼等,1997;Burdorf et al. ,1997)。动物实验有助于对肿瘤发生的影响因素进行探讨,也可为肿瘤的化学预防提供可靠的动物模型。

1. 两类石棉诱发大鼠胸膜间皮瘤的实验研究与病理学观察

胸膜腔内注入石棉诱发动物胸膜间皮瘤,可探讨影响间皮瘤发生的因素,如纤维类型及大小、长短等。用青石棉和蛇纹石石棉纤维诱发大鼠胸膜间皮瘤,通过诱发率和生存指标比较它们的致癌强度。

1) 大鼠胸膜间皮瘤实验

选用国内 5 大矿区的蛇纹石石棉和不同地区的 4 种青石棉诱发大鼠胸膜间皮

瘤。Wistar 大鼠 650 只(体重 80～120g),随机分为 13 组,每组 50 只,即大连金州(A)、河北涞源(B)、青海芒崖(C)、四川川矿(D)和四川新康矿(E)蛇纹石石棉组;云南大姚(a)、姚安(b)、牟定(c)和四川盐源(d)青石棉组;另设国际抗癌联盟(Union for International Cance Control,UICC)标准蛇纹石石棉组(UICC$_1$)和UICC 标准青石棉组(UICC$_2$);同时设阴性对照和生理盐水对照组。染尘石棉纤维用生理盐水配制成 20mg/mL 的混悬液,非暴露式右侧胸膜腔染尘,每只大鼠40mg,分 2 个月完成实验。在相差显微镜(phase contrast microscopy,PCM)(400×)下测定石棉的长度分散度。统计学方法:两组间间皮瘤诱发率的比较采用卡方检验;病死比采用时序检验;平均生存时间的比较采用 t 检验。

(1) 石棉纤维的形态和长度分散度。

镜下蛇纹石石棉纤维呈柔软、弯曲的束状;青石棉则直、硬,很少呈束状。在相差显微镜下(400×)计数至少 200 根纤维。

(2) 间皮瘤诱发率。

石棉种类不同,间皮瘤诱发率也不同。从表 8.35 可看出,青石棉的间皮瘤诱发率(59.1%)明显高于蛇纹石石棉(43.1%),国产青石棉与 UICC 蛇纹石石棉、青石棉相同。对照组的 99 只大鼠中无间皮瘤发生。

表 8.35　各种石棉纤维的大鼠间皮瘤诱发率

Table 8.35　Rat mesothelioma induced by various asbestos fibers

石棉种类	有效动物/只	患间皮瘤/只	诱发率/%
蛇纹石石棉 ABCDE	246	106	43.1
青石棉 abcd	198	117	59.1*
UICC$_1$@	49	29	59.2
UICC$_2$#	50	29	58.0
对照	99	0	0.0

@国际抗癌联盟提供的标准蛇纹石石棉样品"加拿大 A";#国际抗癌联盟提供的标准青石棉样品;与蛇纹石石棉组比,$\chi^2=11.24$。

* $P<0.05$。

(3) 间皮瘤鼠的存活时间和病死比。

大鼠接种青石棉后,第 1 例间皮瘤的存活时间、患瘤鼠的平均存活时间、50%大鼠生存期都明显短于蛇纹石石棉组。说明青石棉组大鼠的平均寿命明显缩短。用间皮瘤的实际病死数除以理论病死数求得病死比,可以看出青石棉组的病死比明显大于蛇纹石石棉组($P<0.05$)。说明青石棉组大鼠死于间皮瘤的危险明显高于蛇纹石石棉组(表 8.36)。

表 8.36　50%患间皮瘤大鼠生存期和病死比

Table 8.36　50% of patients with mesothelioma survival and mortality

石棉种类	第 1 例患瘤鼠存活时间/d	患瘤鼠平均存活时间/d	50%大鼠生存期/d	病死比
蛇纹石石棉 ABCDE	351	620	594	0.873
青石棉 abcd	237	537*	516*	1.249*

* 与蛇纹石石棉组比,$P<0.05$。

（4）间皮瘤的组织学类型。

实验共诱发出 281 例间皮瘤,组织学类型分为纤维型、上皮型、混合型。由表 8.37 可见,蛇纹石石棉组以上皮型和混合型为主,纤维型只占 17%($P<0.05$),与 UICC 蛇纹石石棉相比稍有不同;相反,青石棉组的组织学类型则以纤维型为主,其次是混合型,上皮型最少($P<0.05$),与 UICC 青石棉相似。结果表明,石棉种类不同,间皮瘤的组织学类型存在明显差异。

表 8.37　大鼠间皮瘤的组织学类型

Table 8.37　Histological types of mesothelioma in rats

石棉种类	纤维型		上皮型		混合型	
	例数	百分比/%	例数	百分比/%	例数	百分比/%
蛇纹石石棉 ABCDE	18	17.0	44	41.5	44	41.5
青石棉 abcd	56	47.9	23	19.6	38	32.5
UICC$_1$	7	24.1	8	27.6	14	48.3
UICC$_2$	12	41.4	7	24.1	10	34.5

注:UICC$_1$ 和 UICC$_2$ 含义同表 8.35。

动物实验结果表明,采用青石棉、蛇纹石石棉注入大鼠胸腔,均可诱发胸膜间皮瘤。但是比较多项指标发现,青石棉组的间皮瘤诱发率高;第 1 例间皮瘤的存活时间短;患瘤鼠的平均存活时间和 50% 大鼠生存期短、病死比大,与蛇纹石石棉比较差异有显著性。这些结果支持青石棉的危害大于蛇纹石石棉的结论。

2）蛇纹石石棉致大鼠胸膜间皮瘤的病理学观察

据报道,石棉的致癌性与品种和产地有关。罗素琼和刘学泽(1983)于 1950～1982 年用四川新康蛇纹石石棉进行了诱瘤实验,诱发率为 45.8%。为进一步比较国内不同产地石棉的致癌性及其诱发率并研究间皮瘤的发病机理,课题组报道了石棉纤维的制备方法和胸膜腔染尘技术在诱发间皮瘤实验研究中的应用,并为后续大鼠胸膜间皮瘤的病理学观察提供了理论基础。同时,对大鼠胸膜腔染尘诱发的 22 例胸膜间皮瘤的病理变化及组织学类型进行观察,并对其来源和诊断依据进行探讨。

实验组、生理盐水组及空白对照组(各 50 只)动物死亡或濒死处死后,均进行病理解剖,着重检查胸腔、肺脏、心包腔、纵隔、横隔膜等部位病变及瘤结,标本用10％福尔马林液固定后,取材进行病理组织学检查,石蜡包埋、切片、苏木素-伊红染色,部分肿瘤组织进行了网织及樊氏染色,镜下观察。

可供观察的动物实验组 48 只、生理盐水组 46 只及空白对照组 49 只。经病理学检查发现实验组(650d)有胸膜间皮瘤者 22 例,生理盐水组(654d)、空白对照组(671d)均无胸膜间皮瘤。

(1) 间皮瘤的病理变化。

肉眼观察实验组除有胸膜瘤结外,尚伴有石棉肉芽肿、石棉斑、胸膜粘连或增厚;部分动物伴有支气管、肺感染化脓。间皮瘤瘤结广泛发生于胸膜腔的各部位,可出现于双侧的壁层胸膜和脏层胸膜、横隔膜、纵隔、心包内外、心外膜等部位。胸腔瘤结各部位发生例次,右侧多于左侧(表 8.38)。

表 8.38　例间皮瘤瘤结各部位肉眼观察时发生例次

Table 8.38　Cases of mesothelioma nodules through visual study

部位	壁层胸膜	肺表面	横隔膜	后纵隔	心包	心外膜
右侧	9	18	12	—	—	—
左侧	7	14	10	13	10	12

肿瘤为多发性,少则几个、十几个,多则几十个,其中一例直径 1mm 以上的135 个,有的瘤结融合不易计数。瘤结直径一般为 0.1～0.5cm,少数达 1cm 以上,最大的超过 3cm,外形为圆形、椭圆形,呈球状突出于胸膜腔中,亦有从肺表面向下生长侵入肺内,有的呈不规则片块形覆盖在胸膜表面。瘤结表面及切面,一般为灰白色,或灰白色与暗红色相间(镜下见血管多而扩张或出血),质地一般较硬,有的较脆。从肉眼观察瘤结基本可分为三种类型:结节型最多,共 14 例,瘤结多少不等,从少数几个结节单独散在分布到多个结节,每个直径在 1cm 以下,瘤结个数多者分布广(包括膈肌、纵隔、胸膜脏层和壁层,甚至心包、心外膜),状如珍珠或葡萄成串、成堆,或相互融合,分不清个数;斑块型共 3 例,肿瘤形成片状增厚覆盖于胸膜表面;巨块型共 5 例,主要由几个较大瘤结融合而形成巨大肿块,直径在 1cm 及1cm 以上,最大可达 3cm 以上。胸膜间皮瘤中,有 2 例伴有浆膜腔血性积液。

(2) 镜下大鼠胸膜间皮瘤的细胞形态学特点。

有的肿瘤组织主要由纤维样细胞组成,呈旋涡状、编织状、轮状、网状或栅状排列(纤维型);有的主要由上皮样细胞形成索条、腺管、腺样或腺乳突状结构,而间质少(上皮型);或者纤维样细胞和上皮样细胞分别呈束或小团混杂存在(混合型)。此外,部分上皮样细胞的细胞质呈空泡状,似印戒细胞或脂肪细胞,有的细胞排列似花环状,少数皮样细胞有角化趋向及角化珠形成。

22 例胸膜间皮瘤的分化程度极不一致,细胞体积及核较大,有的核形状不规则,核内染色质较多,颗粒粗、深染、核膜厚、核仁大或数目较多,核分裂常见,细胞质着色深,细胞排列较紊乱,细胞异型性及组织异型性都极明显,呈重度间变,具有典型恶性(肉瘤性9例)特征。另有7例瘤细胞分化程度中等,核异质细胞数目较少,可查见核分裂,呈中度或轻度间变。其余4例肿瘤细胞分化程度高,异型性不明显,但均对邻近组织或器官有浸润。

有1例为单个小瘤结,其细胞分化程度低而无浸润,其余21例均有不同程度浸润邻近组织或器官的特点。即使细胞异型性不明显,分化程度高的肿瘤组织也表现出相当剧烈的浸润性。镜下可见石棉诱发的间皮瘤向胸壁深层、肺组织、血管、膈肌、纵隔浸润。胸膜间皮瘤中有1例浸润横隔膜到达腹膜形成瘤块。有3例浸润血管壁,瘤细胞在管腔内生长,形成瘤栓,其中2例引起血栓。大鼠间皮瘤发生转移很少,仅发现2例上皮型胸膜间皮瘤转移至纵隔区域淋巴结或心包内淋巴组织。

各组有散的自发瘤,实验组为6.3%(3/48)、生理盐水组为8.7%(4/46)、空白对照组为10.2%(5/49),其部位在胸皮下、后肢、肾及肺内支气管旁淋巴组织;类型为乳腺瘤、成骨肉瘤、恶性淋巴瘤等。

间皮瘤的来源和诊断:22例大鼠肿瘤瘤结,不管大小和多少,均发生在胸腔右侧或双侧,在脏层、壁层及横隔膜、纵隔等处,均与胸膜关系密切,肿瘤为多发性,广泛分布于胸腔各脏器表面,未见肺、支气管与发生间皮瘤有任何联系。22例患瘤动物中,有15例可见间皮瘤形成的病理学增生性病变及癌前病变,并见胸膜间皮细胞有的呈双向分化趋向,其上皮性细胞及纤维性细胞呈局灶性或弥漫性增生,甚至早期瘤结形成。肿瘤细胞形态呈多样性(Kannerstein et al.,1978),有上皮型、纤维型及混合型,这些肿瘤细胞持续不断地生长,没有成熟或停止的趋向,并广泛累及胸膜和心包,并向邻近组织,如胸壁、膈肌、纵隔、肺、血管、心肌等组织或器官浸润,不少肿瘤组织内或紧邻有较成熟的石棉斑存在。生理盐水及空白对照组95只大鼠中,没有类似实验组的肿瘤。综上所述,实验组22例肿瘤均为蛇纹石石棉所诱发,且来源于间皮,可诊断为胸膜间皮瘤。

间皮瘤的性质:石棉诱发大鼠胸膜间皮瘤的性质一般未严格区分,但肿瘤细胞的浸润性生长在实验性间皮瘤判断良、恶性中有重要意义。从本组诱发的大鼠胸膜间皮瘤来看,其中分化程度低及中等的组织病理学均具备不同程度的恶性特征。其余4例瘤细胞分化高,异型性不明显,但肿瘤细胞数量多,密度大,均呈弥漫性发展及浸润邻近组织或器官。例如,有的破坏胸膜脏层下的弹力膜而侵入肺内,也有的侵犯胸壁、胸肌、纵隔及心包,生长较为活跃,具备恶性肿瘤行为,甚至形成浆膜腔血性积液,至少也应属于低度恶性,故本组石棉诱发的22例胸膜间皮瘤均可诊断为恶性。由于本实验观察的动物胸膜染尘均在一年以上(平均存活563d),所有观察到的间皮瘤中,不管瘤结大小如何,有的瘤结除上述具有浸润性生长和恶性组织学特征外,尚见有的瘤结的瘤细胞分化高而没有浸润性生长,呈膨胀性生长,为良性间皮瘤。因此,蛇纹石石棉诱发的大鼠胸膜间皮瘤的晚期,特别是多发性瘤结伴有广泛性浸润,恶性的可能性较大。

自发性肿瘤:在本实验生理盐水及空白对照组中,分别有少数大鼠在实验后期出现肺内支气管旁恶性淋巴瘤和肾脏恶性淋巴瘤;在实验组中除诱发的胸膜间皮瘤外,个别大鼠在实验后期出现乳腺瘤,后肢成骨肉瘤,伴有肺内转移及肺内支气管旁恶性淋巴瘤,这些肿瘤均为散在发生,无明显规律性,即使在实验组中出现,也与蛇纹石石棉诱发间皮瘤合并存在,但在形态学上容易区分,不似石棉诱发,多属自发性肿瘤。

3)青石棉诱发大鼠腹膜间皮瘤的病理学观察

为了解不同产地青石棉的致癌作用,课题组利用已经建立的腹腔注射青石棉诱发大鼠腹膜间皮瘤的理想动物模型,用西南四个产区的青石棉进行大鼠胸膜间皮瘤实验。染尘用青石棉由云南省地质矿产勘查开发局和成都理工大学提供,云南大姚(DY)、姚安(YA)、牟定(MD)产青石棉,以及四川盐源县(YY)青石棉,并配制成 20mg/mL 的生理盐水混悬液。

Wistar 大鼠 350 只,体重 80~120g,按体重随机分为 7 组,每组 50 只,雌雄各半。4 个产区青石棉为实验组、UICC 标准青石棉阳性对照组、生理盐水和空白对照组。采用非暴露式右侧胸膜腔注入染尘法。每只大鼠一次注入 20mg 青石棉,每月一次,总剂量为 40mg。生理盐水组以同样的方法等体积注入生理盐水,空白组不进行任何处理。观察间皮瘤诱发率、第 1 例间皮瘤存活时间、患瘤鼠平均存活天数、50% 大鼠生存时间、间皮瘤诱发高峰期、间皮瘤的组织学类型等。

从表 8.39 可见,YY 组间皮瘤诱发率最高为 68.8%,其余 3 组诱发率为 56.0%~59.2%,但各组间诱发率和 UICC 组比较,无显著性差异($P>0.05$)。

表 8.39 不同产地青石棉诱发间皮瘤情况

Table 8.39 Summary table of induced mesothelioma by various crocidolite

组别	n	诱发率/%	平均寿命/d	第一例间皮瘤时间/d	50%大鼠生存时间/d
DY	50	56.0	560	374	560
YA	50	56.0	490	351	494
MD	49	59.2	593	327	605
YY	48	68.8	498	237	495
UICC	50	58.0	603	348	545

注:n 表示每组有效实验动物数;DY 表示大姚(Dayao),MD 表示牟定(Muding),YA 表示姚安(Yaoan),YY 表示盐源(Yanyuan),UICC 表示 UICC 标准青石棉。

　　结果显示,YY 组第 1 例间皮瘤出现时间最早,比 UICC 组提前了 111d;患瘤鼠的平均存活时间 YY 组和 YA 组最短,显示这两组间皮瘤鼠的平均寿命比UICC 组至少短 105d;50％大鼠生存时间也以这两组最短,而 MD 组最长。

　　将大鼠死亡时间按顺序排列,可以看出各组间皮瘤的死亡高峰不同。在 350～649 天,YY 组大鼠出现间皮瘤死亡高峰,死亡 37 只中竟有 31 只患间皮瘤(83.8％),其余各组间皮瘤死亡高峰期依次是 YA 组 400～649d(77.1％,27/35)、DY 组 450～699d(75.8％,25/33)、MD 组和 UICC 青石棉组最晚,在 500～749d才出现死亡高峰,间皮瘤死亡率分别为 70.6％(24/34)、75.9％(22/29)。

　　病理改变上,不同产地青石棉肉眼和镜下观察未显示出明显差异。染尘大鼠胸腔内均可见蓝色石棉斑,大多数动物脏壁层胸膜有粘连,以注射侧为重。石棉斑在肿瘤旁甚至肿瘤大切面上也可见到。肿瘤范围广,除注射侧的胸腔外,同时累及对侧胸腔、横隔膜、纵隔以及心包膜,有时可伴有心包腔甚至腹腔受累。组织学类型主要分为三种,即上皮型、纤维型和混合型(Liu et al. ,1990)。青石棉所致间皮瘤以纤维型为主,分化以中低分化为主,浸润现象明显(表 8.40)。

表 8.40　各组间皮瘤的组织学类型和分化程度

Table 8.40　Major histological type and extent of differentiation of mesothelioma

组别	组织学类型						分化程度						浸润	
	上皮型		纤维型		混合型		高		中等		低			
	n	比例/％	n	比例/％	n	比例/％	n	比例/％	n	比例/％	n	比例/％	n	比例/％
DY	2	7.1	14	50.0	12	42.9	3	10.7	10	35.7	15	53.6	23	82.1
YA	5	17.9	10	35.7	13	46.4	2	7.1	12	42.9	14	5.0	25	89.3
MD	9	31.0	16	55.2	4	13.8	3	10.3	12	41.4	14	48.3	20	69.0
YY	7	21.2	16	48.5	10	30.3	5	15.2	13	39.4	15	45.5	28	84.8
UICC	7	24.1	12	41.4	10	34.5	2	6.9	13	44.8	14	48.3	25	86.2
合计	30	20.4	68	46.3	49	33.3	15	10.2	60	40.8	72	49.0	111	75.5

　　注:n 为样本例数;比例为该类型占总数的百分比。

　　石棉致癌除与纤维类型不同有关外,还可能与石棉的产地有关。上述结果表明,各组间皮瘤诱发率没有明显差异,但 YY 组的第 1 例间皮瘤存活时间(237d)和患瘤鼠的平均存活时间(498d)最短,而且死亡高峰出现早,死亡时间较集中,显示盐源青石棉致间皮瘤的概率大于其他产地青石棉。Wagner 等(1973)用南非西北好望角青石棉注入无特定病原体(specific pathogen free,SPF)大鼠胸膜腔,间皮瘤诱发率为 58.5％,与本实验结果相似,但第 1 例间皮瘤的存活时间(440d)、间皮瘤鼠的平均存活时间(718d)和间皮瘤死亡高峰(500～850d)却长于本实验的结果。杨美玉等(1990)用两个产地(委内瑞拉,我国河南)青石棉诱发大鼠胸膜间皮瘤,诱发率为 74.1% 和 68.6%,患瘤鼠的平均存活时间分别为 492d、541d,间皮瘤出现的死亡高峰分别在 450～600d 和 400～600d,与本研究结果较为接近。本实验组织学类型也与杨美玉结果一致,即以纤维型为主,而不同于 Wagner 等的结果(混合型占 69.1%)。造成差异的原因可能与纤维的长度等因素有关,也可能因为 Wagner 用的是 SPF 大鼠,而该研究用的是一般的 Wistar 大鼠,这些都有待进行更多的流行病学调查和深入研究。

2. 青石棉诱发小鼠胃肠道肿瘤的实验研究

石棉可诱发肺癌和间皮瘤已得到国内外学者的公认,与胃肠道肿瘤的关系却未达成共识。云南大姚县部分地区青石棉暴露造成空气和水的污染,居民患肺癌和间皮瘤的危险明显增高,但消化道肿瘤的差异却未能显示出来。为了探讨石棉污染水源是否能诱发胃肠道肿瘤发病率增高,采用小鼠灌饲青石棉的方法进行观察。

选用云南大姚青石棉,经高速粉碎机粉碎,纤维长度分布为小于 $5\mu m$ (36.1%)、$5～20\mu m$(57.5%)、大于 $20\mu m$(6.4%);纤维直径均小于 $3\mu m$。四川大学华西医学中心提供的昆明种 4 周龄健康小鼠雌雄各 50 只,实验组和对照组各 50 只(雌雄各半)。

用生理盐水配成 2g/L 的青石棉混悬液。实验组每天上午灌饲 0.5mL 混悬液,每周 5d,持续 6 个月,共灌饲 100d 以上,总剂量为大于 100mg/只,对照组灌饲同等量的自来水。6 个月以后常规喂养,1 年 7 个月后 2 组各剩余 5 或 6 只动物,一并处死。小鼠死亡后记录死亡时间。常规解剖,组织用福尔马林溶液固定。初步观察是否有肉眼可见的病理改变,分别取小鼠的食道、胃、肝、肠组织,石蜡包埋、切片、HE 染色。光学显微镜观察有无病理改变,特别是增生、癌前改变或癌变。观察 2 组的平均生存时间、肿瘤发生情况等。数据以 SPSS 8.0 软件进行方差分析。

实验组平均存活天数为(361.2±123.7)d,对照组为(368.1±114.5)d,无显著性差异($P>0.05$)。50% 以上的动物在 1 年以后死亡。

肉眼观察实验组病理改变,部分动物胃内可见蓝色的石棉斑。实验组、对照组各有 8 只和 10 只动物可见肺、肝、肠等处有质地较硬的小结节或包块。光学显微镜下观察,除实验组发现 1 例胃腺瘤局部有恶变外,其余均为小鼠自发恶性淋巴瘤,伴有较广泛的浸润。1 例胃腺瘤局部恶变的主要病变在小鼠的前胃,镜下可见局部组织增厚、隆起,腺细胞增大,细胞质丰富,略嗜碱性,细胞核较大,染色质增多。细胞立方状,排列呈管状、椭圆或不规则形态,大多数腺体形态基本一致,少数管腔不规则、变大,细胞具有明显异型性,主要见于基底部,并向黏膜肌层浸润。其余动物部分有炎症,或未见明显异常改变。

Lee(1974)推测,吸入的石棉纤维有 25%～50% 可通过气管黏膜的纤毛运动排除,随后通过吞咽作用到消化道。Kanarek(1989)综合世界范围内有关石棉的流行病学调查资料显示,接触石棉可引起多部位的肿瘤,包括肺、胸腹膜、食道、胃、小肠、胰腺、大肠等。然而,除了肺癌和间皮瘤的危险增高在人和动物实验中已得到证实,其他部位的肿瘤与石棉的关系尚无充分证据(Kang et al. ,1997;Liddell,1994)。动物实验也显示,即使长期高浓度经口摄入各种石棉也未见肿瘤明显增多(罗素琼等,1997)。本次实验50只小鼠仅有1例在520d时出现胃腺瘤局部恶变,对于实验多为阴性的结果,可能与动物模型不适合石棉经口诱发消化道肿瘤的研究有关,其原因在于石棉纤维在动物体内达不到较长的生物滞留期。这也说明青石棉在体内若能短期内排除,其致癌性会大幅降低。青石棉与消化道肿瘤是否有关,尚需继续进行更广泛深入的调查研究。

3. 青石棉胸腔染尘大鼠血过氧化脂质和超氧化物歧化酶变化的研究

选用四川盐源县等石棉制备成染尘用石棉纤维。在相差显微镜(400×)下测其分散度为:小于5μm占37.9%,5~10μm占27.4%,大于10μm占34.7%。用生理盐水配制成20mg/mL的混悬液,临用前高压灭菌,按1万单位/mL加入青霉素以防感染。

健康Wistar大白鼠100只,体重80~120g,雌雄各半,随机分为青石棉实验组和空白对照组。采用右侧胸腔闭合式染尘法(罗素琼和刘学泽,1983),每只大鼠胸腔注入1mL石棉混悬液,每月一次,总剂量为40mg。按硫代巴比妥酸法(TBA法)测定脂质过氧化的产物丙二醛(MDA)浓度,结果以LPO表示,以μg/mL血浆为单位。超氧化物歧化酶(SOD)测定采用改良的邻苯三酚法,结果以μg/g血红蛋白(Hb)为单位。

动物于染尘后12月、15月和18月取尾血或心血分别测定LPO和SOD值,结果见表8.41。随着时间延长,青石棉组和空白对照组LPO值均有上升,青石棉组LPO值的增加高于空白对照组。同一时期比较,同样是LPO值显著高于对照组($P<0.05$),实验组分别是对照组的1.67倍、1.74倍和1.83倍。结果表明,青石棉注入大鼠胸腔后,可促进体内脂质过氧化反应增强,表现在LPO值升高,这可能与靶细胞(间皮细胞)释放活性氧增多有关。

表8.41　血浆脂质过氧化测定结果
Table 8.41　Plasma lipid peroxidation assay results

(单位:μg/mL血浆)

染尘后/月	青石棉组 $\bar{x}\pm s$	对照组 $\bar{x}\pm s$	P值
12	3.078±1.440(39)	1.825±0.729(42)	<0.05
15	3.918±1.847(33)	2.250±0.795(39)	<0.05
18	5.565±1.019(18)	3.038±0.658(32)	<0.05

注:括号内数字为大鼠只数。

表8.42显示了不同时期的SOD含量。在染尘后的第12个月,实验组和对照

组 SOD 含量大致相同。在染尘后的第 15 个月时,实验组 SOD 含量明显低于对照组(P<0.05),到第 18 个月时,实验组的 SOD 含量较对照组有上升趋势。

表 8.42　超氧化物歧化酶(SOD)测定结果
Table 8.42　Determination of superoxide dismutase(SOD)　　(单位:μg/g Hb)

染尘后/月	青石棉组 $\bar{x}\pm s$	对照组 $\bar{x}\pm s$	P 值
12	0.757±0.085(39)	0.774±0.109(43)	
15	0.568±0.132(34)	0.630±0.133(40)	<0.05
18	0.833±0.050(17)	3.038±0.658(32)	

结合表 8.41 和表 8.42 结果来看,对照组随大鼠鼠龄的增加,LPO 值上升,但 SOD 含量相对稳定。青石棉注入胸膜腔后,LPO 值迅速增加,而 SOD 含量升高不显著,导致脂质过氧化产物堆积,引起体内氧化与抗氧化能力失衡,最终导致疾病出现。在正常生理情况下,体内 SOD 和 LPO 达到平衡,当 $\cdot O_2^-$ 增多(导致 LPO 增高的原因之一)时,SOD 也代偿性地增加以达到体内平衡。单独使用 SOD 含量势必不能正确反映机体的抗氧化能力,因此研究者采用 SOD/LPO 比值进行评价。比值越大表示机体的抗氧化能力越强,反之则越弱,染尘大鼠不同时期的 SOD/LPO 比值见表 8.43。

表 8.43　染尘大鼠不同时期的 SOD/LPO 比值
Table 8.43　SOD/LPO ratio in different period of dusted rats

染尘后/月	青石棉组 $\bar{x}\pm s$	对照组 $\bar{x}\pm s$
12	0.342±0.1073(0.7034)	0.4352±0.1372(1)
15	0.1661±0.0823(0.5595)	0.2969±0.1759(1)
18	0.1661±0.0823(0.5595)	0.3026±0.1028(1)

注:括号内数字表示以对照组 SOD/LPO 比值为 1 时的实验组比值。

由表 8.43 可见,大鼠染尘后各时期的 SOD/LPO 比值均低于对照组,随时间延长比值逐渐下降。如果以对照组的 SOD/LPO 比值为 1,那么青石棉染尘后各时期的比值则分别为 0.7034、0.5595 和 0.5023,到 18 个月时,实验组比值已降到对照组的一半。说明染尘后大鼠脂质过氧化能力增强,抗氧化能力降低,这可能是石棉致病的原因。

石棉活性氧自由基与脂质过氧化众多的研究都支持活性氧代谢产物可以作为石棉毒性作用的第二信使(Mossman et al.,1987)。将青石棉和蛇纹石石棉长纤维(>10μm)加入支气管上皮细胞(Mossman and Marsh,1989)、大鼠成纤维细胞、肺泡巨噬细胞(Goodglick and Kane,1986),一起进行培养,若有超氧阴离子自由基($\cdot O_2^-$)的清除酶 SOD 存在,当自由基($\cdot OH$)清除剂(甘露醇、二甲基硫醚、苯酸钠)存在时能抑制细胞死亡。由此而提出石棉致细胞损伤与氧自由基及其代谢产物有关的理论。该理论为研究石棉致病机理和预防石棉所致疾病提供了证据。氧自由基的毒性主要表现在 LPO,各类石棉均可产生 LPO,LPO 可用 TBA 法来检测(Goodglick et al. ,1989;Jajte et al. ,1987)。本实验对氧自由基的浓度虽未进行直接测定,但测定了・O_2^- 特异性清除酶 SOD 的含量,对氧自由基导致的脂质过氧化产物丙二醛(MDA)也用 TBA 法进行了检测。结果显示,大鼠胸腔注入青石棉后,LPO 值明显增高,且随时间延长差异更加显著($P<0.05$),说明大鼠接触青石棉后体内氧自由基释放增加,与上述文献报道一致。

作者采用 SOD/LPO 比值对石棉毒性作用进行了评价,说明大鼠接触石棉后 SOD/LPO 比值大大下降,尤其在 15 个月以后。作者认为该比值更能准确反映体内的失衡关系,是一个有价值的指标。

4. 青石棉和苯并(a)芘联合诱发大鼠肺癌的研究

流行病学调查资料显示,接触石棉又吸烟者患肺癌的危险比只接触石棉或只吸烟者高得多(罗素琼等,1995)。由于石棉制品的广泛应用,石棉对环境的污染不仅限于职业范围,也扩大到非职业环境。加之吸烟者众多,香烟中的致癌物也释放到大气中污染空气,因此有人怀疑人类肺癌发病的增加与此有关。课题组采用气管注入法选用青石棉和香烟中所含的致癌物苯并(a)芘[B(a)P]联合诱发 Wistar 大鼠肺癌,从而为进一步探讨肺癌的预防和发病机理提供一个理想的动物模型。

国内云南、四川部分地区由于地表青石棉暴露,当地土壤、空气和水源环境中存在青石棉污染。污染区青石棉加苯并(a)芘联合诱发大鼠肺癌实验研究表明,存在联合致癌作用(罗素琼等,1995)。课题组长期动态地观察了青石棉加苯并(a)芘染尘大鼠血和肺组织中 SOD 和 LPO 的变化,以探讨其联合致癌的机理。

该研究应用青石棉、苯并(a)芘和青石棉＋苯并(a)芘对大鼠经气管内注入染尘,长期动态观察血中 SOD、LPO 和 SOD/LPO 比值的变化,见表 8.44～表 8.46。结果显示,青石棉组 SOD 活性在 180d 以后呈现低于同期正常对照组的趋势,苯并(a)芘组在 180d 以后 SOD 活性也明显低于同期正常对照组,青石棉＋苯并(a)芘组 SOD 活性不仅在 180d 以后低于同期正常对照组,而且低于同期青石棉组、苯并(a)芘组。说明青石棉、苯并(a)芘作用于机体,随染尘时间延长可使 SOD 活性降低。文献报道,在石棉引发的毒性中自由基起着重要作用,石棉可刺激肺泡巨噬细胞释放大量・O_2^-,而非纤维状粉尘在相同浓度下・O_2^- 的产生则较少(Hansen and Mossman,1987)。苯并(a)芘能接受单电子而形成自由基,由于自由基的生物半减期极短,直接检测自由基需昂贵的设备,利用 SOD 活性检测・O_2^-,既简便又具有特异性。SOD 活性降低,不能及时清除青石棉、苯并(a)芘在体内诱发产生大量・O_2^- 等活性氧自由基,提示抗氧化能力降低。

表 8.44　染尘大鼠血 SOD 活性测定结果($\bar{x} \pm s$ ng/gHb)

Table 8.44　Determination of SOD activity in blood of rats

时间/d	正常对照组(n)	青石棉组(n)	苯并(a)芘组(n)	青石棉＋苯并(a)芘组(n)
90	657.24±140.68(10)	724.80±657.49(10)	730.17±290.17(10)	710.34±228.36(10)
180	966.48±113.68(10)	43.69±133.00(10)	787.12±90.07(10)**	707.60±126.94(10)**
270	756.19±182.58(10)	713.56±84.71(10)	581.54±143.04(10)	557.83±81.76(10)*
360	837.72±221.91(10)	685.43±274.40(10)	791.21±163.51(10)	621.85±148.83(10)
540	802.64±120.20(4)	610.31±148.11(11)	676.87±132.80(7)	547.99±118.72(6)*

注:n 为标本数;与正常对照组比较, $* P < 0.05$, $** P < 0.01$。

表 8.45　染尘大鼠血清 LPO 测定结果($\bar{x} \pm s$ mmol/L)

Table 8.45　Determination of serum LPO in dusted rats

时间/d	正常对照组(n)	青石棉组(n)	苯并(a)芘组(n)	青石棉＋苯并(a)芘组(n)
90	2.74±0.35(10)	4.25±0.67(10)**	3.66±0.36(10)** △△	710.34±228.36(10)
180	3.11±0.56(10)	3.50±1.10(10)	3.46±1.02(10)	4.32±1.28(10)
270	3.15±0.51(10)	4.29±0.83(10)	3.71±0.97(10)	4.73±0.90(10)**
360	3.51±0.69(10)	4.88±0.58(10)	4.24±1.54(10)	4.99±1.15(l)*
540	3.96±0.46(4)	5.45±1.70(11)	4.72±1.06(7)	6.11±1.76(6)*

注:n 为标本数;与正常对照组比较, $* P < 0.05$, $** P < 0.01$;与青石棉＋苯并(a)芘组比较, $\triangle\triangle P < 0.01$。

表 8.46　染尘大鼠血 SOD/LPO 比值变化($\bar{x} \pm s$)

Table 8.46　Changes of SOD / LPO ratio in blood of rats

时间/d	正常对照组(n)	青石棉组(n)	苯并(a)芘组(n)	青石棉＋苯并(a)芘组(n)
90	241.32±50.49(10)	163.81±143.39(10)**	202.92±85.38(10)	156.87±62.03(10)
180	318.08±61.00(10)	271.36±141.60(10)	271.93±176.69(10)	185.82±89.69(10)**
270	243.76±56.12(10)	174.14±48.23(10)	173.36±86.44(10)	124.18±40.09(10)**
360	246.08±71.21(10)	143.53±60.29(10)	236.42±161.42(10)	131.87±42.79(10)**
540	203.55±24.50(4)	124.67±61.51(11)	155.65±66.03(7)	101.72±50.28(6)*

注:n 为标本数;与正常对照组比较, $* P < 0.05$, $** P < 0.01$。

　　青石棉在体外可引发脂质过氧化反应增强,这种 LPO 增高反应可被 SOD 等抑制(Goodglick et al. ,1989;Oberley and Buettner,1979)。实验结果说明,青石棉、苯并(a)芘在体内作用产生大量自由基,作用于生物膜结构上的多不饱和脂肪酸,引发脂质过氧化反应,引发 SOD/LPO 比值降低,脂质过氧化反应增强,表明机体抗氧化能力降低,抗氧化和过氧化平衡失调。

8.4.3　蛇纹石石棉与青石棉的细胞毒性实验对比分析

　　青石棉作为早已公认毒性最强的一类石棉,近年来已鲜有相关细胞毒性的研究报道,有关蛇纹石石棉的体外细胞毒性,已在第 6 章详细阐述,本节选取青石棉具有代表性的一些细胞毒性进行研究。

1. 青石棉诱导 A549、BEAS-2B 细胞基因、蛋白表达的影响

王新朝等(2006;2005a,2005b,2005c;2004a,2004b)分别采用 Western 免疫印迹法检测青石棉刺激 A549、BEAS-2B 细胞后裂解液和培养液中 MEK1/2、ERK1/2 的表达、细胞外信号调节蛋白及其下游 ERK1/2 和 Elk1 蛋白磷酸化;用定量 RT-PCR 法测定青石棉诱导 A549、BEAS-2B 细胞后的 IL-8 mRNA 水平;用免疫反应法测定 A549、BEAS-2B 细胞培养上清液中 IL-8 蛋白水平。

结果发现,体外刺激后即可引起 A549、BEAS-2B 细胞 ERK1/2 磷酸化及其上游磷酸化蛋白 MEK1/2 的快速高表达,该表达与阳性刺激物表皮生长因子(epidermal growth factor,EGF)所引起的 ERK1/2、MEK1/2 一样,表明青石棉具备激活 A549 细胞内信号通路的作用,并可激活 BEAS-2B 细胞膜表皮生长因子受体(epidermal growth factor receptor,EGFR)的磷酸化,说明这些信号可能参与青石棉所引起的致病过程。

研究同时发现,不同浓度青石棉刺激 A549、BEAS-2B 细胞后,培养上清液中 IL-8 释放量明显增加,同时 IL-8 mRNA 表达显著上升,使用酪氨酸激酶抑制剂 PD98059 可明显抑制 IL-8 蛋白及 mRNA 表达水平。表明青石棉可诱导 IL-8 的高表达,而这种表达可为 PD98059 所抑制,说明 IL-8 的表达源于细胞质中 MAPKs 信号通路,受丝裂原活化蛋白激酶信号通路中磷酸化 ERK 蛋白表达的控制。

2. 青石棉诱导 V79 细胞微核、多核及细胞生长的影响

刘云岗和刘玉清(1997)采用云南姚安青石棉分别处理 V79 细胞和 BALB/C 3T3 细胞,染毒 6h 和 18h 后观察各实验组微核和多核发生率。结果显示,青石棉在实验剂量下分别诱导两种细胞微核和多核发生率增高,且存在剂量-效应相关性。两种细胞中以 V79 细胞微核和多核发生率的变化较敏感,且 V79 细胞多核率比微核率的变化更敏感。实验还观察到,青石棉处理的 V79 细胞中青石棉在含有微核或多核的细胞内的出现概率高于在无微核的单核细胞中的出现概率,说明细胞吞噬石棉纤维是石棉发挥其遗传毒性的重要条件。被吞噬进入细胞中的石棉纤维可直接作用于处于有丝分裂中的染色体,导致染色体畸变;也可通过增加细胞内自由基和过氧化物间接诱导染色体改变,表现为微核的形成。而多核细胞的形成则可能是处于细胞中的石棉纤维干扰了细胞骨架系统的正常功能,导致细胞在有丝分裂末期细胞质不分裂。

8.5　蛇纹石石棉的环境安全评价

　　石棉能够引起严重的呼吸系统疾病等人体危害,但目前世界上只有少数国家对石棉粉尘的环境安全性有一些评估方法,取得了一些初步推论,许多发达国家倾向于逐步削减石棉的使用量甚至禁止使用。本节主要讨论环境中石棉的来源及其环境安全性评价方法,对比这些方法的应用演进来阐述发达国家对石棉管理与调控方面的一些做法。我国在石棉环境安全评价上尚不健全,特别是在非职业环境方面的相关法律法规及标准有待补充和完善。

8.5.1　环境中石棉的来源

　　非职业环境中石棉粉尘造成的污染也称为生活性石棉污染,其主要来源除石棉的开采、生产过程中可直接向环境排放扩散外,裸露的含石棉表土,石棉制品的大量使用也是构成广泛而持久环境污染的重要因素(郝德祥,1987)。例如,含有石棉材料的建筑用品在生产生活中大量使用,一方面,在修建、维护和拆除过程中会导致石棉纤维扩散至环境中,进而引起污染;另一方面,随着时间的推移,含有石棉的材料在自然作用下会被风化而脱落,由此会引起室内外环境长期污染。又如,机动车上的瓦闸和离合器均含有一定量的石棉组分,车辆行驶过程中的机械磨损和自然老化等其他外界因素的影响,对环境可造成一定的石棉粉尘污染。尤其是近几年来,我国汽车数量与日俱增,其对环境的影响已不容忽视。此外,政府部门监管不到位和石棉使用方式不恰当等因素,如房屋建筑爆破拆除及拆修后石棉建材的随意丢弃和堆放,部分石棉制造企业将石棉原料和产品未按规定存放等,都会产生新的或加剧已有的石棉环境污染。

1. 空气中石棉的来源

　　空气中石棉的主要来源为建筑材料、机动车的制动片和摩擦片、路面磨损及石棉工厂排出的废物,也可来自岩石风化、火山爆发等。微细的石棉纤维可以气溶胶形式存在于空气中数日、数周,甚至终年不降落(卓鉴波,1985)。

　　矿区未经柏油或沥青铺设的碎蛇纹石道路或类似的路基是大气环境中石棉污染的重要来源。机动车所使用的含石棉材料会以粉尘的形式扩散到大气中。因此,车流量较为密集的道路两旁,需要关注石棉引起的线状环境污染,这种潜在的石棉暴露途径也会对人体造成危害。

　　室内环境中石棉的污染途径主要来自石棉材料在房屋修建中的大量使用,如石棉瓦、石棉水泥等。例如,早先在高层建筑物中通常会对墙体使用石棉防火材料。此外,在家居装修时会采用含石棉的材料。20 世纪老式美国建筑工业在当时因需要迅速、便宜地解决生活住房问题,从而采用清水墙建筑代替板条和个体浆灰工的生产作业。当时应用于黏合清水墙的墙板部件 15 种材料中有 13 种含有 5%~10%石棉,其中一种含蛇纹石石棉 10%~15%,透闪石 8%~12%(Fischbein et al.,1979),这些建筑物大部分还在使用。相关调查表明,建筑物中学校、办公室及工厂中的环境石棉浓度较高。一般来说,室内空气中石棉的浓度都不高,但相对于室外环境中石棉含量来看,仍然是偏高的。

2. 水中石棉的来源

石棉纤维在地表水、地下水和部分供水管网等水体中都有发现,饮用水中的石棉纤维长度与从大气中检出的呈现差异,一般比大气中的更短,大部分在 $5\mu m$ 以下,中间值在 $0.5\sim0.8\mu m$ 范围以内(贾刚田,1990)。由此推测含有石棉纤维长径比大于 3∶1 的饮用水尚未被居民使用。在水体中最常检测出的是蛇纹石类石棉和角闪石石棉,目前尚未发现直闪石石棉。由于输水的水泥管含有部分石棉,当管道出现物理破损等现象时,会使石棉纤维溶出进入饮用水中。对含有石棉纤维的水体处理通常采用化学凝集再过滤处理就可有效地降低水中的石棉浓度。

水中石棉纤维也可来自自然因素,如水体地表径流冲刷蛇纹石地层或流过含有石棉的土壤或岩石,都会导致部分石棉纤维进入水体。此外,大风天气会将石棉纤维直接吹入水中,地壳的变动将石棉地层位置移动等。然而,水体中石棉主要还是来自含石棉的三废污染,如含石棉的工业废水未按标准处理就直接进行排放,含石棉的水泥管道或建筑材料修建储水池和净化池都会使水中的石棉纤维浓度升高。

世界卫生组织的研究认为,现阶段仍没有肯定证据表明饮用含有石棉纤维的饮用水与致癌有一定相关性。一般认为,$5\mu m$ 以上的长纤维与肺癌和胸膜间皮瘤有一定相关性。然而,在饮用水中检出的石棉纤维长度大部分在 $1\mu m$ 以下,因此饮用水中石棉纤维的致病性要另当别论。此外,医学研究表明,间皮瘤具有潜伏性,一般为 20~30 年甚至更长时间,所以测定饮用水中的石棉纤维浓度,及时了解石棉纤维的暴露情况并研究饮用水中石棉对健康的影响,将是未来值得重视的课题之一。

3. 土壤中石棉的来源

土壤中石棉来源可以概括为两大类,自然来源和人为来源。自然来源方面主要是因石棉矿物的自然风化在原地形成松散的堆积物或表土,它们在风力作用下四处飘散沉降至异地土壤表层。人为来源是土壤石棉污染的重要途径,如在石棉露天开采过程中爆破、破碎、筛分等操作会使石棉粉尘直接进入土壤,石棉废物的随意堆放也是其污染的重要来源。此外,大量砍伐树木造成水土流失,致使石棉矿区裸露,也是石棉纤维进入土壤的常见方式。

由于石棉不易挥发、耐高温等特性,进入土壤介质中的石棉几乎不能被微生物降解,主要以纤维的形式存在于土壤中(Capozzella et al. ,2012)。被污染的土壤是空气和水中石棉污染物的重要来源。土壤中的石棉纤维在气象因素条件下可直接进入大气,造成局部严重的空气污染,也可以通过地表径流的方式进入水体,污染地下水和河流。目前,对于土壤中的石棉含量限定仍然没有定论。原因是检测技术不成熟,如美国、英国、丹麦等国家进行了多次尝试,最常用的方法是显微镜定量分析。其次是对土壤中石棉健康风险阈值进行确定,各国执行标准差异较大,这在实施的相应土壤质量标准或规范上可以反映出来。例如,美国国家环境保护局(Environmental Protection Agency,EPA)认为,土壤中石棉的含量达到 0.25% ～ 1%时应采取清洁措施;英国环境部则认为,土壤中石棉含量高于 0.001%时应采取措施防止进一步污染;澳大利亚污染土地咨询协会建议将临界值定为 0.01% (袁大刚和蒲光兰,2009)。由于我国开展土壤石棉定量测定的研究较少,因此还没有制定土壤中石棉安全阈值的标准。纵观世界各国,现阶段对于土壤中石棉纤维含量安全阈值的限定还没有充分的毒理学依据。

8.5.2　石棉的环境安全性评估方法

石棉的环境安全性评估主要分为职业环境和非职业环境,由它所引发的风险主要包括环境风险和健康风险。目前还没有水中石棉的环境风险评估方法,这里仅介绍土壤中石棉环境风险评估方法和大气石棉粉尘的健康风险评估方法。因石棉可能引发的最重的健康风险是癌症和间皮瘤,职业和非职业接触的健康风险评估方法就集中在这两种疾病的发生概率上。

1. 石棉引起总癌症的风险评估

石棉引起的癌症与直接或间接跟石棉接触有关。由于石棉制品在制造业、建筑业和矿业等领域的广泛发展和应用,含有石棉的材料和粉尘会逸散到环境中。当人体吸入石棉纤维后,多数石棉纤维会排出体外,残留的纤维在与人体组织接触的部位会长期潜伏,在未出现严重病变时暂无明显特征。这里主要介绍石棉引发癌症的风险评估方法。

借助相差显微镜对空气中石棉浓度进行测定,可据我国《工作场所空气中粉尘测定　第 5 部分:石棉纤维浓度》(GBZ/T 192.5—2007)及美国国家职业安全卫生研究所(National Institute of Occupational Safety and Health,NIOSH)提出的方法(7400)进行测定。相差显微镜计数主要针对空气中长度大于 $5\mu m$、宽度小于 $3\mu m$、长径比大于 3∶1 的石棉纤维。计数采用随机测定 20 个视野范围内的纤维,当纤维数超过 100 时停止计数,若纤维数不足 100 根,则视野数量扩大至 100 个。

美国 EPA(USEPA,2008)提出的石棉癌症风险计算方法,主要适用于对职业环境中石棉引起的总癌症风险进行定量评价。其计算公式为

$$Rc = C \times TWF \times IUR$$

式中,Rc 为总癌症风险水平,10^{-5};C 为暴露剂量,即暴露区环境中石棉纤维的浓度,f/mL;IUR 为吸入单位石棉纤维风险,mL/f;TWF 为时间权重因子,TWF=(每天接触石棉的时间/24h)×(每年暴露在石棉中的天数/365d)。

韦炳干等(2012)对云南省大姚县由天然石棉引起环境低浓度石棉纤维污染的总癌症风险进行了评价,采用相差显微镜对大姚县岩石和土壤中石棉矿物引起的大气污染进行测定。结果表明,该地农村大气石棉纤维平均浓度为 0.003f/mL(最小浓度 0.0003f/mL、最大浓度 0.0297f/mL),小于美国 EPA 和欧盟大气环境石棉纤维阈值(0.1f/mL)。然而,大姚县农村空气中石棉纤维浓度远高于北美和欧洲农村(2×10^{-7} f/mL),也高于美国城市室内大气石棉浓度(5×10^{-5} f/mL)。由于石棉暴露是长时间持续存在的,因此假设每天暴露于石棉环境中的时间为 24h、一年以 365d 计算、当地居民终身暴露在石棉环境中,并结合美国综合风险信息系统(Integrated Risk Information System,IRIS)发布的石棉风险值数据,石棉终身持续暴露的吸入单位石棉风险值为 0.23mL/f,根据空气中石棉浓度的最大值、最小值、平均值可计算出对应的总癌症风险。70 岁的居民吸入石棉纤维引起的总癌症风险最高,最大值为 683.1×10^{-5}、最小值为 6.9×10^{-5}、平均值为 86.3×10^{-5};而10 岁的孩童平均风险值为 31.5×10^{-5},仅不到 70 岁的一半。此外,研究者认为环境中石棉纤维浓度越大,居民的总癌症风险越高。

美国环保局提出的石棉引起总癌症风险评价方法的计算结果是呈线性变化的,但总癌症的相对风险与实际情况相比存在一定差异。首先是纤维的计数规则方面存在缺陷,如 Crump 和 Berman(2011)研究发现:首先,长石棉纤维(如 $>20\mu m$ 或 $40\mu m$)是引起癌症的最大风险,对于这类纤维应准确地进行测定;其次,该模型未考虑石棉暴露人群的吸烟率问题,导致最后的评价结果缺乏说服力;另外,模型中部分参数值的设定是否和实际情况一致等都会影响风险评价的结果。

2. 石棉引起肺癌的风险评估

石棉引起肺癌的风险评估可以采用美国 EPA 的肺癌模型进行计算(USEPA,1986;2003)。该方法是基于肺癌预期死亡率、暴露环境中石棉纤维的浓度以及累积暴露浓度的评价模型。计算公式为

$$I_L = I_E(1 + K_L Cd)$$

式中,I_L 为肺癌死亡率;I_E 为肺癌预期死亡率;K_L 为石棉肺癌风险暴露-反应关系系数;d 为持续暴露时间。石棉暴露-反应的修正系数如下:蛇纹石石棉 0.72、角闪

石石棉 0.085、混合类石棉 0.72、角闪石与混合石棉 0.31、纺织类 0.051(USEPA，2003)。

将该计算模型扩展到职业环境暴露时，其换算公式为

$$C=c\left(365d\times\frac{24h}{24h}\right)\Big/\left(250d\times\frac{8h}{24h}\right)=4.38c$$

式中，C 为换算后职业环境中的石棉纤维浓度，f/mL；c 为实际测定的空气石棉纤维浓度，f/mL。该计算模型表明，年龄越大、暴露时间越长，个体的石棉累积暴露量也越多，相应的暴露时间越长。因此，个体暴露在石棉环境中的时间越长，患肺癌的风险就相对越高。

Azari 等(2010)在伊朗一座制动片和离合器摩擦片的制造工厂进行石棉风险评估研究。该厂所生产的产品部件由蛇纹石石棉及化学物质(甲苯、氧化铁、炭黑、石墨等)组成。石棉产品通过研磨、钻孔、切割等精细加工后扩散至空气中。职工中男性 61 人，职位分别为称重 3 人、混合 11 人、压制 25 人和精加工 22 人。年龄范围 21～58 岁，平均年龄 34 岁，所有工人中有 42% 工龄不超过一年，仅 10% 的人工作超过 20 年。对工厂特定区域进行石棉浓度监测发现，石棉浓度为 0.06～8.06f/mL，平均浓度 1.65f/mL(标准偏差 1.74f/mL)。此外，在经工人允许后进行个人信息统计和肺功能测试，主要依照美国胸科协会(the American Thoracic Society，ATS)提出的肺活量测定方法。调查结果显示，该厂的男性职工每天接触石棉粉尘时间至少为 4h，吸烟人数为 41，身体质量指数(BMI)为 24.86 ± 3.86。评估结果显示，在每年累积暴露量为 15～70f/mL 的条件下，工厂中有 24.6% 的工人可能出现肺部纤维化迹象。而世界卫生组织的数据表明累积暴露达每年 50～200f/mL 的条件下，仅有 13.1% 的职业接触人群会产生肺部纤维化。此外，该研究中有 95% 的员工暴露在美国职业安全和健康管理规定的 0.1f/mL 水平之上，由美国职业安全与卫生管理局(Occupational Safety and Health Administration，OSHA)发布数据称，在该水平的限定下致癌物对应的终身癌症风险小于 1/1000，肺癌和石棉沉滞症的相关风险分别是 5/1000 和 2/1000。通过肺癌的风险评估模型计算可知，每年累积暴露达 0.14～53.68f/mL 的职业接触人群中，吸烟者和非吸烟者的癌症风险分别是 0.40‰～153.30‰ 和 0.04‰～15.33‰。由于该计算模型未涉及吸烟率，结果会高估吸烟人群的癌症风险。此外，Gustavsson 等(2002)研究认为，癌症风险评估模型低估了暴露在低累积剂量(每年 0～2.5f/mL)下职业接触石棉的人群癌症发病的真正风险。

3. 石棉引起间皮瘤的风险评估

1) 职业接触石棉引起间皮瘤的风险评估模型

在 2015 年国际间皮瘤会议上，中国区专家代表毛伟敏教授报告称中国间皮瘤

平均发病率低于国外,究其原因是我国在 20 世纪 80 年代左右才开始大量生产并消费石棉,根据间皮瘤的潜伏期推断,在 2020 年我国间皮瘤发病率将会大幅上升。尤其是在石棉手工纺织较为盛行的东部地区(浙江、安徽等省份)发病率逐年呈递增趋势,明显高于我国平均水平。但这一结论缺少有力的数据支持。

由美国 EPA 所提供的空气石棉健康评估模型可对石棉引发的间皮瘤风险进行分析,评估方法如下:

$$I_M = \begin{cases} K_M C[(T-10)^2 - (T-10-d)^2], & T > 10+d \\ K_M C(T-10)^2, & 10+d \geqslant T \geqslant 10 \\ 0, & T < 10 \end{cases}$$

式中,I_M 为间皮瘤死亡率;K_M 为对石棉暴露引起间皮瘤的暴露-反应系数;T 为年龄,不同国家不同地区存在一定差别,一般为 65~70 岁;C 为累积暴露量,f/mL。暴露反应系数与暴露环境的对关系如下:蛇纹石石棉 3×10^{-8}、角闪石石棉 2×10^{-8}、混合类石棉 10^{-7}、角闪石与混合类石棉 7×10^{-8}、纺织类 3×10^{-8}(USEPA, 2003)。

Bourgault 等(2014)对加拿大重要的石棉产地魁北克省塞特福德矿城进行间皮瘤终生风险评价。假设生活在该地区的所有居民暴露在石棉开采和石棉尾矿的环境中,采用间皮瘤的效力因素分析并进行选择和评估,以确定相对应的终身吸入石棉纤维所引起的风险。对全镇人口的平均寿命进行估计,并从已公布的环境石棉浓度来确定暴露剂量,最后通过模型计算在该风险下居民的平均寿命及患间皮瘤的风险。由于角闪石石棉引起间皮瘤的效力是蛇纹石石棉的数百倍(Berman and Crump,2008;Hodgson and Darnton,2000),在该矿城中角闪石石棉的污染比蛇纹石石棉污染更为严重,因此选用最佳估计和最大估计下的暴露-反应系数(K_M),分别取 0.021×10^{-8} f/(mL · a) 和 0.065×10^{-8} f/(mL · a)。对于间皮瘤,其剂量-效应模型指的是绝对死亡人数,因此研究假设每出现一个死亡病例都认为是由间皮瘤引起的,且未暴露于石棉环境中的人口背景发生率为零,在其他所有条件不变的情况下对 I_M 进行计算。采用暴露于石棉环境中的平均寿命(80 年)获得终身累积风险,取塞特福德 26 个地区的室内外石棉纤维浓度测定结果的平均值为 0.0019f/mL,通过计算得出该地区间皮瘤终身单位风险的最佳值和最大值分别为 0.0032f/mL 和 0.0099f/mL。暴露于该环境下的居民间皮瘤终身死亡风险的最佳估计和最大值分别是每十万人中出现 0.7 例和 2.3 例。该间皮瘤模型依据不同地区居民平均寿命和大气中石棉纤维浓度的不同,其 K_M 的选择对终身死亡风险的影响很大。加拿大在 2010 年发布的居民健康门槛为十万分之一(Health Canada,2010),该研究中以测定城镇室内外的平均石棉浓度作为参数进行计算,实际情况下职业接触人群中石棉纤维的浓度可能会更高,其对应的间皮瘤终身死亡风险会更大。因此,该研究结果可以为风险管理和决策开展提供参考。

2) 非职业接触石棉引起间皮瘤的风险评估模型

2001 年 9 月 11 日,位于美国的世界贸易中心被攻击之后,大楼倒塌向环境释放的粉尘主要成分为玻璃纤维、石膏、混凝土等施工过程中常用的混合材料。截止到报道发布时,所有粉尘样品中均未检测到角闪石石棉矿物,检测到总质量小于 1%(粉尘和碎片)的蛇纹石石棉。但对钢梁涂层样品进行分析,检测到蛇纹石石棉矿物占涂层材料总体积的 20%,样品中也未检出角闪石石棉(Clark et al. ,2001)。大量蛇纹石石棉直接释放至空气中对该地区的环境造成短暂的严重污染。蛇纹石石棉的暴露是否会对直接接触石棉粉尘的当地居民和清理废墟的作业人员构成安全威胁,需要进行相关的风险评估。

Nolan 等(2005)对"9.11"事件引起的与蛇纹石石棉相关的癌症风险进行了评估,用来推测短期蛇纹石石棉暴露而造成的特定人群肺癌和间皮瘤风险。研究者选取"9.11"事件后 6 天内的空气和粉尘样品作为测评对象,通过在三周内采集的 6 个薄膜过滤器样本来确定石棉的类型和浓度。在沉积粉尘和空气样本分析的基础上确认曼哈顿地区环境中的石棉暴露是递增的。研究者采用 EPA 肺癌和间皮瘤的结构风险模型,通过计算两个暴露指标:生命期的沉积暴露和生命期日平均暴露量,用于建立定量风险评估模型,进而推断癌症风险的增加与接触暴露的相关性。石棉粉尘浓度采用在 5h 内监测的 50f/mL 进行计算,以 0.00004f/mL 作为测定最初水平浓度的标准,总沉积暴露量计算为每年 0.065f/mL。风险评估模型是源于职业性接触暴露,而生活环境的持续暴露与职业性接触暴露不尽相同。经换算后可认定,4.38 个环境持续暴露=1 个职业性接触暴露,与"9.11"事件相关的职业性接触的总沉积暴露量为每年 0.28f/mL。

与石棉相关的间皮瘤发病数量(OM)取决于接触暴露的石棉类型、沉积暴露和初次接触暴露的时间,具体计算公式如下:

$$OM = \frac{RM \times ECA \times TPOP}{100}$$

式中,RM 为总预期人群中间皮瘤的发病概率,RM=0.001;ECA 为蛇纹石石棉环境性沉积暴露值;TPOP 是曼哈顿区所有接触石棉暴露的人数,TPOP=57514(2000 年人口普查);OM 为"9.11"事件引起蛇纹石石棉暴露导致的间皮瘤发病数量。

假设蛇纹石石棉的接触时间为 250d/a、8h/d;初次暴露的平均年龄设定为 38 岁,则 TPOP 用于统计的人数为 57514×0.47=27302 人;间皮瘤的风险系数 OM/TPOP=1.39×10^{-6}。据调查,曼哈顿地区 25% 的居民存在吸烟现象。因此,石棉暴露导致的肺癌发病率上升关系表示为

$$ObsL = ExpL + \frac{RL \times ECA \times ExpL}{100}$$

式中,ObsL 为肺癌发病率增加数量;RL 为肺癌发病风险,f/mL×每年的肺癌死亡

率,RL=0.062;ECA 为蛇纹石石棉环境性沉积暴露;ExpL 为肺癌死亡的最低预期值。

通过计算可知,ObsL=0.22,肺癌相关风险值=ObsL/ExpL=1.7×10^{-4}。由于美国 EPA 石棉风险模型不区分石棉纤维类型,经计算可知肺癌与间皮瘤的发病总风险为 $0.23 \times LADE$(LADE 为石棉粉尘的增加浓度,取 0.0009f/mL)。综上所述,曼哈顿区的居民癌症发病风险是 2.1×10^{-4},相当于在人口基数中增加了 12 个癌症患者。研究基于风险评估模型计算分析认为,EPA 的综合风险模型没有区分纤维类型,而青石棉、铁石棉和蛇纹石石棉导致间皮瘤发生的可能性概率为 500:100:1,并且角闪石石棉与蛇纹石石棉为 750:1。采用 EPA 提供的间皮瘤风险评估模型对所有石棉纤维和蛇纹石石棉纤维产生的间皮瘤风险进行计算,结果分别为 9.5 例和 0.4 例,说明 EPA 的综合风险模型过度强调了蛇纹石石棉所引发癌症的概率,所有石棉类型中蛇纹石石棉导致间皮瘤的可能性是最小的,远小于其余石棉类型。因此,研究结论认为纽约世贸大楼倒塌后引起的蛇纹石石棉暴露不足以对曼哈顿居民产生癌症威胁,癌症发病率可忽略不计。

4. 石棉引起肺癌和间皮瘤的扩大化风险评估

扩大化模型只针对肺癌进行讨论,以及可以适用于仅有细微差别的间皮瘤评估(Berman and Crump,2008)。美国 EPA 所提出的肺癌模型相对死亡率风险可以写成

$$RR = \alpha \times (1 + K_L \times YE_{10} \times C_{PCM}) \tag{8.1}$$

式中,K_L 为肺癌效力;YE_{10} 为暴露滞后 10 年的累积暴露年数;C_{PCM} 为空气中石棉纤维的平均浓度(以纤维标准的 PCM 计数法进行计数);α 为相对背景风险。

式(8.1)中 K_L 取决于石棉纤维长度、宽度和石棉纤维矿物类型。由于效力可能是长度和宽度的连续函数,因此这种算法可能只支持非常有限情况下的肺癌分析。因此,可以将纤维分为几大离散的类,或者两三个大类进行定义。对指定纤维类别组的效力称为风险度量(exposure metric)。在这种情况下,不包括在风险度量中的纤维是不具有效力的,这种假设下有利于测试有限的数据响应假设,是可以采用的。同样,分配相等的效力,在每个类别中相应风险度量下的所有纤维也应该被解释为一个近似值。当给定一个如上所述的风险度量时,肺癌模型[式(8-1)]概括为

$$RR = \alpha \times \left[1 + YE_{10} \times \sum_i K_{Li} \times C_i \right] \tag{8.2}$$

式中,i 为风险度中的类别,指所有风险度量的总和;C_i 是第 i 类纤维的平均空气浓度;K_L 第 i 类纤维的肺癌效力。这个方程保留了式(8.1)中的时间依赖性和线性剂量反应假设,但允许不同的矿物类型和不同大小的石棉纤维有不同的效力。

联立式(8.1)和式(8.2)可得

$$K_L \times C_{PCM} = \sum_i K_{Li} \times Ci \qquad (8.3)$$

该公式提供了基于 PCM 度量下的 K_L 与基于风险度量下的 K_{Li} 之间的关系。使用这个公式要满足两个条件：①石棉纤维的类型和大小分布与流行病学中的调查一致；②石棉纤维的浓度通过 TEM 和 PCM 所得到的结果应保持一致。

石棉引起肺癌和间皮瘤的扩大化模型使石棉纤维的效力取决于矿物尺寸和类型，是对之前评价模型的进一步完善。在获得更多纤维大小和类型信息的条件下能够更加准确地预测癌症和间皮瘤的风险。但是，扩大化模型依然不能够解决不同环境中石棉效力因素间存在差异的问题，特别是蛇纹石石棉开采与蛇纹石石棉纺织行业，在不同环境中对石棉纤维引起的癌症风险有可能得出截然不同的答案。现阶段文献调研中也发现，采用该模型进行风险评价的结论较少。因此，将模型计算与流行病学调查相结合才能够真实反映环境中由石棉暴露而引起癌症与间皮瘤的风险。

5. 土壤中石棉的环境风险评估

土壤中石棉的风险评估国际上通用的是采用分层分级法进行分析，并广泛应用于土壤污染场地的评价与管理。该方法通常从简单的初始评估开始，依据不同的评估结果确定是否进行下一级评估。按照需要逐步介入复杂程序，形成一个"分层分级"的方法(Silverstein et al.，2009；Swartjes and Tromp，2008)。但是，该方法根据国家不同及实际情况不同，需要根据相关的土壤质量标准予以判断(罗泽娇等，2015)。具体评价方法如下。

一级：简单的定性测试。在土壤的一级主要进行定性测试，相当于定性确定土壤中含有石棉，不需要进行额外的实验测试及研究。土壤的一级评价是建立在可以测出土壤中石棉含量的基础上进行的，包括石棉的条件(绑定状态或易碎)及选址布局(土壤表面的类型、建筑或植被覆盖、土地开发区)。当满足下列条件的一个或多个时，石棉是不可能暴露的，并且对人类的健康风险是可以排除的：①石棉在建筑物下唯一存在，石棉存在于铺设的区域或水体中(沉积物中)，以及在不开挖或不进行疏浚活动的情况下；②在没有开挖活动预期的情况下，石棉存在于土壤 0.5m 深的下方，该地点永久地常年有土层覆盖；③对于不易碎的石棉，土壤平均浓度不超过 1000mg/kg，前提是石棉不易碎且不存在严重风化或侵蚀的状态；④在一级测试过程中，若材料不能手动破碎，则认为材料不脆裂，对于易碎石棉不执行任何额外的测试，土壤中石棉浓度干预值以 100mg/kg 作为标准。

二级：土壤呼吸组分的测定。由于有关人体健康的唯一暴露途径是吸入石棉纤维。无论石棉纤维是否进入空气中，第二级是潜在吸入土壤中石棉的层级。可吸入纤维和其他土壤中的呼吸性纤维其尺寸相当于直径 $3\mu m$、长度 $200\mu m$ 所有其他形式的石棉,纤维小于该尺寸容易被吸入体内。此外,可吸入颗粒涉及潜在的、特定的暴露人群,上层土壤中石棉纤维吸入浓度的测定根据国家标准进行。该标准指土壤在水中沉降的过程。其中,可吸入细颗粒从粗组分中分离,随后分离的组分经核孔滤膜,滤膜符合 ISO 14966 标准,采用扫描电子显微镜结合能量色散 X 射线分析仪进行样品分析。当附着于土壤颗粒的石棉纤维造成的室内环境污染不能被排除时,室内灰尘中的石棉纤维含量必须测定。房屋中灰尘用胶带在水平表面上采取即可,沉积的石棉纤维分析采用相关国家标准,通过扫描电子显微镜-X 射线能谱(SEM-EDX)进行分析。测试土壤或灰尘纤维吸入量以土壤中 4.3×10^{10} 根纤维当量为限值,对应的石棉当量为 10mg/kg,室内石棉纤维的含量极限值为 $100f/m^3$。

三级:石棉纤维浓度的测定。第三级的测试以空气中石棉纤维确定存在为前提,对空气中的石棉浓度进行测定。首先是室外空气测定。测定有两种方式,现场室外空气中石棉纤维浓度的测定和实验室模拟石棉纤维浓度的测定。其次,室内空气中石棉纤维浓度的实地监测应在房屋或建筑物距离污染场地不超过 100m 处,且在污染物包括易碎石棉的情况下。测定时应符合国家的标准化法规和 ISO 14966 等协议。室内空气采样器的布置应优先考虑具有高曝光、高活动性的区域,且测定持续时间为 6~8h,测试过程中模拟居住人的日常活动,测定的限定值为 $1000f/m^3$。

Wei 等(2013)对云南省西北部大姚县饮用水中青石棉纤维浓度和金属浓度进行评估。当地存在一块青石棉矿床,占地面积约 $200km^2$,大部分饮用水来源于井水和地表水。由于石棉矿区所产生的石棉纤维因自然因素会污染当地土壤和饮用水源,对居民造成重大健康威胁。研究结果表明,不同地区饮用水中石棉含量如下:井水最小值为 0.94MLF,最大值为 50.20MLF;地表水最小值为 15.10MLF,最大值为 399.00MLF(美国规定饮用水中石棉纤维浓度的上限为 700MLF)。地表水中纤维浓度远大于井水的原因在于地表水受石棉自然风化的影响,土壤中的部分石棉纤维由于人类活动(道路铺设、房屋建造、森林砍伐等)能直接进入地表水体,导致石棉浓度较高。该地区大气石棉纤维平均浓度为 0.00375f/mL,最大达到 0.029f/mL,即存在明显的石棉纤维污染,且主要来源于土壤和岩石中的青石棉。运用主成分分析方法确定土壤和岩石中的石棉对该地区地表水和井水中金属元素的含量有显著性影响。土壤表层和地表水中石棉纤维水平比地下水高得多,而石棉矿区中的镍、锌、三氧化二铁、氧化钙、氧化镁的浓度均高于《中国土壤元素背景值》(1990)中的规定。此外,石棉区井水和地表水中的镍、铁、钙、镁等元素含量也远高于控制区(非污染地区)。

现阶段我国在土壤石棉纤维的检测技术在不断发展,但尚未有一套完整的土壤质量标准,评估土壤中石棉健康风险的方法存在一定的不确定性和不一致性等,会高估风险或无法进行风险性评估。我国在土壤健康风险评估方面仍需要进一步完善。

8.5.3 蛇纹石石棉及其废物的环境安全管理

中国产业信息网发布的数据显示,2013 年我国工业危险废物产生量为 3156.9 万 t,综合利用量为 1700 万 t,处置量为 701.2 万 t,储存量为 810.8 万 t,工业危险废物处置利用率为 74.8%。其中,石棉废物 651.3 万 t,在重点调查企业中占 20.6%;石棉废物产量的核心省区为青海(382.2 万 t)和新疆(268.8 万 t),这两省区所产生的石棉废物在重点调查企业中占 99.9%。

截止到 2016 年底全国共 15 个省区有石棉产出,主要的石棉矿产区有 56 个,石棉采选企业 37 家,主要分布在新疆、青海、甘肃。其中以青海石棉矿最多,占全国的 64.3%。20 世纪 90 年代中期我国石棉制品企业达 700 多家,从业人员 5 万多人,其中水泥制品企业 500 多家,从业人员近 4 万人(周炳炎和刘湘,2004)。随着石棉制品行业的不断壮大和发展,2016 年全国石棉行业累计在岗职工共 14 万余人。

我国石棉在水泥制品中的用量高居不下的同时,每年由拆修建筑物所产生的废物超过 300Mt(如北京每年产生的建筑废弃物多达 4000 万 t),但资源化率不足 5%。除此之外,汽车、制造、耐火材料、废旧电子产品等均会产生石棉废物。尽管石棉制品和含石棉制品废物的总量尚未可知,但其具有数量大、种类复杂、潜在危害大等特点(施红霞,2011)。

石棉与其他矿物材料一样会产生大量的废弃物。各国对于石棉废物的处理处置有严格的要求,主要侧重于防止石棉废物暴露在环境中以及石棉废物的填埋处置工作。处理石棉废物的过程一般分为以下几个步骤:清除、包装、运输、装卸、存放、填埋、最终覆盖等(周炳炎,2003)。由于我国石棉储量巨大,石棉及其工业制成品早已形成庞大的产业体系,就目前对石棉的使用途径和情况而言,石棉的工业制成品及废弃物与人们的工作生活息息相关。然而,石棉在相关领域的使用过程中未能实现合理化、规范化,造成石棉制品存在公共健康风险。因此,处理石棉废物、实现石棉废弃物资源化利用和无害化处置、保障群众健康具有重要意义。

1. 石棉污染源分析

石棉造成的环境污染按其来源性质可分为天然污染和人为污染。石棉污染源的种类、数量、途径等具有一定的复杂性,因此对造成环境污染的石棉源解析存在一定难度。我国现阶段对于环境中石棉检测的方法仍有待提升,以便更好地服务石棉污染源分析。日常生活中常见的石棉污染源主要有以下几种。

1) 石棉矿石的破碎和分选

石棉矿在开采的爆破过程中会产生巨大冲击力使矿石破裂,会伴随产生大量的石棉粉尘。爆破后,短时间内石棉粉尘和烟气浓度极高(王勇毅等,2012)。现有石棉矿山大部分选用露天开采,石棉矿又多位于自然条件比较干旱的区域,环境相对干燥、水资源较为短缺,浓度较高的石棉粉尘在空气中自然沉降需要更长时间,导致石棉矿作业区域粉尘弥漫。此外,开采出的石棉矿石在进行装卸、运输和碾压过程中,没有对设备采取相应的防尘或围挡设施,使石棉粉尘飞扬。石棉矿石在进一步的分选、研磨和纤维分级等加工操作时,设备的密封性能较差及作业环境中未安装除尘设备,使石棉粉尘飞扬或外溢(如石棉进料口),因而大量的石棉粉尘直接扩散到作业区,并造成严重的空气污染。

此外,在边远山区,过去由于缺少动力和设备,一些小型的石棉矿开采时只能依靠简单的工具进行露天手工开采。随着开采水平的提高,部分石棉矿实现了机械化露天开采。中、小型石棉矿山的露天开采选用斜坡卷扬开拓方式(潘先佐,1998)。遇到恶劣天气时,会导致有害物质和粉尘大规模散播。

2) 物料和产品的运输及扬散

采用火车、汽车等交通工具对石棉矿石及产品进行运输,由于运输距离长、未对石棉进行良好的包装及外部影响因素多等特点,因此石棉纤维易扬散至空气中,造成环境污染。石棉制品的加工和包装过程中落料、装袋、密封和搬运等程序若采用开放式人工作业,大量的石棉粉尘也会直接逸散至空气中形成污染。

3) 石棉制品的加工及废弃

目前石棉制品或含有石棉的制品有近 3000 种,用石棉制作汽车制动片、离合器片、密封垫片是制品行业中主要产品之一,制作过程需要多道裁剪、打磨和钻孔工序。在加工过程中会产生 10%～15% 的废弃物,例如,仅南京地区每年因石棉加工产生的废物高达 1000t 以上(王姬飞,2016)。商务部 2016 年发布统计结果显示,全国累计回收机动车 187.4 万辆,废弃的汽车离合器和制动片以城市垃圾的方式进行处理,大量石棉制品的废弃物排放到环境中并造成严重污染。

4) 建筑拆修

建筑物采用石棉材料具有隔声、隔热效果好,原料要求不高等优点。因此,在建筑业水泥制品中大量使用温石棉,常见的石棉水泥制品有石棉瓦、石棉水泥板、石棉复合板等。据《中国环境报》报道,我国每年建筑垃圾的排放总量为 15.5 亿～24 亿 t,其中大量的石棉废弃物伴随着建筑垃圾释放到环境中。尽管我国在 2011 年规定墙体材料不得采用含有石棉纤维、未经防腐和防虫蛀处理的植物纤维(GB 50574—2010),但由于过去的建筑物均采用石棉制品建造,因此在建筑物翻新、拆除等工程活动中石棉以粉尘的形式进入空气,如"9.11"事件美国纽约世贸大楼坍塌后,现场检测存在温石棉污染。因此,大部分国家要求对建筑物进行拆修时需有专业的防护措施以应对石棉造成的环境污染。

5）石棉尾矿库

我国石棉矿矿石品位不高，一般为 1%～4%，每生产 1t 石棉将产生几十吨石棉尾矿。此外，经过正规设计的矿山仅占 10% 左右，由此导致石棉矿山的采剥比严重失衡、采矿面积逐渐缩小的不良结果，进而会产生更多的石棉尾矿。以甘肃阿塞克石棉矿床为例，该地区每年生产矿石能力 270 万 t，年剥采能力 670 万 t 以上，矿石经破碎、风选后尾矿数量占矿石量的 95% 以上，所产生的石棉尾矿每年以 300 万 t 左右的速度递增。因此，若按矿石含棉品位 2.6%，石棉选矿率 80% 的条件，结合各企业生产利用的实际情况，保守估计全国总共堆存的石棉尾矿约 110Mt，且全部为露天堆放（施红霞，2011；万朴，2005）。另外，矿山在开采过程中由各种因素导致的矿山关闭、转型等，所产生的石棉尾矿均未按标准进行妥善处理。如 2004 年关闭的陕南石棉矿有 135 万 m³ 尾矿堆存；四川新康石棉尾矿为 4195.8 万 m³。2010 年公布的数据显示，全国大中型尾矿库为 14 个，大量的石棉尾矿露天堆积，其中未选出的细小短纤维在风力作用下随风迁移，可飘浮至数百千米外，造成环境污染。当遭遇暴雨等天气时，在雨水和地表水的冲刷下进入河流及地下水系统，会造成严重的水体污染。

6）石棉矿裸露区

石棉矿裸露主要是自然条件下的裸露和人为活动导致的石棉矿裸露。青海省茫崖矿区属自然裸露，该矿区位于柴达木盆地西部，其东西向延伸长达 14km 以上，矿体规模庞大。茫崖石棉矿位于该岩体群的东端，山体周围有大面积蛇纹岩裸露带，在强劲的西北风吹蚀作用下对 30km² 范围内造成严重的大气污染，并对阿拉尔盆地近 5.5 万人饮用水安全构成威胁。而陕西陕南石棉矿位于秦岭南麓，处于三县交界的汉水源头，占地面积 53 万 km²，年产 5 级（正产品）以上产品 6500t，5 级以下副产品 2 万 t，开采方式为露天台阶式开采方式。自石棉矿关闭后，已开发的矿区未做相应的粉尘防护措施，在自然条件下能够直接威胁附近三县居民的身体健康及饮用水安全。已开拓的石棉裸露区受气象因素的作用，石棉纤维直接扩散到大气中，造成严重的空气污染。此外，石棉矿裸露区在雨水的作用下会产生大量有害水体，污染周围水源，严重影响矿山附近居民的生活饮用水及农田用水等。

2. 国外石棉环境安全管理标准

对于石棉的环境安全管理，相关国际组织制定了一系列准则。早在 1974 年，国际劳工组织第一次在空气污染的条例中将石棉作为一种可致癌的物质，并出台《职业癌症协定（No.139）》。1977 年 IARC 将石棉列为人类致癌的物质。1984 年国际劳工局颁布《石棉的安全使用业务守则》。2003 年 11 月，日内瓦《鹿特丹公约》第 10 次国际常任理事会讨论了所有种类的石棉，除了蛇纹石石棉，其他全部列入出口限制清单（PIC），直到 2015 年鹿特丹公约缔约方第七次会议（COP7），仍然决定不将蛇纹石石棉正式列入 PIC。国际海事组织于 2009 年 6 月对《国际海上人命安全公约》(International Convention for Safety of Life at Sea, SOLAS)就石棉在船上的使用进行了修订,要求自 2011 年 1 月起,所有船舶禁止新装含有石棉的材料,拉开了在海事领域全面禁用石棉(包括蛇纹石石棉)的序幕(桑史良,2013)。

日本《废弃物处理法规》始于 1867 年,其内容包括居民日常生活排出的一般废物与企业活动排出的工业废物。1975 年全面修改《工业废物处理法》,1976 年明确规定了工业废弃物从排出到最后处理均由企业负责人负责。对工业废弃物处理标准、工业废物处理行业的章程、处理设施构造标准及违法处罚办法等做了明文规定(榊孝悌和顾奇,1982)。规定石棉的处理应与其他废物分开进行收集、运输、转载和保管,中间处理环节禁止破碎,最终通过熔融、无害化处理进行处置。日本的《大气污染防治法》规定,石棉粉尘必须采取防止扬散的措施,中间处理过程利用除尘设备彻底除去粉尘,针对含石棉的家庭用品应辨认一般处理中是否会发生扬散等问题。2005 年日本颁布《石棉危害预防法令》,将产品中石棉含量规定为更严格的 0.1%;2006 年除个别材料外,日本全面禁用含石棉材料,并确立"石棉导致的健康危害援助法令",为曾遭受石棉危害的市民提供援助(张忠彬和周永平,2010)。

美国对大多数有毒物质的处理依据 1976 年颁布的《资源保护和回收法》,这是美国管理危险废物的一项重要举措。该法令要求美国 EPA 对危险废料实行从"摇篮"到"坟墓"的全程监控,还负责全美国近 200 万个地下储罐的设置、建造和监控。对于石棉废物,最关注的是废物填埋前石棉纤维通过空气传播产生的风险。因此,处置石棉废物的规定纳入《清洁空气法》的管理范围。美国从《空气污染控制法》(1955)到《清洁空气法》(1963)及《空气质量控制法》(1967),再到《清洁空气法》(1970)以及后来在 1977 年和 1990 年对该法进行修正和逐步完善,建立起一套完整的法律规范体系。《清洁空气法》的基本原则是可视性原则,具体要求将环境空气质量标准分为两级,一级标准(primary standards)是为了保护公众健康,包括保护哮喘患者、儿童和老人等敏感人群的健康;二级标准(secondary standards)是为了保护社会物质财富,包括对能见度以及动物、作物、植被和建筑物等的保护。

加拿大 1985 年颁布了《加拿大劳动法典》,该法典第二部分为《职业健康与安全健康法》,包括立法目的、雇主责任、员工责任、健康与安全等,以法律的形式对职业健康予以保护(代海军,2014)。从建筑物或结构中清除石棉废物要求操作人员要符合《职业卫生与安全法》中有关石棉的操作要求,否则任何人不能从事石棉废物的清除工作(姜立民和蔡宝森,2006)。为了更好地保护在工作场所从事处理危险品工作的工人,2016 年加拿大联邦政府宣布新的《职业健康和安全(OHS)法规》,该法规是政府执行化学品分类和标签制度(Globally Harmonized System of Classification and Labelling of Chemicals, GHS)全球协调系统的一部分(王亚琴等,2009)。

3. 国内石棉环境安全管理标准

我国自 20 世纪 60 年代开始重视石棉造成的环境污染以及对人体健康的危害。目前全国石棉产量逐年下跌,进出口量也呈逐年递减趋势,可以说国家对石棉的管控在一定程度上取得了成效。但相对于发达国家,我国对于石棉环境安全管理标准的建立起步较晚,相关的法律法规及行业标准仍不健全。表 8.47 列出了石棉行业的部分规定及标准,但石棉废物管理与环境质量标准还处于空白阶段。

表 8.47　部分石棉法规及标准

Table 8.47　Asbestos regulations and standards

实施日期	名称	颁布机构	规定		补充说明
1997 年 1 月	《大气污染物综合排放标准》(GB 16297—1996)	国家环境保护局	石棉尘:2f/cm³ 或 20mg/m³		生产设备不得有明显的无组织排放存在
2001 年 1 月	《石棉制品厂卫生防护距离标准》(GB 18077—2000,现已作废)	国家质量监督检验检疫总局	风速 /(m/s)　<2　2~4　>4	距离 /m　300　300　200	产生有害因素的部门(车间或工段)的边界至居住区边界的最小距离
2007 年 11 月	《工作场所有害因素职业接触限值　第 2 部分:物理因素》(GBZ 2.2—2007)	卫生部	石棉粉尘:0.8f/cm³ 石棉纤维:0.8f/cm³		规定仅适用于职业性接触
2008 年 2 月	《石棉作业职业卫生管理规范》(GBZ/T 193—2007)	卫生部	TWA:0.8f/cm³ STEL:1.5f/cm³ 排放浓度:100mg/m³		厂房高不低于 3.0m;每人每小时不少于 30m³ 的新鲜空气量
2012 年 8 月	《非金属矿物制品业卫生防护距离 第 3 部分:石棉制品业》(GB 18068.3—2012)	卫生部 国家标准化管理委员会	产量　　1000t/a	风速 /(m/s)　<2　2~4　>4　距离 /m　400　300　200	在卫生防护距离内需种植浓密的乔木类植物隔离绿化带(宽度不小于 10m)
2014 年 5 月	《温石棉行业准入标准》	工业和信息化部	温石棉项目设计规模大于 3 万 t/a,选矿回收率大于 90%		本准入标准适用于所有的温石棉生产线和生产企业
2014 年 10 月	《职业健康监护技术规范》(GBZ 188—2014)	国家卫生和计划生育委员会	对从事石棉粉尘的工人健康每年检查一次,连续观察五年		工龄在 10 年以下,随访 10 年;10 以上随访 20 年,3 年/次

注:TEA 为 4~16h 用户可调节周期内平均测得的累积有毒气体暴露极限值;STAL 为短时间允许接触浓度。

　　随着我国对石棉安全性认识的不断深入,各类石棉的生产和使用规定及相关标准也将日益完善. 从最初大气污染物排放标准 $2f/cm^3$ 到现在的职业环境允许暴露浓度为 $0.8f/cm^3$,无论国家层面的立法还是行业法规,都充分显示了我国对石棉粉尘的管控领域不断严格、覆盖面逐步扩大. 但也要看到,现阶段我国并没有具体的环境空气质量和石棉废弃物排放等标准,因此在实际管理过程中会出现漏洞和困难,如在无组织石棉粉尘排放标准中使用单位 (mg/m^3) 与职业接触浓度单位 (f/cm^3) 不统一,会造成监管和评价的执行标准差异. 为贯彻以人为本、保护环境的指导思想,政府部门可以《中华人民共和国环境保护法》为基准,制定与石棉及制品相关的环境卫生标准及法规,进一步推动石棉的安全使用.

　　综上所述,各国针对石棉的生产、使用、管理与环境安全等方面都做了严格规定,并制定了相关法律法规. 近年来,我国在石棉及废物的管控方面已取得长足进步,但与发达国家相比仍存在一定差距. 表现为针对石棉环境安全的研究较少,石棉检测和分析手段不够成熟,对造成空气污染的石棉纤维来源尚不能明确,石棉的环境安全性评估方法仍有待构建或完善,且在石棉矿山、尾矿及废弃物方面的标准和管理法规较少. 此外,对于建筑物拆除和石棉制品的回收,我国在这方面没有专业操作规范,因此应建立专业人员组成的作业队伍,对建筑实行分类拆除、石棉废物进行分类收集和特殊处理等,以减少石棉暴露带来的危害.

　　管好石棉、用好石棉不光是政府的责任,企业和我们每个人都要贡献自己的力量. 石棉从业人员在岗位上要培养安全意识,企业要自觉完善安全防护措施,政府在管理过程中要加大监督力度,对不合格的企业进行经济处罚,表现较好的企业可以给予一定经济补助. 通过政府的立法、企业的重视和个人意识的提高,我国必将提出处理好石棉与环境安全问题的最佳方案.

参 考 文 献

陈照亮,杨俊杰,金春姬. 2007. 我国石棉的安全性分析及对策研究. 中国安全生产科学技术,3(2):36-42

陈志霞,陈水平,张林忠,等. 2008. 某石棉矿接尘工人恶性肿瘤 10 年回顾性调查. 中国职业医学,35(5):391-393

代海军. 2014. 加拿大职业健康与安全立法. 现代职业安全,(4):86-89

邓茜,兰亚佳,王绵珍. 2009. 30 年队列研究:接触石棉粉尘与石棉肺发病的剂量-反应关系. 现代预防医学,36(11):2027-2028

董智伟,吴凤莫,席鸣六. 1994. 上海石棉制品厂职业病经济损失调查. 环境与职业医学,(b09):52-53

杜利利,兰亚佳. 2010.《蛇纹石石棉对某石棉矿工健康的影响分析》调查报告. 成都:四川大学公共卫生学院

杜利利,兰亚佳,王绵珍. 2014. 温石棉矿工死因分析. 预防医学情报杂志,30(6):446-450

郝德祥.1987.环境中的石棉危害不容忽视.中国城乡企业卫生,(5):22

贾刚田.1990.饮用水、食品中的石棉及其对健康的影响.环境卫生学杂志,16(1):67-68

贾贤杰,芈静,杨林生,等.2016.天然青石棉暴露区肺癌、胸膜间皮瘤与饮食习惯的病例-对照研究.卫生研究,(5):771-776

姜立民,蔡宝森.2006.石棉废物的收集、管理与处置技术.环境科学与管理,31(6):59-60

李健,罗学泽,罗素琼.1999.青石棉诱发大鼠腹膜间皮瘤的实验研究.川北医学院学报,6(4):7-10

李鲁,孙统达,张幸,等.2004.单纯接触温石棉人员癌症死亡队列研究的荟萃分析.中华预防医学杂志,38(1):39-42

梁西,石梅初,余开选,等.2003.常见慢性病患病率的年龄分布特征及相关性分析.中国慢性病预防与控制,11(4):170-171

刘云岗,刘玉清.1997.青石棉体外诱发细胞微核与多核.中国药理学与毒理学杂志,11(1):63-66

罗素琼,刘学泽.1983.国产温石棉致癌作用的研究Ⅰ.石棉纤维制备和胸膜腔染尘技术在诱发间皮瘤实验研究中的应用.四川大学学报(医学版),12(2):100-104

罗素琼,刘学泽,王朝俊.1995.青石棉,苯并(a)芘联合诱发大鼠肺癌的研究.四川大学学报(医学版),26(2):202-205

罗素琼,穆世惠,周亚康,等.1997.青石棉污染区恶性肿瘤9年回顾队列研究.中华劳动卫生职业病杂志,15(5):272-276

罗泽娇,贾娜,刘仕翔,等.2015.我国污染场地土壤风险评估的局限性.安全与环境工程,22(5):40-46

潘先佐.1998.有关石棉知识和使用.氯碱工业,(1):48-49

秦运巧.2016.石棉危害控制的国际做法.劳动保护,(2):26-28

桑史良.2013.保护船员健康实现科学发展.航海,(1):3

榊孝悌,顾奇.1982.日本废物处理法规的动向.城市问题,66

施红霞.2011.石棉废物环境无害化管理对策研讨.矿业安全与环保,38(4):83-86

孙统达,朱胜军.2001.接触石棉尘量与石棉肺发病的剂量-反应关系研究.中国工业医学杂志,14(3):148-150

万朴.2005.中国蛇纹石纤维资源及其资源环境.中国非金属矿工业导刊,25(2):50-52

王姬飞.2016.浅谈石棉废弃物收集及处置技术.自然科学(文摘版),8(2):13-14

王新朝,吴逸明,李卓炜,等.2004a.青石棉诱导A549细胞ERK1/2、MEK1/2的表达.郑州大学学报(医学版),39(2):280-282

王新朝,吴逸明,李卓炜,等.2004b.青石棉诱导A549细胞ERK1/2及Elk1激活的研究.卫生研究,33(4):398-399

王新朝,徐玉宝,吴逸明,等.2005a.青石棉诱导A549细胞表达IL-8的研究.卫生研究,34(2):141-143

王新朝,徐玉宝,许东,等.2005b.青石棉诱导后BEAS-2B细胞磷酸化EGFR的表达.郑州大学学报(医学版),40(5):835-837

王新朝,徐玉宝,吴逸明,等.2005c.青石棉诱导呼吸道上皮 BEAS-2B 细胞表达白细胞介素-8 的研究.中国职业医学,32(4):18-19

王新朝,吴逸明,James M S,等.2006.青石棉诱导 BEAS-2B 细胞 ERK1/2 磷酸化表达的研究.中华劳动卫生职业病杂志,24(10):597-600

王亚琴,谢传欣,张宏哲,等.2009.发达国家实施 GHS 情况及对我国的启示.中国安全生产科学技术,5(6):123-127

王艳,王瑞民,张庆华,等.2016.间质性肺疾病与肺癌发病关联性的研究进展.吉林大学学报(医学版),42(4):830-834

王勇毅,姜亢,郭建中,等.2012.石棉相关产品生产过程粉尘危害与控制对策.中国安全生产科学技术,8(12):156-160

王治明,王绵珍,兰亚佳.2001.温石棉与肺癌——二十七年追踪研究.中华劳动卫生职业病杂志,19(2):105-107

韦炳干,杨林生,贾贤杰,等.2012.天然石棉引起环境低浓度石棉纤维污染的癌症风险评价.安全与环境学报,12(4):257-260

杨美玉,章吉芳,富博,等.1990.不同长度的石棉诱发大鼠胸膜间皮瘤的比较.中华劳动卫生职业病杂志,7(5):292-294

袁大刚,蒲光兰.2009.石棉土壤研究进展.土壤通报,(4):945-950

张忠彬,周永平.2010.日本、韩国、东盟与我国石棉危害预防控制现状.中国安全生产科学技术,6(1):121-124

郑树,杨工.1996.我国对大肠癌分子流行病学研究的初探.中国实用外科杂志,16(3):129-130

周炳炎.2003.国外石棉废物的处理处置和环境管理要求.中国环境管理,(S1):71-74,76

周炳炎,刘湘.2004.中国石棉矿山及石棉制品企业石棉废物环境污染调查研究.环境污染与防治,(4):320-320

卓鉴波.1985.环境中的石棉及其危害.重庆环境科学,(2):31-35

Ameille J,Brochard P,Letourneux M,et al. 2011. Asbestos-related cancer risk in patients with asbestosis or pleural plaques. Revue Des Maladies Respiratoires,28(6):e11-e17

Andujar P,Wang J,Descatha A,et al. 2010. p16[INK4a] inactivation mechanisms in non-small-cell lung cancer patients occupationally exposed to asbestos. Lung Cancer,67(1):23-30

Azari M R,Nasermoaddeli A,Movahadi M,et al. 2010. Risk assessment of lung cancer and asbestosis in workers exposed to asbestos fibers in brake shoe factory in Iran. Industrial Health,48(1):38-42

Berman D W,Crump K S. 2008. A meta-analysis of asbestos-related cancer risk that addresses fiber size and mineral type. Critical Reviews in Toxicology,38(1):49-73

Bernstein D M. 2014. The health risk of chrysotile asbestos. Current Opinion in Pulmonary Medicine,20(4):366-370

Berry G,Gilson J C,Holmes S,et al. 1979. Asbestosis:A study of dose-response relationships in an asbestos textile factory. British Journal of Industrial Medicine,36(2):98-112

Bourgault M H,Gagné M,Valcke M. 2014. Lung cancer and mesothelioma risk assessment for a population environmentally exposed to asbestos. International Journal of Hygiene and Environmental Health,217(2-3):340-346

Burdorf A,Barendregt J J,Swuste P H,et al. 1997. Future increase of the incidence of mesothelioma due to occupational exposure to asbestos in the past. Nederlands Tijdschrift Voor Geneeskunde,141(22):1093-1098

Capozzella A,Fiaschetti M,Sancini A,et al. 2012. Asbestos risk:Risk assessment and prevention. La Clinica Terapeutica,163(2):141-148

Case B W,Abraham J L,Meeker G,et al. 2011. Applying definitions of "asbestos" to environmental and "low-dose" exposure levels and health effects, particularly malignant mesothelioma. Journal of Toxicology and Environmental Health Part B,14(1-4):3-39

Clark R N,Green R O,Gregg A,et al. 2001. Environmental studies of the World Trade Center area after the September 11,2001 attack. Reston:U. S. Geological Survey

Corfiati M,Scarselli A,Binazzi A,et al. 2015. Epidemiological patterns of asbestos exposure and spatial clusters of incident cases of malignant mesothelioma from the Italian national registry. BMC Cancer,15(1):286

Crump K S,Berman D W. 2011. Counting rules for estimating concentrations of long asbestosfibers. Annals of Occupational Hygiene,55(7):723-735

Darcey D J,Alleman T. 2004. Occupational and environmental exposure to asbestos. Pathology of Asbestos-Associated Diseases,130(3):17-33

Ehrlich A,Gordon R E,Dikman S H. 1991. Carcinoma of the colon in asbestos-exposed workers: Analysis of asbestos content in colon tissue. American Journal of Industrial Medicine,19(5): 629-636

Fischbein A,Rohl A N,Langer A M,et al. 1979. Drywall construction and asbestos exposure. The American Industrial Hygiene Association Journal,40(5):402-407

Frumkin H,Berlin J. 1988. Asbestos asbestos exposure and gastrointestinal malignancy:Review and meta-analysis. American Journal of Industrial Medicine,14(1):79-95

Goodglick L A,Kane A B. 1986. Role of reactive oxygen metabolites in crocidolite asbestos toxicity to mouse macrophages. Cancer Research,46(11):5558-5566

Goodglick L A,Pietras L A,Kane A B. 1989. Evaluation of the causal relationship between crocidolite asbestos-induced lipid peroxidation and toxicity to macrophages. American Review of Respiratory Disease,139(5):1265-1273

Goodman M,Morgan R W,Ray R,et al. 1999. Cancer in asbestos-exposed occupational cohorts:A meta-analysis. Cancer Causes & Control,10(5):453-465

Gustavsson P,Nyberg F,Pershagen G,et al. 2002. Low-dose exposure to asbestos and lung cancer: Dose-response relations and interaction with smoking in a population-based case-referent study in Stockholm,Sweden. American Journal of Epidemiology,155(11):1016-1022

Hansen K,Mossman B T. 1987. Generation of superoxide ($\cdot$ O$_2^-$) from alveolar macrophages exposed to asbestiform and nonfibrous particles. Cancer Research,47(6):1681-1686

Health Canada. 2010. Federal Contaminated Site Risk Assessment in Canada, Part V: Guidance on Human Health Detailed Quantitative Risk Assessment for Chemicals (DQRAchem). Ottawa: Health Canada

Hodgson J T, Darnton A. 2000. The quantitative risks of mesothelioma and lung cancer in relation to asbestos exposure. Annals of Occupational Hygiene, 44(8): 565-601

Jajte J, Lao I, Wiśniewska-Knypl A J M. 1987. Enhanced lipid peroxidation and lysosomal enzyme activity in the lungs of rats with prolonged pulmonary deposition of crocidolite asbestos. British Journal of Industrial Medicine, 44(3): 180-186

Kanarek M S. 1989. Epidemiological studies on ingested mineral fibres: Gastric and other cancers. IARC Scientific Publications, 90(90): 428-437

Kang S K, Burnett C A, Freund E, et al. 1997. Gastrointestinal cancer mortality of workers in occupations with high asbestos exposures. American Journal of Industrial Medicine, 31(6): 713-718

Kannerstein M, Churg J, Mccaughey W T. 1978. Asbestos and mesothelioma: A review. Pathology Annual, 13(1): 81-129

Lee D H. 1974. Biological effects of ingested asbestos: Report and commentary. Environmental Health Perspectives, 9: 113-122

Liddell D. 1994. Cancer mortality in chrysotile mining and milling: Exposure-response. Annals of Occupational Hygiene, 38(4): 519-523

Liu X Z, Luo S Q, Wang C. J. 1990. The carcinogenicity of several species of asbestos produced in China. Biomedical and Environmental Sciences, 3(4): 373-377

Mossman B T, Marsh J P. 1989. Evidence supporting a role for active oxygen species in asbestos-induced toxicity and lung disease. Environmental Health Perspectives, 81(3): 91-94

Mossman B T, Marsh J P, Shatos M A, et al. 1987. Implication of active oxygen species as second messengers of asbestos toxicity. Drug and chemical toxicology. 10(1-2): 157-180

Nolan R P, Ross M, Nord G L, et al. 2005. Risk assessment for asbestos-related cancer from the 9/11 attack on the World Trade Center. Journal of Occupational and Environmental Medicine, 47(8): 817-825

Oberley L W, Buettner G R. 1979. Role of superoxide dismutase in cancer: A review. Cancer Research, 39(39): 1141-1149

Ohshima H, Bartsch H. 1994. Chronic infections and inflammatory processes as cancer risk factors: Possible role of nitric oxide in carcinogenesis. Mutation Research/Fundamental and Molecular Mechanisms of Mutagenesis, 305(2): 253-264

Pascolo L, Gianoncelli A, Kaulich B, et al. 2011. Synchrotron soft X-ray imaging and fluorescence microscopy reveal novel features of asbestos body morphology and composition in human lung tissues. Particle and Fibre Toxicology, 8(1): 7

Selikoff I J, Hammond E C. 1968. Environmental epidemiology. 3. Community effects of nonoccupational environmental asbestos exposure. American Journal of Public Health & the Nations

Health,58(9):1658-1666

Silverstein M A,Welch L S,Lemen R. 2009. Developments in asbestos cancer risk assessment. American Journal of Industrial Medicine,52(11):850-858

Swartjes F A,Tromp P C. 2008. A tiered approach for the assessment of the human health risks of asbestos in soils. Soil and Sediment Contamination,17(2):137-149

USEPA. 1986. Airborne asbestos health assessment update. Washington,DC:USEPA

USEPA. 2003. Final draft:Technical support document for a protocol to assess asbestos-related risk. Washington,DC:USEPA

USEPA. 2008. Framework for investigating asbestos-contaminated super fund site. Washington,DC:USEPA

Wagner J C,Berry G,Timbrell V. 1973. Mesotheliomata in rats after inoculation with asbestos and other materials. British Journal of Cancer,28(2):173-185

Wang X R,Yu I T,Qiu H,et al. 2012a. Cancer mortality among Chinese chrysotile asbestos textile workers. Lung Cancer,75(2):151-155

Wang X R,Yano E,Qiu H,et al. 2012b. A 37-year observation of mortality in Chinese chrysotile asbestos workers. Thorax,67(2):106-110

Wei B,Ye B,Yu J,et al. 2013. Concentrations of asbestos fibers and metals in drinking water caused by natural crocidolite asbestos in the soil from a rural area. Environmental Monitoring & Assessment,185(4):3013-3022

World Health Organization,2011. WHO report on the global tobacco epidemic,2011:Warning about the dangers of tobacco. Geneva:World Health Organization

Yano E,Wang X,Wang M,et al. 2010. Lung cancer mortality from exposure to chrysotile asbestos and smoking:A case-control study within a cohort in China. Occupational & Environmental Medicine,67(12):867-871

第9章　国外蛇纹石石棉安全使用评价

20世纪60年代后期以来,矿物学家、医学界的病理学家和毒理学家在石棉的职业病调查基础上,一直在对矿物引发人体疾病的机理进行研究,从早期的动物实验到如今的分子生物学都有较多涉及。到20世纪80~90年代,环境矿物学家与环境医学家一起进一步向矿物致病的病理学、毒理学和环境地球化学、纤维物质安全性评价等方面进行深入探索。一批国外知名学者,如Pott等(1994)、Davis(1994)、Hodgson等(2005)、Donaldson(2006)、Bernstein(2014)在进行关于矿物纤维与生物持久性和毒理研究后,取得了一系列重要成果,包括蛇纹石石棉与角闪石石棉生物活性的差异,蛇纹石石棉能迅速地从肺中清除等新认识。

9.1　蛇纹石石棉与角闪石石棉生物持久性比较

9.1.1　蛇纹石石棉和角闪石石棉的稳定性

粉尘的生物持久性与吸入剂量已成为评价影响吸入颗粒物毒性最重要的参数。

蛇纹石石棉和角闪石石棉不同,蛇纹石石棉是层状硅酸盐矿物,由氢氧镁石片和硅氧四面体片构成,它们之间的空间错配,导致蛇纹石石棉能有效地卷成薄卷筒状。当蛇纹石石棉纤维经研磨或与水混合松解时,可劈分成更细纤维或更小颗粒。

蛇纹石石棉在酸性介质中是不稳定的,导致蛇纹石石棉长纤维溶解和分解。蛇纹石石棉纤维的外表是水镁石片,在水的悬浮液中电离出氢氧根离子,呈碱性。Hargreaves(1946)报告表明,如果蛇纹石石棉纤维用稀酸处理,则氧化镁可完全除去,二氧化硅的水合物仍然以纤维状存在,但已经完全失去蛇纹石石棉的弹性,形成无定型结构。酸浸蛇纹石石棉纤维时,可以清除氢氧镁石片,留下无定型二氧化硅颗粒(霍婷婷等,2016),这会弱化蛇纹石石棉纤维,并最终摧毁其形貌和稳定性,石棉的纤维结构将不存在。

蛇纹石石棉纤维对酸溶液的敏感性在研究肺对蛇纹石石棉纤维的清除方面有特殊的重要性。在肺里巨噬细胞能够生成$pH \leqslant 4.5$的酸性环境,在人体胃里保有$pH \leqslant 2$的活性浆液,从肺里清除的和被巨噬细胞吞噬的蛇纹石石棉纤维会很容易被胃里的盐酸攻击。这就说明,在人体肺里或胃中的酸性环境下,蛇纹石石棉很快被解离或分解成更小的颗粒和无定型二氧化硅,从而被破坏或清除。

　　角闪石石棉属双链结构的硅酸盐,具有耐酸、耐碱、耐高温的性质,特别是在酸性环境下比较稳定,酸蚀率很低。因此,角闪石石棉在人体中能长期存留而不会分解,也就是说清除期很长。

　　Speil 和 Leineweber(1969)研究了在沸腾盐酸中不同石棉纤维的分解速度,由透闪石石棉、铁石棉和蛇纹石石棉的结果(图 9.1)可知,它们酸溶解动力学明显地与长于 20μm 纤维的生物残留性动力学(图 9.2)相类似。

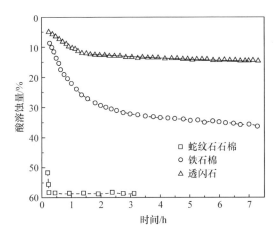

图 9.1　透闪石、铁石棉和蛇纹石石棉的酸溶量

Figure 9.1　The acid-leached amount of tremolite,amosite and chrysotile asbestos

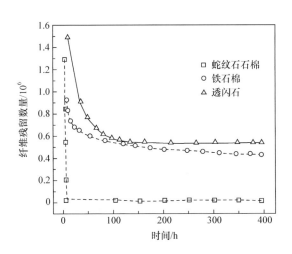

图 9.2　透闪石、铁石棉和蛇纹石石棉纤维在肺中的残留量

Figure 9.2　The amount of residues of tremolite,amosite and chrysotile asbestos in the lung

长度小于 $5\mu m$ 的短纤维与非纤维颗粒物基本相同,与同类型颗粒一样以类似的动力学机械地被清除掉,其清除时间等于或快于灰尘的清除时间(Drummond et al.,2016)。美国毒物和疾病登记署(Agency for Toxic Substances and Disease Registry,ATSDR)为此发表了一份报告,题为"有关石棉和合成玻璃纤维对健康的影响——纤维长度的影响"。

9.1.2　纤维生物残留性对比

众所周知,大小在一定范围内的石棉纤维可以通过呼吸系统深入渗透到人的肺部。事实上,不管其具体构成是什么成分,所有相近尺寸的纤维和其他颗粒都是可吸入的。人们的一致意见是,并非所有固体颗粒或纤维都会引发人体恶性病变。专家根据流行病学研究、实验室动物研究和体外毒理学研究,结合肺部清除短纤维的能力,一致同意这样一种看法:长度小于 $5\mu m$ 的石棉和合成玻璃纤维不大可能引起人类癌症。此外,Berman 和 Crump(2008)在发给美国 EPA 有关蛇纹石石棉危险的技术报告中也声称短纤维不会引起疾病。

许多研究已经表明,只有长度大于 $5\mu m$、直径小于 $3\mu m$,并且长径比大于 $3:1$ 的石棉纤维才会引发疾病。这是世界卫生组织(World Health Organization,WHO)的界定,凡是在此范围内的纤维称为 WHO 纤维。较短纤维对人类健康只有很小的影响或没有危险。

长度 $5\sim20\mu m$ 的纤维处于可作为颗粒物被巨噬细胞吞噬的纤维和不能被巨噬细胞完全吞噬的较长纤维之间。据估计,可被巨噬细胞完全吞噬的纤维长度的上限为 $10\sim15\mu m$(大鼠)和 $15\sim20\mu m$(人类)(Boulanger et al.,2014)。$20\mu m$ 的长度,在对动物的研究中一直用作判断纤维能否完全被巨噬细胞吞噬和清除的指数。长度大于 $20\mu m$ 的纤维将保留在肺中不会被直接清除,只有在被分解和破碎成较小纤维或颗粒后才能从肺部清除。

采用体外分解技术和吸入生物残留技术模拟肺部分解纤维的研究表明,肺部具有很大的缓冲作用(Mossman et al.,2011)。在肺部这种具有大液体流量的器官中纤维更容易溶解分解,而要在体外将纤维分解达到肺部的分解率水平,需要大约 $1mL/min$ 的液体流量。动物实验已表明,吸入蛇纹石石棉后,蛇纹石石棉可快速地从肺中清除。为了使纤维生物残留性的评估标准化,统一使用纤维的清除半衰期统计方法,欧洲委员会制定了生物残留性评估的标准化草案,即一个五天吸入接触后,定期对肺部进行分析,以一年为限。纤维的清除半衰期是指纤维被清除一半所需要的时间,用 $T_{1/2}$ 表示,并以此作为生物持久性的表征指数。著名瑞士毒理学家 Bernstein 等(2005,2004,1996)、Hesterberg 等(1998)对人造矿物纤维、蛇纹石石棉和角闪石石棉的生物残留性进行了动物实验,它们的清除半衰期结果见表9.1。

表9.1 蛇纹石石棉、合成玻璃纤维和角闪石石棉纤维

($L > 20\mu m$ 和 $5\sim20\mu m$)清除半衰期的比较

Table 9.1 The $T_{1/2}$ of the serpentine asbestos, man-made glass fiber and amphibole asbestos

纤维品种	类型	清除半衰期($T_{1/2}$)/d		参考文献
		纤维长度 $>20\mu m$	纤维长度 $5\sim20\mu m$	
Calldrla 蛇纹石石棉	蛇纹石石棉	0.3	7	Bernstein et al., 2005
巴西卡纳布拉瓦蛇纹石石棉	蛇纹石石棉	1.3	24	Bernstein et al., 2004
纤维 B(B01.9)	试验玻璃棉	2.4	11	Bernstein et al., 1996
纤维 A	玻璃棉	3.5	16	Bernstein et al., 1996
纤维 C	玻璃棉	4.1	15	Bernstein et al., 1996
纤维 G	岩棉	5.4	23	Bernstein et al., 1996
MMVF34(HT)	岩棉	6	25	Hesterberg et al., 1998
MMVF22	矿渣棉	8.1	77	Bernstein et al., 1996
纤维 F	岩棉	8.5	28	Bernstein et al., 1996
MMVFll	玻璃棉	8.7	42	Bernstein et al., 1996
纤维 J(X607)	钙镁硅酸盐	9.8	24	Bernstein et al., 1996
加拿大蛇纹石石棉	蛇纹石石棉	11.4	29.7	Bernstein et al., 2003
MMVFll	玻璃棉	13	32	Bernstein et al., 1996
纤维 H	岩棉	13	27	Bernstein et al., 1996
MMVF10	玻璃棉	39	80	Bernstein et al., 1996
纤维 L	岩棉	45	57	Bernstein et al., 1996
MMVF21	岩棉	46	99	Bernstein et al., 1996
MMVF33	特种玻璃	49	72	Hesterberg et al., 1998
RCFla	耐火陶瓷	55	59	Hesterberg et al., 1998
MMVF21	岩棉	67	70	Hesterberg et al., 1998
MMVF32	特种玻璃	79	59	Hesterberg et al., 1998
铁石棉	角闪石石棉	418	900	Hesterberg et al., 1998
青石棉	角闪石石棉	536	262	Bernstein et al., 1996
透闪石	角闪石石棉	∞	∞	Bernstein et al., 2005

  长度大于 $20\mu m$ 的矿物纤维的清除半衰期为数天到 100d 不等,而长度大于 $20\mu m$ 的蛇纹石石棉的 $T_{1/2}$ 只有 $0.3\sim11.4$d,比人造玻璃纤维和陶瓷纤维($2.4\sim79$d)低得多,且远低于角闪石石棉(>400d),说明蛇纹石石棉的生物残留性较低,相应的致病性影响就小,说明与人造陶瓷纤维、玻璃棉、岩棉相比,蛇纹石石棉致病

性更小,更为安全。

Bernstein 等研究了美国 Calldrla 蛇纹石石棉、加拿大魁北克蛇纹石石棉、巴西卡纳布拉瓦蛇纹石石棉等样品的生物持久性及组织病理学,并与透闪石石棉进行了对比。该研究样品取自各组动物的肺部组织,通过共焦显微术分析,确定沉淀在气道和实质组织中滞留原纤维的解剖学结果,证实了蛇纹石石棉纤维是通过溶解和断裂成更短纤维的方式清除的。

对蛇纹石石棉的研究表明,其在酸性环境中不稳定,在肺部的生物存留时间并不长。蛇纹石石棉在巨噬细胞的酸性浆液作用下,纤维中的氢氧镁石片被酸溶蚀,化学结构破坏而失去稳定性,导致蛇纹石石棉长纤维断裂、解体而成为无定型二氧化硅颗粒。因此,它可以在生物体内快速断裂和解体,导致体内出现较多的无定型二氧化硅颗粒和较短的纤维。纤维断裂和溶解说明,蛇纹石石棉不会起到毒性纤维的作用,它和普通粉尘颗粒的作用没有区别。

蛇纹石石棉因开采地点不同,其生物残留率稍有差异是正常的。蛇纹石石棉的生物残留率处于最小生物存留率纤维和易溶玻璃纤维生物存留率范围之间,位于可溶解端,这说明蛇纹石石棉与所测试的陶瓷纤维或专用玻璃相比,生物持久性较小。角闪石石棉的生物持久性比蛇纹石石棉的生物持久性高约 50 倍(Bernstein et al.,2006)。此外,由于累积效应,角闪石石棉即使在浓度很低的情况下,其在肺中的残留含量也远高于蛇纹石石棉。

长度大于 $20\mu m$ 的角闪石石棉纤维 $T_{1/2} > 400d$。现在普遍认为,与蛇纹石石棉相比,吸入的角闪石石棉纤维在肺部停留的时间过长是关键的致病因素,停留的时间越长,致病性越强(Dodson et al.,2011)。

Berman 等(1995)、Hodgson 和 Darnton(2000)对流行病学调查获得的分析数据进行定量审查,以确定各种石棉纤维的致病性。审查的结果证明蛇纹石石棉和角闪石石棉的致病危险是不同的。对美国蒙大拿州利比镇进行对透闪石危害的分析结果表明,在同样的情况下,角闪石石棉造成的疾病比蛇纹石石棉造成的疾病高出 1000 倍。较新发表的生物持久性实验研究(Bernstein and Hoskins,2006;Bernstein et al.,2003)进一步证实蛇纹石石棉比角闪石石棉的生物持久性弱得多,因而是安全的。

9.2 蛇纹石石棉的毒理学与致癌性研究

9.2.1 蛇纹石石棉的致病性研究

石棉肺也称石棉沉着病,是一种由长期吸入过量石棉粉尘而引起的非恶性肺部疾病。在吸烟情况下,石棉肺可能会转变为肺癌。肺癌是一种恶性肺部肿瘤,更确切地说是支气管癌,可主要由角闪石石棉引发。一般认为,吸烟是石棉肺演变为肺癌的主要致癌因素。

间皮瘤是一种位于胸腹膜和体壁腹膜的癌症,属于致命性恶性疾病,通常很少由石棉粉尘引发。目前,间皮瘤按组织学形态主要分为上皮样、肉瘤样和双相型(由上述两种类型混合)3 个亚型,其中最常见的是上皮样型(赵雨等,2016)。这类癌症的潜伏期很长,通常在接触纤维粉尘后的 25~40 年才发病,是一种可主要由角闪石石棉引起的疾病,但没有证据证明接触蛇纹石石棉会引起间皮瘤。

石棉的毒理学研究表明,石棉毒性主要与纤维的剂量、纤维尺寸和纤维的生物持久性有关。纤维的剂量与纤维空气中暴露的浓度和可吸入量有关,可吸入量与纤维尺寸有关,纤维越细越短(长径比大)越易吸入,过长过粗的纤维将不易吸入。

纤维粉尘的危险性及排出体外的难易程度与其进入人体的通道有关(万朴,2002)。一般说来,吞食的纤维因为可从胃肠道排出体外而危险性最小,通过呼吸道进入的较长纤维易被鼻孔入口部位的保护绒毛阻挡而不能入内。吸入体内的石棉短纤维可随体液和淋巴系统在体内运移到达胃肠等不同部位,既可向下经尿道和直肠排泄;也可借助气管-支气管树的黏液向上运移,随咳嗽而排出;也可被巨噬细胞吞噬而转移排出体外,排出的方式也包括人体内的巨噬细胞释放酶除去消解或破坏部分纤维及粉尘,巨噬细胞还可直接吞噬短小的纤维粉尘。据研究统计,人体吸入纤维的 95%~98% 都是通过上述几种方式排出体外的。

如果纤维进入肺部,纤维尺寸将决定肺部环境对纤维的反应。短纤维可被巨噬细胞成功地吞噬和清除,长纤维会保留在肺中不直接被清除,只有被肺部的溶液溶解和碎裂成短纤维,才能被巨噬细胞吞噬和清除。这就导致纤维在肺部存留的时间长短有差异,表现为生物持久性,以及在肺部存留多少有差异,即生物残留率。只有那些不能被巨噬细胞完全吞噬的长纤维一直存留下来,会引起部分组织炎症、局部损伤直至导致疾病,现已表明这些因素是决定纤维有无毒性的重要因素(Bernstein et al. ,2006)。Swartjes 和 Tromp(2008)指出,无论哪种石棉,长度小于等于 $5\mu m$ 的纤维容易被巨噬细胞完全吞噬,而大于等于 $10\mu m$ 的则不能完全吸收,被吞噬后的长纤维也可能引起细胞局限性损伤,引起病变。

鲍俊和王全林(2011)根据动物实验和人体肺内滞留纤维的分布,初步归纳了石棉暴露接触的参数,作者认为石棉肺与滞留纤维的尺寸(纤维长度大于 $2\mu m$,直径大于 $0.15\mu m$)和表面积有关;间皮瘤和肺癌与纤维数量有关,易引发间皮瘤的石棉纤维长度大于 $5\mu m$,直径小于 $0.1\mu m$。

引发癌症的原因很多,也很复杂,但石棉致癌的危险有多大? 英国 Comiss 博士指出,由于后来高度重视了职业健康防护,现代石棉企业的粉尘暴露水平已经非常低,石棉的环境影响已属于"极低的稀有危险事件"。

从本质上讲,如果纤维快速发生溶解并且从肺中消失,就不会致病(炎症、纤维化、肿瘤)效应。人造矿物纤维欧洲委员会制定了一个原则:如果吸入一个纤维的生物清除半衰期 $T_{1/2}$ 小于 10d,那么不将这种纤维列入致癌物。

9.2.2 动物实验毒性比较

近年来,许多研究者对石棉致癌作用进行了大量动物实验,根据染尘途径,实验方法分为自然吸入法、胸腔内染尘、腹腔内染尘和气管内注入等。

重要的吸入实验是 Wagner 等进行的,Wagner 等(1974)对 839 只 SPF Wistar 大鼠进行动物实验。结果发现,除罗得里亚蛇纹石石棉外,其他所有类型的石棉均诱发恶性肿瘤,病理类型为腺癌、鳞状细胞癌和间皮瘤。

前述的生物持久性研究显示,肺部的蛇纹石石棉可以快速地被清除掉,且在肺部的残留时间明显短于角闪石石棉、人造陶瓷纤维等其他纤维。与角闪石石棉等纤维不同,只有在非常高的蛇纹石石棉悬浮浓度下暴露接触,生物才会产生病理反应。

在加拿大蛇纹石石棉与透闪石石棉对比实验中,蛇纹石石棉在超过安全允许范围 200 倍的情况下仍未引起炎症和病理反应,而透闪石石棉在较低的浓度下,就出现病理反应,甚至出现癌症的前兆。

加拿大魁北克蛇纹石石棉在石棉尘浓度显著大于安全允许浓度(1 f/cm³)200 倍(200 f/cm³)的环境条件下,长度大于 $20\mu m$ 的纤维 $T_{1/2}$ 为 16d,5～20μm 纤维的 $T_{1/2}$ 为 29.4d;小于 $5\mu m$ 的纤维 $T_{1/2}$ 为 107d,该清除速率(指 $T_{1/2}=107d$)处于不溶性有害粉尘(非石棉纤维类粉尘,如硅质粉尘)的清除半衰期范围下限。也就是说,蛇纹石石棉纤维的清除半衰期比一般的硅质粉尘清除半衰期要短得多。对比实验中,在透闪石石棉的环境纤维浓度显著小于蛇纹石石棉的条件下(100 f/cm³),吸入 Calldrla 蛇纹石石棉的动物肺部没有显示出炎症和病理学征兆,且与那些呼吸过滤空气的动物肺部没有什么区别。

同样的对照实验中,实验鼠接触透闪石石棉 5d 之后,沉积到肺薄壁组织中的透闪石石棉并没有被清除,而且几乎立即导致炎症及病理学反应,接触终止后第一天,就有肉芽形成出现,14d 时,这些微小肉芽瘤已纤维化,90d 时,胶原沉积的程度严重增加,其中一只实验鼠出现了间质纤维化。

蛇纹石和透闪石两种石棉有着天壤之别,这正如对照实验所显示的那样,角闪石石棉会引发严重损害并具有长久的生物持久性,而蛇纹石石棉则被迅速清除,没有留下永久性细胞损害的迹象。

瑞士著名的毒理学家 Bernstein 等为了评估蛇纹石石棉的毒性反应,对巴西卡纳布拉瓦蛇纹石石棉(CA300)进行了吸入毒理学研究,并与角闪石石棉、人造矿物纤维进行了毒性对比。该研究采用巴西卡纳布拉瓦 CA300 商品蛇纹石石棉对大鼠进行了 90d 吸入毒物研究实验,研究方案是按照欧洲委员会(EC)关于合成矿物纤维的评价标准进行的(Bernstein et al. ,2003),采用透射电子显微镜和共焦显微镜分析技术鉴别实验鼠肺中的纤维。

Wister 大鼠被随机地分配到空气对照组以及两个 CA300 蛇纹石石棉暴露组中。两个蛇纹石石棉暴露组分为高剂量和中等剂量,在中等剂量组中,每立方厘米空气中蛇纹石石棉纤维平均总数量 3413 f/cm³,其中 WHO 纤维 536f/cm³,长度大于 20μm 的纤维 76f/cm³;在高剂量组中,蛇纹石石棉纤维平均总数量 8941f/cm³,其中 WHO 纤维 1429f/cm³,长度大于 20μm 的纤维 207f/cm³。通过鼻孔吸入法对 Wister 大鼠进行暴露,每周 5d,每天 6h,连续 13 周(暴露 90d,65 次),随后进行连续 92d 的非暴露。停止暴露后,在恢复期 50d 和 92d 之后动物会死去。每死一个大鼠,要对其肺负担、组织测试、细胞增殖反应和气管肺细胞进行评估,以确定炎性细胞,并采用共焦显微镜分析技术进行分析。经过 90d 的暴露和 92d 的恢复后,在中等剂量浓度(平均为 3413f/cm³,WHO 纤维 536f/cm³,$L \geqslant 20\mu m$ 纤维 76f/cm³)暴露的任何时间点均没有出现肺部纤维化,与对照组相比差别不明显,同时发现长的蛇纹石石棉纤维溶解断裂为小的颗粒和小的纤维,检测表明裂解微粒是无定型二氧化硅。在暴露浓度为高剂量(平均为 8941f/cm³,WHO 纤维 1429f/cm³,$L \geqslant 20\mu m$ 纤维 207f/cm³)时,发现有轻微的纤维变性。与人造玻璃纤维相比,蛇纹石石棉会引发较小的炎症反应。

对蛇纹石石棉的生物持续性进行的研究清楚地表明在暴露浓度大于美国标准(允许 0.1f/cm³)5000 倍的情况下,蛇纹石石棉不会产生显著的病理反应。

9.2.3　流行病学调查

流行性病学调查是评估纤维矿物安全性首先应考虑的方法,通常是对具有某一个职业行为的人群展开调查,它的特点是调查人群数量大(5000 人以上),调查时间跨度长(几十年),注重危害规模(避免调查结果的不确定性和假阴性结果)。

接触石棉是否会导致肺癌和间皮瘤,关键要确定哪种类型的石棉可能会导致肺癌和间皮瘤。要确定这种关系的流行病学研究,必须设法凭借已有的数据解决重要的分类界限问题。早期的调查研究没有重视石棉类型问题,因为那时认为所有类型石棉矿物都具有同样的致病潜能。然而,如前所述,动物研究已表明蛇纹石石棉和角闪石石棉之间有重大区别。分析早期调查数据、确定致癌石棉类型是非常重要的焦点,而判定和区分相关的误差值变得更为重要。

根据对不同类型石棉的流行病研究所得数据的分析,Crump 和 Berman(2011)考虑可能影响流行病学分析的因素,总结了进行各类数据评估时所必须进行的判定,包括如下方面:

(1) 空气测验和其他说明历史接触的可用数据判定。

(2) 描述接触特点的限定(即纤维矿物学类型和纤维尺寸组成)。

（3）致病性判定的精研性或群体跟踪范围不完善的判定。

（4）受实验人群和所选择的控制人口之间匹配的恰当性判定。

（5）混淆因素，如个别人吸烟历史不充分的说明。

除个别外，在 20 世纪 50 年代以前研究几乎没有或很少进行粉尘暴露取样分析，通常认为那时的纤维粉尘暴露浓度比近年来测定的要高很多，这主要是因为当时没有使用除尘设备，而控制粉尘浓度的工作是后来才开始的。因此，在许多研究中早期石棉粉尘浓度只能根据后来的测量值加以推测和估算。特别是对于工人接触到的纤维类型是蛇纹石石棉，还是角闪石石棉，常常很少有确切的矿物学鉴定结果。

过去，人们并没有尝试区分蛇纹石石棉和角闪石石棉，往往根据工业加工的性质决定所使用的纤维类型，结果是角闪石石棉常常被误认为是蛇纹石石棉，或把两者混淆，或混用和代用。另外，由于某种原因，如可获性、成本和加工的效率等，在本该使用蛇纹石石棉的产品中使用了角闪石石棉；此外，雇员的工作履历也不像今天这样有记录可查，数据可靠性差。因此，在评估蛇纹石石棉和角闪石石棉的不同影响时，判定不确定的因素是很重要的。在确定与某类型纤维相关的可能影响时，鉴别暴露空气的纤维类型尤其重要。

Berman 和 Crump（2008）总结道：肺癌和间皮瘤两者潜能值的残余不一致性，主要是根据魁北克蛇纹石石棉矿工和南卡罗来纳蛇纹石石棉纺织工人的具体数据计算而来的，而在南卡罗来纳受检查的蛇纹石石棉纺织工人的肺部发现了角闪石石棉。值得注意的是，Berman 和 Crump 认为，长度大于 $10\mu m$ 直径小于 $0.4\mu m$ 的纤维才具有致病潜能。

Hodgson 和 Darnton（2000）查阅了 17 份流行性病学研究报告，目的在于区分不同石棉纤维类型的效能。被调查人群说他们"只使用了很少数量的青石棉，使用的青石棉数量约为总量的 0.002%"。但值得注意的是，在卡罗来纳人群的肺里，总纤维数的 47% 是角闪石石棉。

Hodgson 等（2005）将英国的间皮瘤致死率的预期负担加以模式化，考虑到石棉类型的不同，再将 1968～2001 年男性间皮瘤死亡率与 20 世纪石棉暴露浓度的升降趋势进行对比。两个模式与数据相匹配，即基于进口的铁石棉和青石棉的实际暴露模式与预期间皮瘤暴发模式有对应关系。作者指出，蛇纹石石棉在两个模式里皆为零。因此，英国从 1920 年以来发生的间皮瘤应解释为是由铁石棉和青石棉结合造成的，这扭转了早些时候流行的间皮瘤是由蛇纹石石棉造成的这一说法。

Weill 等（2004）通过统计对比分析 1973 年以来美国间皮瘤发病趋势的变化与角闪石石棉进口使用量的变化趋势。间皮瘤从接触角闪石石棉开始，一般潜伏期为 30 年。20 世纪 60 年代，美国的角闪石进口量达到了顶峰，随后开始下降；而 90

年代,美国出现了间皮瘤发病高峰,紧接着开始下降。他们的结论是:间皮瘤的危险主要是由接触角闪石石棉(铁石棉和青石棉)造成的,这类石棉在 20 世纪 60 年代的使用达到顶峰,然后开始下降。

南非主要以生产角闪石石棉为主,每年也生产 10 万 t 蛇纹石石棉。尽管南非有几十年的生产历史,但在南非蛇纹石石棉矿工和研磨加工工人间没有发现间皮瘤。因此对这种很少或没有发现癌症现象的解释可能是,南非蛇纹石石棉中缺少纤状透闪石石棉(角闪石石棉的一种,有时与蛇纹石石棉共生)(Bernstein et al.,2006)。

对非职业性的研究,如 Camus 等(1998)的报道,调查了魁北克两个矿区的蛇纹石石棉对非职业性接触石棉妇女的影响。报告显示,1945 年,这里平均外围接触浓度为 $1\sim4f/cm^3$,当地妇女平均一生累积总接触量估计为每年 25 f/cm^3。作者报道,在两个蛇纹石石棉开采地区,在妇女人群间没有检测出比其他地区更高的肺癌致病性危险。

对于制造工业部门中职业性接触蛇纹石石棉的工人也已经进行了大量研究工作。Paustenbach 等(2003)调查了生产摩擦材料企业雇用的工人及为相关材料服务的技工和维修人员等,这次核查涵盖一个世纪的分析研究。作者报道称,制动器修理技工未因接触蛇纹石石棉而增加损害健康的危险,也没有增加患间皮瘤或石棉肺的风险,而且并没有证据证明技工在修理制动器期间由于接触蛇纹石石棉而患上肺癌。

在英国一家摩擦材料工厂,该厂只使用蛇纹石石棉,对 13460 名工人进行死亡率研究(Berry and Newhouse,1983),其中 99% 以上人口被跟踪调查。与全国死亡率相比,没有发现由肺癌、食道癌和其他癌症引起的过量死亡。Newhouse 和 Sullivan(1989)重新调查研究,也进一步证实了没有由肺癌和石棉病引起的过量死亡。1950 年以后,工厂采用除尘设施,环境大为改善。从 1970 年开始,空气中石棉浓度都低于 1.0f/mL。

Janicak(2014)通过对 OSHA 综合管理系统进行检索发现,建筑工业中的石棉标准在很大程度上未被严格执行,在被调查的 846 个样本中发现有 4017 个违规行为存在,主要表现为企业的监督管理不到位、个人防护设备不符合规范以及员工未进行标准化培训。此外,建议在建筑行业中有必要对潜在的石棉暴露途径进行针对性排查,提高工人自身安全意识,对存在违法行为的企业进行一定的经济处罚。

石棉水泥产品中,有 90% 以上的蛇纹石石棉用以生产石棉水泥制品(ACMs)。诸多学者(Gardner and Powell,1986;Ohlson and Hogstedt,1985;Thomas et al.,1982;Weiss,1977)针对蛇纹石石棉水泥工厂展开调查研究(表 9.2)。各种原因总死亡人数超过 1000 例,将其与一般公众死亡正常数相比,以评估是否存在各种额外的致病风险,表 9.2 数据清晰表明并不存在额外的风险(SMR<100%),接触石棉工人与不接触石棉的人是一样安全的。如肺癌,接触石棉的工人在三项研究中的肺癌死亡率低于不在石棉水泥工厂工作的人员的死亡率(SMR<100%),这说明石棉水泥工厂接触石棉的工作人员不存在肺癌的风险。

表 9.2　石棉水泥工厂男性死亡率

Table 9.2　The mortality rate of male worker in asbestos factory

研究者	总死亡数	相对风险百分比(SMR)/%	肺癌致死数	相对风险百分比(SMR)/%
Gardner 和 Powell(1986)	384	94	35	92
Thomas 等(1982)	351	102	30	91
Ohlson 和 Hogstedt(1985)	220	103	11	122
Weiss(1977)	66	61	4	93
总计	1021	95	80	95

在美国纽约倡导者公司《蛇纹石石棉是间皮瘤的病因:根据流行病学进行的评估》一文中,详细分析了各种文献,并对间皮瘤这种最严重且目前无法治疗的石棉病进行了广泛调查,调查包括世界上(包括中国在内)的很多国家,他们的结论如下:

(1) 角闪石石棉,包括蓝石棉(青石棉)及铁石棉导致间皮瘤。

(2) 同时接触蛇纹石石棉和蓝石棉(青石棉)两种粉尘的工人患间皮瘤的人数比单纯接触角闪石石棉的患病人数少。

(3) 没有接触角闪石石棉的组群间皮瘤的病历证明,蛇纹石石棉不是导致间皮瘤的原因。

通过动物实验和流行性病学调查研究,蛇纹石石棉不同于角闪石石棉(蓝石棉、青石棉和铁石棉),在酸性环境中不稳定,易被酸溶解和分解,这就导致蛇纹石石棉的生物残留率远低于角闪石石棉(仅为角闪石石棉的 1/50)。蛇纹石石棉与人造矿物纤维相比,其生物残留率也低得多,蛇纹石石棉相比人造矿物纤维(包括玻璃纤维)能更快地从肺部清除。

9.3　蛇纹石石棉的环境安全评估

9.3.1　国外石棉的职业和环境安全使用与规定

从国外实际情况来看,一些发达国家虽然大力宣传石棉危害,纷纷限制或禁止石棉生产,但由于代用品在性能上尚不能完全取代石棉,因此并未完全禁止石棉应用,各种法规的争论分歧也较大。目前,世界上仍然有部分国家尚未决定或实施禁止生产或使用蛇纹石石棉,但是大部分国家已开始严格限制其使用范围,并制定了相当严格的规定。

随着石棉对人类健康的巨大危害逐渐被揭露,禁用石棉制品已成为国际趋势。最早是澳大利亚于 1967 年禁止使用青石棉,2004 年禁止进口和使用石棉或含石棉的产品。IARC 于 1987 年将石棉确定为人类致癌物之一。

欧盟 1999/77/EC(76/769/EEC 修订指令)宣布禁止使用 6 种石棉(青石棉、铁石棉、直闪石、阳起石、透闪石、蛇纹石石棉),要求成员国从 2005 年起终止石棉制品的生产和使用。

英国于 1992 年就颁布了《石棉(禁用)条例》,之后又对该条例进行了修订(1999 年),增加了蛇纹石石棉的禁用条款,形成了修订版《石棉(禁用)条例》。①该条例的范围包括:石棉纤维的进口、供给及使用;②这项禁令对贸易行为、商业活动或其他活动(不管是为了利益与否)中的所有人都适用;③这项法规主要针对英国进口及石棉使用方面的禁令,但用于科学研究、工艺开发及产品分析而进口和使用的石棉予以豁免。此外,为了进一步加强《2006 年英国石棉监控法规》的内容,英国政府规定石棉作业场所及建筑物经过清洁后,须出具相关证明,以确保该建筑物对身体健康无威胁并适合人类再次居住。2009 年时,英国健康与安全执行局向欧盟委员会提出要求,再次通过欧盟委员会,制定了一套《化学品注册、评估、授权和限制法规》,其中的石棉修正条款使欧盟各成员国可以在保证人体健康的某些情况下,继续允许销售已经使用的、包含石棉物质的物品。另外,法规还将允许英国健康与安全执行局许可商家销售能够保证安全的商品,商品包括建筑材料,可循环使用并能够提供乙炔的储罐;同时,还许可人们对石棉物质加以处理和持续去除。随后,英国又发布了《石棉控制法规(2012 年)》,禁用包括蛇纹石石棉在内的所有石棉产品,规定了空气中 4h 连续平均纤维数不得超过 0.1 根。

1989 年,美国 EPA 宣布禁令,将全面禁止生产、进口和加工贸易含石棉的产品。1991 年,该禁令虽然被第五巡回上诉法院推翻,但仍然禁止地板毡、橡胶板、瓦楞纸、商业或专业纸张等含石棉制品的生产、进口和加工贸易。此外,该禁令继续禁止在历史上没有石棉的产品中使用石棉,否则称为石棉的“新用途”。禁令不包括石棉水泥波纹板、水泥平板、服装、管道缠绕、屋面油毡、乙烯基地板、水泥瓦、厚纸板、水泥管、自动变速器组件、离合器摩擦片、摩擦材料、盘式制动片、鼓式制动器衬片、制动块、垫片、非屋面防水涂料、屋顶涂料等含石棉产品。2010 年,美国华盛顿州确定于 2014 年开始禁止使用石棉汽车制动片。

为了安全、合理地使用蛇纹石石棉,美国制定严格的法律和法规。美国 EPA 有关石棉的法律有《石棉信息法案》(AIA)、《学校石棉风险消减再授权法案》(ASHARA)、《清洁空气法案》(CAA)、《安全饮用水法》(SDWA)、《综合环境反应、补偿和责任法案》(CERCLA)等。美国 EPA 有关石棉的法规有学校规则中含石棉材料的有关法规(40 CFR 763 部分,E 部分)、《石棉生产工人的保护规则》(40 CFR Part 763,Subpart G)、《石棉禁令和淘汰规则(重审)》(40 CFR Part 763,Subpart I)、《国家有害空气污染物排放标准》(NESHAP)中有关石棉的法规(40 CFR Part 61,Subpart M)等。

在其他国家,新西兰 2004 年禁止进口蛇纹石石棉;日本于 2006 年规定全面禁用含石棉材料,并确立石棉导致的健康危害援助法令;韩国、泰国于 2009 年全面禁止各类石棉的生产、进口和使用;土耳其于 2011 年开始全面禁止使用石棉。

表 9.3 列出了美国、欧盟等国家和地区在环境、饮用水以及制品中石棉的残留限量标准。

表 9.3　　各种环境存在状态下石棉的残留限量

Table 9.3　　Residue limits of asbestos under various environmental conditions

赋存状态	限量值	标准
空气	TWA^a:0.1 f/cm^3 STEL^a:1 f/cm^3(30min)	美国 OSHA 29CFR1926.1101 欧盟:EN DIRECTIVE 2003/18/EC
	TWA:0.1 f/cm^3 STEL:0.6 f/cm^3(10min)	英国 HSE Asbestos Regulation-SI 2006/2739
饮用水	长度大于 10μm 7×10^{6}f/L	美国环境保护局 Safe Drinking Water Act(SDWA)
制品	1000mg/kg(0.1%)	欧盟:76/769/EEC(1999/77/EC) 日本:JIG 101 美国:Toxic Substances Control Act

a 为时间加权平均容许浓度;b 为短时间接触容许浓度。

9.3.2　国外石棉的环境安全管理与石棉废物处理

9.3.1 节已对国外的石棉环境安全管理的法律法规及标准进行了对比分析。

含有石棉的废物称为石棉废物,来源主要分为两类:一类是人工生产产出的石棉废物,主要是石棉矿山采选矿过程中排放到环境中的废石和尾矿,其次是利用石棉生产的各种石棉制品和石棉制品生命周期结束后产生的石棉废品;另一类为自然含石棉岩石风化产生的含石棉表土和土壤等。

1. 石棉废物的包装和运输

石棉废物拆除后必须进行包装才能够运输和填埋处置,这是国外处置石棉废物的普遍要求,还规定了包装容器和包装的标志等。

欧盟、美国、澳大利亚、加拿大等国家和地区规定石棉废物运输按照危险废物对待,运输石棉废物要有运输许可证,没有取得认证资格的任何个人不得运输石棉制品和石棉废物。美国 EPA 规定拆除的石棉废物必须润湿包装在紧密的容器中,容器外须有醒目警告标志。容器可以是桶、鼓形圆桶或双层厚度在 0.15mm 之上的塑料袋。加拿大规定石棉废物可以包装在 205L 不可再生利用的圆桶中,也可用双层厚度不小于 0.15mm 的塑料袋,包装物外要有醒目警告标志,包装容器不得重复使用或者他用,随同石棉废物一同填埋或熔化处置。澳大利亚、英国等也用类似的法规处置石棉废物,特别是英国,规定工人操作石棉废物后,要抛弃所有的器材和服装,包括工装、手套、面具和擦布等,将其和石棉废物一同填埋。

2. 石棉废物的最终处置

从石棉废物最终处置方式来看,国际上普遍采用石棉密封填埋或采用黏结剂(水泥、塑料)黏结石棉固化后填埋,欧盟和日本等部分国家及地区采用玻璃化最终处理方式。

填埋处置时,需保证在填埋过程中不产生石棉纤维暴露。各国普遍采用许可证管理,制定填埋处置操作工作程序,做好个人防护和环境防护,填埋场地必须经过批准,进行填埋覆盖和登记备案等。

美国处置石棉废物的法律基础是《清洁空气法》,由各州环境保护部门执行。石棉废物处置场地须向州环境保护部门申请许可并核准登记。填埋时使用控制方法约束粉尘,或者密封、黏结固化石棉,不得将石棉排放到空气中。填埋后,有至少 6in(1in=2.54cm)厚非石棉压实材料覆盖石棉废物,并且在上面种植足够的植被,或者用至少 2ft(1ft=3.048×10⁻¹ m)厚的非石棉压实材料覆盖石棉废物,并维持覆盖层防止石棉废物暴露。填埋完成后,对填埋石棉废物的数量和地点的记录与分布图归档永久保存。场地要求设置醒目警示标志,警示标志要求用容易被人理解的图例说明,阻止人们接近。对于石棉废物处理,人们最关心的是在废物填埋前石棉纤维通过空气传播而产生的风险。因此,在《清洁空气法》的管理下,美国 EPA 又列出了一个危险空气污染物的国家排放标准清单,其中包括对石棉废物的排放要求,即《活性石棉废物处置场所导则》和《非活性石棉废物处置场所导则》,前者是针对易碎的或松散的石棉纤维的处理要求,后者是针对非易碎的或坚硬的石棉废物的处理。

在欧盟,只要含有石棉就属于含石棉材料,如果不能确定是否含有石棉则按照石棉材料处理(施红霞,2011)。此外,根据《欧盟有害物质指令》(1999/77/EC)的要求,自 2005 年 1 月 1 日起,欧盟禁止使用所有石棉。根据《对保护从事石棉作业的工人的理事会指令》(2003/18/EC)的要求,自 2006 年 4 月 15 日起,禁止开采、制造和加工石棉产品,今后剩下的石棉废物只来自于拆除、维护含有石棉材料的活动。一旦石棉材料被清除,无论风险高低均按照危险废物管理。

日本依照石棉废弃物风险大小将其分为两类,其中将风险大的"飞散性石棉"归入危险废物管理范畴,而"非飞散性石棉"废物则纳入一般工业固体废物管理范畴,这样可显著降低管理费用。

英国对于含有石棉材料的建筑废物填埋处置做出如下规定:

(1)石棉废物除了包裹石棉纤维的物质,无其他危险物质;石棉纤维通过黏合剂或塑料包裹好。

(2)填埋场只接收含有石棉建筑废物或其他类似石棉废物。这些废物可以在非危险废物填埋场的一个单独区域填埋处置。

(3)为避免纤维飞散,石棉填埋操作需要采用合适的材料每天覆盖。如果石棉废物没有包装,那么需要定时喷水,保持湿润。

(4)为避免纤维飞散,在石棉填埋区的最上层予以覆盖,禁止在此区域进行其他的后续操作(如钻孔)。

(5)封场后,需详细记录并长期保存相关资料,特别是关于石棉废物填埋的区域及其他相关信息。

(6)为了避免人们接触石棉废物,填埋场封场后需要采取适当的措施以限制可能的土地使用。

加拿大规定石棉废物处置场所须由环境保护部门核准审批,石棉废物必须包装密封运送到经过核准的填埋场所,填埋过程中必须24h内用非石棉压实材料覆盖至少25cm厚,并且经过管理者检查认可。填埋终止后,覆盖层至少要达到125cm厚,并做好永久标记。

在澳大利亚,要处置石棉废物必须得到环境保护部门可控废物许可证办公室签发的许可证,并且只能在经过环境保护部门核准的处置场所进行处置。石棉废物只能填埋处置,填埋前石棉废物须密封处理,每次填埋好的废物覆盖层至少0.5m厚。填埋终止后,根据填埋石棉废物的密封不同,覆盖层厚度要求不同,对于用水泥、塑性黏结剂固化过的石棉废物,最终覆盖层要求至少1m厚;对于用包装容器包装的散石棉废物、粉尘等,最终覆盖层要求至少3m厚。

除了填埋,欧盟部分成员国采用石棉玻璃化处理,主要有意大利、法国等利用等离子弧或熔炉在高温(1600℃以上)下将石棉材料熔化、发生相变转变成无害的玻璃态产物,然后填埋或压碎成筑路渣料。玻璃化处理成本较高,意大利利用石棉废物为原料,添加辅料,高温下烧制微晶玻璃或陶瓷产品,降低处置成本,使石棉发生相变而进行无害化处理。

石棉废物的晶体化处置技术虽然可以有效地防治石棉废物的环境污染,但处置成本太高,在发展中国家难以推广应用。特别是对于产生量巨大的石棉尾矿,单纯的处置技术在经济上很难实现。

9.3.3 石棉尾矿的利用与矿山管理

石棉尾矿是在石棉矿采选中产生的矿物残渣,主要成分为蛇纹石,还含有少量滑石、白云石和方解石,其化学成分主要为二氧化硅、氧化镁和少量铁、铝、钙等其他物质(李潇雨和周满赓,2009)。目前中国石棉尾矿的储存量已达到几十亿吨,这些庞大的尾矿山不仅占据了大量土地资源,而且污染环境。石棉尾矿中含有大量蛇纹石纤维,易扩散到土壤和空气中而对矿区周边的土地和居民区造成严重的环境污染,对人类健康和安全构成严重威胁。

1. 国外石棉尾矿的综合利用

近年来,由于国外镁消费的稳步增长,为充分满足镁市场供给、降低镁的生产成本和充分利用有限资源,国外一些冶金公司正积极对石棉尾矿进行开发利用。苏庆平和龙小玲(2009)认为通过从石棉尾矿中提取非金属矿物材料的方法,一方面可以破坏石棉结构,消除石棉纤维的有害成分,另一方面能够提高相关企业的经济效益,方法值得应用推广。郑水林等(2004)提到,美国学者 Frederick 首次采用碳酸氢铵对蛇纹石尾矿进行处理,从中回收有用的二氧化硅、氧化铁等物质并申请了专利;Walsh 和 Delmas 利用盐酸浸取石棉尾矿,过滤后分别处理滤液和滤渣,从中提取高比表面的二氧化硅和镁盐并申请了专利。加拿大 Naranda 公司技术中心与有关科研院所合作,进行了十余年的开发研究,解决了从石棉尾矿中回收镁的几个技术难题。澳大利亚 Golden Triangle 资源公司在新南威尔士州北部的伍德斯勒富镁厂,利用当地堆积的蛇纹石尾矿试生产出符合国际标准、纯度达到99.93%的高质量金属镁。因为蛇纹石尾矿自然堆积,不需要任何采矿作业,所以生产成本仅为世界同类生产成本的1/4,具有良好的经济效益。在石棉尾矿的综合利用方面,国外以尾矿中高含量的镁为主要开发对象,采用先进的冶炼技术获得高纯度的金属镁,同时石棉尾矿也得到充分利用。在解决石棉尾矿环境污染问题的同时,从中获取一定的经济效益,但在石棉尾矿的利用初期,还需要技术开发的支持,前期投资也较大,对企业的经济实力有一定的要求。

2. 石棉矿山和尾矿的管理

发达国家和地区对石棉废物管理非常严格,美国、英国、日本和欧盟等都制定了严格的法律,限制石棉的开采、生产和使用,并要求对石棉尾矿及其废物进行妥善处置。石棉尾矿的处置包括安全排放、卫生填埋以及对其进行回收利用,目前使用最多的处置技术是安全填埋。近年来随着高温等离子体技术的发展,意大利、法国等发达国家研发出石棉废物高温晶体化技术,在高温下石棉废物被熔融,不再呈现纤维状而转换成为耐磨、耐腐蚀的玻璃陶瓷(苏庆平和龙小玲,2009)。石棉废物常规处理技术的最终目的都是将石棉废物进行填埋,主要有以下两种方式:①在水泥基质的条件下,与水泥和活性添加剂混合;②在塑料基质下,添加到塑料中混合以达到填埋目的。Chapamn 等(1995)认为对石棉废物进行填埋处理是不够的,他们提出一种新颖的高温等离子弧处理方法,不但能处理石棉废物,还能从中回收镁,这种技术现已应用于煅烧石棉废弃物处理方面。

在石棉矿山的管理方面,发达国家有丰富的经验,在石棉矿山开采过程中对石棉粉尘的污染和尾矿库区的石棉进行实地调查与研究,确定了暴露途径和危害途径,并进行针对性的管理;此外,Wang 和 Li(2013)认为石棉矿山的缓慢开采和分级过程及管理措施的不足是石棉污染的根本原因,它造成石棉库区的资源浪费和周边大气、土壤等的环境污染;政府在政策支持、产业规划方面进行规范,提供资金支持,淘汰或改进当前落后的开采方式及防护用具,做到保障工人健康、全面合理开发资源、合理使用石棉。

参 考 文 献

鲍俊,王全林.2011.石棉控制法规浅析.中国标准化,(2):52-55

霍婷婷,董发勤,邓建军,等.2016.蛇纹石石棉纤维表面活性及生物持久性研究进展.硅酸盐学报,44(5):763-768

李潇雨,周满赓.2009.西部某矿区钛精矿工艺矿物学研究.矿产综合利用,(1):24-27

施红霞.2011.石棉废物环境无害化管理对策研讨.矿业安全与环保,38(4):83-86

苏庆平,龙小玲.2009.石棉尾矿的危害及综合利用途径.矿产综合利用,(1):27-31

万朴.2002.我国温石棉——蛇纹石工业及其结构调整与发展.中国非金属矿工业导刊,(5):8-12

赵雨,冯瑞娥,曾瑄,等.2016.64 例胸膜恶性间皮瘤的临床病理分析.中华肺部疾病杂志:电子版,9(6):590-595

郑水林,李杨,刘福来,等.2004.石棉尾矿高效综合利用技术研究.中国非金属矿工业导刊,(5):5-8

Berman D W, Crump K S. 2008. A meta-analysis of asbestos-related cancer risk that addresses fiber size and mineral type. Critical Reviews in Toxicology,38(1):49-73

Berman D W, Crump K S,Chatfield E J,et al. 1995. The sizes, shapes, and mineralogy of asbestos structures that induce lung tumors or mesothelioma in AF/HAN rats following inhalation. Risk Analysis,15(2):181-195

Bernstein D M. 2014. The health risk of chrysotile asbestos. Current Opinion in Pulmonary Medicine,20(4):366-370

Bernstein D M, Hoskins J A. 2006. The health effects of chrysotile: Current perspective based upon recent data. Regulatory Toxicology and Pharmacology,45(3):252-264

Bernstein D M,Morscheidt C,Grimm H,et al. 1996. Evaluation of soluble fibers using the inhalation biopersistence model, a nine-fiber comparison. Inhalation Toxicology, 8(4):345-385

Bernstein D M, Rogers R, Smith P. 2003. The biopersistence of Canadian chrysotile asbestos following inhalation. Inhalation Toxicology, 15(13):1247-1274

Bernstein D M, Rogers R, Smith P. 2004. The biopersistence of Brazilian chrysotile asbestos following inhalation. Inhalation Toxicology, 16(11-12):745-761

Bernstein D M, Chevalier J, Smith P. 2005. Comparison of Calidria chrysotile asbestos to pure tremolite: Final results of the inhalation biopersistence and histopathology examination following short-term exposure. Inhalation Toxicology, 17(9):427-449

Bernstein D M, Rogers R, Smith P, et al. 2006. The toxicological response of Brazilian chrysotile asbestos: A multidose subchronic 90-day inhalation toxicology study with 92-day recovery to assess cellular and pathological response. Inhalation Toxicology, 18(5):313-332

Berry G, Newhouse M L. 1983. Mortality of workers manufacturing friction materials using asbestos. British Journal of Industrial Medicine, 40(1):1-7

Boulanger G, Andujar P, Pairon J C, et al. 2014. Quantification of short and long asbestos fibers to assess asbestos exposure: A review of fiber size toxicity. Environmental Health, 13(1):59-76

Camus M, Siemiatycki J, Meek B. 1998. Nonoccupational exposure to chrysotile asbestos and the risk of lung cancer. New England Journal of Medicine, 338(22):1565-1571

Chapman C D, Iddles D M, Cameron A M, et al. 1995. MAGRAM (plasma furnace) process for the recovery of magnesium metal from asbestos waste materials//3rd International Symposium on Recycling of Metals and Engineered Materials, Alabama

Crump K S, Berman D W. 2011. Counting rules for estimating concentrations of long asbestos fibers. Annals of Occupational Hygiene, 55(7):723-735

Davis J M. 1994. The role of clearance and dissolution in determining the durability or biopersistence of mineral fibers. Environmental Health Perspectives, 102(5):113-117

Dodson R F, Hammar S P, Poye L W. 2011. Mesothelioma in an individual following exposure to crocidolite-containing gaskets as a teenager. International Journal of Occupational and Environmental Health, 17(17):190-194

Donaldson K. 2006. Carbon nanotubes: A review of their properties in relation to pulmonary toxicology and workplace safety. Toxicological Sciences, 92(1):5-22

Drummond G, Bevan R, Harrison P. 2016. A comparison of the results from intra-pleural and intra-peritoneal studies with those from inhalation and intratracheal tests for the assessment of pulmonary responses to inhalable dusts and fibres. Regulatory Toxicology and Pharmacology, 81:89-105

Gardner M J, Powell C A. 1986. Follow up study of workers manufacturing chrysotile asbestos cement products. British Journal of Industrial Medicine, 43(11):726-732

Hargreaves W H. 1946. The treatment of amoebiasis; with special reference to chronic amoebic dysentery. Quarterly Journal of Medicine, 15(57):1-23

Hesterberg T W, Chase G, Axten C, et al. 1998. Biopersistence of synthetic vitreous fibers and amosite asbestos in the rat lung following inhalation. Toxicology and Applied Pharmacology, 151(151):262-275

Hodgson J T, Darnton A. 2000. The quantitative risks of mesothelioma and lung cancer in relation to asbestos exposure. Annals of Occupational Hygiene, 44(8):565-601

Hodgson J T, Mcelvenny D M, Darnton A J, et al. 2005. The expected burden of mesothelioma mortality in Great Britain from 2002 to 2050. British Journal of Cancer, 92(3):587-593

Janicak C A. 2014. OSHA's Enforcement of asbestos standards in the construction Industry. Open Journal of Safety Science and Technology, 4(4):157-165

Mossman B T, Lippmann M, Hesterberg T W, et al. 2011. Pulmonary endpoints (lung carcinomas and asbestosis) following inhalation exposure to asbestos. Journal of Toxicology and Environmental Health Part B: Critical Reviews, 14(1-4):76-121

Newhouse M L, Sullivan K R. 1989. A mortality study of workers manufacturing friction materials: 1941-86. British Journal of Industrial Medicine, 46(3):176-179

Ohlson C G, Hogstedt C. 1985. Lung cancer among asbestos cement workers. A Swedish cohort study and a review. British Journal of Industrial Medicine, 42(6):397-402

Paustenbach D J, Richter R O, Finley B L, et al. 2003. An evaluation of the historical exposures of mechanics to asbestos in brake dust. Applied Occupational and Environmental Hygiene, 18(10):786-804

Pott F, Roller M, Kamino K, et al. 1994. Significance of durability of mineral fibers for their toxicity and carcinogenic potency in the abdominal cavity of rats in comparison with the low sensitivity of inhalation studies. Environmental Health Perspectives, 102(Suppl 5):145-150

Speil S, Leineweber J P. 1969. Asbestos minerals in modern technology. Environmental Research, 2(2):166-208

Swartjes F A, Tromp P C. 2008. A tiered approach for the assessment of the human health risks of asbestos in soils. Soil and Sediment Contamination, 17(2):137-149

Thomas H F, Benjamin I T, Elwood P C, et al. 1982. Further follow-up study of workers from an asbestos cement factory. British Journal of Industrial Medicine, 39(3):273-276

Wagner J C, Berry G, Skidmore J W, et al. 1974. The effects of the inhalation of asbestos in rats. British Journal of Cancer, 29(3):252-269

Wang Y Y, Li L. 2013. Environment pollution and control strategy for exploitation of asbestos mine. Advanced Materials Research, 726-731:1845-1849

Weill H, Hughes J M, Churg A M. 2004. Changing trends in US mesothelioma incidence. Occupational and Environmental Medicine, 61(5):438-441

Weiss W. 1977. Mortality of a cohort exposed to chrysotile asbestos. Journal of Occupational Medicine Official Publication of the Industrial Medical Association, 19(11):737-740

第10章 科学公平对待蛇纹石石棉

环境改变造成的有害影响有的已转为重要的社会课题,如致癌危险性正在成为大家关注的焦点。环境致癌性的因素,如环境雌激素、杀虫剂、食物添加剂、空气与水的污染、药物及放射性物质会对周围人群的健康形成威胁。1967 年以来美国发生一连串关于石棉损害健康诉讼案件,1989 年以来美国 EPA 和欧盟 12 个国家发布石棉禁用法规,全球已经有 50 多个国家禁止使用石棉,石棉是否继续使用或如何安全利用成为一个沉重的话题。石棉对人体健康的影响在我国也引起了人们的广泛关注(杨昌跃,2005),使国内石棉的生产和使用受到严峻挑战,例如,原国家经济贸易委员会第三批拟淘汰的产品目录征求意见稿中石棉产品名列其中(韩家岭,2002);又如,北京市自 2004 年 1 月起对全市所有建筑工程发布了禁止使用石棉及石棉制品的规定(樊晶光,2005)。虽然经过中国摩擦密封材料协会的努力而暂缓实行,但对整个石棉行业造成了严重影响。

石棉被禁用是因为 IARC 将其列在了致癌物清单(Ameille et al.,2011),吸入过多的石棉纤维粉尘可诱发人体石棉肺、间皮瘤和肺癌,这也是不争的事实,因此禁用也有它的道理。但是任何事物均有其利弊矛盾的两个方面,石棉对人体健康带来的这种损害是否足以给石棉判以终身禁用呢? 作者认为还有商榷的余地。

10.1 蛇纹石石棉与角闪石石棉致病(癌)危险性比较

石棉的致癌性与石棉的种类、纤维长短和生物残留性密切相关。历史上曾大量使用青石棉和铁石棉,而目前在商业中产量最大用途最广的是蛇纹石石棉。公共卫生医学上有较系统研究的是蛇纹石石棉、角闪石石棉(青石棉和铁石棉),但目前对这两类石棉进行系统对比研究的成果并不多见,且早期的公共卫生研究都没有区分两者特性与健康风险差异,特别是在评估石棉致肺癌、致间皮瘤风险和环境安全风险方面,都认为两者是一样的,使用同一个模型进行计算分析。但这种情况正在得到改进,如在对"9.11"事件中倒塌的纽约世贸大楼进行粉尘风险评估时就考虑了角闪石石棉与蛇纹石石棉风险系统上的巨大差异,并认定大楼建筑扬散的蛇纹石石棉粉尘对附近居民的健康风险可以忽略不计。

10.1.1 角闪石石棉致癌危险性远大于蛇纹石石棉

蛇纹石石棉纤维柔软卷曲,进入体内容易溶于体液而被迅速排出体外,而角闪石石棉(青石棉和铁石棉)纤维较硬直,不溶也不容易被排出体外。各类石棉的致癌性依次是青石棉>铁石棉>蛇纹石石棉(Nolan et al.,2007)。石棉致癌还与纤维长短和生物残留性有关。Bernstein 等(2015;2014;2013;2003a)用 56 只 SPF Wistar 大鼠进行纤维吸入实验,蛇纹石石棉和透闪石石棉纤维气溶胶浓度均为 200f/cm³($L>20\mu m$),吸入时间 6h/d,连续 5d。实验结果表明,蛇纹石石棉纤维组在停止接触第 0 天时间点,$L>20\mu m$ 纤维的清除半衰期仅为 7h;停止接触后 1d 再观察的 5 只大鼠中,1 只大鼠的肺中观察到 1 根 $L>20\mu m$ 纤维;停止接触后第 2 天以后,在标定的大鼠肺组织内,蛇纹石石棉组未观察到 $L>20\mu m$ 的纤维,而对比接触透闪石石棉组的动物中检出了 100 根 $L>20\mu m$ 的纤维;相比之下蛇纹石石棉纤维($L>20\mu m$)表现出较短的清除期,清除过程到接触终止后的第 7 天结束,而以后长纤维的清除不再发生;蛇纹石石棉能够比所测试过的其他商用纤维更快地从大鼠肺部清除,而短期接触呼吸纤维气溶胶的动物肺部和呼吸过滤空气的动物肺部没有明显区别;但是透闪石一旦沉积在肺薄壁组织上就不再被清除,而是滞留下来成为持久性病理刺激源。实验还表明,长度为 5~20μm 蛇纹石石棉纤维在肺内清除半衰期为 7d,$L<5\mu m$ 的为 59d。人体的病理资料也证实角闪石石棉纤维在肺内具有长残留性。Murai 等(1995)用透射电镜检测了 9 例肺癌病例肺组织中的角闪石石棉纤维,发现 96% 的纤维长度大于 3μm,99.7% 的纤维为角闪石石棉,而其中的 73.1% 为青石棉。Roggli 等(1993)对 94 例胸膜间皮瘤的肺组织进行了纤维含量的分析,也发现胸膜间皮瘤的发生与角闪石石棉纤维数量显著相关。因此有人认为蛇纹石石棉诱发间皮瘤是因为蛇纹石石棉中混杂有少量的角闪石石棉,或者是间皮瘤患者同时或先后接触了蛇纹石石棉、角闪石石棉粉尘。证据是生前接触蛇纹石石棉者,死后肺内查出较多的是角闪石石棉。Hesterberg 等(1998)的研究指出,铁石棉的清除半衰期大于 400 天,而青石棉则超过 1000 天,即使暴露后一年,60% 的铁石棉仍然滞留在肺内,而青石棉滞留率达 80%(表 10.1)。根据肺对蛇纹石石棉长纤维的快速清除能力,有理由认为角闪石石棉居人体职业接触产生癌症的首位,而蛇纹石石棉远低于前者,基本与玻璃纤维相当。

表 10.1 几种可吸入纤维的清除半衰期(纤维长度>20μm)

Table 10.1 Half-life for the clearance of several inhalable fibers ($L>20\mu m$)

纤维种类	清除半衰期($T_{1/2}$)	参考文献
轻度生物残留性纤维		
蛇纹石石棉——短纤维(美国)	7h	Bernstein 等(2003a)
蛇纹石石棉——中长纤维(巴西)	1.3d	Bernstein 等(2004)
人造玻璃纤维(MMVF34)	6d	Hesterberg 等(1998)

纤维种类	清除半衰期($T_{1/2}$)	参考文献
轻度生物残留性纤维		
人造玻璃纤维(MMVF34)	5.5d	Maxim 等(2006)
蛇纹石石棉——长纤维(加拿大)	16d	Bernstein 等(2003b)
制动粉尘	30d	Bernstein 等(2014)
蛇纹石石棉+制动粉尘	33d	Bernstein 等(2014)
矿棉纤维	8.5d	Maxim 等(2006)
AES 树脂纤维	9.9d	Maxim 等(2006)
中度生物残留性纤维		
Aramid 纤维	60d	Bellmann 等(2000)
耐火陶瓷纤维	80d	Brown 等(2005)
岩棉纤维	62.5d	Maxim 等(2006)
无碱玻璃纤维	73.5d	Maxim 等(2006)
耐火陶瓷纤维	53.3d	Maxim 等(2006)
高度生物残留性纤维		
铁石棉	>400d	Hesterberg 等(1998)
铁石棉	>1000d	Bernstein 等(2011)
UICC 标准青石棉	>1000d	Bernstein 等(2014)

在英国一家蛇纹石石棉摩擦材料工厂进行流行性病学跟踪调查,没有发现肺癌和石棉病引起的过量死亡。在蛇纹石石棉水泥工厂接触石棉的工人肺癌死亡率低于不工作的人员死亡率,这说明职业接触蛇纹石石棉的工作人员不存在肺癌的风险(详见8.2节)。

10.1.2 青石棉引发间皮瘤的相关性远高于蛇纹石石棉

在非职业人群中间由石棉诱发间皮瘤是较为罕见的,具有特异性(Chua et al.,2012)。McDonald J C(2010)、McDonald A D 和 McDonald J C(1980)根据不同国家的流行病学研究估计恶性间皮瘤的发病(死亡)率为 1~2 人/(百万人·年)。目前,接触石棉与恶性间皮瘤发病之间存在相互关系已是不争的事实。但是很多研究都显示石棉致间皮瘤的能力与石棉种类有关,一般来说青石棉>铁石棉>蛇纹石石棉。

Wagner 等(1960)最先报道南非接触青石棉的矿工发生 33 例间皮瘤,继之有很多相关报道。据澳大利亚公布的研究结果,估计在 Wittennoom 矿区由环境青石棉暴露引起的间皮瘤死亡率是 270 人/(百万人·年)(徐春生和曹卫华,2008)。

Edqe 和 Choudhury(1978)报道了 50 例间皮瘤,49 例有石棉接触史,肺内石棉纤维含量也高于一般人群,但肺内所查出的石棉纤维主要为青石棉。Timbrell(1982)强调同是角闪石石棉而纤维的直径和形状对间皮瘤的发生也有重要影响。Wagner 等(1985)将标准青石棉(UICC 青石棉)用球磨机分别球磨处理 1h、2h、4h 和 8h 使纤维的长度发生改变(变短),然后分别注入大鼠胸膜腔,结果未处理的 UICC 青石棉间皮瘤诱发率是 85%,而处理后的样本间皮瘤诱发率分别是 81%、37% 和 31%。石棉可诱发大鼠间皮瘤,但青石棉的诱发率明显高于蛇纹石石棉。罗素琼等(1999a;1999b)用国产 4 种青石棉和 5 种蛇纹石石棉分别注入大鼠胸膜腔,青石棉组的间皮瘤诱发率为 59.1%(117/198,56.0%～68.8%),蛇纹石石棉组的诱发率为 43.1%(106/246,33%～59%);两组患瘤鼠的平均存活时间分别为 537d 和 620d。与青石棉组比较,蛇纹石石棉组诱发率明显较低,大鼠的生存时间也比青石棉组长 83d($P<0.05$)。

　　人群流行病学调查结果也证实了青石棉引发间皮瘤的强关联性。在云南省大姚县的部分地区,地表含有青石棉,20 世纪 60～80 年代初部分大姚县居民使用含有青石棉的黏土做石棉炉、铺公路、刷墙和修建房屋。地表固定层破坏、含青石棉的制品材料使大姚县居民的生活环境受到污染,造成所在地居民直接或间接地接触青石棉。1987 年,罗素琼等在当地建立了一个 30 岁以上的 6249 人的固定队列,以观察青石棉污染与肿瘤的关系。1987～2001 年的追踪观察,共发现 24 例间皮瘤病例,死亡率为 25.00 人/(10 万人·年)。同时还分析了大姚 5 个主要乡镇全人口的肿瘤死亡情况,1994～2003 年死于肺部恶性肿瘤者共 268 人,其中间皮瘤 122 人,间皮瘤死亡率为 8.47/10 万(杨昌跃,2005)。在职业接触蛇纹石石棉人群中,间皮瘤的发生明显少于青石棉人群。1982 年全国石棉职业肿瘤调查协作组对全国有代表性的 14 个蛇纹石石棉厂矿 16148 人进行的职业肿瘤调查中,1972～1981 年仅 4 人死于间皮瘤,死亡率[3.90 人/(10 万人·年)]远低于青石棉污染区的居民(全国石棉职业肿瘤调查协作组,1986)。Wang 等(2012)对中国某石棉制品厂 577 名男性工人进行了 37 年(1972～2008 年)的追踪,结果有 96 人死于癌症,其中也仅有 2 例死于间皮瘤,而该厂在 20 世纪 50 年代以前曾使用过混有青石棉的原料。以上研究表明青石棉致间皮瘤的潜伏期远远超过了蛇纹石石棉。

　　当然,石棉不是诱发间皮瘤的唯一病因(Remon et al.,2013),非石棉纤维(如毛沸石、有机纤维)、放射(如治疗性放射物质和用于造影的二氧化钍)、病毒(猴病毒 SV-40)、慢性感染(如慢性脓胸、腹膜炎)、化学因子(己烯雌酚)、家族遗传性都有可能引发间皮瘤。最近的美国学者对蛇纹石石棉与间皮瘤的流行病学调查认为,角闪石石棉导致间皮瘤,只接触蛇纹石石棉不一定会导致间皮瘤。这与我国学者的研究结论一致。

10.1.3　两类石棉与吸烟协同诱发肺癌的危险性比较

中国是一个烟草大国,烟草产量及销量均居世界首位。中国烟民人数约占世界吸烟者总数的 1/3,超过 3 亿人。大量研究证实,吸烟是癌症、慢性呼吸道疾病及心血管等多种疾病的致病因素之一(Park et al,2010)。根据我国卫生部全国肿瘤防治研究办公室的资料,20 世纪 90 年代中国居民癌症死亡率排位中,城市居民癌症死亡率第一位为肺癌(21.76/10 万)(王思愚和吴一龙,2001),农村居民癌症死亡率肺癌排第四位(12.63/10 万);如果不控制吸烟和空气污染,到 2025 年,预计我国将成为肺癌世界第一大国,每年肺癌患者将超过 100 万。杨龙鹤等(1996)预测在 2000～2030 年我国 20 岁以上成年人死于与吸烟有关的疾病的人数将大幅增长,肺癌最为严重,将从 16 万人增加到 132 万人,增长近 7 倍。《新英格兰医学杂志》报道,如果有一个人在一个中等大小的办公室里吸烟,其室内的空气污染会超过国家大气颗粒物标准 3 倍以上。国外学者估计,与一个吸烟者同在同一房屋中每天 1h,不吸烟的人得肺癌的危险性几乎是他在一幢含有石棉建筑物里 20 年的 100 倍。英国的 Peto 博士预测,在中国吸烟者中,有 1/4 大约 5000 万人最终会提前死于与吸烟有关的疾病,这几乎是两次世界大战死亡人数之和。由此可见,吸烟(或呼吸污染空气)才是人类肺癌的最大诱因之一。

作者课题组对云南大姚县 30 岁以上人群的调查结果表明,观察组 15 年间共发生 61 例肺癌,死亡率为 65.05/10 万,对照组(云南禄丰县)肺癌 35 例死亡率为 45.35/10 万($P<0.05$),对照组死亡率较高的原因可能与两地男性人群吸烟率具有较高相关性(分别为 67.6% 和 66.6%)(罗素琼等,2005)。而另一项调查也表明,5 个主要乡镇全人口肺癌死亡率为 10.15/10 万;肺癌和间皮瘤的归因危险度(归于青石棉原因)百分比分别为 30.28% 和 99.14%。

课题组用青石棉、B(a)P、青石棉+B(a)P 诱发大鼠肺癌(气管注入法),并用绿茶干预大鼠肺癌的发生。结果(表 10.2)显示,青石棉组的肺癌诱发率为 6.4%,B(a)P 组的诱发率为 10.4%,而青石棉+B(a)P 组的肺癌诱发率为 46.3%。说明烟草中 B(a)P 与石棉的确有明显的协同致肺癌的作用;而当青石棉+B(a)P 组的大鼠终身自由饮用 2% 的绿茶时,大鼠肺癌诱发率由 46.3% 降至 16.0%($P<0.01$);第一例肺癌大鼠的存活时间也较对照组明显延长了 161d,患瘤鼠也平均多生存 133.6d。结果提示绿茶在该实验中有明显抑制大鼠肺癌的作用。另外,还采用亚硒酸钠对青石棉诱发大鼠胸膜间皮瘤进行干预,饮用亚硒酸钠(5mg/L)后给硒组肿瘤诱发率(44.0%)较对照组(68.7%)明显降低($P<0.05$)(罗素琼等,1995)。这就说明,接触石棉的人群应该在劳动环境、职业或非职业环境中禁止吸烟;在日常生活习惯中也应尽量不吸烟。另外,多喝绿茶和多吃富含硒的食物,明显有利于肿瘤的预防,这也为石棉肺癌的治疗提供了一条可能的途径。

表 10.2 绿茶和亚硒酸钠对青石棉和 B(a)P 诱发大鼠肺癌和胸膜间皮瘤的影响

Table 10.2 Influence of green tea and sodium selenite on incidence of lung cancer and pleura mesothelioma in rat by crocidolite and B(a)P

实验组	诱发肿瘤	干预物	途径	肿瘤数	诱发率/%
青石棉	胸膜间皮瘤	—	—	33/48	68.7
		亚硒酸钠	5mg/L 水溶液,终身饮用	24/50	48.0*
青石棉+B(a)P	肺癌	—	—	25/54	46.3
		绿茶	2%茶汤,终身饮用	8/50	16.0*

* 与对照组比较 $P < 0.01$。

流行病学研究列出的除烟草外的致肺癌因子,包括砷、氡、石棉、铍、镉、氯甲醚、煤焦油挥发物、多环芳烃、铬、镍、硅和强酸雾等(孔莹,2002),虽然石棉被列入其中,但无论从蛇纹石石棉的接触人数,还是从最终的死亡率来看,蛇纹石石棉对人体健康的危害都远低于吸烟。

吸烟对肺部的危害众所周知,它和不同种类石棉的协同相互作用机制也是人们研究的重点。Ngamwong 等(2015)对 5 个电子数据库(PubMed,Embase,Scopus,ISI Web of Knowledge,TOX-LINE)从 1972 年到 2015 年 5 月的有关肺癌的研究数据进行了分析,只接触蛇纹石石棉的优势比(odds ratio,OR,是指病例组暴露人数与非暴露族人数的比值除以对照组暴露人数与非暴露人数的比值。如果疾病的发病率很低,且所得病例为无选择偏倚的新发病例,则 OR 为相对风险度 RR 的近似估计值。其值等于 1 时表示无影响,小于 1 时表示为保护因素,大于 1 时表示为危险因素)为 1.70,吸烟的 OR 为 5.65,而接触蛇纹石石棉的同时也吸烟的 OR 为 8.70,蛇纹石石棉和吸烟之间交互协同指数为 1.44。可以看出,在致肺癌方面,吸烟和蛇纹石石棉是有协同作用的。这与作者课题组从 1972 年到 2001 年跟踪调查 1139 名石棉工作者所得出的结果基本一致,即高水平暴露不吸烟的 OR 为 5.23、高水平暴露且吸烟的 OR 为 10.39(Yano et al.,2010)。对我国某石棉纺织厂进行 37 年跟踪调查(1972~2008 年),记录 577 名男性石棉工人[低暴露组(116 人)、中暴露组(290 人),以及高暴露组(171 人)]与吸烟的关系(其中的 372 名工人中不吸烟者 81 人,吸烟者 291 人)。以低暴露水平不吸烟者的年龄调整危害比(HR)为标准(HR=1),则低暴露水平吸烟者 HR=2.43,中水平暴露不吸烟者 HR=0.54,中水平暴露吸烟者 HR=3.05,高水平暴露不吸烟者 HR=5.78,高水平暴露吸烟者 HR=6.63。预估的吸烟和接触石棉的协同指数为 1.39,这说明两者之间不是简单的加和效果(Wang et al.,2012)。Morris 等(2015)则通过动物实验和体外实验来解释两者协同作用的机理。他们发现,烟草的烟雾会抑制机体接触蛇纹石石棉后发生的免疫应答。而青石棉则与蛇纹石石棉相似,会和吸烟产生协同作用,增加肺癌的患病概率。de Klerk 等(1996)对 1979 年澳大利亚西部

Wittenoom 矿区的所有原工人进行了问卷调查,并收集了这些调查对象中患癌症者的记录,在对这些数据进行统计学分析之后发现,只暴露于青石棉的工人患肺癌的相对风险度(RR)为 1.4,吸烟的 RR 为 5.7~9.2(其相对风险度与是否正在吸烟以及每日吸烟量有关),而暴露于青石棉同时也吸烟的工人患肺癌的 RR 最高可达 25.1。

从上面的数据可以看出,蛇纹石石棉和青石棉与吸烟都有协同作用,同时青石棉和吸烟共同作用时的危害比蛇纹石石棉更大一些。但有趣的是,同一团队的 Alfonso 等(2004)在 Wittenoom 矿区从 1979 年到 2002 年 9 月对 3000 人(工人和居民)进行了跟踪调查,并选定 25 岁以上至少做过一次肺弥散功能测试的 934 人共 2980 份数据进行了统计学分析。结果表明,接触青石棉和吸烟均会造成肺功能下降,但是两者之间没有明显的协同作用。Alfonso 等(2005)还使用了另一种方法,即通过 1s 强力呼气量(FEV1)和最大肺活量(FVC)以及两者的比值来测定肺功能,对通过此方法测试过的 25 岁以上的 1392 名参与者共 6440 份数据进行分析,其结果同样显示青石棉和吸烟之间更多的是累加作用,而不是类似于协同作用的相乘性关系。似乎在致肺癌方面蛇纹石石棉、青石棉均和吸烟有协同作用,且青石棉对人体的危害更大。但是在对肺功能的损害上,青石棉和吸烟是各自独立作用的,没有协同效果。

10.1.4　蛇纹石石棉与石棉代用品的致癌性比较

美国 EPA 虽然禁止使用含石棉的板材、管材、石棉布以及石棉摩擦密封衬垫材料,但不包括石棉水泥平板、制动片、非屋面防水涂料、屋顶涂料等。由于担心石棉的致癌性,世界发达国家都在致力于石棉替代材料的研究,试图利用低毒或人造纤维代替石棉预防石棉的危害。然而,现有的石棉代用品与石棉相比存在类似的危害,还没有哪一种代用纤维可以在性能等综合性价比上取代石棉的地位。尤其在水泥及摩擦材料方面,石棉具有的物美价廉、量大面广的优势,更是其他代用品无法比拟的。美国上诉法院曾得出结论,有证据显示使用铸铁管用于输送管道及下水管道等,同样也有致癌死亡的情况。EPA 研究发现,在使用铸铁管和使用石棉水泥管的人群流行病调查中癌症的发病概率相当。Bernstein 和 Sintes(1999)研究表明,蛇纹石石棉纤维的清除速率快于任何其他报道过的纤维种类(合成的或天然的)。有趣的是,欧盟委员会为吸入生物残留性协议而制定的纤维方针宣布,长度大于 20μm 的纤维清除半衰期小于 10d 的合成玻璃质纤维,从致癌级别和品种中排除。那么,蛇纹石石棉纤维如此快速的清除率是否应该排除在致癌级别和品种之外;此外,由 ATSDR 发布的《石棉及合成玻璃质纤维的健康效应:纤维长度的影响》专家组报告认为,根据流行病学研究、实验室动物的研究以及体外基因毒性研究的发现,结合肺清除短纤维的能力,讨论组专家同意,存在很强的证据

表明长度小于 $5\mu m$ 的蛇纹石石棉纤维和合成玻璃质纤维不大可能引发人类的癌症。

纤状海泡石或纤状坡缕石,实际上都是形态与石棉类似的矿物,但其化学成分和晶体结构与蛇纹石石棉不同而与钙镁闪石更类似。而且从病理学实验的结果来看,它们与蛇纹石石棉的致病概率和致癌原因是相同的(朱惠兰等,1987),只是很多人不明白石棉与这些矿物纤维的联系与区别而已。

根据 IARC 在 1987 年审定的对人类肯定有致癌作用的化学物质名录,其中包括的天然矿物有角闪石石棉、毛沸石及纤维状滑石等,石英、硅灰石、坡缕石等被列为潜在致癌物或被认为具有较强的生物活性。根据加拿大魁北克省谢尔布洛克大学 Dunnigan 1986 年公布的对石棉代用品生物效应研究的结果(罗陆军和崔书印,1999),其中坡缕石、硅灰石、矿物棉(岩棉)、陶瓷纤维、玻璃纤维、硬硅钙石纤维、磷酸盐纤维(人造钙钠偏磷酸盐)等无机纤维材料和芳纶纤维的生物效应实验(包括细胞和动物实验)表明,它们在肺纤维化、肺呼吸能力损害、致癌、诱发肿块、细胞毒性等方面都有危害性。

在石棉剂量反应与生物学效应的关系以及石棉纤维大小和形态与致癌的关系等方面,科学家已做了大量研究工作。邓茜等(2009)通过 30 年队列研究,探讨了蛇纹石石棉加工工人接触石棉粉尘量与石棉肺发病的剂量-效应关系。该研究采用固定队列研究方法,研究队列为 388 例男性石棉工人,入列条件为 1972 年 1 月 1 日工资在册、工龄满 1 年且没有明显心肺疾病的患者,追踪 30 年(1972~2002 年)记录接尘工人的职业史、体检史,并收集工厂历年粉尘浓度检测数据,得出工人累积接尘量与累积发病率之间有明显的剂量-效应关系,按 1% 石棉肺患病率、工人 40 年工作年限计算,预测石棉尘安全的质量浓度应低于 $3.9mg/m^3$。詹显全等(2000a)使用兔肺泡巨噬细胞进行了体外实验。结果显示,随着粉尘浓度的增加细胞死亡率增加,两者呈剂量-效应关系,且死亡率蛇纹石石棉组>石英组>二氧化钛组;蛇纹石石棉组和石英组的 NO_2^-/NO_3^- 含量增加,呈剂量-效应关系,而二氧化钛组不存在显著的剂量-效应关系;在高剂量组,蛇纹石石棉组和石英组的 NO 均高于二氧化钛组,但蛇纹石石棉组和石英组之间无显著性差别;石英和蛇纹石石棉均使 iNOS 活性随剂量增加而升高,二氧化钛组未显示出剂量-效应关系;石英和蛇纹石石棉介导的 NO 释放量和 iNOS 活性变化具有一致性,而二氧化钛组变化不明显。根据动物实验和人体肺内滞留纤维的分布初步归纳认为,石棉肺与滞留纤维的表面积有关(王浩和傅继梁,1992),纤维长度大于 $2\mu m$、直径大于 $0.15\mu m$ 的石棉纤维更易引发石棉肺;间皮瘤和肺癌与纤维数量有关,通常引发间皮瘤的石棉纤维长度大于 $5\mu m$、直径小于 $0.1\mu m$。肺癌,主要是支气管癌,发生于那些开采石棉的工人,引起肺癌的石棉纤维长度大于 $10\mu m$、直径大于 $0.15\mu m$。由石棉引起的石棉沉着病可能是肺癌的先兆,因此由非石棉沉着病引发的肺癌不能完全归于石棉。接触角闪石石棉比接触蛇纹石石棉更易引起肺癌,除非后者被角闪石石棉所污染,如透闪石石棉。若石棉吸附空气中苯并(a)芘后,其对肺癌的发生有相当的促进作用。吸烟、石棉接触都与肺癌的发病呈正相关关系,但吸烟与间皮瘤的关系以及与胃肠道肿瘤的关系研究结论尚不一致。

王起恩等(1999)比较研究了 10 种人造矿物纤维对人肺泡上皮细胞(A549 细胞)DNA 的损伤及修复作用。结果显示,10 种纤维都可引起不同程度的 DNA 链断裂、DNA-DNA 链间交联及抑制 DNA 损伤后的修复功能。其中,微细玻璃纤维的遗传毒性最强,硅灰石的遗传毒性最弱。研究者认为人造矿物纤维均具有一定程度的体外遗传毒性,但均低于 UICC 蛇纹石石棉 B。张幸等(2000)也比较了 10 种人造矿物纤维对大鼠肺巨噬细胞(AM)的毒性作用结果,所选 10 种人造矿物纤维都可引起 AM 中 LDH 逸出和活性增强,陶瓷纤维明显高于蛇纹石石棉,钛酸钾晶须、碳化硅晶须、氧化钛晶须与蛇纹石石棉接近。人造矿物纤维对 AM 吞噬能力实验中,硅灰石(天然矿物纤维)被 AM 吞噬的比例明显高于蛇纹石石棉,陶瓷纤维对红细胞溶血率与蛇纹石石棉接近(黄凤德等,2007)。

美国的一项有关耐火陶瓷纤维(RCF)制造业工人的长期研究报告指出,纤维累积暴露和胸膜斑之间存在相关性(Lentz et al.,2003)。该报告中 118 份空气样本来自 1976～1995 年的 3 项独立研究,以纤维粒径、尺寸大小和生产 RCF 工人所吸入的纤维剂量确定纤维临界尺寸大小(直径小于 0.4μm,长度小于 10μm),研究表明工人胸膜斑的严重程度与吸入量呈剂量-效应关系。

Fayerweather 等(2002)对有机玻璃纤维加工制造业进行了理论寿命期间患肿瘤的风险评估。通过测定工作期间吸入无碱玻璃纤维、中碱玻璃纤维的暴露水平,推测出理论寿命期间患肿瘤的风险不超过 1/100000,其暴露水平与其他纤维风险评估相比并不显著。该研究得出的结论是无碱玻璃纤维最低安全暴露剂量是 0.05～0.13f/cm^3,中碱玻璃纤维为 0.27～0.6f/cm^3,控制在耐久玻璃纤维浓度为 0.05f/cm^3 的环境中暴露时间不超过 8h,可保证患肿瘤的风险水平低于 1/100000 的水平。

各种形态和种类的矿物粉尘(包括天然的、人造的纤维矿物材料以及某些矿物粉尘)是构成雾霾的重要组分,也是影响城市人群健康的重要因素,值得关注和深入研究矿物粉尘与其他大气污染物复合后的致病和致癌风险。但这些矿物源又是人类需要的资源,有必要深入探究其致病机理和预防措施。WHO 在 1972 年召开"石棉对生物体的影响"研讨会之后,不断扩大研讨范畴,从矿物纤维对生物体的影响(1979 年),到人造纤维对生物体的影响(1982 年),再到非职业环境的矿物纤维(1987 年)并非常重视吸烟等行为对石棉生物毒性的影响。目前应该开展石棉粉尘与复合污染物如无机和有机有害气体的人体健康效应。

人们较少追问代用纤维是否也对人体有害,往往误以为只要无石棉化了,纤维及其制品就是安全的。实际上很多石棉代用纤维已被证实并不绝对安全,有的对人体也是有害的。研究发现,人造矿物纤维对人的皮肤黏膜、眼、呼吸道可造成一定损害,其损害并不低于蛇纹石石棉(朱晓俊等,2014;Pintos et al.,2008;陈茂招等,2005),其中岩棉和矿渣棉的耐高温效果较差,且有一定的致癌风险(Brüske-Hohlfeld et al.,2000)。一系列蛇纹石石棉与其他代用纤维体外细胞毒性对比研究显示,许多代用纤维毒性并不比蛇纹石石棉低,有的甚至更高。邓建军等(2008)对蛇纹石石棉及纤状水镁石进行体外兔肺泡巨噬细胞毒性对比研究表明,纤状水镁石毒性与蛇纹石石棉一样都表现出对兔肺泡巨噬细胞较强的细胞毒性。曾娅莉等(2012)研究了蛇纹石石棉及4种主要代用纤维的有机酸溶解特性和V79细胞毒性。结果显示,蛇纹石石棉及代用纤维对细胞破坏的毒性大小顺序为:二氧化硅>陶瓷纤维>玻璃纤维>岩棉>蛇纹石石棉>硅灰石。

石棉致癌是多方面因素共同作用的结果,许多研究结果表明蛇纹石石棉的致癌作用明显弱于其他种类的石棉,还有学者认为蛇纹石石棉较某些石棉代用品更安全(Terracini,2006)。钢纤、岩棉、矿渣棉、碳纤维等虽未见致病的报道,但也可能对人体有害,只是较少被关注与深入研究而已,因此建议生产加工它们的工人也需要进行防护。例如,岩棉或矿棉在建筑与工业保温材料中大量使用,极易产生粉尘,刺激施工人员皮肤,且很难清除,易形成皮肤瘤等,比用蛇纹石石棉保温材料更不受工人欢迎(荣葵一,2004)。此外,其粉尘也同石棉一样会被吸入体内,也有沉积导致(硅)尘肺病的风险。而岩(矿)棉用量比蛇纹石石棉大得多,在城市与人的直接接触性机会更多,且黏结性较差,容易形成二次尘粒,不能简单地要求禁止生产和使用这些矿物纤维及制品。大多非纤维类矿物加工和使用也都同样存在这样的危害,如硅灰石、膨胀蛭石、膨胀珍珠岩、硅酸盐水泥、粉石英等,都需要对其加工使用的环境安全性进行综合评价。

目前国内大多数研究皆是基于流行病学调查与动物实验,且以间皮瘤和肺癌的样本居多。石棉的致癌性不仅与石棉的种类相关,还与粉尘的接触方式、粉尘的浓度和暴露时间、个体的敏感性等多种因素相关(Wardenbach et al.,2005)。蛇纹石石棉除可导致肺癌、胸膜间皮瘤外,还可导致喉癌、膀胱癌、胃肠道肿瘤、肝癌等多种肿瘤的发生。因此,过去一些实验仅用间皮瘤的发生率来评估我国主要产区及人工代用品肿瘤发生率之间的差异是不准确的。而实验动物对粉尘的不同接触方式所产生的结果也不完全相同,如胸膜腔内注射(过去许多研究最多采用的方式)粉尘的动物致癌概率明显高于吸入粉尘的动物,而吸入粉尘才更符合人体与粉尘的接触方式。总之,目前尚缺乏对蛇纹石石棉及代用品致癌更加系统、深入和科学的研究(姜琪,2011)。

石棉致癌很大程度上与其物理特性有关,即纤维的直径与长度,研究结果直接支持了这些特性的重要性。除石棉纤维外,化学组成各异的各种纤维,只要长度和直径满足适当的条件,都可能对染色体和 DNA 产生上述直接的机械干扰或损伤作用(王继生,2004)。如玻璃纤维、氧化铝纤维,当它们的纤维大小接近石棉纤维时,同样可以诱发间皮瘤(表 10.3)。早在 1972 年美国 Stauton 和联邦德国的 Pott等就报道了各种纤维状矿尘通过动物胸膜腔内注入实验,指出它们与石棉同样具有致癌性。近年发现,与天然石棉有着相似粗细和长短的人造矿物纤维也有类似的危害。

表 10.3　几种石棉代用品与石棉诱发大鼠的肿瘤诱发率比较

Table 10. 3　Tumor incidence in rat induced by asbestos and its substituent fibers

纤维样品	途径	剂量	诱发率/%		文献来源
			胸膜间皮瘤	肺癌	
青石棉(4 种)	胸膜腔注入	每月 1 次 2 次共 40mg	59.1(117/198)		罗素琼等(1999a)
蛇纹石石棉(5 种)	胸膜腔注入	每月 1 次 2 次共 40mg	43.1(106/246)		罗素琼等(1999b)
玻璃纤维	胸膜腔注入	每月 1 次 3 次共 60mg	26.67(12/45)		朱惠兰等(1987)
玻璃纤维	胸膜腔注入	1 次共 20mg	14(6/44)		Lafuma 等(1980)
玻璃纤维(细)	胸膜腔注入	1 次共 20mg	12.5(6/48)		Wagner 等(1985)
岩棉	胸膜腔注入	1 次共 20mg	4.17(2/48)		Wagner 等(1985)
青石棉	气管注入	每月 1 次 3 次共 60mg		6.4(3/47)	罗素琼等(1995)
透闪石石棉	气管吸入	浓度:10mg/m³, 一周 5 天,一天 7h	5.1(2/39)	41.0(16/39)	Davis 等(1985)
纤状水镁石	气管注入	每月 1 次 3 次共 60mg		2.1(2/94)	罗素琼和 刘学泽(2000)
铁石棉	气管注入	每周一次 15 次共 150mg	3.85(1/26)	15.38(4/26)	关砚生等,2002
青石棉	胸膜腔注入	每月 1 次 2 次共 40mg	71.58(68/80)		韩丹等,2005

国际石棉协会(Asbestos International Association,AIA)主席公布的结论:还从未证明其他纤维比蛇纹石石棉更加无害(李子东,2006)。由于致癌是一个相当长的过程,石棉代用品是否也与石棉一样具有潜在的致癌性仍不明确,因此还需要有更多的、更长时间的人群流行病学调查资料才能得出科学的结论。

10.2　蛇纹石石棉致病性研究

众所周知,在石棉是否禁止使用的国际大辩论中,我国的政策是安全生产和使用蛇纹石石棉、禁止使用角闪石石棉(青石棉、铁石棉、透闪石石棉等)。

直到 20 世纪中叶,无论在中国还是西方工业发达国家,因缺乏环境保护意识,在石棉生产及应用过程中不重视石棉粉尘污染的防治,从而使不少长期与高剂量石棉粉尘接触者,部分产生石棉肺、间皮瘤或石棉疣类的石棉沉着病,其中少数人由生活习惯(如吸烟)或环境因素(如吸附累积空气中的有机物有毒气体)联合作用诱发癌症。目前,对肺癌发病病因研究中,吸烟、大气污染、室内燃煤、职业性氡、高浓度砷及石棉暴露是比较确定能增加肺癌风险的因子(Baek et al. ,2012),但与角闪石石棉不同,蛇纹石石棉是否致肺癌尚无明确结论。吸烟是目前公认的肺癌发病的重要危险因素之一,90%的肺癌发病与吸烟有关(李媛秋和么鸿雁,2016;Pirozynski,2006),而早期的石棉工人多数也吸烟。因此,要对蛇纹石石棉的致癌性做出公正的评价,还须进一步证实石棉与肺癌的相关性。

10.2.1　蛇纹石石棉致病性研究现状

石棉的种类颇多,且笼统地认为石棉是一种刺激和诱发细胞恶性病变的致病因子。因此,查明石棉等纤维矿物的致癌机理是确定防治措施的基础。蛇纹石石棉致癌的机制大体可分为物理的和化学-生物化学的两类。其中物理致癌机制认为恶性病变主要与蛇纹石石棉的纤维形态和尺寸有关。蛇纹石石棉纤维自身是纳米尺寸的纤维矿物,石棉分散后极易形成气溶胶,长久悬浮在空气中,主要是通过人的呼吸进入肺部;进入体内的纤维尖端可刺激细胞,如对肺巨噬细胞、上皮细胞、成纤维细胞和胸膜间皮细胞等细胞膜和功能造成损伤,造成肺组织的代谢与功能异常,进而引发病变,危害人体健康。实验表明,石棉纤维长度大于 $5\mu m$、直径小于 $3\mu m$,且长径比大于 3：1 者才会产生明显的细胞损伤作用。因此,不同品种、不同长度、不同直径的石棉对人体健康的危害程度有明显差异(谭康,2003)。显然,物理致癌机制没有考虑石棉的化学-生物化学作用,不能解释角闪石石棉(青石棉)的危害明显大于蛇纹石石棉的原因,这样也简单推定了人工合成代用纤维的危害性。由于石棉品种、制品的多样性、产量大、用途广,所做的动物实验及公布的结果也较多(有的结果也相互矛盾),除引起学者和民众广泛关注外,因缺乏统一的纤维粉尘标本、细胞、动物、实验方法和评价标准,增加了对蛇纹石石棉细胞毒性、致病和致癌性评估的难度。

目前,有关石棉致癌性的机理研究主要包括粉尘形态直接作用、自由基介导损伤、细胞内信号转导失衡、癌基因的激活和抑癌基因的失活、石棉与吸烟协同致癌等五种认识(姜琪和王利民,2011,王继生,2004)。

1. 粉尘形态直接作用

当巨噬细胞、上皮细胞、胸膜间皮细胞接触具有一定长度和直径的石棉纤维时,细胞立即发生吞噬作用。当吞噬了纤维的细胞进行有丝分裂时,细胞内这种外来固体纤维结构就对染色体的运动产生机械性干扰作用。这些纤维缠住染色体,迫使细胞骨架结构重排,导致染色体数目和结构发生畸变。除石棉纤维外,化学组成各异的各种纤维,只要长度和直径满足适当条件,都可能对染色体和 DNA 产生上述直接的机械干扰或损伤作用(王继生,2004)。

2. 自由基介导损伤

机体内与 O、P、S、N 相关的自由基种类多样,但最常见的自由基是活性氧自由基,主要包括超氧阴离子自由基($\cdot O_2^-$)、羟自由基($\cdot OH$)和过氧化氢(H_2O_2)(Poljšak and Fink,2014)。自由基性质不稳定,反应活性强。

石棉介导自由基的产生途径包括石棉自身产生的自由基和人体细胞内和质膜上存在某些可产生自由基的酶(李莹等,2005)。机械破碎后的石棉粉尘表面的 Si—O 键断裂,形成的—Si$\cdot$和—Si—O$\cdot$基团与水作用产生羟自由基($\cdot OH$),浓度随石棉剂量的增加而上升(Vallyathan et al.,1992)。石棉粉尘进入人体后,纤维表面的铁导致机体铁负载,不仅催化自由基的产生,而且与间皮瘤的发病机制相关(Minami et al.,2015)。Toyokuni(2014)认为涂铁的石棉纤维能像锋利的刀一样使间皮细胞内的 DNA 双键断裂,巨噬细胞和间皮细胞里 Fe^{2+} 的长期沉积能够诱发氧化应激,从而促进致癌作用。将石棉直接加入过氧化氢溶液中或加入 pH 为 7.4 的缓冲液中,均可催化 $\cdot O_2^-$ 和 $\cdot OH$ 的产生,硅酸水化也能产生过氧化氢(H_2O_2)。

自由基对细胞的毒性作用可归结为通过对细胞脂质、蛋白质、核酸造成损伤,并且对酶活性的改变产生致癌作用。Yano(1988)的研究发现,人外周血中性粒细胞、豚鼠腹腔巨噬细胞以及肺泡灌洗细胞在经石棉处理时,均可发生脂质过氧化,导致丙二醛(MDA)显著增加。可溶性间皮素相关蛋白(SMRP)是在间皮瘤细胞中发现的标志性蛋白(Cui et al.,2014)。Jakubec(2014)等采用夹心酶联免疫吸附剂测定(Enzyme linked immunosorbent assay,ELISA)和单克隆抗体(ov569 和 4h3)比较石棉暴露和未暴露间皮瘤患者发现,石棉暴露组的 SMRP 含量明显高于未暴露组,且与自由基的介导有关。还有证据表明,石棉暴露相关肺疾病与自由基引起的免疫反应有关,石棉暴露人群抗核抗体(ANA)阳性率比对照人群高,平均滴度的增高与肺部疾病的严重程度呈正相关关系。石棉粉尘可使肺巨噬细胞内 $Ca^{2+}-Mg^{2+}-ATP$ 酶的活性下降,引起钙泵功能障碍,致使细胞质内的 Ca^{2+} 不能及时被转运出胞外(Pfau et al. ,2011),而细胞内迅速增加的 Ca²⁺ 不仅可以激活某些存在于质膜、线粒体和内质网内钙依赖性酶降解细胞膜,使细胞膜性结构发生改变,也可使细胞的骨性系统受到影响,使跨膜转运受阻。此外,鸟苷酸环化酶(GC)和腺苷酸的活性可受到自由基的影响。鸟苷酸环化酶催化三磷酸鸟苷(GTP)转变为环磷酸鸟苷(CGMP),ATP 转化为环磷酸腺苷(CAMP),自由基可通过对CGMP 的影响促进肺纤维化的形成(Nagai et al. ,2011)。对间皮瘤进行研究发现,1/3 的间皮瘤细胞中的丝氨酸/苏氨酸蛋白激酶(LATS2)由石棉介导产生的自由基导致编码酶基因受到抑制和破坏(Matsuzaki et al. ,2012)。在石棉暴露下,石棉纤维可通过直接的机械作用干扰有丝分裂过程中染色体的分离,导致 DNA 损伤引起间皮细胞发生癌变(Lamote et al. ,2014)。然而,大多数情况下,DNA 损伤是由石棉导致持续性的炎症和伴随产生的活性氧所造成的(Mossman et al. ,2013)。研究表明,将石棉溶液通过腹腔注射法注入小鼠腹腔中,细胞周期蛋白依赖性激酶抑制剂 4A(p16INK4a)和 ARF(急性呼吸衰竭)的肿瘤抑制基因 *p14* 失活,大约 50%石棉暴露性间皮瘤患者中神经纤维瘤 2 型基因的错义或无义突变。这是由于石棉具有招募活化巨噬细胞并促使其吞噬石棉纤维的能力,这个过程中活性氧自由基和细胞因子的长期产生,导致 DNA 损伤(Testa et al. ,2011)。

石棉自身和介导细胞产生自由基和对机体细胞的毒性是石棉对组织损伤的机制之一。石棉暴露下,不同种类、不同浓度的石棉所介导的机体自由基产生的途径有何不同,是否还有新的产生途径,都有待进一步研究。石棉作用于机体后对细胞损伤的线粒体作用途径、氧化应激途径、自身免疫途径、活性氧自由基防御系统途径等都是目前研究的热点。越来越多的证据表明,活性氧自由基是特发性肺纤维化、石棉肺、胸膜或腹膜间质瘤发生、发展的重要介质。石棉处理不同类型的细胞,会有相应的生物标志物生成,对生物标记物的分析将会是一个可靠的临床筛查工具;石棉介导自由基的产生机制及其对组织细胞的毒性机理为石棉相关疾病的预防、诊断和治疗提供了一个新的途径(Mesaros et al. ,2015)。

3. 细胞内信号转导失衡

多年来关于恶性肿瘤的研究范畴仅局限于研究细胞的分裂、增殖、分化及其调控,因为恶性肿瘤基本的生物学特征表现为细胞增殖与分化调控的失衡。近年研究也逐渐发现,细胞凋亡与肿瘤的关系非常密切。石棉可刺激某些细胞调节因子和生长因子生成,影响细胞内信号转导,从而导致肿瘤的发生(Kamp,2009)。在石棉刺激细胞发生癌变过程中有包括白细胞介素-1(IL-1)、转化生长因子-β(TGF-β)、表皮生长因子受体(EGFR)等多种细胞因子的表达增强,且以上细胞因子在炎症损伤、细胞增殖及肿瘤的发生、发展过程中均起着相当重要的作用(Liu and Brody,2001;Faux et al. ,2000)。詹显全和杨青(2001a)研究发现,蛋白激酶 A(PKA)、蛋白激酶 C(PKC)和酪氨酸蛋白激酶(TPK)的抑制剂和激活剂均能使青石棉诱导的人胚肺成纤维细胞(HEPF)增殖受到抑制和激活,且呈显著的剂量-效应关系($P<0.01$),且青石棉组被抑制和激活的程度强于二氧化钛组和石英组。从 3 种蛋白激酶的作用强度分析发现,在青石棉诱导的 HEPF 增殖中 TPK 信号通路的作用最强,其次是 PKC 信号通路,PKA 信号通路的作用最弱。青石棉的诱导可促使 HEPF 的 G2/M 期细胞百分率增加,而且细胞凋亡的比例明显减少。这表明青石棉所致 HEPF 增殖可能是通过影响细胞周期,特别是增加 S 期 DNA 合成和促进 G2/M 期细胞分裂,减少细胞凋亡来实现的。PKC 抑制剂可使青石棉所致 HEPF 增殖的细胞周期的 S+G2/M 期细胞百分比减少,细胞凋亡百分比增加,表明 PKC 抑制青石棉所致 HEPF 增殖主要是通过抑制 S 期 DNA 合成和促进其凋亡来实现的。

此外,蛇纹石石棉处理 AM 的上清液刺激 HEPF 增殖时,HEPF 的 G2/M 期细胞百分比高于各对照组(为 7.2%),而细胞凋亡百分率低于各对照组(为 3.5%);PKC 抑制剂使蛇纹石石棉所致 HEPF 增殖时的 S 期细胞百分比由 37.8%减少到 27.3%,凋亡百分率由 3.5%增加到 22.7%,而 PKC 激活剂能使此 S 期细胞百分比增加;PKC 抑制剂和激活剂主要是作用于 S 期 DNA 的合成和诱导细胞凋亡(詹显全和杨青,2001b;詹显全等,2001,2000b)。同时,细胞周期蛋白(cyclin)、增殖细胞核抗原(PCNA)、P34cdc2激酶等几种蛋白可能都参与了蛇纹石石棉所致的 HEPF 增殖,且其上游的 PKC 信号通路与 PCNA 表达的改变和细胞周期变化有关。

Witschi 等(1980)等首次提出肺纤维化发病机理与"炎性紊乱"无关,而与肺上皮细胞凋亡和修复损伤有关,称作"Witschi 假说"。后来许多研究表明,细胞凋亡不仅是各种原因导致的肺纤维化发生的重要早期事件,而且是阻碍正常肺组织修复和促进肺纤维化的关键(Sisson et al. ,2010)。目前细胞凋亡的研究十分庞大和复杂,氧化应激、mtDNA 损伤以及内质网应激是近期研究的热点,但大多数细胞凋亡的信号通路的机制尚不明确:*p53*、线粒体 hOgg1、Aco-2 在石棉诱导内源性凋亡中相互作用机制(Liu et al. ,2013);铁源性活性氧与线粒体、细胞凋亡之间的作用机制,以及它与细胞死亡的关系;线粒体活性氧、*Bcl-2* 家族以及内质网钙离子释放,通过线粒体、内质网相互作用而驱动内源性凋亡的机制(Mei et al. ,2013);*p53*、*Bcl-2* 家族对线粒体通透性转换孔的调控参与细胞凋亡的机制(Dashzeveg et al. ,2015)等。越来越多的证据表明,凋亡是特发性肺纤维化、石棉肺发生、发展的关键,而经石棉处理不同类型的细胞,胞内活性氧产生、mtDNA 损伤、凋亡相关物质表达以及细胞结局的不同,提示不同类型细胞凋亡途径可能不同(Kopnin et al. ,2004)。石棉诱导细胞凋亡的研究可能对肺纤维化疾病的诊治有重要意义,其作用机理仍需进一步深入研究。

4. 癌基因的激活和抑癌基因的失活

癌基因和抑癌基因共同调节细胞增生和死亡之间的平衡。与石棉致癌相关的细胞癌基因和抑癌基因主要有 ras、$c\text{-}fos$、$p53$、$p16$ 等。国内外多项研究证明,石棉致癌过程中有以上基因的异常表达(Morris et al. ,2004)。有研究发现,SV40 病毒癌基因也在石棉致癌的过程中发挥重要作用(Robinson et al. ,2006)。

石棉致癌过程是癌基因的激活还是抑癌基因的失活的研究还在进行,但近年来在石棉诱导的癌基因表达方面得到比较一致和肯定的结果,即石棉可诱导靶细胞 $c\text{-}fos$、$c\text{-}jun$、间皮细胞 $c\text{-}sis$ 等原癌基因表达增强,这些原癌基因都与细胞增生有关。大多数染色体畸变是以细胞分裂活动为必要条件的,只有累及那些与肿瘤相关的基因,才能导致肿瘤的启动和演进。然而,与肿瘤发生相关的基因和染色体上的数以万计的基因相比是微乎其微的。正因为如此,石棉诱发致癌的过程很漫长。据统计,蛇纹石石棉致病的潜伏期为 25～35 年,青石棉为 15～25 年。如果有针对性地采取一些预防治疗措施,这个过程可能会变得更长,甚至不会发生。

5. 石棉与吸烟协同致癌

在外源性化学物引起的细胞癌变中,DNA 损伤常常在启动阶段最先发生。损伤的 DNA 若不能完全修复则可能引起相关基因突变,启动致癌过程。一些研究根据香烟烟雾中各种成分与蛇纹石石棉单独及联合作用于人体细胞时 DNA 链断裂的情况,从致癌过程的启动阶段探讨吸烟与蛇纹石石棉的联合致癌机制。

王起恩等(1998)发现,香烟烟雾溶液(CSS)中含有一些致突变物,可直接作用于 DNA;还有一些物质可通过产生活性氧和活性氮间接作用于 DNA,诱导 DNA 链断裂。石棉可吸附香烟中的一些致癌物,更易到达细胞内部,通过在细胞内产生活性氧或直接与 DNA 作用使 DNA 发生损伤;石棉表面有 Fe^{3+} ,它可与 CSS 中的 H_2O_2 发生 Fenton 反应生成 ·OH(活性氧自由基中唯一能作用于 DNA 的自由基),两者联合作用可使 ·OH 生成增多,进一步加重 DNA 的损伤。Nakayama 等(1989)也发现焦油提取物可产生 H_2O_2 ,引起 DNA 单链断裂。Leanderson(2010)指出,香烟中的多酚除产生 H_2O_2 外,其中的氢醌还可激活细胞内的核酸内切酶,从而导致 DNA 链断裂。可见吸烟引起的 DNA 损伤涉及烟中的多种成分,而不同成分之间可能发生相互作用。蛇纹石石棉也可诱导细胞 DNA 链断裂。Dong 等(1994)的研究表明,SOD 和过氧化氢酶(CAT)可部分抑制 UICC 蛇纹石石棉引起的大鼠胸膜间皮细胞的非程序化 DNA 合成(UDS);灭活后的 SOD 和 CAT 及牛血清蛋白对蛇纹石石棉引起的 DNA 损伤也都有保护作用。这些结果显示活性氧和其他较稳定的物质可能与 DNA 损伤有关,但二甲基亚砜(DMSO)、CAT 和 SOD 都不能完全抑制石棉引起的 DNA 损伤,提示石棉还可能通过其他途径造成

DNA 损伤。Wang 等(1987)发现蛇纹石石棉可诱导 HEI 细胞 DNA 链断裂,且 CSS 和蛇纹石石棉对 HEL 细胞的 DNA 的损伤表现为协同作用,但其机制仍在探索中。Jackson 等(1987)报道,青石棉和 CSS 可协同引起 cccDNA 链断裂。石棉与香烟焦油联合催化引起的 DNA 缺口涉及 H_2O_2 和铁介导的 Fenton 反应。氧化清除剂,如甘露醇、DMSO、CAT、铁络合剂等,都可不同程度地防止 DNA 链断裂,说明活性氧自由基,尤其是 ·OH 在两者联合引起 DNA 损伤中起着重要作用。

　　流行病学调查表明,吸烟同时接触石棉可协同增加人类肺癌的发生率。王治明等(2001)探讨某工厂吸烟、单纯接触蛇纹石石棉的工人恶性肿瘤发病率,研究队列为 515 例男性石棉工人,对照队列为 650 例不接尘男性工人,追踪 27 年(1972~1998 年)。研究队列全癌死亡 50 例,标化死亡比(SMR)=144,其中肺癌 22 例(SMR=652);对照队列全癌死亡 11 例(SMR=34),肺癌 3 例(SMR=89)。两队列间全癌和肺癌差异均有显著性($P<0.05$)。不接触石棉的吸烟者肺癌相对危险度(RR)为 2.6,不吸烟的石棉接触者肺癌 RR 为 12.2,而接触石棉的吸烟者 RR 高达 32.1。吸烟和石棉暴露协同指数为 2.2,但其联合致癌机制尚不十分清楚。Andujar 等(2010)调查得出吸烟人群接触石棉的肺癌发生率比不接触石棉的高 5~9 倍,而如果既吸烟又接触石棉,这个比例就变成 50~90 倍,并且致癌的进程大大加快。石棉和吸烟单独及联合作用对人体的危害是完全可以肯定的。吸烟可以损伤肺组织对石棉的清除作用,香烟中的 B(a)P 被刺入细胞的石棉吸附后,加速了 B(a)P 的致癌进程;石棉中的铁又催化烟雾中的活性氧产生 ·OH,导致 DNA 发生突变。吸烟致癌,石棉作为促进剂和媒介,促使烟雾的致癌作用加强和加快。

10.2.2　蛇纹石石棉致病性机理

　　石棉或其他粉尘经过鼻咽腔、气管、支气管分叉、支气管最终达到肺泡深部(图 10.1A 所示)。而在这一过程当中,鼻咽腔作为第一道防线,几乎可以阻挡 95% 的粒径 $10\mu m$ 以上颗粒物。直径<$5\mu m$ 的粉尘则沿支气管树流动,部分纤维状或不规则粉尘会在前进过程中被气道纤毛上皮细胞及分泌物截留,而通过咳嗽、打喷嚏或者咳痰排出体外。随着气流逐步减慢,纤维粉尘因重力作用,沉积在终末呼吸性细支气管和肺泡壁上。由于肺泡表面无黏液,与肺泡相连的肺泡管、呼吸性支气管的黏膜上皮无纤毛结构,此处粉尘的清除主要靠肺内巨噬细胞的吞噬作用进行。此处的短纤维(<$5\mu m$)以吞噬小体的形式被巨噬细胞完全吞噬,吞噬小体内的纤维可部分溶解或消化,管状的纤维壁变薄。长纤维的吞噬是不完全的,通常出现纤维末端和细胞紧密相连或被包围,部分纤维留在细胞外,若两个或更多细胞共同吞噬一根纤维,有时细胞质明显融合甚至形成多核巨噬细胞。被吞噬的一部分纤维粉尘通过巨噬细胞的阿米巴样运动移送到纤毛上皮表面,并与黏液混合,由纤毛运

动排除。部分纤维及被吞噬的纤维随着巨噬细胞的游走,从一个细胞穿透到相邻的细胞及相邻的组织,逐渐出现在肺泡毛细管基底膜和肺间质(肺泡隔、结缔组织、毛细血管网)中[图 10.1(c)],甚至可能随淋巴及血液循环至全身。

吞噬纤维的巨噬细胞崩解死亡后,释放的纤维又会被其他巨噬细胞吞噬,如此造成肺泡巨噬细胞吞噬和死亡的恶性循环过程。不能被完全吞噬降解的纤维(或因吸入量较大)在肺部长期停留并对细胞(如 I 型上皮细胞、成纤维细胞或间皮细胞)发生吞噬、包裹或其他缓慢的作用。但经过反复吞噬的纤维形态和结构会发生明显变化,直至被完全消化分解。然而,随着接触粉尘时间的延长,必然导致肺主体细胞构成结构比例失调和修复细胞大量消耗,进而影响肺结构和功能以及肺组织的清除粉尘机制减弱,致使纤维粉尘在肺内的滞留,从而加重慢性炎症、肺纤维化等病变并引发肺功能的损伤。此外,还有部分细微尘粒(主要是直径为 $0.1 \sim 0.5 \mu m$)在肺泡和肺毛细血管壁膜沉积直接影响肺的弥散作用(O_2、CO_2 等气体的交换过程)。综合纤维粉尘在呼吸系统的迁移和清除,绝大多数的石棉纤维经过廓清体系(黏液纤毛廓清机制和有效的咳嗽)排出体外;沉积在肺内的粉尘粒径集中在 $2 \sim 2.5 \mu m$,占吸入粉尘的 $1\% \sim 2\%$,这些纤维可能被巨噬细胞吞噬或穿透肺上皮细胞而进入肺间质,滞留于肺内,造成损伤。但长度大于 $5 \mu m$ 的纤维粉尘一旦进入肺泡,上述的清除机制将不能有效地发挥作用,纤维与正常细胞、变异细胞及其代谢产物的作用长期存在,因此在病变组织中可以看到残留的长纤维。

粉尘引起的组织病理损伤主要集中在细支气管到肺泡这一段分支,受损靶细胞包括肺泡巨噬细胞、肺泡上皮细胞和肺成纤维细胞[图 10.1(c)和(d)]。石棉粉尘进入肺泡后造成局限性肺泡炎症,导致以单核巨噬细胞为主的单个核细胞浸润,持续激活并分泌大量种类繁多的细胞因子,这些细胞因子造成淋巴细胞的聚集和活化。淋巴细胞通过释放可溶性因子(如 r-干扰素、GM-CSF)进一步活化巨噬细胞,巨噬细胞又分泌更多的炎症介质,促进炎症反应加剧。长纤维由于不能完全被巨噬细胞吞噬,对肺泡上皮细胞以及间质细胞造成损伤。肺泡处受损的肺泡 I 型上皮细胞可由肺泡 II 型上皮细胞增生来修补,细支气管上皮细胞则由周围存活的细胞过度增生来修补,这些修复又往往引起巨噬细胞的聚集。巨噬细胞积聚一方面在清除石棉方面起重要作用,另一方面造成了石棉肺早期病变的基础。例如,吞噬石棉的巨噬细胞释放趋化因子、炎性因子($IL_{1 \sim 12}$、TNF、TGF),以及分泌的生长因子、纤维化因子(MFF)等活性物质,刺激成纤维细胞增殖、胶原代谢紊乱及细胞外基质(ECM)沉积和增加等。纤维粉尘引起肺泡和肺泡壁内炎症反应,这种持续的慢性炎症反应是肺纤维化的早期病变基础。由于不断的吸入纤维以及纤维的持续性刺激,肺内重复上述的病理生理过程,随其发展,炎症逐渐蔓延到邻近的肺间质部分和血管,并激活成纤维细胞活化增殖,促进其合成和释放大量胶原纤维,导

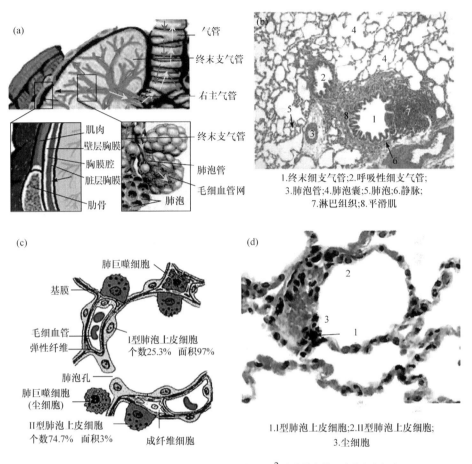

图 10.1　石棉纤维在肺组织中的运移及主要作用靶位

（a）肺组织结构示意图（箭头标明石棉纤维运移方向和作用部位）；（b）肺组织切片图（由西南医科大学张青碧教授提供）；[（c）,（d）]肺泡结构模式图和切片图（摘自《组织学与胚胎学》,邹仲之和李继承修编）

Figure 10.1　Migration of asbestos fibers in tissues of lung and the main targeted position

（a）Structural representation of lung tissue（the migrationdirection and the targeted position of asbestos fiber was marked by arrows）；（b）Lung biopsy（provided by Prof. ZHANG Qingbi,Southwest Medical University）；（c）Alveolar pattern and（d）Alveolar biopsy（cited from *Histology and Embryology*,Ed. ZOU Zhongzhi and LI Jicheng）

致肺间质纤维化。随着肺纤维化逐渐加重,肺组织破坏逐渐加剧,出现肺功能损害甚至呼吸衰竭等。而进入肺组织内的持久性的石棉纤维（主要是角闪石石棉）还可通过淋巴和血液系统等被运移而集中在胸膜附近。此处的纤维经由直接刺激作用、对细胞的氧化损伤、引发炎症反应等激活细胞内的信号通路,导致细胞增殖或凋亡通路异常,或引起基因改变,产生胸膜斑、弥漫性胸膜增厚等病症,并可能诱发间皮瘤(图 10.2)。

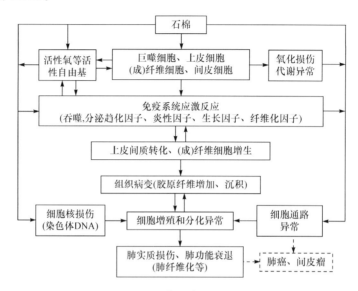

图 10.2　石棉致病机理示意图

Figure 10.2　Schematic diagram of the pathopoiesis of asbestos

石棉纤维在肺内移动、消化分解并导致纤维化过程中,自由基反应等也起到十分重要的作用。肺泡巨噬细胞、上皮细胞吞噬纤维,发生呼吸爆发,产生大量自由基;石棉纤维也独立产生活性氧自由基和硅氧自由基;髓单核细胞向巨噬细胞转化过程中也可产生自由基。且蛇纹石石棉表面具有活泼的生物特征,如电子转移、亲合力、催化活性等,可以通过与膜上糖蛋白分子中的 N-乙酰氨基葡萄糖残基结合触发自由基反应,粉尘表面的活性位点如硅氧自由基、Fe^{2+}/Fe^{3+} 等可启动 Haber-Weissi 反应等释放自由基。产生的 ·OH、·O_2^- 等自由基以及 H_2O_2 等都具有活泼的化学特性,并可触发膜脂质过氧化链式反应,导致膜流动性、通透性改变,甚至崩解;或直接与生物大分子作用,造成酶失活、蛋白质功能障碍、线粒体能量代谢失调;细胞内的活性氧爆发还会引起细胞内钙过载等离子转运过程的失衡,从而启动细胞各类细胞凋亡或修复通道的变异。此外,氧化损伤还会影响增加蛋白酶和纤溶酶原的激活因子,从而影响 ECM 的合成、降解和重建。当细胞膜功能受损时会使得肺泡的弥散功能异常,影响肺换气功能。

石棉吸入肺组织经吞噬-炎症反应并产生大量自由基阶段后,其持久的致癌分子机制可归结为以下几步(图 10.2):①机械刺激细胞染色体改变:蛇纹石石棉纤维为结晶态,纤维锐利并有尖刺,可以刺破肺泡上皮细胞、巨噬细胞和胸膜间皮细胞等。纤维刺入细胞造成细胞膜骨架结构扰动,被吞噬的靠近细胞核区的纤维会影响细胞内染色体的有丝分裂活动,进入核区的纤维可能吸附或者"缠住"染色体,导致染色体数目和结构畸变,这些改变包括四倍体、非整倍体、染色单体裂隙、断裂、交换,染色体断裂、断片以及双着丝粒染色体等改变。此外,一些内生的分子,如玻连蛋白及微管蛋白也可以和石棉相互作用,并在石棉的内在化、有丝分裂干扰过程中起重要作用。②复合多种自由基介导的遗传损伤与基因突变,包括石棉及其诱导的细胞次生的活性氧自由基和活性氮自由基对染色体和 DNA 损伤介导作用(对癌基因的激活及相关信号通路的干扰),也包括石棉表面产生活性氧类对遗传物质的损伤作用,例如,石棉可引起黄嘌呤鸟嘌呤磷酸核糖转移酶(xgprt)基因的大片段、多位点基因缺失,对编码抗原基因的诱导突变等。③载尘细胞凋亡与增殖信号转导异常:首先石棉可通过细胞表面的受体机制或与细胞表面整合素、质膜相互作用,或通过刺激细胞释放活性氧激活原癌基因的上游信号,引发基因表达的改变。此外,经石棉作用后,靶细胞的生长因子、细胞因子、自由基以及各种生物活性成分的分泌发生变化,而这些成分则通过细胞内信号传导,产生一系列的生物化学反应,引起细胞周期或者增殖异常。蛋白激酶 C(PKC)、酪氨酸蛋白激酶(TPK)、磷脂酶(PLC)等信号途径参与了石棉介导巨噬细胞产生活性氧自由基的过程,而自由基信号又可刺激核转录因子 NF-κB、NF-IL6 等信号转导,这些信号一方面诱导调控细胞增殖的癌基因 c-fos、c-jun 等的表达,另一方面该因子的表达与炎症密切相关,被认为是炎症导致肿瘤的关键。这个过程会导致载尘正常细胞,如上皮细胞、间皮细胞和成纤维细胞向非正常细胞转化并导致原细胞结构与功能损伤和单细胞凋亡与增殖紊乱,或者产生变异新细胞或病变组织。④癌基因的表达(激活与失活)和细胞癌变:肿瘤细胞具有细胞分化和增殖异常、生长失去控制、浸润性和转移性等生物学特征,其发生是一个多因子、多步骤的复杂过程,分为致癌、促癌、演进三个过程。经过流行病学调查分析,石棉接触诱导癌症的潜伏期可能达20~30 年之久,这说明石棉的致癌作用可能为石棉纤维长期刺激导致的基因突变的累积结果,且只有那些累及肿瘤的相关基因如 1、3、4、5、7、9、11、13、17、22 号等染色体(包括癌基因、抑癌基因如 $p53$、$p16$、NF2、WT-1 等)的突变,才可能导致肿瘤的启动或演进。其中主要的癌基因包括 K-ras、c-fos、c-jun、c-sis、c-myc,这类基因的激活和上调可能是肺癌和间皮瘤发生的关键。在漫长的致癌过程中,正是那些"关键的基因突变"使得靶细胞成为癌前细胞(启动作用),进一步增殖、逆分化(促进作用),又同时或随后经多次突变成恶性表型细胞(演进作用)。对比正常细胞,具有恶性表型的细胞细胞膜表面纤黏连蛋白水平表达显著降低、表面糖蛋白减少,细胞分泌的葡糖胺聚糖较少、发生钙黏蛋白合成障碍,并诱使细胞骨架微丝两端的黏着斑蛋白磷酸化等等,引起细胞形态改变,使其具有更高的侵袭转移能力。最终,这些恶性表型细胞可能增殖为临床可见的恶性肿瘤。由此得出,石棉纤维与细胞相互作用的最终结果不仅体现在活性氧、基因缺失或错位、信号传导异常等引起的细胞增殖与周期的改变,也体现在细胞表型、代谢与功能上。

除上述主要步骤外,石棉纤维对各类生物分子的吸附作用也可导致内源或者外源的致癌相关分子的积累以及对细胞信号通路的干扰(图 10.2)。例如,苯并芘这些致癌性的化学物质极易吸附到石棉分子表面,从而产生联合致癌效应。细胞液中的 DNA 也可以通过静电吸引黏附于带正电荷的蛇纹石石棉表面,从而使石棉携带外源 DNA 进入细胞。外源 DNA 分裂或者切断控制细胞正常生长的基因,或者 DNA 载带细胞内活化的致癌基因,或激活在宿主细胞中保持静止状态的癌基因,或引起细胞的修复酶复制 DNA,从而增加细胞癌变的概率。

如果降低纤维粉尘与肺泡细胞作用的概率(降浓度)、降低纤维长度、缩短持续接触反应时间(生物持久性)、抑制自由基释放浓度和种类、减少石棉的复合污染等措施都可以有效地预防石棉肺和重症病变的发生。

10.3　蛇纹石石棉危害可防可控

人的活动无一不存在风险,绝对安全的"零危险度"环境,在实际工作中难以实现(万朴,2008)。因此,职业性有害因素,特别是对致癌物质进行危险度评定,并据此进行危险度管理的决策时,也应有风险意识,多取"社会可接受危险度"或"一般认为安全水平"。在两类石棉中,使用角闪石石棉对人类的健康有不可接受的风险,应该坚决禁止生产使用;而在蛇纹石石棉的生产和使用过程中虽也存在一定的风险,但这种风险应该是"社会可接受危险度",因为蛇纹石石棉的风险明显小于吸烟,也可能小于雾霾。《2015 我国职业病防治调研报告》指出我国职业病发病形势严峻。近十年职业病发病情况呈现明显的凹形反弹倾向,即发病人数从 20 世纪 90 年代初逐年下降,1997 年降至最低后又呈反弹趋势,其中主要是尘肺病检出率显著回升。截至 2014 年底,全国累计报告职业病 86.36 万例,其中尘肺病 77.72 万例。表 10.4 是 2000~2014 年全国职业病发病报告情况的相关数据,其中职业性尘肺病和其他呼吸系统疾病呈现一个递增的关系。2014 年职业性尘肺病新病例占 89.66%,其中 94.21% 的病例为煤工尘肺和硅肺,分别为 13846 例和 11471例。我国职业性肿瘤病中苯所致白血病的患者最多,近五年内焦炉工人肺癌患者人数逐渐减少,但是石棉所致肺癌和间皮癌人数却逐年增加(表 10.5)。尘肺病呈现地区性、行业聚集性等特点,整体发病呈持续高发、逐年上升,且发病工龄缩短的趋势。存在尘肺病危害的企业数量大,以东部经济发达地区小型企业为主,且有向中西部地区转移的趋势,主要分布在矿山、建材、有色金属、冶金等行业。此外,尘肺病具有隐匿性和潜伏期长的特点,因而预计我国尘肺病仍将呈持续高发态势。

表 10.4　2000～2014 年中国职业病统计

Table 10.4　Statistical data of occupational diseases in China from 2000 to 2014

年份	新增病例数	尘肺病			慢性职业中毒		急性职业中毒			其他职业性疾病	
		例数	患病率/%	死亡率/%	例数	患病率/%	例数	患病率/%	死亡率/%	例数	患病率/%
2000	11718	9100	77.7	30.0	1196	10.2	785	6.7	21.5	527	4.5
2001	13215	1050	79.5	21.5	1166	8.8	759	5.8	14.5	788	6.0
2002	14821	12248	82.6	18.3	1300	15.1	590	4.0	19.0	788	5.3
2003	10467	8364	79.9	22.1	822	7.9	504	4.8	9.3	717	6.9
2004	4654	3326	71.5	9.0	501	10.8	301	9.1	10.0	526	11.3
2005	12212	9173	75.1	10.5	1379	11.3	613	5.0	4.6	1047	8.6
2006	11519	8783	76.3	—	1083	9.4	467	4.1	—	—	—
2007	14296	10963	76.7	8.0	1638	11.5	600	4.0	12.7	1095	7.7
2008	13744	10828	78.8	—	—	—	—	—	—	—	—
2009	18128	14495	80.0	5.2	1912	11.6	522	3.1	3.8	1106	6.1
2010	27240	23812	87.4	2.9	1417	5.2	617	2.3	4.5	1394	5.1
2011	29879	26401	88.4	2.7	1541	5.2	590	2.0	7.6	1347	4.5
2012	27420	24206	88.3	—	1040	3.8	601	2.2	3.3	—	—
2013	26393	23152	87.7	—	904	3.4	637	2.4	3.9	1700	6.4
2014	29972	26873	89.7	—	795	2.7	486	1.6	0.4	1818	6.1

注:①数据来自国家卫生计生委疾病预防控制局;②"—"表示该数据未报道。

表 10.5　2010～2014 年中国职业性肿瘤病例统计

Table 10.5　Statistical data of occupational tumor diseases in China from 2010 to 2014

年份	苯所致白血病例数	焦炉工人肺癌例数	石棉所致肺癌和间皮瘤例数	联苯胺所致膀胱癌例数	铬酸盐制造业工人肺癌例数	砷所致肺癌和皮肤癌例数	氯甲醚和双氯甲醚所致肺癌例数	β-萘胺所致膀胱癌例数
2010	49	18	10	1	1	1	0	0
2011	52	25	8	4	2	1	0	0
2012	53	17	19	3	3	0	0	0
2013	41	18	19	2	2	0	6	0
2014	53	0	27	3	0	1	1	1

注:数据来自国家卫生计生委疾病预防控制局。

　　根据职业病的报道,存在有砷、炼焦、炼铬、氯甲醚等接触职工的肺癌,放射性肿瘤,苯接触者的白血病,联苯胺接触者的膀胱癌,氯乙烯引起的肝血管肉瘤等,而这些职业性致癌因素并没有导致全球对它们的"封杀"和"禁令",而是采用规范化工作程序达到预防的目的。对其他粉尘以及有明确致癌性的物质也并没有简单地采取禁用方式,对蛇纹石石棉为何不能如此呢? 当然,并不否认蛇纹石石棉对人体健康的危害性,但这种危害性具有可预防和可控性,只要大力宣传和贯彻石棉安全使用规范,加强防尘和降尘,加大开发蛇纹石石棉新工艺力度,使工人的劳动环境达到国家规定的工作场所蛇纹石石棉的卫生标准,就可能将危害降到最低,从而达到"社会可接受危险度",让丰富的蛇纹石石棉资源可靠安全地为人类服务(Dong et al. ,2015)。

很多研究表明石棉与肺癌存在明显的剂量-效应关系,这就给控制肺癌找到了一个突破点,也就是降低石棉粉尘浓度就可能控制肺癌的发病率。王绵珍等对重庆石棉制品厂的调查结果充分说明了这一点。20 世纪 60 年代以后,由于职业环境粉尘浓度降低,70 年代后进厂的新工人肺癌的发生明显少于以前的老工人。

石棉诱发的肿瘤潜伏期很长,一般为 30～40 年,而吸烟有明显促进石棉致肺癌的作用,因此应从立法角度加强这方面的干预工作。应强调接触石棉的工人在"一般认为安全水平"的职业或非职业环境中和生活习惯中都应禁止吸烟,另外通过多喝绿茶和多吃富含硒的食物或类似药物干预预防肿瘤的发生。

国际上也进行了大量的动物实验,Pascolo 等(2016)对 6～8 周的 C57B1/6 小鼠的肺部滴灌了悬浮于生理盐水的 $100\mu g$ 青石棉,并在一个月后对这些小鼠的肺部进行了病理学和铁离子、钙离子含量的测试。结果表明,滴灌了青石棉的小鼠产生了相关的炎症反应和非典型性增生反应,但是铁和钙离子的沉积比较少见,只有一些弱阳性的反应,也没有在小鼠体内发现残留的青石棉纤维。Bernstein 等(2015)开展了青石棉、制动粉尘及蛇纹石石棉的吸入式动物实验,实验纤维长度设定大于 $20\mu m$,浓度为 $100f/cm^3$。结果显示,制动粉尘或蛇纹石石棉/制动粉尘暴露组在暴露一年后,肺部和胸膜无明显的病理反应,而青石棉组则迅速产生了炎症反应,而且小鼠体内没有发现蛇纹石石棉纤维,青石棉纤维则在第 7 周被发现。无论直接滴灌还是吸入实验,结果都表明,低剂量短期暴露下蛇纹石石棉对于人体并不会引发病理反应,即非职业暴露下接触蛇纹石石棉是安全的。

10.4 蛇纹石石棉可以安全使用

石棉的应用已有千余年的历史,是一种有广泛用途的纤维材料。使用蛇纹石石棉或使用含有蛇纹石石棉的制品已有 3000 余种,广泛应用于二十多个工业部门,但目前为止还未找到理想的石棉代用品。蛇纹石石棉可以安全使用的理由如下。

10.4.1　蛇纹石石棉具有较低的生物持久性

矿物粉尘 pH/电导率是矿物表面的特征值,全面反映其溶解度、化学活性、表面电性、降解和残留、防腐、配伍等方面的行为趋势(董发勤等,2000a),矿物粉尘在溶液体系中 pH/电导率的测定对研究水相复杂体系中矿物粉尘与有机物质(如氨基酸、维生素等)之间的相互作用具有重要研究价值。通过粉尘在模拟人体或细胞环境介质[如纯水、氨基酸(谷氨酸、缬氨酸、赖氨酸)、Gamble 溶液、有机酸(乙酸、草酸、柠檬酸、酒石酸、石炭酸)]中的溶蚀实验研究表明:

(1) 矿物的溶解速率受粒度、表面活性、温度、浓度差、时间等因素影响。矿物在水介质中的 pH/电导率与其粒度细度呈正相关关系,但粒度效应在不同矿尘间有差异,以多孔状矿尘较为明显(董发勤等,2000b)。蛇纹石石棉在中性(缬氨酸)、酸性氨基酸(谷氨酸)中电导率和 pH 都有明显的变化,特别是前 20h,表现出较高的溶解性,即较低的耐蚀性。斜发沸石在各种氨基酸中都表现出最小的电导率,表明沸石与氨基酸的作用较弱,有较强的耐蚀能力,在人体组织中具有较高的生物持久性,具有较大的致癌潜力。纤维矿物在氨基酸中的溶解程度从小到大为:斜发沸石<坡缕石、海泡石<纤蛇纹石(李国武等,2000)。

(2) 粉尘在 Gamble 溶液中的溶解行为和趋势可以反映其生物持久性。在 Gamble 溶液中检出的纤维矿物粉尘硅、铁、铝、钙、镁元素的累积溶解总量均随时间延长而增加。多数粉尘的溶解总量与体系的 pH 成反比。粉尘的溶解总量以水镁石、纤蛇纹石为最大,沸石最小。层片状矿物粉尘溶解主要发生在解理和层面剥离的台阶区,溶解速率与台阶密度正相关。溶解速率的非线性度取决于台阶密度。溶解过程受表面形态控制,开始多发生在台阶边缘,以单层方式推进,一层一层地推移,尽管表面有时会出现深的蚀坑。层状矿物粉尘,如蛇纹石、水镁石等表现出相似的规律。粉尘在 Gamble 溶液中的溶解趋势与在水中和巨噬细胞培养液中是一致的,甚至与地表天然矿物的风化溶解或土壤中矿物的离解也有类似之处,但溶解总量基本与体系酸度和有机离子的总量成正比。富钙、镁或铝的粉尘溶解速率高于富钾、硅的粉尘;纤状样的局部活性高于土状样,这与其自身成尘过程中的活化有关(纤状样的天然结晶度均高)。环境的低 pH、高溶解氧量或氧化反应、高盐溶液均可促进溶解(董发勤等,2000b)。

(3) 在有机酸中的溶解表明,纤维粉尘比粒状粉尘有更强的耐蚀能力。蛇纹石石棉、水镁石、硅灰石能完全溶解在含—OH 的有机酸(柠檬酸、酒石酸)溶液中,生成镁盐、钙盐,但是镁仅仅是进入有机酸溶液中,而硅在没有—OH 的有机酸(乙酸、草酸)中能形成络合物。海泡石、坡缕石、斜发沸石只是少许 Mg^{2+} 和 Al^{3+} 交换出来,矿物结构没有变化,总溶解损失达 8%～10%。蛇纹石石棉和利蛇纹石不仅有阳离子离解,还有部分 SiO_2 溶解。含 SiO_2 的粉尘在有机酸中的溶解特征不仅指示了硅肺病和类似疾病的病因、处理措施和体内的运移过程,也为硅肺病的治疗提供了一种可能的方法。经酸性体系处理后,纤维状粉尘纤维变短、长径比减小、柔性减弱、端部变圆,部分溶解成串珠状;粗大颗粒松散塌陷,表面粗糙度增加;片状粉尘表现为变碎变细。纤维状矿物中蛇纹石石棉、硅灰石较易溶解,纤状海泡石、坡缕石溶解性较差。硅酸盐矿物粉尘在酸性环境中的溶解残余物趋向近球形的纳米级颗粒,主要成分是无定型 SiO_2。这种纳米级颗粒的致病机理值得深入研究(刘福生和董发勤,2000)。

(4) 纤维矿物与氨基酸作用的结果是导致氨基酸的断键与络合,其中酸性氨基酸产生的活性反应作用最强,能导致氨基酸分解和络合,中性氨基酸的溶解特征与纤维的性质有较大的关系,生物活性较弱的纤维在中性氨基酸中溶解较强。在碱性氨基酸中矿物产生的溶解和氨基酸基团损伤作用都较弱(李国武等,2000)。硅灰石矿物在有机酸中发生了反应,溶解过程经历了酸碱中和反应生成有机酸盐和 SiO_2,再溶解形成含硅有机配合物这两个反应历程(董发勤和贺小春,2005),这也反映了可溶性含硅矿物纤维,如蛇纹石石棉在生物体内长期溶解、有机络合与纤维化的过程。

(5) 石棉的主要代用纤维:硅灰石、岩棉纤维、玻璃纤维、陶瓷纤维,在有机酸中的溶解程度也不尽相同。在不同的有机酸溶剂中溶解时,各种代用纤维易溶解的离子也不同:硅灰石在溶解时 Ca^{2+} 浓度最高,硅灰石八面体中 Ca^{2+} 溶解,进入有机酸溶液。而岩棉纤维中可溶解离子比例较高,经有机酸溶解后,各溶液中 Ca^{2+}、Mg^{2+}、Fe^{2+}、K^+ 浓度升高。玻璃纤维经过有机酸溶解以后,溶液中主要为 Na^+、Al^{3+}、Ca^{2+} 和 Mg^{2+}。而陶瓷纤维有机酸溶液中 Al^{3+} 和 K^+ 的浓度较高。作为溶解度最大的硅灰石,其溶解后的残余固体的红外光谱变化明显,完全失去了硅灰石红外光谱的特征吸收,特别是在归属于硅灰石的 $Si—O—Si$ 不对称伸缩振动和 $O^-—Si—O^-$ 的伸缩振动的六个强吸收带消失。岩棉经过溶蚀后,岩棉纤维表面存在大量的溶蚀坑,并有大量的溶蚀残余颗粒,纤维状残余固体含量少,且纤维表面堆积大量的溶蚀小颗粒的残渣。玻璃纤维经过溶蚀后原本光滑的玻璃纤维表面出现溶蚀坑,纤维的两端变钝。陶瓷纤维经过溶蚀后情况与玻璃纤维类似,但相对于玻璃纤维和岩棉,现象较不明显。这些代用纤维和蛇纹石石棉及纳米 SiO_2 对比来看,蛇纹石石棉、硅灰石、岩棉在有机酸溶液中容易被溶蚀,而玻璃纤维溶解能力较弱,但明显比陶瓷纤维容易,纳米 SiO_2 在有机酸中稳定,溶蚀最为缓慢。这些代用纤维和石棉纤维相比,大部分溶解度更低,表示更难被人体溶解排出,会对人体造成长期的损害(甘四洋,2009)。

(6) 石棉及其代用纤维的溶解性是不同的,在动物实验中,蛇纹石石棉在肺部的清除半衰期($T_{1/2}$)是最短的,由于长短和产地的不同,$T_{1/2}$ 最短只要 7h,人造玻璃纤维(MMVF34)则需要 6d。两者溶解性均较强,比较容易从肺部清除。而 Ar-

amid 纤维的 $T_{1/2}$ 为 60d,耐火陶瓷纤维为 80d,它们会较为长期地沉积在肺部组织使肺部持续损伤,而铁石棉、赛璐珞、青石棉、透闪石石棉的 $T_{1/2}$ 更长,甚至会永久沉积无法从肺部清除。这样会使肺部一直处于炎症状态下产生病理学反应甚至发生癌变。

10.4.2　蛇纹石石棉较强的表面活性具有可改造性

矿物纤维粉尘的酸蚀持久性与其晶体结构类型、结晶度、晶格缺陷、矿物表面基团的种类、位置及裸露程度密切相关。结晶程度好、晶格缺陷少,耐酸蚀性强,表现出较强的生物活性。如纤状海泡石生物毒性大于土状海泡石。如蛇纹石石棉,表面裸露较多的 OH^-,耐酸蚀性较差,表现出较强的生物活性。

矿物粉尘及其酸蚀残余物的化学活性与其比表面积、微孔性质和数量、Lewis 酸位相关,而这又由其晶体结构特点、阳离子交换容量大小及酸活化条件决定。

矿物粉尘的生物活性主要受其表面基团种类、表面电位及生物持久性制约,其生物活性表现之一为其表面离子或活性基团与生物细胞膜作用而发生病变,而在酸性介质中表面活性基团不易丧失者其生物毒性相对较大,但化学活性较低(冯启明等,2000)。

蛇纹石石棉可以经过酸、碱、盐、醇、酯、偶联剂等很多物质的化学改性作用而改变表面结构、表面基团、表面化合物和生物活性(王倩,2011;邓海金和朱惠兰,1996;Minardi and Maltoni,1988;关晓,1984),也可通过表面吸附、包覆、涂敷有机无机分子或加热、辐照、分散等物理方法改性(齐男等,2015;李世青等,2008;蒋波等,1997;Valentine et al.,1983),也可通过活性物质和活体微生物与之作用进行生物表面改性处理(Scheule and Holian,1990)。例如,受酸溶解或经表面改性的矿物纤维粉尘,其潜在的生物毒性可以降低甚至消失;蛇纹石石棉在酸性介质中具生物活性的 OH^- 丧失后,残余物无定型 SiO_2 的生物毒性则比原粉尘小得多;用改性剂将其活性点堵塞,可以降低其生物活性(冯启明等,2000;Minardi and Maltoni,1988)。

10.4.3　蛇纹石石棉细胞毒性可降低

矿物粉尘与细胞的相互作用是一个非常复杂的过程,矿物粉尘所表现出的细胞毒性是多种因素共同作用的结果(邓建军等,2000)。矿物粉尘的细胞毒性主要由其表面特性决定。低生物持久性的矿物粉尘对细胞是安全的。矿物粉尘表面的活性 OH^- 含量与细胞毒性呈正相关关系,蛇纹石石棉、纤状水镁石能电离出 OH^-,而且可以发生多级电离,电离度高,表现出较强的细胞毒性(黄凤德等,2007)。矿物粉尘的细胞毒性并非与其 SiO_2 的含量呈正相关关系,不含 SiO_2 的纤状水镁石表现出较强的细胞活性,含 SiO_2 很高的斜发沸石未表现出细胞毒性。矿物粉尘的变价元素含量可影响细胞的毒性,蛇纹石石棉、纤状水镁石生物活性可能与溶解过程中有变价元素 Fe 的释放有关。

矿物粉尘的细胞毒性与表面电位没有直接关系;矿物粉尘所形成的高 pH 环境,如蛇纹石石棉、纤状水镁石多级电离而形成高 pH 环境的不利于细胞生存;蛇纹石石棉对肺泡巨噬细胞的毒性存在剂量-效应关系、时间-效应关系;矿物粉尘对肺泡巨噬细胞及红细胞(RBC)等不同类型细胞表现出不同的毒性,纤状海泡石未表现出肺泡巨噬细胞毒性而表现出较强的 RBC 毒性;而蛇纹石石棉却表现出较强的肺泡巨噬细胞毒性及较低的 RBC 细胞毒性。用人工方法处理矿物粉尘能降低其对人红细胞的毒性。对低浓度酒石酸、柠檬酸、乙酸、草酸处理 OH⁻ 含量高的水镁石及能显著降低对人"O"型 RBC 的毒性;而尼古丁能显著增加 RBC 的细胞毒性;与矿物粉尘作用后的巨噬细胞形态发生了不同程度的变化,出现巨大细胞、梭形细胞等,几乎所有巨噬细胞都吞有较短纤维,与细胞接触处的纤维显著变粗(黄凤德等,2007)。

六种纤状矿物短期细胞毒性的顺序为:纤状水镁石＞蛇纹石石棉＞纤状海泡石、纤状坡缕石＞纤状硅灰石、斜发沸石,但长期作用的细胞毒性结果,特别是难溶矿物粉尘,可能并非如此。

10.4.4　石棉类疾病是长期累积、多种因素作用的结果

长期暴露于高浓度石棉类粉尘,可导致石棉肺、胸膜间皮瘤及肺癌等疾病的发生。这些疾病的发生的主要机理是:一定长度和直径的石棉纤维(包括其他纤维)首先对直接接触的细胞膜及其功能物质如膜蛋白、膜脂、膜糖和膜酶等发生作用并引起成分、结构和功能的改变,诱发细胞和组织的变异;进而对染色体和 DNA 产生直接的机械干扰或损伤作用,石棉自身产生或可诱导巨噬细胞或通过纤维表面的铁催化(石棉表面络合铁的含量为:青石棉＞铁石棉＞蛇纹石石棉)产生活性氧类(包括 $\cdot O_2^-$、$\cdot OH$、H_2O_2 等)、Si—O $\cdot$、NO,SO,PO 等自由基而损伤染色体和 DNA;另外,毒性元素和有机物能加重前面两种作用并促使肺癌发生率升高。

石棉粉尘浓度与石棉肺和肺癌发生的呈剂量-效应关系。吸烟和石棉对导致石棉肺和肺癌有协同作用,吸烟石棉工人的石棉肺和肺癌发生率远远高于非吸烟者,而且石棉肺严重程度(期别)与吸烟和吸烟量(包×年)有关,呈剂量-效应关系。

降低蛇纹石石棉危害性的关键在于认真执行石棉纤维在空气中的浓度指标进行生产和管理,采取全面严格的粉尘控制技术措施,降低石棉粉尘的职业环境浓度(尤其是原棉处理、梳纺和维修)和大气环境质量浓度;在石棉制品中重视不断改进对石棉纤维紧固技术的应用,生产出质量纯的石棉纤维商品和紧固性好的功能制品(万朴,2002);通过禁止吸烟和用工制度改革[改为轮换工(接触石棉尘在 10 年以内),可减少肺癌发生的 90%]来降低石棉的危害性;同时,开展对石棉工人的健

康教育。这些措施可最大限度减少石棉工人石棉肺的发生。将石棉粉尘浓度控制在国际卫生标准内,石棉所致的肺癌是可以预防的。这些都是蛇纹石石棉得以安全使用的前提。

参 考 文 献

陈茂招,梁晓阳,黄丽蓉,等.2005.玻璃纤维粉尘对呼吸系统影响的调查.中国职业医学,32(2):
　45-46

邓海金,朱惠兰.1996.石棉纤维改性方法研究.非金属矿,(5):18-22

邓建军,董发勤,吴逢春,等.2000.纤粒矿物粉尘体外细胞毒性研究.岩石矿物学杂志,19(3):
　249-253

邓建军,董发勤,刘俭,等.2008.温石棉与纤维水镁石矿物粉尘体外细胞毒性的对比.毒理学杂
　志,22(2):117-119

邓茜,兰亚佳,王绵珍.2009.30 年队列研究:接触石棉粉尘与石棉肺发病的剂量-反应关系.现代
　预防医学,36(11):2027-2028

董发勤,贺小春.2005.超细矿物粉尘与人体健康.环境与健康杂志,22(5):393-396

董发勤,李国武,宋功保.2000a.矿物纤维粉尘的电化学特性研究及其意义.岩石矿物学杂志,
　19(3):226-233

董发勤,李国武,霍冀川,等.2000b.纤维矿物粉尘在 Gamble 溶液中的溶解行为.岩石矿物学杂
　志,19(3):199-205

樊晶光.2005.石棉粉尘控制现状分析.劳动保护,(1):26-27

冯启明,董发勤,彭同江,等.2000.矿物纤维粉尘在酸中的稳定性与化学活性研究.岩石矿物学
　杂志,19(3):243-248

甘四洋.2009.纤蛇纹石石棉及无机代用纤维生物耐久性和体外毒性研究.绵阳:西南科技大学
　硕士学位论文

关晓.1984.石棉的化学加工方法.砖瓦世界,(4):32

关砚生,刘铁民,张岩松,等.2002.铁石棉粉尘对大鼠肺部影响的病理观察.中国职业医学,
　29(2):31-33

韩丹,巫北海,杨鸿生,等.2005.诱发性大鼠恶性胸膜间皮瘤动物模型的研究.临床放射学杂志,
　24(3):260-263

韩家岭.2002.中国非金属矿工业协会 2001 年大事记.中国非金属矿工业导刊,(2):47

黄凤德,董发勤,吴逢春,等.2007.温石棉与其代用纤维细胞毒性研究.毒理学杂志,21(6):
　498-500

姜琪.2011.我国不同产地温石棉及代用纤维对中国仓鼠肺细胞 *p73* 和 *p53* 基因表达的影响.泸
　州:泸州医学院硕士学位论文

姜琪,王利民.2011.不同产地温石棉及其人工代用品致癌性研究进展.职业与健康,27(1):
　87-89

蒋波,殷勤俭,黄光琳.1997.石棉纤维辐射接枝有机单体的研究.四川大学学报(自然科学版),
　(2):193-197

孔莹.2002.青石棉污染区肺癌危险因素的病例对照研究.成都:四川大学硕士学位论文

李国武,董发勤,彭同江,等.2000.多孔纤维矿物在氨基酸水溶液中的溶解性及其生物持久性研究.岩石矿物学杂志,19(3):220-225

李世青,巩媛媛,赵文娟.2008.蛇纹石石棉煅烧改性研究.矿产综合利用,(3):25-27

李莹,刘秀玲,刘学成.2005.自由基在矽肺发病机制中的作用.职业卫生与应急救援,23(1):35-37

李媛秋,么鸿雁.2016.肺癌主要危险因素的研究进展.中国肿瘤,25(10):782-786

李子东.2006.温石棉可以安全使用.氯碱工业,(6):19

刘福生,董发勤.2000.矿物粉尘溶解行为的电镜研究及其生物化学意义.岩石矿物学杂志,19(3):234-242

罗陆军,崔书印.1999.石棉粉尘细胞的生物学效应.河南医学研究,(1):30-32

罗素琼,刘学泽.2000.纤维水镁石诱发大鼠肺癌和间皮瘤的实验研究.中华劳动卫生职业病杂志,18(4):241-242

罗素琼,刘学泽,王朝俊.1995.青石棉,苯并(a)芘联合诱发大鼠肺癌的研究.华西医科大学学报,(2):202-205

罗素琼,刘学泽,王朝俊,等.1999a.青石棉诱发大鼠胸膜间皮瘤的实验研究.华西医科大学学报,(3):286-288

罗素琼,刘学泽,王朝俊,等.1999b.不同种类石棉致大鼠间皮瘤的比较.中华劳动卫生职业病杂志,(3):170-171

罗素琼,穆世惠,王津涛,等.2005.环境接触青石棉肿瘤发生危险的15年随访调查.四川大学学报(医学版),(1):105-107

齐男,梁成华,杜立宇,等.2015.热改性蛇纹石对 Pb^{2+} 的吸附平衡及动力学研究.环境污染与防治,(7):30

全国石棉职业肿瘤调查协作组.1986.关于石棉职业肿瘤的调查.中华劳动卫生职业病杂志,(4):216-218

荣葵一.2004.禁用石棉的误区何在?中国建材,(8):55-56

谭康.2003.谈谈石棉的有关话题.中国建材,(5):84-86

万朴.2002.我国温石棉-蛇纹石工业及其结构调整与发展.中国非金属矿工业导刊,(5):8-12

万朴.2008.以多视角研究评价温石棉的安全性.中国非金属矿工业导刊,(5):3-6

王浩,傅继梁.1992.石棉诱变及致癌性研究进展.中华医学遗传学杂志,(1):25-28

王继生.2004.浅析石棉的致病机理和防治途径安全使用温石棉.中国建材,(6):50-51

王起恩,樊晶光,张侠.1998.吸烟与温石棉单独及联合作用对人胚肺细胞 DNA 链断裂的影响.中华劳动卫生职业病杂志,(5):273-276

王起恩,顾志刚,韩春华,等.1999.人造矿物纤维对细胞 DNA 损伤作用的体外研究.中华劳动卫生职业病杂志,17(01):14-16

王倩.2011.纤蛇纹石表面改性及对铜离子吸附性能的研究.长沙:中南大学硕士学位论文

王思愚,吴一龙.2001.系统性纵隔淋巴结清扫术在肺癌外科治疗中的重要性.中国肺癌杂志,4(4):263-267

王治明,王绵珍,兰亚佳.2001.温石棉与肺癌——二十七年追踪研究.中华劳动卫生职业病杂

志,19(2):105-107

徐春生,曹卫华.2008.间皮瘤的流行病学及临床特征.职业与健康,24(23):2588-2590

杨昌跃.2005.大姚县青石棉污染区肺癌和间皮瘤死亡率的调查及其趋势预测.成都:四川大学硕士学位论文

杨龙鹤,马文飞,马云祥.1996.吸烟与健康.南京:江苏科学技术出版社

曾娅莉,甘四洋,董发勤,等.2012.温石棉与 4 种主要代用纤维在有机酸溶解特性与体外细胞毒性的机理研究.现代预防医学,39(12):2938-2941

詹显全,杨青.2001a.蛋白激酶在青石棉处理的肺泡巨噬细胞培养上清液致肺成纤维增殖中的作用.卫生研究,30(1):10-13

詹显全,杨青.2001b.蛋白激酶 C 信号通路对温石棉介导的肺成纤维细胞细胞周期调控蛋白表达的影响.中华劳动卫生职业病杂志,19(1):37-39

詹显全,杨青,王治明.2000a.3 种粉尘对兔肺泡巨噬细胞合成 NO 及 NOS 活性的影响.中国公共卫生,16(8):684-686

詹显全,杨青,王治明,等.2000b.蛋白激酶抑制剂对青石棉致肺成纤维细胞周期改变的影响.中华预防医学杂志,34(6):56-57

詹显全,杨青,王治明,等.2001.蛋白激酶 C 信号通路在温石棉致肺成纤维细胞的细胞周期和凋亡改变中的作用.中华劳动卫生职业病杂志,19(1):34-36

张幸,洪长福,娄金萍,等.2000.人造矿物纤维的体外细胞毒性研究.浙江预防医学,(3):34-38

朱惠兰,杨贵春,邢康吉,等.1987.不同产地温石棉致癌性的研究.卫生研究,(4):3-6

朱晓俊,陈永青,李涛.2014.人造矿物纤维绝热棉对作业工人皮肤的刺激作用.环境与职业医学,31(4):267-271

Alfonso H S,Fritschi L,de Klerk N H,et al.2004. Effects of asbestos and smoking on the levels and rates of change of lung function in a crocidolite exposed cohort in Western Australia. Thorax,59(12):1052-1056

Alfonso H S,Fritschi L,de Klerk N H,et al.2005. Effects of asbestos and smoking on gas diffusion in people exposed to crocidolite. Medical Journal of Australia,183(4):184-187

Ameille J,Brochard P,Letourneux M,et al.2011. Asbestos-related cancer risk in patients with asbestosis or pleural plaques. Revue Des Maladies Respiratoires,28(6):11-17

Andujar P,Wang J,Descatha A,et al.2010. $p16^{INK4A}$ inactivation mechanisms in non-small-cell lung cancer patients occupationally exposed to asbestos. Lung Cancer,67(1):23-30

Baek M,Lee J A,Choi S J.2012. Toxicological effects of a cationic clay,montmorillonite in vitro, and in vivo. Molecular & Cellular Toxicology,8(1):95-101

Bellmann B,Creutzenberg O,Dasenbrock C,et al.2000. Inhalation tolerance study for p-aramid respirable fiber-shaped particulates (RFP) in rats. Toxicological Sciences an Official Journal of the Society of Toxicology,54(1):237-250

Bernstein D M,Sintes J M R.1999. Methods for the Determination of the Hazardous Properties for Human Health of Man Made Mineral Fibres(MMMF)(EUR 18748 EN[1999]). European Commission Joint Research Centre. Institute for Health and Consumer Protection,Unit:Toxicology and Chemical Substances. European Chemicals Bureau:44-45

Bernstein D M,Chevalier J,Smith P. 2003a. Comparison of Calidria chrysotile asbestos to pure tremolite:final results of the inhalation biopersistence and histopathology examination following short-term exposure. Inhalation Toxicology,15(14):1387-1419

Bernstein D M,Rogers R A,Smith P. 2003b. The biopersistence of Canadian chrysotile asbestos following inhalation:final results through 1 year after cessation of exposure. Inhalation Toxicology,15(13):1247-1274

Bernstein D M,Rogers R A,Smith P. 2004. The biopersistence of Brazilian chrysotile asbestos following inhalation. Inhalation Toxicology,16(11-12):745-761

Bernstein D M,Rogers R A,Sepulveda R,et al. 2011. Quantification of the pathological response and fate in the lung and pleura of chrysotile in combination with fine particles compared to amosite-asbestos following short-term inhalation exposure. Inhalation Toxicology,23(7):372-391

Bernstein D M,Dunnigan J,Hesterberg T,et al. 2013. Health risk of chrysotile revisited. Critical Reviews in Toxicology,43(2):154-183

Bernstein D M,Rogers R A,Sepulveda R,et al. 2014. Evaluation of the deposition,translocation and pathological response of brake dust with and without added chrysotile in comparison to crocidolite asbestos following short-term inhalation:Interim results. Toxicology and Applied Pharmacology,276(1):28-46

Bernstein D M,Rogers R A,Sepulveda R,et al. 2015. Evaluation of the fate and pathological response in the lung and pleura of brake dust alone and in combination with added chrysotile compared to crocidolite asbestos following short-term inhalation exposure. Toxicology and Applied Pharmacology,283(1):20-34

Brown R C,Bellmann B,Muhle H,et al. 2005. Survey of the biological effects of refractory ceramic fibres:overload and its possible consequences. Annals of Occupational Hygiene,49(4):295-307

Brüske-Hohlfeld I,Mühner M,Pohlabeln H,et al. 2000. Occupational lung cancer risk for men in Germany:results from a pooled case-control study. American Journal of Epidemiology,151(4):384-395

Chua T C,Chong C H,Morris D L. 2012. Peritoneal mesothelioma current status and future directions. Surgical Oncology Clinics of North America,21(4):635-644

Cui A,Jin X G,Zhai K,et al. 2014. Diagnostic values of soluble mesothelin-related peptides for malignant pleural mesothelioma:Updated meta-analysis. BMJ Open,4(2):e004145

Dashzeveg N,Yoshida K. 2015. Cell death decision by *p53* via control of the mitochondrial membrane. Cancer Letters,367(2):108-112

Davis J M G,Addison J,Bolton R E,et al. 1985. Inhalation studies on the effects of tremolite and brucite dust in rats. Carcinogenesis,6(5):667-674

de Klerk N H D,Musk A W,Eccles J L,et al. 1996. Exposure to crocidolite and the incidence of different histological types of lung cancer. Occupational and Environmental Medicine,53(3):

157-159

Dong F Q,Zhou Q,Peng T J. 2015. Utilization of serpentine resources in China. Materials Science Forum,814:583-589

Dong H,Buard A,Renier A,et al. 1994. Role of oxygen derivatives in the cytotoxicity and DNA damage produced by asbestos on rat pleural mesothelial cells in vitro. Carcinogenesis,15(6): 1251-1255

Edge J R,Choudhury S L. 1978. Malignant mesothelioma of the pleura in Barrow-in-Furness. Thorax,33(1):26-30

Faux S P,Houghton C E,Hubbard A,et al. 2000. Increased expression of epidermal growth factor receptor in rat pleural mesothelial cells correlates with carcinogenicity of mineral fibres. Carcinogenesis,21(12):2275-2280

Fayerweather W E,Eastes W F,Hadley J G. 2002. Quantitative risk assessment of durable glass fibers. Inhalation Toxicology,14(6):553-568

Hesterberg T W,Chase G,Axten C,et al. 1998. Biopersistence of synthetic vitreous fibers and amosite asbestos in the rat lung following inhalation. Toxicology and Applied Pharmacology, 151(2):262-275

Jackson J H,Schraufstatter I U,Hyslop P A,et al. 1987. Role of oxidants in DNA damage. Hydroxyl radical mediates the synergistic DNA damaging effects of asbestos and cigarette smoke. Journal of Clinical Investigation,80(4):1090-1095

Jakubec P,Pelclova D,Smolkova P,et al. 2014. Significance of serum mesothelin in an asbestos-exposed population in the Czech Republic. Biomedical Papers,159(3):472-479

Kamp D W. 2009. Asbestos-induced lung diseases:an update. Translational Research,153(4): 143-152

Kopnin P B,Kravchenko I V,Furalyov V A,et al. 2004. Cell type-specific effects of asbestos on intracellular ROS levels,DNA oxidation and G1 cell cycle checkpoint. Oncogene,23(54):8834-8840

Lafuma J,Morin M,Poncy J L,et al. 1980. Mesothelioma induced by intrapleural injection of different types of fibres in rats;synergistic effect of other carcinogens. IARC Scientific Publications,(30):311-320

Lamote K,Nackaerts K,van Meerbeeck J P. 2014. Strengths,weaknesses,and opportunities of diagnostic breathomics in pleural mesothelioma—a hypothesis. Cancer Epidemiology Biomarkers & Prevention,23(6):898-908

Leanderson P. 2010. Cigarette smoke-induced DNA damage in cultured human lung cells. Annals of the New York Academy of Sciences,686(1):249-259

Lentz T J,Rice C H,Succop P A,et al. 2003. Pulmonary deposition modeling with airborne fiber exposure data:a study of workers manufacturing refractory ceramic fibers. Applied Occupational and Enviromental Hygiene,18(4):278-288

Liu G,Cheresh P,Kamp D W. 2013. Molecular basis of asbestos-induced lung disease. Annual Review of Pathology Mechanisms of Disease,8(8):161-187

Liu J Y,Brody A R. 2001. Increased TGF-beta1 in the lungs of asbestos-exposed rats and mice: Reduced expression in TNF-alpha receptor knockout mice. Journal of Environmental Pathology,Toxicology and Oncology,20(2):97-108

Matsuzaki H,Maeda M,Lee S,et al. 2012. Asbestos-induced cellular and molecular alteration of immunocompetent cells and their relationship with chronic inflammation and carcinogenesis. Journal of Biomedicine & Biotechnology,(1):492608

Maxim L D,Hadley J G,Potter R M,et al. 2006. The role of fiber durability/biopersistence of silica-based synthetic vitreous fibers and their influence on toxicology. Regulatory Toxicology and Pharmacology,46(1):42-62

McDonald A D,McDonald J C. 1980. Malignant mesothelioma in North America. Cancer,46(7):1650-1656

McDonald J C. 2010. Epidemiology of malignant mesothelioma-an outline. Annals of Occupational Hygiene,54(8):851-857

Mei Y,Thompson M D,Cohen R A,et al. 2013. Endoplasmic reticulum stress and related pathological processes. Journal of Pharmacological and Biomedical Analysis,1(2):1000107

Mesaros C,Worth A J,Snyder N W,et al. 2015. Bioanalytical techniques for detecting biomarkers of response to human asbestos exposure. Bioanalysis,7(9):1157-1173

Minami D,Takigawa N,Kato Y,et al. 2015. Downregulation of TBXAS1 in an iron-induced malignant mesothelioma model. Cancer Science,106(10):1296-1302

Minardi F,Maltoni C. 1988. Results of recent experimental research on the carcinogenicity of natural and modified asbestos. Annals of the New York Academy of Sciences,534(1):754-761

Morris G F,Notwick A R,David O,et al. 2004. Development of lung tumors in mutant *p53*-expressing mice after inhalation exposure to asbestos. Chest,125(5):85S-86S

Morris G F,Danchuk S,Wang Y,et al. 2015. Cigarette smoke represses the innate immune response to asbestos. Physiological Reports,3(12):e12652

Mossman B T,Shukla A,Heintz N H,et al. 2013. New insights into understanding the mechanisms,pathogenesis,and management of malignant mesothelioma. American Journal of Pathology,182(4):1065-1077

Murai Y,Kitagawa M,Matsui K,et al. 1995. Asbestos fiber analysis in nine lung cancer cases with high asbestos exposure. Archives of Environmental Health,50(4):320-325

Nagai H,Ishihara T,Lee W H,et al. 2011. Asbestos surface provides a niche for oxidative modification. Cancer Science,102(12):2118-2125

Nakayama T,Church D F,Pryor W A. 1989. Quantitative analysis of the hydrogen peroxide formed in aqueous cigarette tar extracts. Free Radical Biology & Medicine,7(1):9-15

Ngamwong Y,Tangamornsuksan W,Lohitnavy O,et al. 2015. Additive synergism between asbestos and smoking in lung cancer risk: A systematic review and meta-analysis. PLOS ONE,10(8):e0135798

Nolan R P, Langer A M, Ross M, et al. 2007. Non-occupational exposure to commercial amphibole asbestos and asbestos-related disease: Is there a role for grunerite asbestos (amosite). Proceeding of the Geologist Association, 118: 117-127

Park S K, Cho L Y, Yang J J, et al. 2010. Lung cancer risk and cigarette smoking, lung tuberculosis according to histologic type and gender in a population based case-control study. Lung Cancer, 68(1): 20-26

Pascolo L, Zabucchi G, Gianoncelli A, et al. 2016. Synchrotron X-ray microscopy reveals early calcium and iron interaction with crocidolite fibers in the lung of exposed mice. Toxicology Letters, 241(8): 111-120

Pfau J C, Li S, Holland S, et al. 2011. Alteration of fibroblast phenotype by asbestos-induced autoantibodies. Journal of Immunotoxicology, 8(2): 159-169

Pintos J, Parent M E, Rousseau M C, et al. 2008. Occupational exposure to asbestos and man-made vitreous fibers, and risk of lung cancer: Evidence from two case-control studies in Montreal, Canada. Journal of Occupational and Environmental Medicine, 50(11): 1273-1281

Pirozynski M. 2006. 100 years of lung cancer. Respiratory Medicine, 100(12): 2073-2084

Poljšak B, Fink R. 2014. The protective role of antioxidants in the defence against ROS/RNS-mediated environmental pollution. Oxidative Medicine and Cellular Longevity, 2014(1-2): 671539

Remon J, Lianes P, Martinez S, et al. 2013. Malignant mesothelioma: New insights into a rare disease. Cancer Treatment Reviews, 39(6): 584-591

Robinson C, van Bruggen I, Segal A, et al. 2006. A novel SV40 TAg transgenic model of asbestos-induced mesothelioma: malignant transformation is dose dependent. Cancer Research, 66(22): 10786-10794

Roggli V L, Pratt P C, Brody A R. 1993. Asbestos fiber type in malignant mesothelioma: An analytical scanning electron microscopic study of 94 cases. American Journal of Industrial Medicine, 23(4): 605-614

Scheule R K, Holian A. 1990. Modification of asbestos bioactivity for the alveolar macrophage by selective protein adsorption. American Journal of Respiratory Cell and Molecular Biology, 2(5): 441-448

Sisson T H, Mendez M, Choi K, et al. 2010. Targeted injury of type II alveolar epithelial cells induces pulmonary fibrosis. American Journal of Respiratory and Critical Care Medicine, 181(3): 254-263

Terracini B. 2006. The scientific basis of a total asbestos ban. Medicina Del Lavoro, 97 (2): 383-392

Testa J R, Cheung M, Pei J, et al. 2011. Germline BAP1 mutations predispose to malignant mesothelioma. Nature Genetics, 43(10): 1022-1025

Timbrell V. 1982. Deposition and retention of fibres in the human lung. Inhaled Particles, 26(1-4): 347-369

Toyokuni S. 2014. Iron overload as a major targetable pathogenesis of asbestos-induced mesothelial carcinogenesis. Redox Report Communications in Free Radical Research,19(1):1-7

Valentine R,Chang M J,Hart R W,et al. 1983. Thermal modification of chrysotile asbestos:Evidence for decreased cytotoxicity. Environmental Health Perspectives,51(9):357-368

Vallyathan V,Mega J F,Shi X,et al. 1992. Enhanced generation of free radicals from phagocytes induced by mineral dusts. American Journal of Respiratory Cell and Molecular Biology,6(4): 404-413

Wagner J C,Sleggs C A,Marchand P. 1960. Diffuse pleural mesothelioma and asbestos exposure in the North Western Cape Province. British Journal of Industrial Medicine,17:260-271

Wagner J C,Skidmore J W,Hill R J,et al. 1985. Erionite exposure and mesotheliomas in rats. British Journal of Cancer,51(5):727-730

Wang N S,Jaurand M C,Magne L,et al. 1987. The interactions between asbestos fibers and metaphase chromosomes of rat pleural mesothelial cells in culture. A scanning and transmission electron microscopic study. American Journal of Pathology,126(2):343-349

Wang X R,Yu I T,Qiu H,et al. 2012. Cancer mortality among chinese chrysotile asbestos textile workers. Lung Cancer,75(2):151-155

Wardenbach P,Rödelsperger K,Roller M,et al. 2005. Classification of man-made vitreous fibers: comments on the revaluation by an IARC working group. Regulatory Toxicology and Pharmacology,43(2):181-193

Witschi H,Haschek W M,Meyer K R,et al. 1980. A pathogenetic mechanism in lung fibrosis. Chest,78(2):395-399

Yano E. 1988. Mineral fiber-induced malondialdehyde formation and effects of oxidant scavengers in phagocytic cells. International Archives of Occupational and Environmental Health,61(1-2): 19-23

Yano E,Wang X,Wang M,et al. 2010. Lung cancer mortality from exposure to chrysotile asbestos and smoking:a case control study within a cohort in China. Occupational & Environmental Medicine,67(12):867-871

关键词中英文对照表

癌基因	Oncogene
安全管理	Security administration
安全生产和使用	Safety production and use
氨基	Amino group
氨基酸	Amino acid
八面体片	Octahedral sheet
白介素-1	Interleukin-1(IL-1)
白云石	Dolomite
伴生矿物	Associated mineral
苯并(a)芘	Benzo(a)pyrene
比表面积	Specific surface area
表面电性	Surface potential
表面结构	Surface structure
表皮葡萄球菌	S. epidermidis
丙二醛	Malondialdehyde(MDA)
玻璃棉	Glass wool
玻璃纤维	Fiber glass
残余物	Residuals
草酸	Oxalic acid
产量	Yield
常量元素	Major elements
超镁铁质岩型	Ultramafic-rock type
超氧化物歧化酶	Superoxide dismutase(SOD)
超氧阴离子自由基	Superoxide anion radical
尘肺	Pneumoconiosis
成矿类型	Ore-forming type
储量	Reserve
磁铁矿	Magnetite
磁学性能	Magnetic properties
催化性	Catalytic property

存活素（蛋白）	*Survivin*
大肠杆菌	*E. coli*
大鼠	Rat
代用品	Substitute
代用纤维	Substitute fiber
蛋白质	Protein
电导率	Conductivity
电动电势	Electrokinetic potential
电解质	Electrolyte
电离	Ionization
电学性能	Electrical property
电泳率	Electrophoresis rate
电阻率	Specific resistance
凋亡	Apoptosis
动物实验	Animal experiment
毒性作用	Toxicity
队列研究	Array research
多孔矿物	Porous mineral
多肿瘤抑制基因-16（*p16*）	Multiple tumor suppressor 16（*p16*）
恶性肿瘤	Malignant tumor
鲕（磁）绿泥石	Berthierine
法律法规	Laws and regulations
方解石	Calcite
肺癌	Lung cancer
肺泡	Alveolar
肺泡巨噬细胞	Alveolar macrophages
废弃物处理	Waste disposal
沸石	zeolite
沸石水	zeolitic water
分化	Differentiation
分散	Dispersion
粉尘浓度	Dust concentration
佛波酯	Phorbol 12-myristate 13-acetate（PMA）
复合矿物纤维	Mineral complex fiber
副纤蛇纹石	Parachrysotile

钙活性蛋白-43（Cap43）	Calcium activated protein 43(Cap43)
橄榄石纤维	Olivine fiber
隔声性	Sound insulation property
共价键	Covalent bond
共生矿物	Paragenetic mineral
谷氨酸	Glutamic acid
谷胱甘肽	Glutathione
固液比	Solid-to-liquid ratio
光学性能	Optical property
硅灰石	Wollastonite
硅酸盐纤维	Silicate fiber
硅藻土	Diatomite
海泡石	Sepiolite
黑曲霉菌	Aspergillus niger
红外光谱	Infrared spectrum
滑石	Talc
化学成分	Chemical composition
化学活性	Chemical activity
化学键	Chemical bond
化学稳定性	Chemical stability
环境安全评估	Environmental security assessment
环腺苷酸	Cyclic adenosine monophosphate(cAMP)
活性氧	Reactive oxygen species
机械性能	Mechanical property
基团	Group
基因	Genes
激活剂	Activator
剂量	Dose
加工性能	Processability
间皮瘤	Mesothelioma
降尘	Dust fall
角闪石石棉	Amphibole asbestos
金属纤维	Metal fiber
晶体结构	Crystal structure
酒石酸	Tartaric acid

聚丙烯纤维   Polypropylene fiber

绢云母   Sericite

绝热材料   Thermal insulation material

绝缘性   Insulativity

凯夫拉纤维   Kevlar fiber

抗拉强度   Tensile strength

矿棉   Mineral wool

矿山管理   Mine management

矿物粉尘   Mineral dust

矿物纤维   Mineral fiber

赖氨酸   Lysine

离子键   Ionic bond

离子交换能力   Ion exchange capacity

利蛇纹石   Lizardite

链球菌   Streptococcus

流变性   Rheological property

流行病学调查   Epidemiological investigation

路易斯(Lewis)酸位   Lewis acid site

绿锥石   Cronstedtite

麻织物   Linen fabric

毛沸石   Erionite

酶活性   Enzyme activity

镁绿泥石   Amesite

镁质碳酸盐岩型   Magnesian carbonate rock type

蒙脱石   Montmorillonite

锰铝蛇纹石   Kellyite

密封性   Sealing property

棉织物   Cotton fabrics

免疫组化   Immunohistochemistry

模拟汗液   Simulated sweat

膜流动性   Membrane fluidity

膜通透性   Membrane permeability

摩擦密封材料   The friction and sealing materials

木浆纤维   Wood fiber

纳米二氧化硅   Nano-SiO_2

纳米碳酸钙	Nano-CaCO$_3$
钠长石	Albite
耐腐蚀性	Corrosion resistant property
耐高温性	Heat-resistant property
耐碱性	Basic resistant property
耐久性	Durability
耐磨性	Wear-resisting property
耐酸性	Acid resistant property
尼古丁	Nicotine
镍铝蛇纹石	Brindleyite
镍绿泥石	Nepouite
柠檬酸	Citric acid
泡沫石棉	Litaflex
培养基	Culture medium
配位水	Coordinated water
劈分性	Deduplication
坡缕石	palygorskite
葡萄糖	Glucose
羟基	Hydroxyl group
羟自由基	Hydroxyl free radical
青石棉	Crocidolite
清除半衰期	Half-life for clearance ($T_{1/2}$)
染色体	Chromosome
热导率	Heat conductivity
热液蚀变	Hydrothermal alteration
人胚肺成纤维细胞	Human embryonic lung fibroblasts(HELF)
人体汗液	Human sweat
人造纤维	Artificial fiber
人支气管上皮细胞	Bronchial epithelial cells
溶度积	Solubility product
溶解	Dissolution
溶解残余物	Dissolution residues
溶血率	Hemolysis rate
乳酸脱氢酶	Lactate dehydrogenase(LDH)
扫描电子显微镜	Scanning electron microscope

蛇绿岩系	Ophiolite suite
蛇纹石	Serpentine
蛇纹石石棉	Serpentine asbestos
生物残留	Biological residue
生物残留性	Biological residue
生物持久性	Biopersistence
生物毒性	Biotoxicity
湿法加工	Wet processing
石棉纺织制品	Asbestos-base textile
石棉肺	Asbestosis
石棉废物	Asbestos wastes
石棉行业	Asbestos industry
石棉绝热材料	Asbestos-based thermal insulation material
石棉矿床	Asbestos deposit
石棉矿工	Asbestos miners
石棉水泥制品	Asbestos-based cement
石英	Quartz
水解	Hydrolysis
水菱镁矿	Hydromagnesite
水镁石	Brucite
丝光沸石	Mordenite
死亡率	Mortality
四面体片	Tetrahedral sheet
酸处理	Acid treatment
陶瓷纤维	Ceramic fiber
体外毒性	In vitro toxicity
铁石棉	Amosite
透闪石石棉	Tremolite
吞噬作用	Phagocytosis
脱色	Decoloration
脱氧核糖核酸	Deoxyribonucleic acid(DNA)
网状脉	Netted vein
危险度	Risk
微核	Micronucleus
微量元素	Trace elements

微纤维	Microfiber
维纶纤维	Polyvinyl alcohol fiber
维生素	Vitamin
维生素 C	Ascorbic acid
尾部 DNA 含量	Tail DNA content
尾长	Tail length
吸波性	Microwave absorption property
吸附性	Adsorptivity
吸烟	Smoking
细胞存活率	Cell viability
细胞毒性	Cytotoxicity
细胞膜	Cell membrane
细胞形态	Cell morphology
细胞因子	Cytokines
细胞周期	Cell cycle
细菌	Bacteria
纤蛇纹石	Chrysotile
纤维	Fiber
纤维素纤维	Cellulosic fiber
纤维性	Fibrous
纤维增强复合材料	Fiber-reinforced composite
纤状沸石	Fibrous zeolite
纤状硅灰石	Fibrous wollastonite
纤状海泡石	Fibrous sepiolite
纤状矿物	Fibrous mineral
纤状坡缕石	Fibrous palygorskite
斜发沸石	Clinoptilolite
斜纤蛇纹石	Clinochrysotile
缬氨酸	Valine
锌铝蛇纹石	Fraiponite
信号传导	Signal transduction
形貌	Morphology
胸膜间皮瘤	Pleural mesothelioma
玄武岩纤维	Basalt fiber
血红细胞	Red blood cell(RBC)

血小板衍生生长因子	Platelet derived growth factor(PDGF)
岩棉	Rock wool
炎性因子	Inflammatory factor
炎症	Inflammation
阳起石石棉	Actinolite
氧化应激	Oxidative stress
叶蛇纹石	Antigorite
乙酸	Acetic acid
抑癌基因	Tumor suppressor gene
抑制剂	Inhibitor
荧光分光光度法	Fluorescence spectrophotometry
优势比	Odds ratio(OR)
有机络合	Organic complex
有机纤维	Organic fiber
诱导型一氧化氮合酶	Inducible nitric oxide synthase(iNOS)
增殖	Proliferation
蒸馏水	Distilled water
正纤蛇纹石	Orthochrysotile
脂质过氧化	Lipid peroxidation
直闪石石棉	Anthophyllite
职业暴露	Occupational exposure
职业病	Occupational diseases
职业接触	Occupational exposure
植物纤维	Plant fibre
致癌机理	Carcinogenic mechanism
致癌性	Carcinogenicity
致病机制	Pathogenesis
致病性	Pathogenicity
肿瘤	Tumor
肿瘤坏死因子-α	Tumor necrosis factor (tnf-α)
自由基	Free radical
总蛋白	Total protein
最终处置	Final disposal
A549 细胞	A549 cells
BEAS-2B 细胞	Beas-2b cells

B 淋巴细胞瘤-2(*Bcl-2*)	B-cell lymphocytoma-2(*Bcl-2*)
Gamble 溶液	Gamble solution
Olive 尾矩	Olive tail moment
p53 抗癌基因(*p53*)	*p53* antioncogene(*p53*)
PBS 缓冲液	Phosphate buffer solution
pH	pH value
V79 细胞	V79 cells
X 射线衍射	X-ray diffraction(XRD)

后　记

四川石棉县以盛产石棉而闻名于世。20世纪,石棉作为一种战略物资在国民经济中占有一席之地,因此被列为重要非金属矿产。历史上非金属矿主要由国家建工部和建材部(后期为国家建筑材料工业局)管理,建材行业也曾是石棉最大的使用领域。西南科技大学(原四川建材学院)、成都理工大学(原成都地质学院)和四川大学(原华西医科大学)都是最早研究蛇纹石石棉的资源、利用和安全性的单位。以科学的态度对待和使用蛇纹石石棉,这既是一种感情,更是一种责任。

作者课题组从20世纪70年代研究石棉资源及其职业安全性,总觉得有一种义务把作者的研究成果科学系统地展现在世人面前,而不是人云亦云,由国外的态度和媒体来左右中国一个工业矿物的命运。在特别沉重与谨慎的氛围中,研究专著前后的综合补充与撰写已耗时整整12年了。本专著的出版也许并不能扭转其科技研发力量越来越少的趋势,但作者期望人们科学公正地对待蛇纹石石棉。

全球的矿物总数已经增至5500多种,能被工业利用的260种,而我国也只有工业矿种171种,非金属矿95种,但没有哪个矿种像蛇纹石石棉一样能引起全球多个阶层的持续关注。我国原来有八大石棉矿山,现在由于环境排放标准的提高,仅有的两个矿山也基本处于停产状态,石棉资源也由战略资源退居到受限资源行列。从事蛇纹石石棉的鉴定与研发的单位也仅剩包括西南科技大学在内的两三家。

作者曾与中国非金属矿工业协会、武汉理工大学、四川大学、绵阳四〇四医院,以及瑞士的伯恩斯坦教授一起全面探讨蛇纹石石棉的使用安全性(2006年),并促成了后来由工信部出台蛇纹石石棉行业的准入标准(2014年)。

自2008年北京举办第28届奥运会以来,三大区域的雾霾问题日益严重。我国同样十分重视环境与健康,随着新近发布的《国家环境保护"十三五"环境与健康工作规划》的实施,对待蛇纹石石棉的态度和方式也会从职业性劳动保护向环境质量安全上转移。《鹿特丹公约》在2006年第11次理事会议中就开始争论是否将蛇纹石石棉正式列入事先知情同意(PIC)程序清单,直至2015年5月该公约缔约方第七次会议(COP7),五届会议讨论也没有达成协议。估计这种僵持也不会在短期内打破而取得一致意见,因为它不是一个简单的非金属矿种的废弃问题,而是涉及资源、环境、劳动者安全和经济发展的复杂命题。作者的基本看法是蛇纹石石棉最终会因资源枯竭或安全风险而被弃用,但这个过程要与其所属国家所处的科技、环境、经济等发展阶段相一致,不可能由一个国家或集团控制而一刀切地完成禁用进程。

　　一本专著的问世是可贺的,但其作用也是有限的,但愿它体现的科学价值光辉会随着时间的累进而永保本色。

董发勤

2018 年 5 月 20 日星期日于西科花园

中国科学院科学出版基金资助出版